复旦卓越·普通高等教育 21 世纪规划教材

数控加工工艺与编程

主　编　徐福林　周立波

副主编　姜　辉　包幸生　杨洪柏

编　者　张梦梦　王　丹

主　审　刘素华

复旦大学出版社

内 容 提 要

　　本教材基于数控加工工艺与编程相关工作岗位的工作过程,设计教学任务。内容新颖、全面,且具有针对性。

　　本教材主要讲述数控工艺员岗位、数控车削工作岗位、数控铣削工作岗位、加工中心加工工作岗位、特种加工工作岗位相应的基本理论知识及专业实践技能。

　　本书为可作为大学制造类专科、机电类本科及高职院校机械制造工艺及设备相关专业相应课程的教材。同时也可供职工大学、业余大学及开放大学等非全日制制造类相关专业师生使用。制造业企业、研究单位从事机械制造的技术人员也可作为参考用书。

前　言

　　随着计算机技术的发展,数字控制技术已经广泛应用于工业控制的各个领域,尤其是在机械制造业中,普通机械正逐渐被高效率、高精度、高自动化的数控机械代替。目前国外机械设备的数控化率已达到85%以上,而我国的机械设备的数控化率不足20%。随着我国机制行业新技术的应用,我国世界制造业加工中心地位的形成,数控机床的使用、维修、维护人员在全国各工业城市都有着广阔的用武之地。

　　数控机床的加工工艺与普通机床的加工工艺有许多相同之处,遵循的原则基本一致。但数控加工工艺与传统切削加工工艺还存在许多不同,尤其表现在切削刀具轨迹的控制方式上。由于数控机床本身自动化程度较高,设备费用较高,因此数控机床加工工艺随着数控技术的发展形成了自己显著的特点。

　　本教材的主要特色:

　　(1) 本书基于数控加工工艺与编程对应工作岗位的工作情境设定教学任务。

　　(2) 每个学习情境的内容相对独立,对应相关工作岗位的知识与技能要求,便于学习者灵活选用。

　　(3) 本书遵循先工艺、后编程的数控加工技术规律组织教学内容。

　　(4) 每个学习任务均配有应用案例,便于学习者模仿。

　　(5) 每个学习任务均配有小结与学习思考,便于学习者总结和提高。

　　本教材主要讲述数控工艺员岗位、数控车削工作岗位、数控铣削工作岗位、加工中心加工工作岗位、特种加工工作岗位相应的基本理论知识及专业实践技能。

　　本书为可作为大学制造类专科、机电类本科及高职院校机械制造工艺与设备相关专业对应课程的教材,也可供职工大学、业余大学及开放大学等非全日制制造类相关专业师生使用。制造业企业、研究单位从事机械制造的技术人员也可作为参考用书。

　　通过本课程的学习,读者可达到下面基本的要求:

　　(1) 掌握数控加工工艺规程文件的编制方法;

　　(2) 掌握数控车削、数控铣削、数控加工中心加工工艺文件的编制及加工程序的编制方法;

（3）理解四轴手工编程及一般宏编程技术；

（4）了解特种数控加工工艺与编程方法；

（5）了解 CAM、CAPP 在数控加工工艺与编程中的应用。

本书学习情境 1 由上海工程技术大学徐福林编写，学习情境 2 由苏州经贸职业技术学院姜辉编写；学习情境 3 由上海工程技术大学包幸生、张梦梦、王丹编写；学习情境 4 由上海开放大学杨洪柏编写；学习情境 5 模块一由苏州经贸职业技术学院姜辉编写，学习情境 5 模块二三由上海工程技术大学周立波编写。

全书由上海工程技术大学徐福林负责统稿，由上海工程技术大学刘素华博士负责审稿。

由于编者水平有限，错误和不足之处在所难免，恳请读者批评指正。

编　者

2015.5

目　　录

学习情境 1　数控工艺员岗位 ………… 1

　模块一　数控加工基础 ……………… 1

　　任务 1　数控加工基本概念 ………… 1

　　任务 2　数控编程基础知识 ……… 12

　模块二　数控加工工艺基础 …… 23

　　任务 1　数控加工工艺基础 ……… 23

学习情境 2　数控车削加工岗位 ……… 52

　模块一　数控车削加工工艺 …… 52

　　任务 1　数控车削工艺规程设计 … 52

　　任务 2　典型零件的车削加工工艺

　　　　　分析 ……………… 98

　模块二　数控车削加工编程 …… 102

　　任务 1　数控车削编程基础 ……… 102

　　任务 2　典型零件的数控车削编程 … 152

学习情境 3　数控铣削加工岗位 …… 162

　模块一　数控铣削加工工艺 …… 162

　　任务 1　数控铣削工艺规程设计 … 162

　　任务 2　典型零件的铣削加工工艺

　　　　　分析 ……………… 188

　模块二　数控铣削加工编程 …… 192

　　任务 1　数控铣削编程基础 ……… 192

　　任务 2　典型零件的数控铣削

　　　　　编程 ……………… 210

学习情境 4　加工中心加工岗位 …… 217

　模块一　加工中心加工工艺 …… 217

　　任务 1　加工中心工艺规程设计 … 217

　　任务 2　典型零件的加工中心工艺

　　　　　分析 ……………… 244

　模块二　加工中心加工编程 …… 252

　　任务 1　加工中心编程基础 ……… 252

　　任务 2　典型零件的加工中心编程 … 269

　模块三　多轴手工编程技术 …… 278

　　任务 1　四轴数控加工工艺及手工

　　　　　编程 ……………… 278

　　任务 2　宏编程技术 …………… 290

学习情境 5　特种数控加工技术

　　　　　岗位 ……………… 323

　模块一　特种数控加工 ……… 323

　　任务 1　特种数控加工简介 ……… 323

　　任务 2　数控线切割加工及编程 … 329

　模块二　CAM 技术 …………… 332

　　任务 1　CAM 加工简介 ……… 332

　　任务 2　车削 CAM 实例 ……… 335

　　任务 3　铣削 CAM 实例 ……… 351

　　任务 4　多轴加工 CAM 实例 …… 358

　模块三　CAPP 技术 …………… 369

　　任务 1　CAPP 简介 …………… 369

学习情境 ①

数控工艺员岗位

模块一　数控加工基础

任务1　数控加工基本概念

必备知识

1. 数控加工原理及加工过程

（1）数控加工过程　数控加工就是根据零件图样及工艺要求等原始条件，编制零件数控加工程序，并输入到数控机床的数控系统，控制数控机床中的刀具与工件做相对运动，从而完成零件的加工，如图1-1所示：

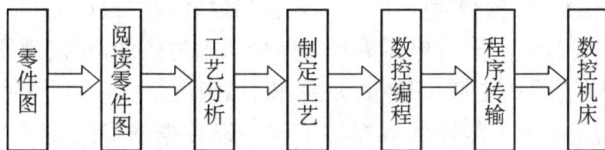

| 零件图 | → | 阅读零件图 | → | 工艺分析 | → | 制定工艺 | → | 数控编程 | → | 程序传输 | → | 数控机床 |

图1-1　数控加工的过程

① 根据零件加工图样进行工艺分析，确定加工方案、工艺参数和位移数据；

② 用规定的程序代码格式编写零件加工程序单，或用自动编程软件编程，直接生成零件的数控加工程序文件；

③ 程序的输入或传输。手工编程时，可以通过数控机床的操作面板输入程序，由编程软件生成的程序，可通过计算机的串行通信接口直接传输到数控机床的数控单元（MCU）的存储单元；

④ 将输入/传输到数控单元的加工程序，进行试运行、刀具路径模拟，调试程序；

⑤ 通过对机床的正确操作，运行程序，完成零件的加工。

（2）数据转换　CNC系统的数据转换过程如图1-2所示：

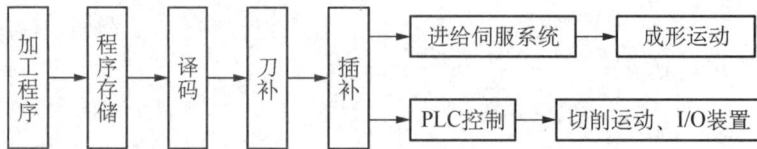

图 1-2　CNC 系统的工作过程

① 译码。译码程序的主要功能是将文本格式表达的零件加工程序,以程序段为单位转换成刀具移动处理所要求的数据格式,把其中的各种零件轮廓信息(如起点、终点、直线或圆弧等)、加工速度信息(F 代码)和其他辅助信息(M、S、T 代码等),按照一定的语法规则解释成计算机能够识别的数据形式,并以一定的数据格式存放在指定的内存专用单元。在译码过程中,还要检查程序段的语法,若发现语法错误,数控系统便立即报警。

② 刀补处理。刀具补偿包括刀具长度补偿和刀具半径补偿。通常输入 CNC 装置的零件加工程序以零件实际轮廓轨迹编程,刀具补偿作用是把零件实际轮廓轨迹转换成刀具中心轨迹(刀具的 B 功能补偿)。目前性能比较好的 CNC 装置中,刀具补偿的工作还包括程序段之间的自动转接和过切削判别,这就是刀具的 C 功能补偿。

③ 插补计算。插补的任务是在一条给定起点和终点的曲线上进行数据点的密化。插补程序在每个插补周期运行一次,在每个插补周期内,根据指令进给速度计算出一个微小的直线数据段。通常,经过若干次插补周期后,插补加工完一个程序段轨迹,即完成从程序段起点到终点的数据点密化工作,如图 1-3 所示。

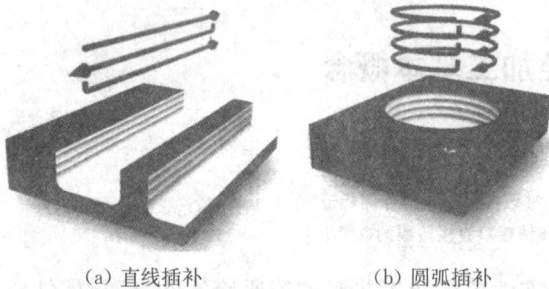

(a) 直线插补　　　　(b) 圆弧插补

图 1-3　插补示例

④ PLC 控制。CNC 系统对机床的控制,分为对各坐标轴的速度和位置进行轨迹控制,对机床的动作进行顺序控制或逻辑控制。PLC 控制器可以在数控机床运行过程中,以 CNC 内部和机床各行程开关、传感器、按钮、继电器等开关信号状态为条件,并按预先规定的逻辑关系对诸如主轴的起停、换向,刀具的更换,工件的夹紧、松开,液压、冷却、润滑系统的运行等控制。

数控加工原理就是将预先编好的数控加工程序以数据的形式输入数控系统,数控系统通过译码、刀补处理、插补计算等数据处理和 PLC 协调控制,最终实现零件的加工。

(3) 数控加工工艺概念与工艺过程

① 数控加工工艺过程。数控加工工艺是指采用数控机床加工零件时,所运用的各种方法和技术手段的总和,应用于整个数控加工工艺过程。

数控加工工艺是伴随着数控机床的产生、发展而逐步完善起来的一种应用技术,它是人们大量数控加工实践的经验总结。数控加工工艺过程是利用切削刀具在数控机床上直接改变加工对象的形状、尺寸、表面位置、表面状态等,使其成为成品或半成品的过程。

数控加工过程是在一个由数控机床、刀具、夹具和工件构成的数控加工工艺系统中完成的。数控机床是零件加工的工作机械,刀具直接切削零件,夹具用来固定被加工零件并使之占有正确的位置,加工程序控制刀具与工件之间的相对运动轨迹。工艺设计的好坏直接影响数控加工的尺寸精度和表面精度、加工时间的长短、材料和人工的耗费,甚至直接影响加工的安全性。所以掌握数控加工工艺的内容和制定数控加工工艺的方法非常重要。

② 数控加工工艺与数控编程的关系：

a. 数控程序是输入数控机床，执行一个确定的加工任务的一系列指令，称为数控程序或零件加工程序。

b. 数控编程就是把零件的工艺过程、工艺参数及机床的其他辅助动作，按动作顺序和数控机床规定的指令、格式，编制成加工程序，再记录于控制介质即程序载体（磁盘等），输入数控装置，从而指挥数控机床加工，并根据加工结果加以修正的过程。

c. 数控加工工艺分析与处理是数控编程的前提和依据，没有符合实际的、科学合理的数控加工工艺，就不可能有正确运行的数控加工程序。数控编程就是将制定的数控加工工艺内容程序化。

（4）数控加工工艺特点　由于数控加工采用了计算机控制系统的数控机床，使得数控加工与普通加工相比具有加工自动化程度高、精度高、质量稳定、生产效率高、周期短、设备使用费用高等特点。数控加工工艺与普通加工工艺也具有一定的差异。

① 数控加工工艺内容要求更加具体、详细。普通加工工艺中，许多具体工艺问题，如工步的划分与安排、刀具的几何形状与尺寸、走刀路线、加工余量、切削用量等，在很大程度上由操作人员根据实际经验和习惯自行考虑和决定，一般无需工艺人员在设计工艺规程时进行过多的规定，零件的尺寸精度由试切保证。

数控加工工艺中，所有工艺问题必须事先设计和安排好，并编入加工程序中。数控工艺不仅包括详细的切削加工步骤，还包括工夹具型号、规格、切削用量和其他特殊要求的内容，以及标有数控加工坐标位置的工序图等。在自动编程中更需要确定详细的各种工艺参数。

② 数控加工工艺要求更严密、精确。普通加工工艺可以根据加工过程中出现的问题，比较自由地人为调整。数控加工工艺自适应性较差，加工过程中可能遇到的所有问题必须事先精心考虑，否则导致严重的后果。如攻螺纹时，数控机床不知道孔中是否已挤满切屑，是否需要退刀清理一下切屑再继续加工。又如非数控机床加工，可以多次"试切"来满足零件的精度要求；而数控加工过程，严格按规定尺寸进给，要求准确无误。因此，数控加工工艺设计要求更加严密、精确。

③ 制定数控加工工艺要进行零件图形的数学处理和编程尺寸设定值的计算。编程尺寸并不是零件图上设计尺寸的简单再现。在对零件图进行数学处理和计算时，编程尺寸设定值要根据零件尺寸公差要求和零件的形状几何关系重新调整计算，才能确定合理的编程尺寸。

④ 考虑进给速度对零件形状精度的影响。制定数控加工工艺时，选择切削用量要考虑进给速度对加工零件形状精度的影响。在数控加工中，刀具的移动轨迹是由插补运算完成的。根据插补原理分析，在数控系统已定的条件下，进给速度越快，则插补精度越低，导致工件的轮廓形状精度越差。尤其在高精度加工时，这种影响非常明显。

⑤ 强调刀具选择的重要性。复杂型面的加工编程通常采用自动编程方式，必须先选定刀具再生成刀具中心运动轨迹，因此对于不具有刀具补偿功能的数控机床来说，若刀具预先选择不当，所编程序只能重来。

⑥ 数控加工工艺的特殊要求：

a. 由于数控机床比普通机床的刚度高，所配的刀具的性能也较好，因此在同等情况下，数控机床切削用量比普通机床大，加工效率也较高。

b. 数控机床的功能复合化程度越来越高,因此,现代数控加工工艺的明显特点是工序相对集中,表现为工序数目少,工序内容多,并且由于在数控机床上尽可能安排较复杂的工序,所以数控加工的工序内容比普通机床加工的工序内容复杂。

c. 由于数控机床加工的零件比较复杂,因此在确定装夹方式和夹具设计时,要特别注意刀具与夹具、工件的干涉问题。

⑦ 数控加工程序的编写、校验与修改是数控加工工艺的一项特殊内容。普通工艺中,划分工序、选择设备等重要内容,对数控加工工艺来说属于已基本确定的内容,所以制定数控加工工艺的着重点是整个数控加工过程的分析,关键在确定进给路线及生成刀具运动轨迹。复杂表面的刀具运动轨迹生成需借助自动编程软件,既是编程问题,当然也是数控加工工艺问题,这也是数控加工工艺与普通加工工艺最大的不同之处。

2. 数控技术与设备

(1) 数控机床的组成　数控机床主要由以下几部分组成:

① 数控系统。计算机数控系统(CNC 系统)由程序、输入输出设备、CNC 装置、可编程控制器(PLC)、主轴驱动装置和进给驱动装置等组成。数控系统接受按零件加工顺序记载机床加工所需的各种信息,并将加工零件图上的几何信息和工艺信息数字化,同时进行相应的运算、处理,然后发出控制命令,使刀具实现相对运动,完成零件加工过程。数控机床配置的数控系统不同,其功能和性能也有很大差异。就目前应用来看,FANUC(日本)、SIEMENS(德国)、FAGOR(西班牙)、HEIDENHAIN(德国)、MITSUBISHI(日本)等公司的数控系统及相关产品,在数控机床行业占据主导地位。我国数控产品以华中数控、航天数控为代表,也已将高性能数控系统产业化。常见数控系统见表 1－1。

表 1－1　常用数控系统的特点

类别	型号	特点及应用
FANUC	Power Mate 0 系列	具有高可靠性,用于控制两轴的小型数控车床,取代步进电机的伺服系统;可配画面清晰、操作方便、中文显示的 CRT/MDI,也可配性能/价格比高的 DPL/MDI
	0D 系列	普及型 CNC,其中 0TD 用于数控车床,0MD 用于数控铣床及小型加工中心,0GCD 用于数控圆柱磨床,0GSD 用于数控平面磨床,0PD 用于数控冲床
	0C 系列	全功能型 CNC,其中 0TC 用于通用车床、自动车床,0TTC 用于双刀架四轴数控车床,0MC 用于数控铣床和加工中心,0GGC 用于内、外圆磨床
	0i 系列	高性能/价格比,整体软件功能包,高速、高精加工,并具有网络功能
	16i/18i/21i 系列	超小型、超薄型,具有网络功能,控制单元与 LCD 集成于一体,超高速串行数据通信
	160i/180i/210i-B	与 Windows 2000/XP 对应的高性能开放式 CNC
SIEMENS	SINUMERIK 802S/C	用于车床、铣床等,可控制 3 个进给轴和 1 个主轴,802S 适用于步进电动机驱动,802C 适用于伺服电动机驱动,具有数字 I/O 接口

类别	型号	特点及应用
SIEMENS	SINUMERIK 802D	控制 4 个数字进给轴和一个主轴,PLCI/O 模块,具有图形式循环编程,车削、铣削/钻削工艺循环,FRAME(包括移动、旋转和缩放)等功能,为复杂加工任务提供智能控制
	SINUMERIK 810D	用于数字闭环驱动控制,最多可控 6 轴(包括 1 个主轴和 1 个辅助主轴),紧凑型可编程输入/输出
	SINUMERIK 840D	全数字模块化数控设计,用于复杂机床、模块化旋转加工机床和传送机,最大可控 31 个坐标轴

② 伺服单元、驱动装置和测量装置。伺服单元和驱动装置包括主轴伺服驱动装置、主轴电动机、进给伺服驱动装置及进给电动机。测量装置是指位置和速度测量装置,它是实现主轴、进给速度闭环控制和进给位置闭环控制的必要装置。主轴伺服系统的主要作用是实现零件加工的切削主运动,其控制量为速度。进给伺服系统的主要作用是实现零件加工的进给运动(成形运动),其控制量为速度和位置,能灵敏、准确地实现 CNC 装置的位置和速度指令。

③ 控制面板。控制面板是操作人员与数控机床进行信息交互的工具。操作人员通过它操作、编程、调试,或对机床参数进行设定和修改,也可以通过它了解或查询数控机床的运行状态。

④ 控制介质和输入、输出设备。控制介质是记录零件加工程序的媒介,是人与机床建立联系的介质。程序输入、输出设备是 CNC 系统与外部设备信息交互的装置,其作用是将记录在控制介质上的零件加工程序输入 CNC 系统,或将已调试好的零件加工程序通过输出设备存放或记录在相应的介质上。

⑤ PLC、机床 I/O 电路和装置。PLC 用于与逻辑运算、顺序动作有关的 I/O 控制,由硬件和软件组成。机床 I/O 电路和装置是用于实现 I/O 控制的执行部件,由继电器、电磁阀、行程开关、接触器等组成的逻辑电路。

⑥ 机床本体。数控机床的本体是指其机械结构实体,是实现加工零件的执行部件,主要由主运动部件(主轴、主运动传动机构)、进给运动部件(工作台、溜板及相应的传动机构)、支承件(立柱、床身、导轨等),以及特殊装置、自动工件交换(APC)系统、自动刀具交换(ATC)系统和辅助装置(如冷却、润滑、排屑、转位和夹紧装置等)组成。机床部分机械部件如图 1-4~1-9 所示。

图 1-4　电主轴

图 1-5　旋转工作台

图 1-6　床身

图 1-7　APC 装置

图 1-8　刀库

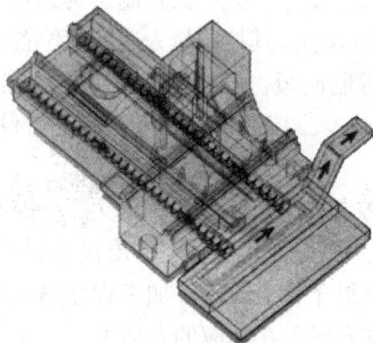

图 1-9　排屑装置

3. 数控机床的主要类型

数控机床通常按以下几个方面进行分类：

（1）按加工方式和工艺用途分类　可分为数控车床、数控铣床、数控钻床、数控镗床、数控磨床等。

有些数控机床具有两种以上切削功能，例如以车削为主兼顾铣、钻削的车削中心；具有铣、镗、钻削功能，带刀库和自动换刀装置的镗铣加工中心（简称加工中心）。

另外，还有数控电火花线切割机床、数控电火花成形机床、数控激光加工机床、数控等离子弧切割机、数控火焰切割机、数控板材成形机床、数控冲床、数控剪床、数控液压机等各种功能和不同种类的数控加工机床。

（2）按加工路线分类　按其刀具与工件相对运动的方式，可以分为点位控制数控机床、直线控制数控机床和轮廓控制数控机床。

① 点位控制。刀具与工件相对运动时，只控制刀具从一点运动到另一点的准确性，而不考虑两点之间的运动路径和方向，如图 1-10(a)所示，多应用于数控钻床、数控冲床、数控坐标镗床和数控点焊机等。

② 直线控制。刀具与工件相对运动时，除控制刀具从起点到终点的准确定位外，还要

保证刀具平行坐标轴的直线切削运动,如图 1 - 10(b)所示。由于刀具只做平行坐标轴的直线进给运动,因此不能加工复杂的工件轮廓。这种控制方式用于简易数控车床、数控铣床、数控磨床。

③ 轮廓控制。刀具与工作相对运动时,能同时控制刀具做两个或两个以上坐标轴的运动。因此可以加工平面曲线轮廓或空间曲面轮廓,如图 1 - 10(c)所示。采用这类控制方式的数控机床有数控车床、数控铣床、数控磨床、加工中心等。

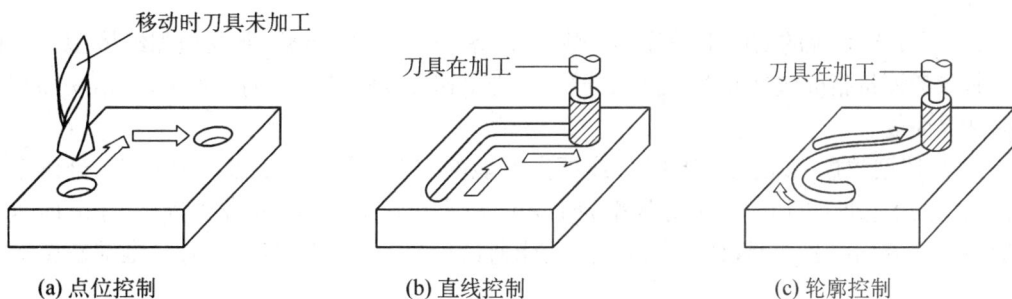

(a) 点位控制   (b) 直线控制   (c) 轮廓控制

图 1 - 10 数控机床分类

(3) 按可控制联动的坐标轴分类　数控机床可控制联动的坐标轴数目,是指数控装置控制几个伺服电动机,同时驱动机床移动部件运动的坐标轴数目。

① 两坐标联动机床。数控机床能同时控制两个坐标轴联动,如数控装置同时控制 X 和 Z 方向运动,可用于加工各种曲线轮廓的回转体类零件。

② 三坐标联动机床。能同时控制 3 个坐标轴联动,可用于加工曲面零件,如图 1 - 11 (b)所示。

③ 两轴半坐标联动机床。数控机床本身有 3 个坐标轴能作 3 个方向的运动,但控制装置只能同时控制两个坐标轴联动,而第三个坐标轴只能做等距周期移动,可加工空间曲面,如图 1 - 11(c)所示零件。

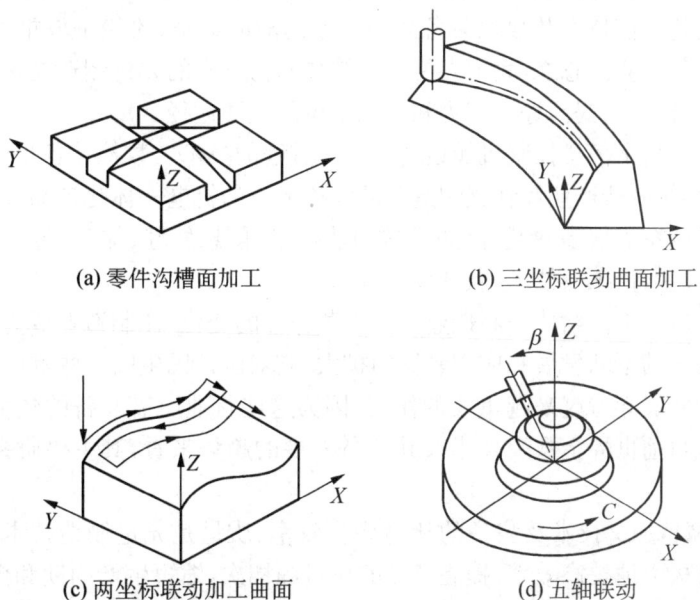

(a) 零件沟槽面加工   (b) 三坐标联动曲面加工

(c) 两坐标联动加工曲面   (d) 五轴联动

图 1 - 11 空间平面和曲面的数控加工

④ 多坐标联动机床。数控机床能同时控制 4 个以上坐标轴联动。多坐标数控机床的结构复杂、精度要求高、程序编制复杂,主要应用于加工形状复杂的零件,如五轴联动铣床加工曲面形状零件。

(4) 按数控装置的类型分类　可分为硬件数控机床和计算机数控机床。

(5) 按伺服系统有无检测装置分类　可分为开环控制和闭环控制数控机床。根据检测装置安装的位置不同,闭环控制数控机床又可分为闭环控制数控机床和半闭环控制数控机床两种。

(6) 按数控系统的功能水平分类　数控系统一般分为高档型、普及型和经济型 3 个档次。其参考评价指标包括 CPU 性能、分辨率、进给速度、联动轴数、伺服水平、通信功能和人机对话界面等。

① 高档型数控系统。采用 32 位或更高性能的 CPU,联动轴数在 5 轴以上,分辨率≤0.1 μm,进给速度≥24 m/min(分辨率为 1 μm 时)或≥10 m/min(分辨率为 0.1 μm 时),采用数字化交流伺服驱动器,具有 MAP 高性能通信接口,具备联网功能,有三维动态图形显示功能。

② 普及型数控系统。采用 16 位或更高性能的 CPU,联动轴数在 5 轴以下,分辨率在 1 μm 以内,进给速度≤24 m/min,可采用交、直流伺服驱动,具有 RS232 或 DNC 通信接口,有 CRT 字符显示和平面线性图形显示功能。

③ 经济型数控系统。采用 8 位 CPU 或单片机控制,联动轴数在 3 轴以下,分辨率为0.01 mm,进给速度在 6~8 m/min,采用步进电动机驱动,具有简单的 RS232 通信接口,用数码管或简单的 CRT 字符显示器。

4. 数控加工与工艺技术的新发展

装备工业的技术水平和现代化程度,决定着整个国民经济的水平和现代化程度。数控技术及装备是发展新兴高新技术产业和尖端工业的使能技术和最基本的装备,如信息技术及其产业,生物技术及其产业,航空、航天等国防工业产业。当今世界各国制造业广泛采用数控技术,以提高制造能力和水平,提高对动态多变市场的适应能力和竞争能力。世界上各工业发达国家还将数控技术及数控装备列为国家的战略物资,纷纷采取重大措施来发展自己的数控技术及其产业。总之,大力发展以数控技术为核心的先进制造技术,已成为世界各发达国家加速经济发展、提高综合国力和国家地位的重要途径。

数控技术是用数字信息控制机械运动和工作过程的技术。数控装备是以数控技术为代表的新技术,对传统制造产业和新兴制造业的渗透形成的机电一体化产品,即所谓的数字化装备。其技术范围覆盖很多领域,例如机械制造技术,信息处理、加工、传输技术,自动控制技术,伺服驱动技术,传感器技术,软件技术等。

数控技术的应用不但给传统制造业带来了革命性的变化,使制造业成为工业化的象征,而且随着数控技术的不断发展和应用领域的扩大,它对国计民生的一些重要行业(IT、汽车、轻工、医疗等)的发展起着越来越重要的作用,因为这些行业所需装备的数字化已是现代发展的大趋势。从目前世界上数控技术及其装备发展的趋势来看,其主要研究热点有以下几个方面。

(1) 高速、高精加工技术及装备的新趋势　效率、质量是先进制造技术的主体。高速、高精加工技术可极大地提高效率,提高产品的质量和档次,缩短生产周期和提高市场竞争能力。为此日本先端技术研究会将其列为 5 大现代制造技术之一,国际生产工程学会(CIRP)将其确定为 21 世纪的中心研究方向之一。

在轿车工业领域,年产 30 万辆的生产节拍是 40 秒/辆,多品种加工是轿车装备必须解决的重点问题之一。航空和宇航工业加工的零部件多薄壁和薄肋,刚度很差,材料为铝或铝合金,高切削速度和切削力必须很小。近来采用大型整体铝合金坯料"掏空"的方法制造机翼、机身等大型零件,来替代多个零件通过众多的铆钉、螺钉和其他联结方式拼装,使构件的强度、刚度和可靠性得到提高。这些都对加工装备提出了高速、高精和高柔性的要求。

目前高速加工中心进给速度可达 80 m/min,甚至更高,空运行速度可达 100 m/min。目前世界上许多汽车厂,包括我国的上海通用汽车公司,已经以高速加工中心组成的生产线部分替代组合机床。美国 CINCINNATI 公司的 HyperMach 机床进给速度最大达 60 m/min,快速为 100 m/min,加速度达 2 g,主轴转速已达 60 000 r/min。加工一薄壁飞机零件,只用 30 min,而同样的零件在一般高速铣床加工需 3 h,在普通铣床加工需 8 h。德国 DMG 公司的双主轴车床的主轴速度及加速度分别达 12 000 r/mm 和 1 g。

在加工精度方面,近 10 年来,普通级数控机床的加工精度已由 10 μm 提高到 5 μm,精密级加工中心则从 3 μm 提高到 1~1.5 μm,并且超精密加工精度已开始进入纳米级(0.01 μm)。

在可靠性方面,国外数控装置的 MTBF 值已达 6 000 h 以上,伺服系统的 MTBF 值达到 30 000 h 以上,表现出非常高的可靠性。

为了实现高速、高精加工,与之配套的功能部件,如电主轴、直线电动机得到了快速的发展,应用领域进一步扩大。

(2) 五轴联动加工和复合加工机床快速发展　采用五轴联动对三维曲面零件的加工,可用刀具最佳几何形状切削,不仅表面粗糙度值小,而且效率也大幅度提高。一般认为,一台五轴联动机床的效率可以等于两台三轴联动机床,特别是使用立方氮化硼等超硬材料铣刀进行高速铣削淬硬钢零件时,五轴联动加工可比三轴联动加工发挥更高的效益。但过去因五轴联动数控系统、主机结构复杂等原因,其价格要比三轴联动数控机床高出数倍,加之编程技术难度较大,制约了五轴联动机床的发展。

电主轴的出现使得实现五轴联动加工的复合主轴头结构大为简化,其制造难度和成本大幅度降低,数控系统的价格差距缩小。因此促进了复合主轴头类型五轴联动机床和复合加工机床(含五面加工机床)的发展。如新日本工机的五面加工机床采用复合主轴头,可实现 4 个垂直平面的加工和任意角度的加工,使得五面加工和五轴加工可在同一台机床上实现,还可实现倾斜面和倒锥孔的加工。德国 DMG 公司展出 DMU Voution 系列加工中心,可在一次装夹下五面加工和五轴联动加工,可由 CNC 系统控制或 CAD/CAM 直接或间接控制。

(3) 智能化、开放式、网络化成为当代数控系统发展的主要趋势　21 世纪的数控装备将是智能化的系统。追求加工效率和加工质量方面的智能化,如加工过程的自适应控制,工艺参数自动生成;提高驱动性能及使用连接方便的智能化,如前馈控制、电动机参数的自适应运算、自动识别负载自动选定模型、自整定等;简化编程、简化操作方面的智能化,如智能化的自动编程、智能化的人机界面等;还有智能诊断、智能监控、诊断及维修等。为解决传统的数控系统封闭性和数控应用软件的产业化生产存在的问题,目前许多国家对开放式数控系统进行研究,如美国的 NGC(The Next Generation Work-Station/Machine Control)、欧共体的 OSACA(Open System Architecture for Control within Automation Systems)、日本的 OSEC(Open System Environment for Controller)、中国的 ONC(Open Numerical Control System)等。开放化已经成为数控系统的未来之路。所谓开放式数控系统,就是数控系统在统一的运行平台上开发,面向机床厂家和最终用户,通过改变、增加或剪裁结构对象(数控功能),形成系列化,并可方便地将用户的特殊应用和技术诀窍集成到控制系统中,快速实现不同品种、不同档次的开放式数控系统,形成具有鲜明个性的名牌产品。目前开放式数控系统的体系结构规范、通信规范、配置规范、运行平台、数控系统功能库,以及数控系统功能软件开发工具等是当前研究的核心。

网络化数控装备是近几年的一个新亮点。数控装备的网络化将极大地满足生产线、制造系统、制造企业对信息集成的需求,也是实现新的制造模式,如敏捷制造、虚拟企业、全球制造的基础单元。国内外一些著名数控机床和数控系统制造公司,都在近两年推出了相关的新概念和样机,如日本山崎马扎克公司展出的 Cyber Production Center(智能生产控制中心,CPC),日本大隈机床公司展出 IT plaza(信息技术广场,IT 广场),德国西门子公司展出的 Open Manufacturing Environment(开放制造环境,OME)等,反映了数控机床加工向网络化方向发展的趋势。

(4) 重视新技术标准、规范的建立 开放式数控系统有更好的通用性、柔性、适应性、扩展性,美国、欧洲和日本等纷纷实施战略发展计划,并进行开放式体系结构数控系统规范(OMAC、OSACA、OSEC)的研究和制定。世界 3 个最大的经济体在短期内进行了几乎相同的科学计划和规范的制定,预示了数控技术的变革时期的来临。我国在 2000 年也开始进行 ONC 数控系统的规范框架的研究和制定。

数控标准是制造业信息化发展的一种趋势。数控技术诞生后的 50 年间的信息交换都是基于 ISO 6983 标准,即采用 G、M 代码描述如何加工,其本质特征是面向加工过程。显然,这已越来越不能满足现代数控技术高速发展的需要。为此,国际上正在研究和制定一种新的 CNC 系统标准 ISO 14649(STEP-NC),其目的是提供一种不依赖于具体系统的中性机制,能够描述产品整个生命周期内的统一数据模型,从而实现整个制造过程,乃至各个工业领域产品信息的标准化。

STEP-NC 的出现可能是数控技术领域的一次革命,对于数控技术的发展乃至整个制造业,将产生深远的影响。首先,STEP-NC 提出一种崭新的制造理念。传统的制造理念中,NC 加工程序都集中在单个计算机上。而在新标准下,NC 程序可以分散在互联网上,这正是数控技术开放式、网络化发展的方向。其次,STEP-NC 数控系统还可大大减少加工图样(约 75%)、加工程序编制时间(约 35%)和加工时间(约 50%)。

案 例

数控加工与普通切削加工工艺对比

如图 1-12(a)所示的手柄轴,毛坯为棒料。比较普通切削加工与数控切削加工工艺的差别。

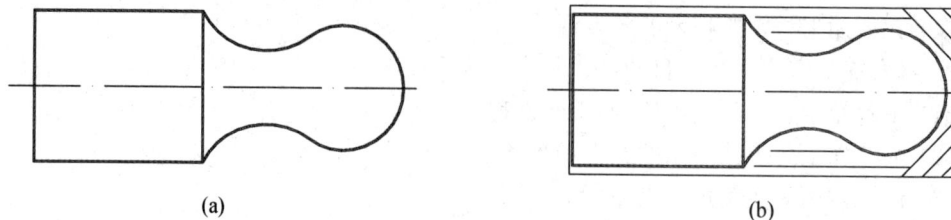

图 1-12　手柄轴零件

1. 普通粗车方式如图 1-12(b)所示。精车时采用成形刀车削,如图 1-13(a)所示。批量生产时还可采用靠模车削,如图 1-13(b)所示。

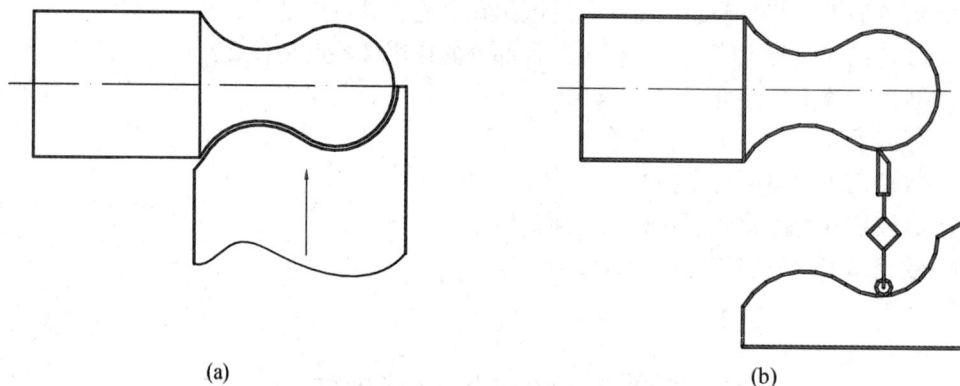

图 1-13　成形刀精车型面

2. 数控车削手柄轴如图 1-14 所示。

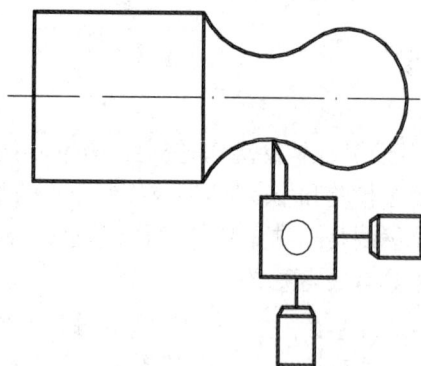

图 1-14　数控车削手柄轴

任务小结

1. 本次任务的主要内容

(1) 数控加工原理及加工过程。

(2) 数控技术与设备。

(3) 数控机床的主要类型。

（4）数控加工与工艺技术的新发展。

2．本次任务完成后达到目的

（1）了解数控加工的基本原理、工作过程。

（2）数控加工与工艺技术的新发展趋势。

（3）认识常用的数控加工设备。

（4）掌握普通机械切削加工与数控加工的特点。

任务后思考

1．数控加工工艺与普通加工工艺的区别在哪里？其特点是什么？

2．数控机床通常由哪几部分构成？各部分的作用和特点是什么？

3．数控系统由哪些部分构成？

4．可以采用哪些方法实现高精加工？

5．数控机床的类型有哪些？

6．数控技术智能化体现在哪些方面？

7．数控加工的发展趋势是什么？

任务 2　数控编程基础知识

必备知识

1.2.1　数控编程基本知识

1．数控编程的定义

把零件全部加工工艺过程及其他辅助动作，按动作顺序，用规定的标准指令、格式，编写成数控机床的加工程序，并经过检验和修改后，制成控制介质的整个过程称为数控加工的程序编制，简称数控编程。程序编制是一项重要的工作，迅速、正确而经济地完成程序编制工作，对于高效地使用数控机床具有决定意义。

2．数控编程的内容和工作过程

如图 1 - 15 所示，数控程序的编制应该有如下几个过程：

（1）分析零件图、确定工艺过程　要分析零件的材料、形状、尺寸、精度及毛坯形状和热处理要求等，以便确定加工该零件的设备，甚至要确定在某台数控机床上加工该零件的哪些工序或哪几个表面。确定零件的加工方法、加工顺序、走刀路线、装夹定位方法、刀具及合理的切削用量等工艺参数。

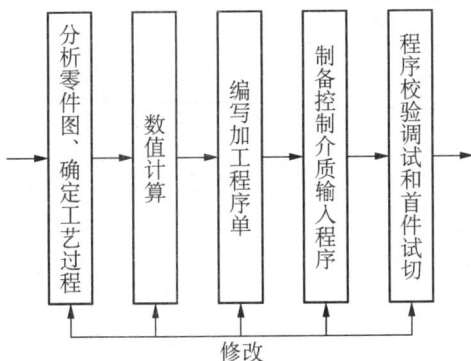

图 1 - 15　数控编程的内容

（2）数值计算　　根据零件图和确定的加工路线,计算数控机床所需输入数据,如零件轮廓基点坐标、节点坐标等的计算。输入方式有两种。语言输入方式是指加工零件的几何尺寸、工艺方案、切削参数等用数控语言编写成源程序后,输入到计算机或编程机中,用相应软件处理后得到零件加工程序的编程方式,如美国的 APT 系统等。图形输入方式是指将被加工零件的几何图形及相关信息直接输入到计算机并在显示器上显示出来,通过相应 CAD/CAM 软件,经过人与计算机图形交互处理,最终得到零件的加工程序。随着计算机技术的不断发展,CAD/CAM 软件技术体现出了更大的优越性,因此,成为了现代数控加工编程的主流技术。目前,常见的 CAD/CAM 一体化软件有 CATIA、UG、Pro/E、MasterCAM、SolidWorks、CAXA 制造工程师等。自动编程的特点是编程效率高,减少编程误差,可解决复杂形状零件的编程难题,降低编程费用。

3. 字的概念和功能指令

字即指令字,也称为功能字,由地址符和数字组成,是组成数控程序的最基本的单元。不同的地址符及其后续数字表示不同的指令字及含义。例如,G01 是一个指令字,表示直线插补功能,G 为地址符,数字 01 为地址中的内容;"X-200"是一个指令字,表示 X 轴坐标为 $-200\,\text{mm}$,X 为地址符,数字 -200 为地址中的内容。常用的地址符及其含义见表 1-2。

表 1-2　常用的地址符及其含义

功能	地址码	说明
程序号	O、％、P	程序编号
程序段号	N	程序段号地址
坐标字	X、Y、Z、U、V、W、P、Q、R； A、B、C、D、E； R； I、J、K；	直线坐标轴 旋转坐标轴 圆弧半径 圆弧中心坐标
准备功能	G	指令机床动作方式
辅助功能	M	机床辅助动作指令
补偿值	H、D	补偿值地址
进给功能	F	指定进给速度
主轴功能	S	指定主轴转速
刀具功能	T	指定刀具编号
暂停功能	P、X	指定暂停时间
重复次数	L	指定子程序及固定循环的重复次数

一个指令字表达了一个特定的功能含义。在实际工作中,应根据不同的数控系统说明书使用各个功能指令。

（1）程序名功能字　　程序名又称为程序号,每一个独立的程序都应有程序名,可作为识别、调用该程序的标志。程序名一般由程序名地址符(字母)和 1～4 位数字构成,不同的数控系统程序名地址符所用字母可能不同。例如,FANUC 系统用"O",华中系统则用"％",具

体可参阅机床使用说明书。

（2）程序段号功能字 N　程序段号用来表示程序段的序号，由地址符 N 和后续数字组成，如 N10。数控加工中的顺序号实际上是程序段的名称，与程序执行的先后次序无关。数控系统不是按程序段号的次序执行程序，而是按照程序段编写时的排列顺序逐段执行。一般情况下，程序段号应按一定的增量间隔顺序编写，以便程序的检索、编辑、检查和校验等。

（3）坐标功能字　坐标字用于确定机床在各种坐标轴上移动的方向和位移量，由坐标地址符和带正、负号的数字组成。例如，"X-50.0"表示坐标位置是 X 轴负方向 50 mm。

（4）准备功能字 G　准备功能字的地址符是 G，后跟两位数字组成，准备功能字简称 G 功能、G 指令或 G 代码，它是使机床或数控系统建立起某种加工方式的指令。G 指令从 G00 至 G99 共有 100 种。表 1-3 为 FANUC 0i 数控铣床系统常用的 G 代码的定义。

表 1-3　FANUC 0i 数控铣床系统常用的 G 功能指令

代码	组	意义	代码	组	意义	代码	组	意义
* G00		快速点定位	* G40		取消刀具半径补偿	G81		钻孔循环
G01	01	直线插补	G41	07	刀具半径左补偿	G82		钻孔循环
G02		顺时针圆弧插补	G42		刀具半径右补偿	G83		啄式钻深孔循环
G03		逆时针圆弧插补	G43		刀具长度正补偿	G84		攻螺纹循环
G04	00	暂停延时	G44	08	刀具长度负补偿	G85	09	镗孔循环
* G17		选择 xy 平面	* G49		取消刀具长度补偿	G86		镗孔循环
G18	02	选择 yz 平面	G52	00	局部坐标系设置	G87		背镗循环
G19		选择 xz 平面	G54～G59	14	零点偏置	G88		镗孔循环
G20	06	英制单位				G89		镗孔循环
* G21		米制单位	G73		高速深孔钻削固定循环	* G90	03	绝对坐标编程
G27		参考点返回检查				G91		增量坐标编程
G28	00	返回参考点	G74	09	左旋攻螺纹循环	G92	00	工件坐标系设定
G29		从参考点返回	G76		精镗循环	* G98	10	返回初始点
G30		返回第二参考点	* G80		钻孔循环取消	G99		返回 R 点

注：① 表内 00 组为非模态指令；其他组为模态指令；
② 标有 * 的指令为默认指令，即数控系统通电启动后的默认状态。

G 指令分为模态指令（又称续效指令）和非模态指令（又称非续效指令）两类。模态指令表示该指令在一个程序段中一旦出现，后续程序段中一直有效，直到有同组中的其他 G 指令出现时才失效。同一组的模态指令在同一个程序段中不能同时出现，否则只有后面的指令有效，而非同一组的 G 指令可以在同一程序段中同时出现。非模态 G 指令只在该指令所在程序段中有效，而在下一程序段中便失效。

（5）辅助功能字 M　辅助功能字的地址符是 M，辅助功能指令简称 M 功能、M 指令或 M 代码。它由地址码 M 和两位数字组成，从 M00 到 M99，共有 100 种。它是控制机床辅助动作的指令，主要用于指定主轴的起动、停止、正转、反转，切削液的开、关，夹具的夹紧、松

开,刀具更换,排屑器开、关等。M指令也有模态指令和非模态指令两类。

(6) 进给功能字F　进给功能指令用来指定刀具相对于工件的进给速度,是模态指令,单位一般为 mm/min,它以地址符 F 和后续数字表示。例如,程序段"N10 G01X50.0Y0 F100;"中 F100 表示刀具的进给速度是 100 mm/min。当进给速度与主轴转速有关时即用进给量来表示刀具移动的快慢时,单位为 mm/r。当加工螺纹时,F 可用来指定螺纹的导程。

(7) 主轴转速功能字S　主轴转速功能指令用来指定主轴的转速,是模态指令,单位为 r/min。它以地址符 S 和后续数字表示。例如,"S1500"表示主轴转速为 1 500 r/min。有恒线速度功能的数控系统也可用 S 表示切削线速度,单位为 m/min。加工中主轴的实际转速常用数控机床操作面板上的主轴速度倍率开关来调整。

(8) 刀具功能字T　刀具功能指令用以选择所需的刀具号和刀补号,是模态指令。它以地址符 T 和后续数字表示,数字的位数和定义由不同的机床自行确定,一般用两位或四位数字来表示。例如,T0101 表示选 1 号刀具且采用 1 号刀补值,或用 T33 表示选 3 号刀具且采用 3 号刀补值。

4. 程序格式

(1) 程序的结构　一个完整的零件加工程序都由程序名、程序内容和程序结束指令 3 部分构成。程序内容由若干个程序段组成,每个程序段由若干个指令字组成,每个指令字又由字母、数字、符号组成。加工程序的结构如下:

```
O1001                              //程序名
N10   G54   G90   G40   G00   Z100.0;
N20   M03   S1500;
N30   G00   X100.0   Y100.0;        //程序内容
  ⋮
N100   M05;
N110   M02;                        //程序结束指令
```

① 程序名:"O1001"是此程序的程序名。每一个独立的程序都应有程序名,它可作为识别、调用该程序的标志。编程时一定要根据说明书的规定使用,一般要求单列一段,否则系统是不会接受的。

② 程序内容:程序内容是由若干个程序段组成的,每个程序段一般占一行,表示一个完整的加工动作。

③ 程序结束指令:程序结束指令可以用 M02 或 M30,作为整个程序结束的标志,一般要求单列一段。

(2) 程序段格式　程序段格式是指程序段中字的排列顺序和表达方式。数控系统曾用过的程序段格式有 3 种:固定顺序程序段格式、带分隔符的固定顺序(也称表格顺序)程序段格式和字地址程序段格式,目前数控系统广泛采用的是字地址程序段格式。

字地址程序段格式也称为字地址可变程序段格式。这种格式的程序段,其长短、字数和字长(位数)都是可变的,字的排列顺序没有严格要求,不需要的字以及与上一程序段相同的续效字可以不写。这种格式的优点是程序简短、直观、可读性强、易于检验、修改,因此现代数控机床广泛采用这种格式。

程序段可以认为是由程序段号、若干个程序指令字和程序段结束符组成,而指令字又由地址码和数字及代数符号组成,各指令字可根据需要选用,不用的可省略。字地址程序段的一般格式为:

N— G— X— Y— Z—…F— S— T— M— ;
程序　准备　　　尺寸字　　　进给　主轴　刀具　辅助　程序
段号　功能　　　　　　　　　功能　转速　功能　功能　段结
字　　字　　　　　　　　　　字　　功能　字　　字　　束符
　　　　　　　　　　　　　　　　　字

(3) 主程序与子程序　机床的加工程序可以分为主程序和子程序。主程序是指一个完整的零件加工程序,其结构如前所示,程序结束指令为 M02 或 M30。

在编制零件加工程序时,有时会遇到一组程序段在一个程序中多次出现,或者在几个程序中都要使用它。这组典型的程序段可以按一定格式编成一个固定程序体,并单独命名,这个程序体就称为子程序。子程序不能作为独立的加工程序使用,只能通过主程序调用,实现加工中的局部动作。子程序的调用指令格式如下:

格式一　M98　P××××　L××××;

其中地址 P 后的 4 位数字为子程序号,地址 L 后的 4 位数字为重复调用的次数。子程序号及调用次数有效数字前的 0 可以省略。如果只调用一次,则地址 L 及其后的数字可以省略。

格式二　M98　P××××××;

地址 P 后为 6 位数字,前两位为调用次数,省略时为调用一次;后 4 位为所调用的子程序号。

指令应用提示如下:

① 如果是格式一,则子程序号与调用次数很明确。例如,"M98 P123 L2;"为调用子程序 0123 两次。

② 如果是格式二,则看地址 P 后数字的位数。位数≤4 位时,此数字表示子程序号;位数>4 位时,后 4 位为子程序号,子程序号之前的数字为调用次数。例如,"M98 P50020;"表示调用子程序 0020 五次;而"M98P0020(调用一次可省调用次数);"表示调用子程序 0020 一次。子程序可以被主程序多次调用,称为重复调用,一般重复调用次数可以达到 9 999 次。同时子程序也可以调用另一个子程序,称为子程序的嵌套,一般嵌套次数不超过 4 级,如图 1-16 所示。

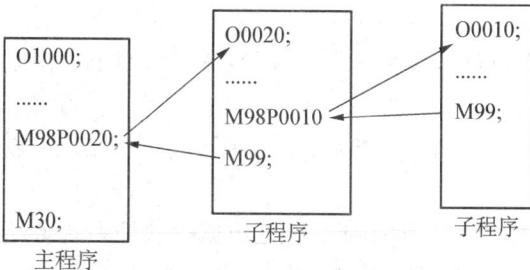

```
O1000;          O0020;          O0010;
......           ......           ......
M98P0020;       M98P0010         M99;
                M99;
M30;
主程序           子程序           子程序
```

图 1-16　子程序调用的嵌套

5. 数控机床的坐标系

(1) 坐标轴及其运动方向的规定　机床坐标系的一个直线进给运动或一个旋转进给运动定义一个坐标轴。我国标准 GB/T19660-2005 与国际标准 ISO 841:2001 等效,规定数

控机床的坐标系采用右手笛卡儿坐标系统,即直线进给运动用直角坐标系 X、Y、Z 表示,常称为基本坐标系。X、Y、Z 坐标的相互关系用右手定则确定,拇指为 X 轴,食指为 Y 轴,中指为 Z 轴,3 个手指自然伸开,互相垂直,其各手指指向为各轴正方向,并分别用$+X$、$+Y$、$+Z$ 来表示。围绕 X、Y、Z 轴旋转的转动轴分别用 A、B、C 坐标表示,其正向根据右手螺旋定则确定,拇指指向 X、Y、Z 轴的正方向,四指弯曲的方向为各旋转轴的正方向,并分别用$+A$、$+B$、$+C$ 来表示,如图 1-17 所示。

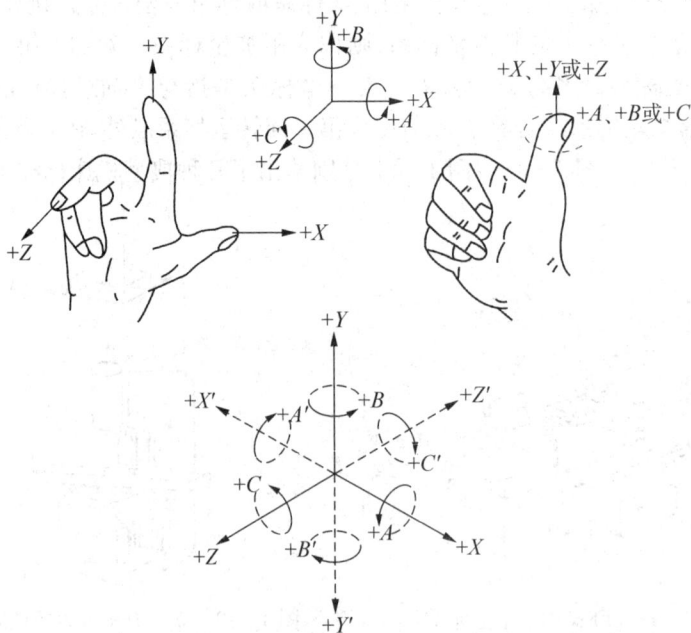

图 1-17　右手笛卡儿坐标系统

　　数控机床的进给运动是相对运动,有的是刀具相对于工件的运动,有的是工件相对于刀具的运动。为了使编程人员能在不知道刀具相对于工件运动还是工件相对于刀具运动的情况下,按零件图要求编写出加工程序。上述坐标系是假定工件不动,刀具相对于工件作进给运动的坐标系。如果是刀具不动,而是工件运动时的坐标,则用加"′"的字母表示。工件运动的坐标系正方向与刀具运动的坐标系的正方向相反。两者的加工结果是一样的。因此,编程人员在编写程序时,均采用工件不动,刀具相对移动的原则编程,不必考虑数控机床的实际运动形式。

　　(2) 机床坐标轴的确定方法

　　① 首先确定 Z 坐标。规定传送切削动力的主轴作为 Z 坐标轴,取刀具远离工件的方向为正方向($+Z$)。对于没有主轴的机床(如刨床),则规定垂直于工件装夹表面的坐标为 Z 坐标。如果机床上有几根主轴,则选垂直于工件装夹表面的一根主轴作为主要主轴。Z 坐标即为平行于主要主轴轴线的坐标。

　　② 确定 X 坐标。规定 X 坐标轴为水平方向,且垂直于 Z 轴并平行于工件的装夹面。对于工件旋转的机床(如车床、外圆磨床等),X 坐标的方向是在工件的径向上,且平行于横向滑座。同样,取刀具远离工件的方向为 X 坐标的正方向。对于刀具旋转的机床(如铣床、镗床等),则规定:当 Z 轴为水平时,从刀具主轴后端向工件方向看,向右方向为 X 轴的正方

向;当 Z 轴为垂直时,对于单立柱机床,面对刀具主轴向立柱方向看,向右方向为 X 轴的正方向。

③ 确定 Y 坐标。Y 坐标垂直于 X、Z 坐标。在确定了 X、Z 坐标的正方向后,可按右手定则确定 Y 坐标的正方向。

④ 确定 A、B、C 坐标。A、B、C 坐标分别为绕 X、Y、Z 坐标的回转进给运动坐标。在确定了 X、Y、Z 坐标的正方向后,可按右手定则来确定 A、B、C 坐标的正方向。

⑤ 附加运动坐标。X、Y、Z 为机床的主坐标系或称第一坐标系。例如,除了第一坐标系以外还有平行于主坐标系的其他坐标系,则称为附加坐标系。附加的第二坐标系命名为 U、V、W。第三坐标系命名为 P、Q、R。第一坐标系是指与主轴最接近的直线运动坐标系,稍远的即为第二坐标系。若除了 A、B、C 第一回转坐标系以外,还有其他的回转运动坐标,则命名为 D、E 等。图 1-18～图 1-21 分别给出了几种典型机床标准坐标系简图。

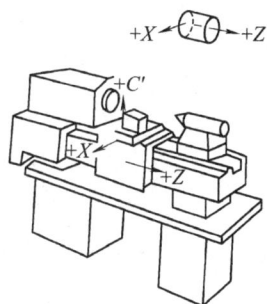

图 1-18　卧式数车床坐标系

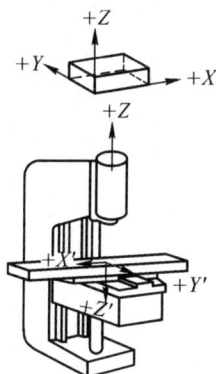

图 1-19　立式升降台数控铣床坐标系

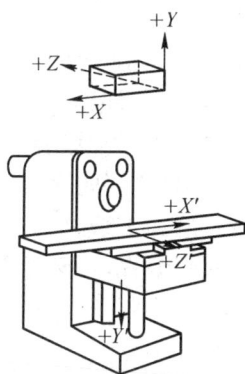

图 1-20　卧式升降台数控铣床坐标系

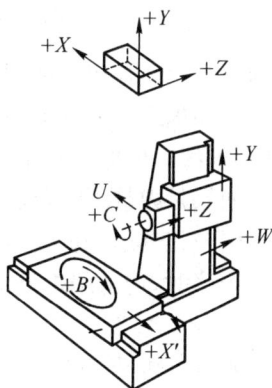

图 1-21　卧式数控铣床坐标系

（3）机床坐标系　机床坐标系是机床上固有的坐标系,机床坐标系的原点也称机床原点、机械原点,用 M 表示,如图 1-22 所示。它是由机床生产厂家在机床出厂前设定好的,在机床上的固有的点,它是机床生产、安装、调试时的参考基准,不能随意改变。例如,数控车床的机床原点大多定在主轴前端面的中心处;数控铣床的机床原点大多定在各轴进给行程的正极限点处(也有个别会设定在负极限点处)。机床坐标系是通过回参考点操作来确立的。

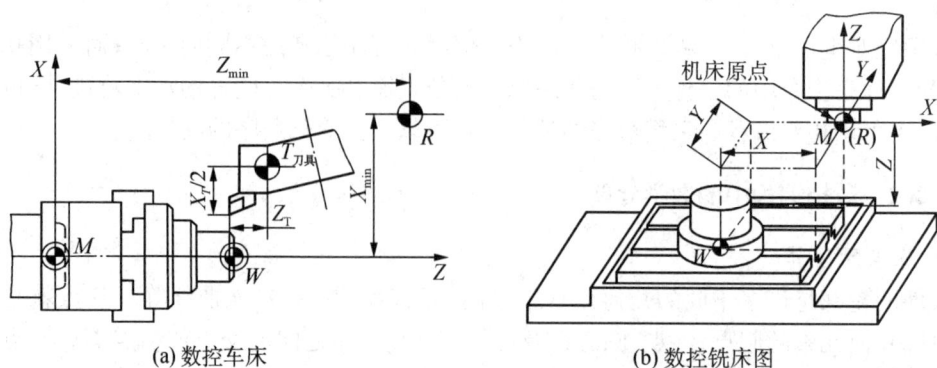

(a) 数控车床   (b) 数控铣床图

图 1 - 22 数控机床坐标系及原点

(4) 参考坐标系 参考坐标系是为确定机床坐标系而设定的机床上的固定坐标系,其坐标原点称为参考点,参考点位置一般都在机床坐标系正向的极限位置处。参考点可以与机床坐标原点不重合(如数控车床),也可以与机床原点重合(一般是数控铣床),是用于对机床工作台(或滑板)与刀具相对运动的测量系统进行定标与控制的点,一般都是设定在各轴正向行程极限点的位置上,用 R 表示,如图 1 - 22 所示。机床坐标系就是通过回参考点操作来确立的。参考点的位置是在每个轴上用挡块和限位开关精确地预先调整好的,它相对于机床原点的坐标是一个已知数,一个固定值。每次开机后,或因意外断电、急停等原因停机而机床重新起动时,都必须先让各轴返回参考点,进行一次位置校准,以消除机床位置误差。

(5) 工件坐标系 工件坐标系是编程人员在编程时使用的坐标系,也称编程坐标系或加工坐标系。工件坐标系原点称为工件原点或编程原点,用 W 表示。工件坐标系由编程人员根据零件图样自行确定的,对于同一个加工工件,不同的编程人员可能确定的工件坐标系会不相同。工件原点设定一般原则如下:

① 工件原点应选在零件图样的尺寸基准上。这样可以直接用图样标注的尺寸,作为编程点的坐标值,减少数据换算的工作量。

② 能方便地装夹、测量和检验工件。

③ 尽量选在尺寸精度高、表面粗糙度值比较小的工件表面上,这样可以提高工件的加工精度和同一批零件的一致性。

④ 对于有对称几何形状的零件,工件原点最好选在对称中心点上。

车床的工件原点一般设在主轴中心线上,大多定在工件的左端面或右端面。铣床的工件原点,一般设在工件外轮廓的某一个角上或工件对称中心处;背吃刀量方向上的零点,大多取在工件上表面。对于形状较复杂的工件,有时为编程方便,可根据需要通过相应的程序指令随时改变新的工件坐标原点。对于在一个工作台上装夹加工多个工件的情况,在机床功能允许的条件下,可分别设定编程原点独立地编程,再通过工件原点预置的方法在机床上分别没定各自的工件坐标系。

(6) 绝对坐标编程和相对坐标编程 数控编程通常都是按照组成图形的线段或圆弧的端点的坐标来进行的。当运动轨迹的终点坐标是相对于线段的起点来计量时,称为相对坐标或增量坐标表达方式。若按这种方式编程,则称为相对坐标编程。当所有坐标点的坐标值均从某一固定的坐标原点计算时,就称为绝对坐标表达方式,按这种方式编程即为绝对坐

标编程。

采用绝对坐标编程时,程序指令中的坐标值随着程序原点的不同而不同;而采用相对坐标编程时,程序指令中的坐标值则与程序原点的位置没有关系。同样的加工轨迹,既可用绝对编程,也可用相对编程。采用恰当的编程方式可以大大简化程序的编写。

1.2.2 数控编程中的数学处理

1. 基点的计算

零件的轮廓是许多不同的几何元素组成的,如直线、圆弧、二次曲线等。基点就是构成零件轮廓几何元素的起点、终点、圆心以及各相邻几何元素之间的交点或切点等。基点坐标是编程中非常重要的数据,一般来说,基点的坐标根据图样给定的尺寸,利用一般的解析几何或三角函数关系便可求得。

如果零件图转化为数字二维或三维模型,则可用 CAD 或 CAM 软件方便求得。

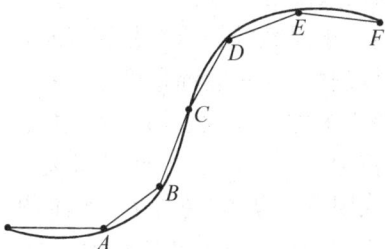

图 1-23 零件轮廓的节点

2. 节点的计算

数控系统一般只有直线及圆弧插补功能。若零件轮廓不是由直线和圆弧组成,而是非圆曲线时,则要用直线段或圆弧段拟合的方式去逼近轮廓曲线,逼近线段与被加工曲线的交点称为节点,如图 1-23 所示的 A、B、C、D、E 各点,故要进行相应的节点计算。

节点计算的方法很多,一般可根据轮廓曲线的特性、数控系统的插补功能及加工要求的精度而定。

手工编程中,常用的逼近计算方法有等间距直线逼近法、等弦长直线逼近法及三点定圆法等。等间距直线逼近法是在一个坐标轴方向,将需逼近的轮廓等分,再对其设定节点,然后计算坐标值。等弦长直线逼近法是设定相邻两点间的弦长相等,再对该轮廓曲线进行节点坐标值计算。三点定圆法是一种用圆弧逼近非圆曲线时常用的计算方法,其实质是先用直线逼近方法计算出轮廓曲线的节点坐标,然后再通过连续的 3 个节点作圆,用一段段圆弧逼近曲线。

(1)等间距直线逼近法的节点计算 等间距直线逼近法的节点计算方法比较简单,其特点是使每个程序段的某一坐标增量相等,然后根据曲线的表达式求出另一坐标值,即可得到节点坐标。在直角坐标系中,可使相邻节点间的 X 坐标增量或 Y 坐标增量相等;在极坐标中,使相邻节点间的转角坐标增量或径向坐标增量相等。

如图 1-24 所示,由起点开始,每次增加一个坐标增量 ΔX,得到 X_1,将 X_1 代入轮廓曲线方程 $Y = f(X)$,即可求出 A_1 点的 Y 坐标值。X_1、Y_1 即为逼近线段的终点坐标值。如此反复,便可求出一系列节点坐标值。这种方法的关键是确定间距值,该值应保证曲线 $Y = f(X)$ 相邻两节点间的法向距离小于允许的程序编制误差,即 $\delta \leqslant \delta_{允}$,允许误差一般为零件公差的 1/10~1/5。在实际生产中,常根据加工精度要求和经验选取间距值。

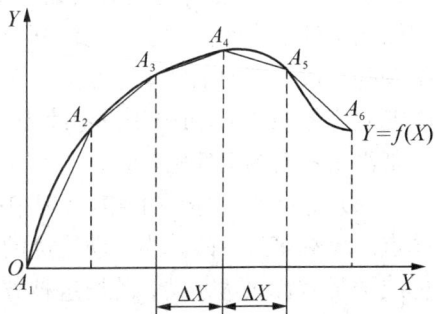

图 1-24 等间距法直线逼近求节点

(2) 等弦长直线逼近法的节点计算 这种方法是使所有逼近线段的弦长相等,如图 1-25 所示。由于轮廓曲线 $Y = f(X)$ 各处的曲率不等,因而各程序段的插补误差 δ 不等。所以编程时必须使产生的最大插补误差小于允许的插补误差,以满足加工精度的要求。在用直线逼近曲线时,一般认为误差的方向是在曲线的法线方向,同时误差的最大值产生在曲线的曲率半径最小处。

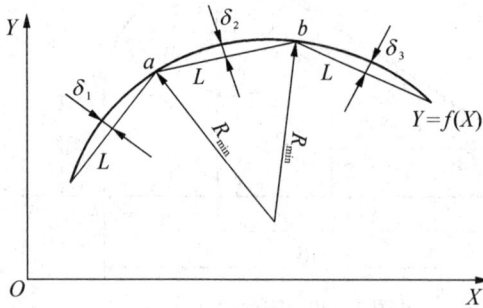

图 1-25 等弦长法直线逼近求节点   **图 1-26** 等误差法直线逼近求节点

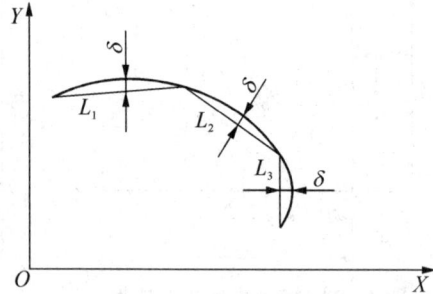

(3) 等误差直线逼近法的节点计算 等误差直线逼近法的特点是使零件轮廓曲线上各逼近线段的插补误差相等,并小于或等于允许的插补误差,如图 1-26 所示。用这种方法确定的各逼近线段的长度不等。

在上述方法中,等误差直线逼近法的程序段数目最少,但其计算比较繁琐。

案 例

1. 主程序 O0001 调用子程序 O1000 两次,且子程序 O1000 调用(1 级嵌套)子程序 O2000。

程序结构及执行路线如图 1-27 所示。

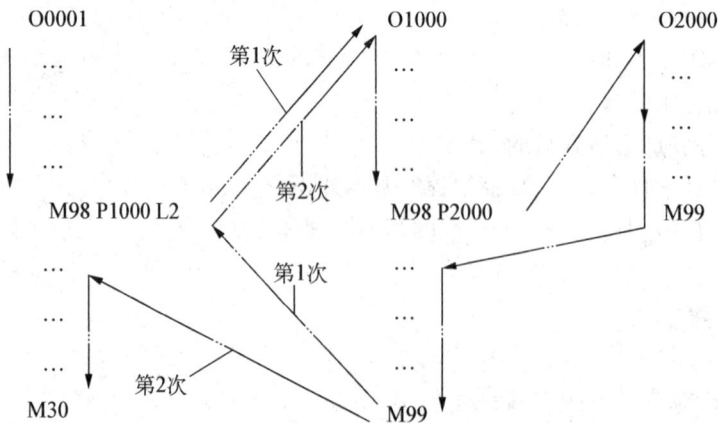

图 1-27 子程序的调用与嵌套

2. 要使刀具从图 1-28 中的 A 点运动到 B 点,写出程序段。

用绝对坐标编程时,A 点坐标为(30,35),B 点坐标为(12,15),则程序段为

G00 X12. Y15.

用相对坐标编程时,B 点相对于 A 点的坐标为$(-18,-20)$,则程序序段为

G00 X$-$18. Y$-$20.

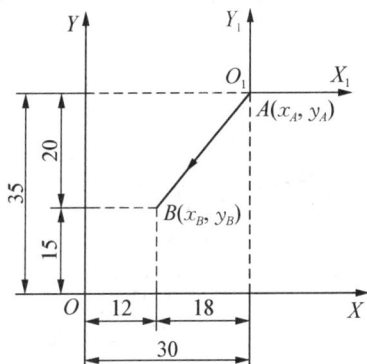

图 1-28 绝对坐标和相对坐标

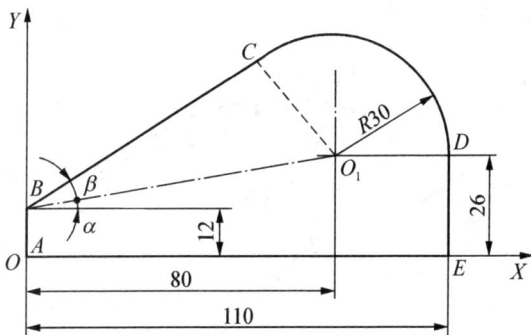

图 1-29 零件的基点

图 1-29 所示的 A、B、C、D、E 各点为零件的基点,A、B、D、E 的坐标值根据图样中标注的尺寸很容易得到,C 点是直线和圆弧的切点,其坐标值需建立方程求解。以 B 点为计算坐标系原点,建立下列方程:

直线方程 $Y = X\tan(\alpha + \beta)$;

圆弧方程 $(X-80)^2 + (Y-14)^2 = 30^2$。

可求得 C 点坐标为$(64.278,39.550)$,换算成编程用的以 A 点为原点的坐标值,则得 $C(64.278,51.550)$。可以看出基点的计算很复杂,为了提高编程效率,一般都利用 CAD/CAM 绘图软件查询点的坐标功能来方便求得基点坐标。

任务小结

1. 本次任务的主要内容

(1) 数控编程基本知识。

(2) 数控编程中的数学处理。

2. 本次任务完成后达到目的

(1) 学完本教学任务,掌握数控编程的基本知识

(2) 了解数控编程过程中数学处理的基本原理和方法。

任务后的思考

1. 简述数控编程的方法和内容。

2. 简述数控机床坐标系中坐标轴位置及其方向的判定原则和方法。

3. 机床坐标系和工件坐标系的区别是什么?

4. 什么是机械原点、工件原点及参考点?

5. 开机回零操作的意义是什么?

6. 什么是基点和节点？简述基点、节点的计算方法。

模块二　数控加工工艺基础

任务 1　数控加工工艺基础

必备知识

1.1.1　数控加工工艺的主要内容和设计步骤

1. 数控加工工艺内容的选择

并非全部加工工艺过程都适合在数控机床上完成，而往往只是其中的一部分工艺内容适合数控加工。这就需要对零件图样进行仔细的工艺分析，选择那些最适合、最需要数控加工的内容和工序。在考虑选择内容时，应结合本企业设备的实际，立足于解决难题、攻克关键问题和提高生产效率，充分发挥数控加工的优势。在选择时，一般可按下列顺序考虑。

（1）通用机床无法加工的内容应作为优先选择内容。

（2）通用机床难加工，质量也难以保证的内容应作为重点选择内容。

（3）通用机床加工效率低、工人手工操作劳动强度大的内容，可在数控机床尚存在富裕加工能力时选择。

一般来说，上述这些加工内容采用数控加工后，在产品质量、生产效率与综合效益等方面都会得到明显提高。相比之下，下列一些内容不宜选择采用数控加工：

（1）占机调整时间长。如以毛坯的粗基准定位加工第一个精基准，需用专用工装协调的内容。

（2）加工部位分散，要多次安装、设置原点。这时，采用数控加工很麻烦，效果不明显，可安排通用机床补加工。

（3）按某些特定的制造依据（如样板等）加工的型面轮廓。主要原因是获取数据困难，易于与检验依据发生矛盾，增加了程序编制的难度。

此外，在选择和决定加工内容时，也要考虑生产批量、生产周期、工序间周转情况等等。总之，要尽量做到合理，达到多、快、好、省的目的。要防止把数控机床降格为通用机床使用。

2. 选择并确定进行数控加工的步骤

数控加工工艺过程如图 1-30 所示：

（1）对零件图纸进行数控加工工艺分析。

（2）零件图纸的数学处理及编程尺寸设定值的确定。

（3）数控加工工艺方案的制定。

（4）选择数控机床的类型。

（5）刀具、夹具、量具的选择。

（6）切削参数的确定。

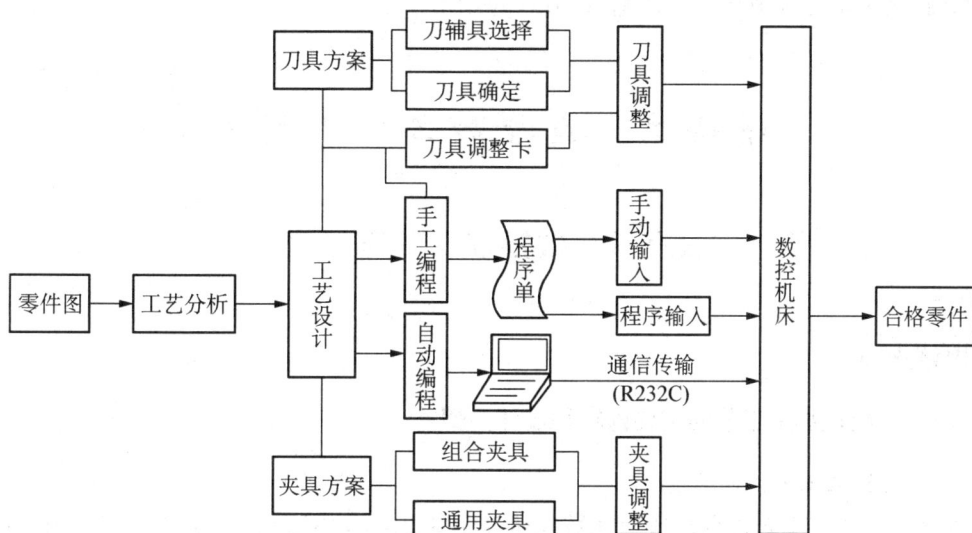

图 1-30 数控加工工艺过程

1.1.2 数控加工工艺分析

1. 数控加工零件图的工艺性分析

在选择并决定数控加工零件及其加工内容后,应全面、认真、仔细分析零件的数控加工工艺性,主要内容包括产品的零件图样分析、结构工艺性分析和零件安装方式的选择等内容。

首先应熟悉零件在产品中的作用、位置、装配关系和工作条件,搞清楚各项技术要求对零件装配质量和使用性能的影响,找出主要的和关键的技术要求,然后分析零件图样。

(1) 尺寸标注方法分析 在数控加工零件图上,尺寸标注方法应适应数控加工的特点,应以同一基准标注尺寸或直接给出坐标尺寸。这种标注方法既便于编程,又有利于设计基准、工艺基准、测量基准和编程原点的统一。由于零件设计人员一般在尺寸标注中较多地考虑装配等使用方面特性,而不得不采用如图 1-31(a)所示的局部分散的标注方法,这样就给工序安排和数控加工带来诸多不便。由于数控加工精度和重复定位精度都很高,不会因产生较大的积累误差而破坏零件的使用特征,因此,可将局部的分散标注法改为同一基准标注法或直接给出坐标尺寸的标注法,如图 1-31(b)所示。

(2) 零件图的完整性与正确性分析 构成零件轮廓的几何元素(点、线、面)的条件(如相切、相交、垂直和平分等)是数控编程的重要依据。手工编程时,要依据这些条件计算每一个基点的坐标;自动编程时,则要根据这些条件才能对构成零件的所有几何元素进行定义,无论哪一条件不明确,编程都无法进行。因此,在分析零件图样时,务必要分析几何元素给定条件是否充分,发现问题及时与设计人员协商解决。

(3) 零件技术要求 零件的技术要求包括加工表面的尺寸精度,主要加工表面的形状精度,主要加工表面之间的相互位置精度,加工表面的粗糙度以及表面质量方面的其他要求,热处理要求,其他要求(如动平衡、未注圆角或倒角、去毛刺、毛坯要求等)。只有在分析这些要求的基础上,才能正确合理地选择加工方法、装夹方式、刀具及切削用量等。

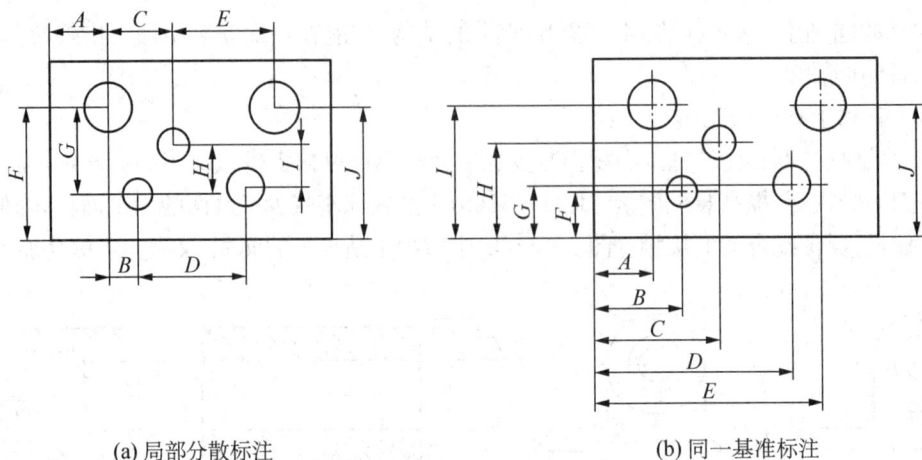

(a) 局部分散标注　　　　　　　　　　　　(b) 同一基准标注

图 1 - 31　零件尺寸标注分析

（4）零件材料分析　即分析所提供的毛坯材质本身的机械性能和热处理状态,毛坯的铸造品质和被加工部位的材料硬度,是否有白口、夹砂、疏松等。判断其加工的难易程度,为选择刀具材料和切削用量提供依据。零件材料应选择经济合理,切削性能好,并满足使用性能要求的材料。在满足零件功能的前提下,应选用廉价的、切削性能好的材料。

　　2. 零件的结构工艺性分析

　　零件的结构工艺性是指在满足使用性能的前提下,是否能以较高的生产率和最低的成本方便地加工出来的特性。对零件的结构工艺性进行详细的分析,主要考虑如下几方面的因素:

　　（1）有利于达到所要求的加工质量:

　　① 合理确定零件的加工精度与表面质量。

　　② 保证位置精度的可能性。

　　为保证零件的位置精度,最好使零件能在一次安装中加工出所有相关表面,这样就能依靠机床本身的精度来达到所要求的位置精度。如图 1 - 32(a)所示的结构,不能保证 $\phi80$ 与

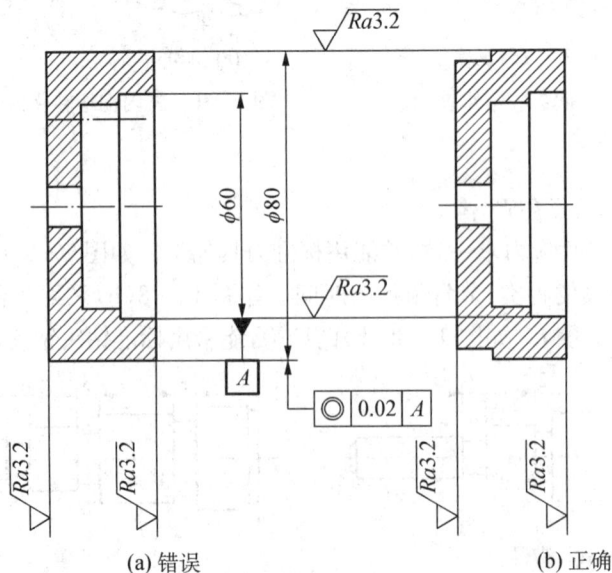

(a) 错误　　　　　　　　　　　　　　　(b) 正确

图 1 - 32　有利于保证位置精度的工艺结构

内孔 $\phi 60$ 的同轴度。如改成图 4-32(b)所示的结构,就能在一次安装中加工出外圆与内孔,保证二者的同轴度。

(2) 有利于减少加工劳动量:

① 尽量减少不必要的加工面积。减少加工面积不仅可减少机械加工的劳动量,而且还可以减少刀具的损耗,提高装配质量。图 1-33(b)中的轴承座减少了底面的加工面积,降低了修配的工作量,保证配合面的接触。图 1-34(b)中减少了精加工的面积,又避免了深孔加工。

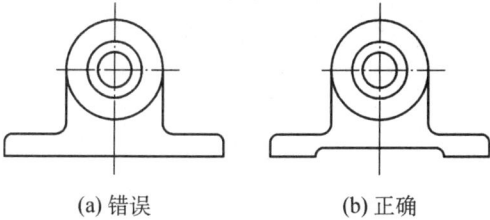

(a) 错误   (b) 正确

图 1-33　减少轴承座底面加工面积

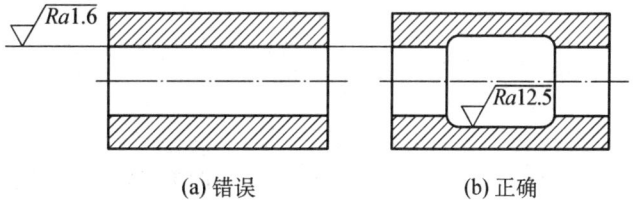

(a) 错误   (b) 正确

图 1-34　避免深孔加工的方法

② 尽量避免或简化内表面的加工。因为外表面的加工要比内表面加工方便经济,又便于测量。因此,在零件设计时应力求避免在零件内腔进行加工。如图 1-35 所示箱体,将图 1-35(a)的结构改成图 1-35(b)所示的结构,这样不仅加工方便而且还有利于装配。再如图 1-36 所示,将图 1-36(a)中件 2 上的内沟槽 a 加工,改成图 1-36(b)中件 1 的外沟槽加工,这样加工与测量就都很方便。

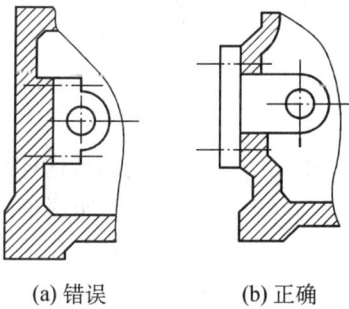

(a) 错误   (b) 正确

图 1-35　将内表面转化为外表面
加工方法

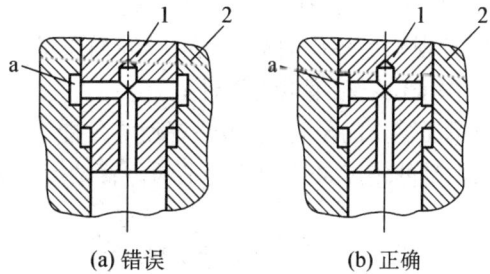

(a) 错误   (b) 正确

图 1-36　将内沟槽转化为外沟槽加工

(3) 有利于提高劳动生产率:

① 零件的有关尺寸应力求一致,并能用标准刀具加工。如图 1-37(b)中改为退刀槽尺寸一致,则减少了刀具的种类,节省了换刀时间。如图 1-38(b)采用凸台高度等高,则减少了加工过程中刀具的调整。如图 1-39(b)的结构,能采用标准钻头钻孔,从而方便了加工。

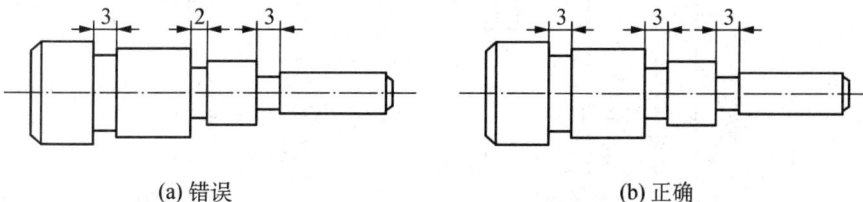

(a) 错误   (b) 正确

图 1-37　退刀槽尺寸一致

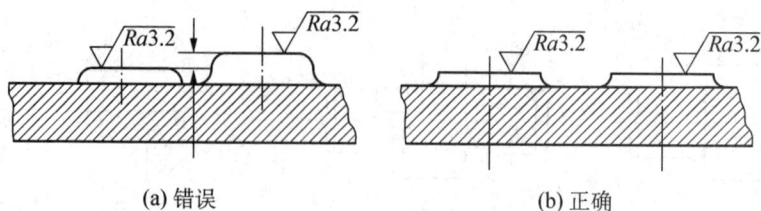

(a) 错误　　　　　　　　　　　　(b) 正确

图 1-38　凸台高度相等

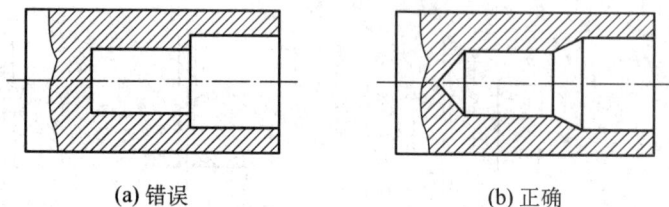

(a) 错误　　　　　　　　　　　　(b) 正确

图 1-39　便于采用标准钻头

②　减少零件的安装次数。零件的加工表面应尽量分布在同一方向,或互相平行或互相垂直的表面上;次要表面应尽可能与主要表面分布在同一方向上,以便在加工主要表面时,同时将次要表面也加工出来;孔端的加工表面应为圆形凸台或沉孔,以便在加工孔时同时将凸台或沉孔全锪出来。图 1-40(b)中的钻孔方向应一致;图 1-41(b)中键槽的方位应一致。

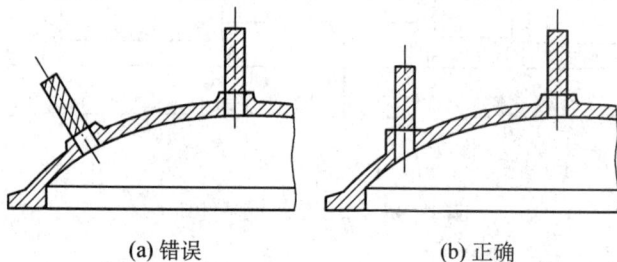

(a) 错误　　　　　　　　　　　　(b) 正确

图 1-40　钻孔方向一致

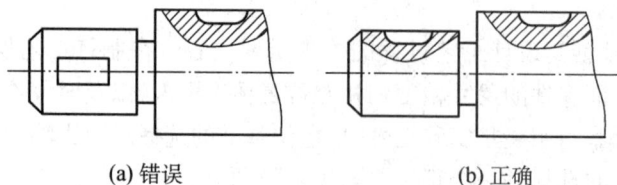

(a) 错误　　　　　　　　　　　　(b) 正确

图 1-41　键槽方位一致

③　零件的结构应便于加工。如图 1-42(b)、图 1-43(b)所示,设有退刀槽、越程槽,减少了刀具(砂轮)的磨损。图 1-42(b)的结构,便于引进刀具,从而保证了加工的可能性。

④　避免在斜面上钻孔和钻头单刃切削。如图 1-44(b)和图 1-45(b)所示,便于多刀或多件加工,如图 1-46 所示。

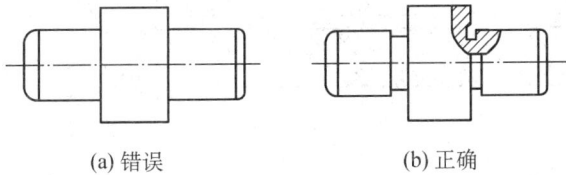

(a) 错误　　　　　(b) 正确

图 1-42　应留有越程槽

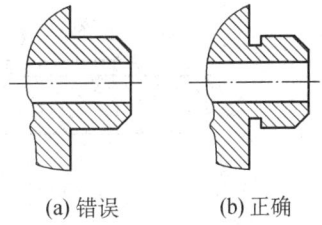

(a) 错误　　　　　(b) 正确

图 1-43　应留有退刀槽

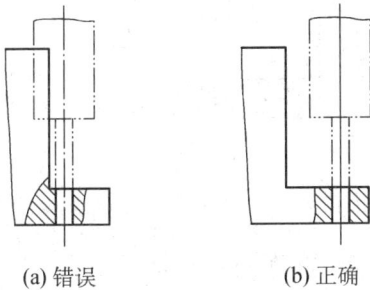

(a) 错误　　　　　(b) 正确

图 1-44　钻头应能接近加工表面

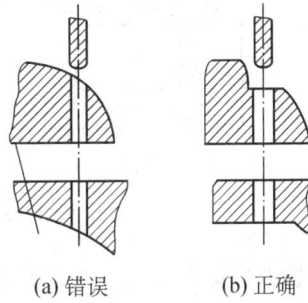

(a) 错误　　　　　(b) 正确

图 1-45　避免在斜面上钻孔和钻头单刃切削

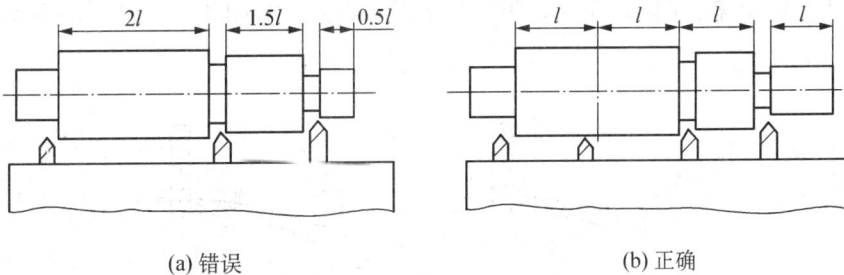

(a) 错误　　　　　　　　　　　　(b) 正确

图 1-46　便于多刀或多件加工

1.1.3　数控加工工艺路线设计

1. 选择定位基准

正确选择定位基准是设计工艺过程的一项重要内容。在制订工艺规程时,定位基准选择的正确与否,对保证零件的尺寸精度和相互位置精度要求,以及对零件各表面间的加工顺序安排都有很大影响,当用夹具安装工件时,定位基准的选择还会影响到夹具结构的复杂程度。因此,定位基准的选择是一个很重要的工艺问题。

选择定位基准,是从保证工件加工精度要求出发的,因此,定位基准的选择应先选择精基准,再选择粗基准。

(1) 精基准的选择原则　选择精基准时,主要应考虑保证加工精度和工件安装方便可靠,其选择原则如下:

① 基准重合原则。即选用设计基准作为定位基准,以避免定位基准与设计基准不重合而引起的基准不重合误差。

图 1-47 所示的零件,设计尺寸为 a 和 c,设顶面 B 和底面 A 已加工好(即尺寸 a 已经保证),现在用调整法铣削一批零件的 C 面。为保证设计尺寸 c,以 A 面定位,则定位基准 A 与设计基准 B 不重合,如图 1-47(b) 所示。由于铣刀是相对于夹具定位面(或机床工作台面)调整的,对于一批零件来说,刀具调整好后位置不再变动。加工后尺寸 c 的大小除受本工序加工误差(Δ_j)的影响外,还与上道工序的加工误差(T_a)有关。这一误差是由于所选的定位基准与设计基准不重合而产生的,这种定位误差称为基准不重合误差。它的大小等于设计(工序)基准与定位基准之间的联系尺寸 a(定位尺寸)的公差 T_a。从图 1-47(c) 中可看出,欲加工尺寸 c 的误差包括 Δ_j 和 T_a,为了保证尺寸 c 的精度,应使 $\Delta_j + T_a \leqslant T_c$。

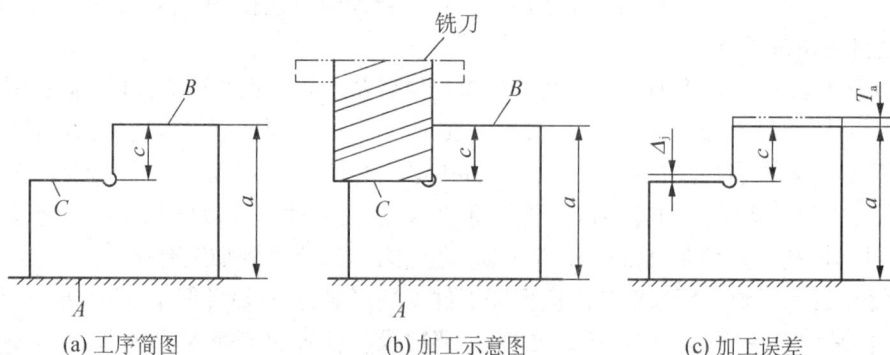

(a) 工序简图　　　　　(b) 加工示意图　　　　　(c) 加工误差

图 1-47　基准不重合误差示意图

显然,采用基准不重合的定位方案,必须控制该工序的加工误差和基准不重合误差的总和不超过尺寸 c 公差 T_c。这样既缩小了本道工序的加工允差,又对前面工序提出了较高的要求,使加工成本提高,当然是应当避免的。所以,在选择定位基准时,应当尽量使定位基准与设计基准相重合。

如图 1-48 所示,以 B 面定位加工 C 面,使得基准重合,此时尺寸 a 的误差对加工尺寸 c 无影响,本工序的加工误差只需满足 $\Delta_j \leqslant T_c$。

显然,这种基准重合的情况能使本工序允许出现的误差加大,使加工更容易达到精度要求,经济性更好。但是,往往会使夹具结构复杂,增加操作的困难。而为了保证加工精度,有时不得不采取这种方案。

② 基准统一原则。应采用同一组基准定位加工零件上尽可能多的表面,这就是基准统一原则。这样做可以简化工艺规程的制订工作,减少夹具设计、制造工作量和成本,缩短生

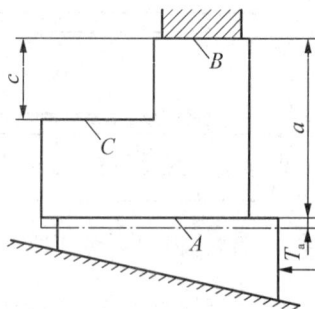

图 1-48　基准重合安装示意图

产准备周期;由于减少了基准转换,便于保证各加工表面的相互位置精度。例如加工轴类零件时,采用两中心孔定位加工各外圆表面,就符合基准统一原则。箱体零件采用一面两孔定位,齿轮的齿坯和齿形加工多采用齿轮的内孔及一端面为定位基准,均属于基准统一原则。

③ 自为基准原则。某些要求加工余量小而均匀的精加工工序,选择加工表面本身作为定位基准,称为自为基准原则。如图 1-49 所示,磨削车床导轨面,用可调支承支承床身零件,在导轨磨床上,用百分表找正导轨面相对机床运动方向的正确位置,然后加工导轨面以

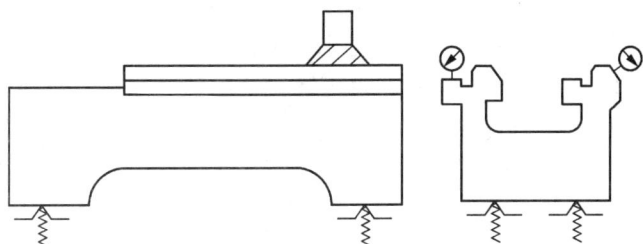

图 1-49　自为基准实例

保证其余量均匀,满足对导轨面的质量要求。还有浮动镗刀镗孔、珩磨孔、拉孔、无心磨外圆等也都是自为基准的实例。

④ 互为基准原则。当加工工件上两个相互位置精度要求很高的表面时,需要用两个表面互相作为基准,反复加工,以保证位置精度要求。例如,要保证精密齿轮的齿圈跳动精度,在齿面淬硬后,先以齿面定位磨内孔,再以内孔定位磨齿面,从而保证位置精度。车床主轴的前锥孔与主轴支承轴颈间有严格的同轴度要求,加工时就是先以轴颈外圆为定位基准加工锥孔,再以锥孔为定位基准加工外圆,如此反复多次,最终达到加工要求。

⑤ 便于装夹原则。所选精基准应保证工件安装可靠,夹具设计简单、操作方便。

(2) 粗基准选择原则　选择粗基准时,主要要求保证各加工面有足够的余量,使加工面与不加工面间的位置符合图样要求,并特别注意要尽快获得精基准面。具体选择时应考虑下列原则:

① 选择重要表面为粗基准,如图 1-50 所示。

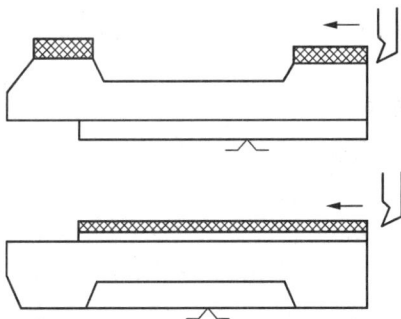

图 1-50　床身加工的粗基准选择

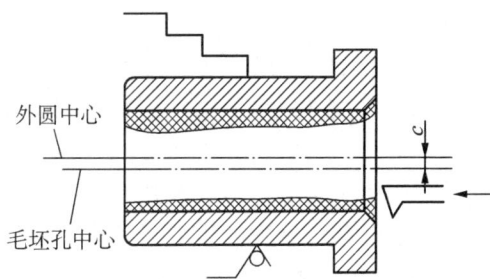

图 1-51　粗基准选择实例

② 选择不加工表面为粗基准,如图 1-51 所示。

③ 选择加工余量最小的表面为粗基准。

④ 选择较为平整光洁、加工面积较大的表面为粗基准。

⑤ 粗基准在同一尺寸方向上只能使用一次。

2. 选择数控加工方法

机械零件的结构形状多种多样,但它们都是由平面、外圆柱面、内圆柱面或曲面、成型面等基本表面组成的。每一种表面都有多种加工方法,具体选择时应根据零件的加工精度、表面粗糙度、材料、结构形状、尺寸及生产类型等因素,选用相应的加工方法和加工方案。

(1) 外圆表面加工方法的选择　圆表面的主要加工方法是车削和磨削。当表面粗糙度

要求较高时,还要经光整加工才能满足要求。外圆表面的加工方案见表 1-4。

表 1-4　外圆表面的加工方案

序号	加工方案	经济精度级	表面粗糙度 $Ra/\mu m$	适用范围
1	粗车	IT11 以下	50~12.5	适用于淬火钢以外的各种金属
2	粗车—半精车	IT8~IT10	6.3~3.2	
3	粗车—半精车—精车	IT7~IT8	1.6~0.8	
4	粗车—半精车—精车—滚压(或抛光)	IT7~IT8	0.2~0.025	
5	粗车—半精车—磨削	IT7~IT8	0.8~0.4	主要用于淬火钢,也可用于未淬火钢,但不宜加工有色金属
6	粗车—半精车—粗磨—精磨	IT6~IT7	0.4~0.1	
7	粗车—半精车—粗磨—精磨—超精加工(或轮式超精磨)	IT5	0.1~Rz0.1	
8	粗车—半精车—精车—金刚石车	IT6~IT7	0.4~0.025	主要用于要求较高的有色金属加工
9	粗车—半精车—粗磨—精磨—超精磨或镜面磨	IT5 以上	0.025~Rz0.05	极高精度的外圆 Ra 加工
10	粗车—半精车—粗磨—精磨—研磨	IT5 以上	0.1~Rz0.05	

(2) 内孔表面加工方法的选择　在数控机床上,内孔表面加工方法主要有钻孔、扩孔、铰孔、镗孔和拉孔、磨孔和光整加工。表 1-5 是常用的孔加工方案,应根据被加工孔的加工要求、尺寸、具体生产条件、批量的大小及毛坯上有无预制孔等情况合理选用。

表 1-5　常用的孔加工方案

序号	加工方案	经济精度级	表面粗糙度 $Ra/\mu m$	适用范围
1	钻	IT11~IT12	12.5	加工未淬火钢及铸铁的实心毛坯,也可用于加工有色金属(但表面粗糙度稍大,孔径小于 15~20 mm)
2	钻—铰	IT9	3.2~1.6	
3	钻—铰—精铰	IT7~IT8	1.6~0.8	
4	钻—扩	IT10~IT11	12.5~6.3	适于加工材料同上,但孔径大于 15~20 mm
5	钻—扩—铰	IT8~IT9	3.2~1.6	
6	钻—扩—粗铰—精铰	IT7	1.6~0.8	
7	钻—扩—机铰—手铰	IT6~IT7	0.4~0.1	
8	钻—扩—拉	IT7~IT9	1.6~0.1	大批大量生产(精度由拉刀的精度而定)

序号	加工方案	经济精度级	表面粗糙度 $Ra/\mu m$	适用范围
9	粗镗（或扩孔）	IT11～IT12	12.5～6.3	除淬火钢外各种材毛坯有铸出孔或锻出孔
10	粗镗（粗扩）—半精镗（精扩）	IT8～IT9	3.2～1.6	
11	粗镗（扩）—半精镗（精扩）—精镗（铰）	IT7～IT8	1.6～0.8	
12	粗镗（扩）—半精镗（精扩）—精镗—浮动镗刀精镗	IT6～IT7	0.8～0.4	
13	粗镗（扩）—半精镗—磨孔	IT7～IT8	0.8～0.2	主要用于淬火钢，也可用于未淬火钢，但不宜用于有色金属
14	粗镗（扩）—半精镗—粗磨—精磨	IT6～IT7	0.2～0.1	
15	粗镗—半精镗—精镗—金钢镗	IT6～IT7	0.4～0.05	主要用于精度要求高的有色金属加工
16	钻—（扩）—粗铰—精铰—珩磨；钻—（扩）—拉—珩磨；粗镗—半精镗—精镗—珩磨	IT6～IT7	0.2～0.025	精度要求很高的孔
17	以研磨代替上述方案中的珩磨	IT6级以上		

（3）平面加工方法的选择　平面的主要加工方法有铣削、刨削、车削、磨削和拉削等，精度要求高的平面还需要经研磨或刮削加工。常见平面加工方式见表1-6。

表1-6　常见平面加工方式

序号	加工方案	经济精度级	表面粗糙度 $Ra/\mu m$	适用范围
1	粗车—半精车	IT9	6.3～3.2	
2	粗车—半精车—精车	IT7～IT8	1.6～0.8	端面
3	粗车—半精车—磨削	IT8～IT9	0.8～0.2	
4	粗刨（或粗铣）—精刨（或精铣）	IT8～IT9	6.3～1.6	一般不淬硬平面（端表面粗糙度较细）
5	粗刨（或粗铣）—精刨（或精铣）—刮研	IT6～IT7	0.8～0.1	精度要求较高的不淬硬平面；批量较大时宜采用宽刃精刨方案
6	以宽刃刨削代替上述方案刮研	IT7	0.8～0.2	
7	粗刨（或粗铣）—精刨（或精铣）—磨削	IT7	0.8～0.2	精度要求高的淬硬平面或不淬硬平面
8	粗刨（或粗铣）—精刨（或精铣）—粗磨—精磨	IT6～IT7	0.4～0.02	
9	粗铣—拉	IT7～IT9	0.8～0.2	大量生产，较小的平面（精度视拉刀精度而定）
10	粗铣—精铣—磨削—研磨	IT6级以上	0.1～Rz0.05	高精度平面

选择平面加工方法时注意：

① 最终工序为刮研的加工方案，多用于单件小批生产中，配合表面要求高且非淬硬平面的加工。当批量较大时，可用宽刀细刨代替刮研。宽刀细刨特别适用于加工像导轨面这样的狭长的平面，能显著提高生产效率。

② 磨削适用于直线度及表面粗糙度要求较高的淬硬工件和薄片工件、未淬硬钢件上面积较大的平面的精加工，但不宜加工塑性较大的有色金属。

③ 车削主要用于回转零件端面的加工，以保证端面与回转轴线的垂直度要求。

④ 拉削平面适用于大批量生产中的加工质量要求较高且面积较小的平面。

⑤ 最终工序为研磨的方案，适用于精度高、表面粗糙度要求高的小型零件的精密平面，如量规等精密量具的表面。

（4）平面轮廓和曲面轮廓加工方法的选择

① 平面轮廓常用的加工方法有数控铣、线切割及磨削等，对如图 1-52(a) 所示的内平面轮廓，当曲率半径较小时，可采用数控线切割方法加工。若选择铣削的方法，因铣刀直径受轮廓最小曲率半径的限制，直径太小，刚性不足，会产生较大的加工误差。图 1-52(b) 所示的外平面轮廓可采用数控铣削方法加工，常用粗铣—精铣方案，也可采用数控线切割的方法加工。对精度及表面粗糙要求较高的轮廓表面，在数控铣加工之后，再数控磨削加工。数控铣削加工适用于除淬火钢以外的各种金属，数控线切割加工可用于各种金属，数控磨削加工适用于除有色金属以外的各种金属。

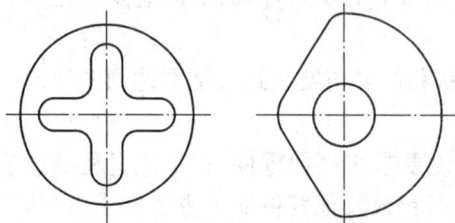

(a) 内平面轮廓　　　　(b) 外平面轮廓

图 1-52　平面轮廓类零件　　　　　　　　**图 1-53　曲面的行切法加工**

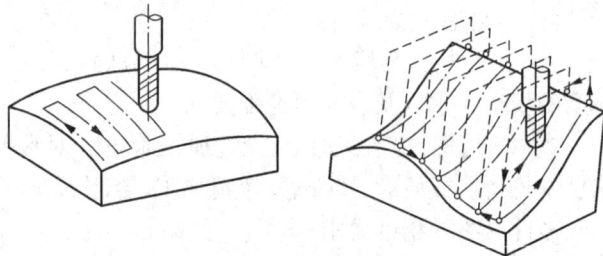

② 立体曲面加工方法主要是数控铣削，多用球头铣刀，以行切法加工，如图 1-53。根据曲面形状、刀具形状以及精度要求等选择二轴半联动或三轴半联动加工。对精度和表面粗糙度要求高的曲面，当用三轴联动的行切法加工不能满足要求时，可用模具铣刀，选择四坐标或五坐标联动加工。

表面加工的方法选择，除了考虑加工质量、零件的结构形状和尺寸、零件的材料和硬度以及生产类型外，还要考虑加工的经济性。各种表面加工方法所能达到的精度和表面粗糙度都有相当大的范围。当精度达到一定程度后，要继续提高精度，成本会急剧上升。例如外圆车削，将精度从 IT7 级提高到 IT6 级，此时需要采用价格较高的金刚石车刀，很小的背吃刀量和进给量加工，增加了刀具费用，延长了加工时间，大大增加了加工成本。对于同一表面加工，采用的加工方法不同，加工成本也不一样。例如，公差为 IT7 级、表面粗糙度 $Ra0.4\ \mu m$ 的外圆表面，采用精车就不如采用磨削经济。

任何一种加工方法获得的精度只在一定范围内才是经济的，即该加工方法的经济精度。

它是指在正常加工条件下(采用符合质量标准的设备、工艺装备和标准等级的工人,不延长加工时间)所能达到的加工精度,相应的表面粗糙度称为经济粗糙度。在选择加工方法时,应根据工件的精度要求选择与经济精度相适应的加工方法。常用加工方法的经济度及表面粗糙度,可查阅有关工艺手册。

3. 划分加工阶段

当零件的精度要求比较高时,若将加工面从毛坯面开始到最终的精加工或精密加工都集中在一个工序中连续完成,则难以保证零件的精度要求或浪费人力、物力资源。这是因为:

① 粗加工时,切削层厚,切削热量大,无法消除因热变形带来的加工误差,也无法消除因粗加工留在工件表层的残余应力产生的加工误差。

② 后续加工容易把已加工好的加工面划伤。

③ 不利于及时发现毛坯的缺陷。若在加工最后一个表面是才发现毛坯有缺陷,则前面的加工就白白浪费了。

④ 不利于合理地使用设备。把精密机床用于粗加工,使精密机床会过早地丧失精度。

因此,通常可将高精零件的工艺过程划分为几个加工阶段。根据精度要求的不同,可以划分为如下 4 个阶段。

(1)粗加工阶段 粗加工阶段主要去除各加工表面的余量,并加工出精基准,因此这一阶段关键问题是提高生产率。

(2)半精加工阶段 在半精加工阶段减小粗加工中留下的误差,使加工面达到一定的精度,为精加工做好准备。

(3)精加工阶段 在精加工阶段,应确保尺寸、形状和位置精度达到或基本达到图样规定的精度要求以及表面粗糙度要求。

(4)精密、超精密加工、光整加工阶段 对那些精度要求很高的零件,在工艺过程的最后安排珩磨或研磨、镜面磨、超精加工、金刚石车、金刚石镗或其他特种加工方法加工,以达到零件最终的精度要求。

零件在上述各加工阶段中加工,可以保证有充足的时间消除热变形和消除加工产生的残余应力,使后续加工精度提高。另外,在粗加工阶段发现毛坯有缺陷时,就不必进行下一个加工阶段的加工,避免浪费。此外还可以合理地使用设备,合理地安排人力资源,这对保证产品质量,提高工艺水平都是十分重要的。

4. 划分加工工序

(1)工序划分的原则 工序的划分可以采用两种不同原则,即工序集中原则和工序分散原则:

① 工序集中原则。工序集中原则是指每道工序包括尽可能多的加工内容,从而使工序的总数减少。采用工序集中原则的优点是:有利于采用高效的专用设备和数控机床,提高生产效率;减少工序数目,缩短工艺路线,简化生产计划和生产组织工作;减少机床数量、操作工人数和占地面积;减少工件装夹次数,不仅保证了各加工表面间的相互位置精度,而且减少了夹具数量和装夹工件的辅助时间。但专用设备和工艺装备投资大、调整维修比较麻烦、生产准备周期较长,不利于转产。

② 工序分散原则。工序分散就是将工件的加工分散在较多的工序内,每道工序的加工

内容很少。优点是:加工设备和工艺装备结构简单,调整和维修方便,操作简单,转产容易;有利于选择合理的切削用量,减少机动时间。但工艺路线较长,所需设备及工人人数多,占地面积大。

(2) 工序划分方法　工序划分主要考虑生产纲领、所用设备及零件本身的结构和技术要求等。大批量生产时,若使用多轴、多刀的高效加工中心,可按工序集中原则组织生产;若在由组合机床组成的自动线上加工,工序一般按分散原则划分。随着现代数控技术的发展,特别是加工中心的应用,工艺路线的安排更多地趋向于工序集中。单件小批生产时,通常采用工序集中原则。成批生产时,可按工序集中原则划分,也可按工序分散原则划分,应视具体情况而定。对于结构尺寸和重量都很大的重型零件,应采用工序集中原则,以减少装夹次数和运输量。对于刚性差、精度高的零件,应按工序分散原则划分工序。在数控铣床上加工的零件,一般按工序集中原则划分工序,划分方法如下:

① 按所用刀具划分以同一把刀具完成的那一部分工艺过程为一道工序。这种方法适用于工件的待加工表面较多,机床连续工作时间过长,加工程序的编制和检查难度较大等情况。加工中心常用这种方法划分。

② 按安装次数划分以一次安装完成的那一部分工艺过程为一道工序。这种方法适用于工件的加工内容不多的工件,加工完成后就能达到待检状态。

③ 按粗、精加工划分即精加工中完成的那一部分工艺过程为一道工序,粗加工中完成的那一部分工艺过程为一道工序。这种划分方法适用于加工后变形较大,需粗、精加工分开的零件,如毛坯为铸件、焊接件或锻件。

④ 按加工部位划分。即以完成相同型面的那一部分工艺过程为一道工序,对于加工表面多而复杂的零件,可按其结构特点(如内形、外形、曲面和平面等)划分成多道工序。

5. **确定加工顺序**

(1) 切削加工顺序的安排

① 先粗后精。先安排粗加工,中间安排半精加工,最后安排精加工和光整加工。

② 先主后次。先安排零件的装配基面和工作表面等主要表面的加工,后安排如键槽、紧固用的光孔和螺纹孔等次要表面的加工。由于次要表面加工工作量小,又常与主要表面有位置精度要求,所以一般放在主要表面的半精加工之后,精加工之前进行。

③ 先面后孔。对于箱体、支架、连杆、底座等零件,先加工用作定位的平面和孔的端面,然后再加工孔。这样可使工件定位夹紧稳定可靠,利于保证孔与平面的位置精度,减小刀具的磨损,同时也给孔加工带来方便。

④ 基面先行。用作精基准的表面,要首先加工出来。所以,第一道工序一般是进行定位面的粗加工和半精加工(有时包括精加工),然后再以精基面定位加工其他表面。例如,轴类零件顶尖孔的加工。

(2) 热处理工序的安排　热处理可以提高材料的力学性能,改善金属的切削性能以及消除残余应力。在制订工艺路线时,应根据零件的技术要求和材料的性质,合理安排热处理工序。

① 退火与正火。退火或正火的目的是为了消除组织的不均匀,细化晶粒,改善金属的加工性能。对高碳钢零件用退火降低其硬度,对低碳钢零件用正火提高其硬度,以获得适中的较好的可切削性能,同时能消除毛坯制造中的应力。退火与正火一般安排在机械加工之

前进行。

② 时效处理。以消除内应力、减少工件变形为目的。为了消除残余应力,在工艺过程中需安排时效处理。对于一般铸件,常在精加工前或粗加工后安排一次时效处理;对于要求较高的零件,在半精加工后尚需再安排一次时效处理;对于一些刚性较差、精度要求特别高的重要零件(如精密丝杠、主轴等),常常在每个加工阶段之间都安排一次时效处理。

③ 调质。对零件淬火后再高温回火,能消除内应力、改善加工性能并能获得较好的综合力学性能。一般安排在粗加工之后进行。对一些性能要求不高的零件,调质也常作为最终热处理。

④ 淬火、渗碳淬火和渗氮。主要目的是提高零件的硬度和耐磨性,常安排在精加工(磨削)之前进行,其中渗氮由于热处理温度较低,零件变形很小,也可以安排在精加工之后。

(3) 辅助工序的安排　检验工序是主要的辅助工序,除每道工序由操作者自行检验外,在粗加工之后,精加工之前,零件转换车间时,以及重要工序之后和全部加工完毕、进库之前,一般都要安排检验工序。

除检验外,其他辅助工序有表面强化和去毛刺、倒棱、清洗、防锈等。正确地安排辅助工序是十分重要的,如果安排不当或遗漏,将会给后续工序和装配带来困难,甚至影响产品的质量,必须给予重视。

6. 工序的集中与分散

经过以上步骤,零件加工的工步顺序已经排定,如何将这些工步组成工序,就需要考虑采用工序集中还是工序分散的原则安排工序。

(1) 工序集中　就是将零件的加工集中在少数几道工序中完成,每道工序加工内容多,工艺路线短。其主要特点如下。

① 可以采用高效机床和工艺装备,生产率高。

② 减少了设备数量以及操作工人人数和占地面积,节省人力、物力。

③ 减少了工件安装次数,利于保证表面间的位置精度。

④ 采用的工装设备结构复杂,调整维修较困难,生产准备工作量大。

(2) 工序分散　工序分散就是将零件的加工分散到很多道工序内完成,每道工序加工的内容少,工艺路线很长。其主要特点如下:

① 设备和工艺装备比较简单,便于调整,容易适应产品的变换。

② 对工人的技术要求较低。

③ 可以采用最合理的切削用量,减少机动时间。

④ 所需设备和工艺装备的数目多,操作工人多,占地面积大。

在拟定工艺路线时,工序集中或分散的程度,主要取决于生产规模、零件的结构特点和技术要求,有时,还要考虑各工序生产节拍的一致性。一般情况下,单件小批生产时,只能工序集中,在一台普通机床上加工出尽量多的表面;大批大量生产时,既可以采用多刀、多轴等高效、自动机床,将工序集中,也可以将工序分散后组织流水生产。批量生产应尽可能采用效率较高的半自动机床,使工序适当集中,从而有效地提高生产率。

对于重型零件,为了减少工件装卸和运输的劳动量,工序应适当集中;对于刚性差且精度高的精密工件,则工序应适当分散。

据统计,在我国的机械产品中,属于中小批量生产性质的企业已超过了企业总数的

90%,单件中小批量生产方式占绝对优势。随着数控技术的普及,多品种中小批量生产中,越来越多地使用加工中心机床,从发展趋势来看,倾向于采用工序集中的方法来组织生产。

1.1.4 数控加工工序设计

1. 机床的选择

对于机床而言,每一类机床都有不同的型式,其工艺范围、技术规格、加工精度、生产率及自动化程度都各不相同。为了正确地为每一道工序选择机床,除了充分了解机床的性能外,尚需考虑以下几点:

(1)机床的类型应与工序划分的原则相适应 数控机床或通用机床适用于工序集中的单件小批生产;对大批大量生产,则应选择高效自动化机床和多刀、多轴机床。若工序按分散原则划分,则应选择结构简单的专用机床。

(2)机床的主要规格尺寸应与工件的外形尺寸和加工表面的有关尺寸相适应 即小工件用小规格的机床加工,大工件用大规格的机床加工。

(3)机床的精度与工序要求的加工精度相适应 粗加工工序,应选用精度低的机床;精度要求高的精加工工序,应选用精度高的机床。但机床精度不能过低,也不能过高。机床精度过低,不能保证加工精度;机床精度过高,会增加零件制造成本。应根据零件加工精度要求合理选择机床。

2. 工件的定位与夹紧方案的确定

工件的定位基准与夹紧方案的确定,应遵循前面所述有关定位基准的选择原则与工件夹紧的基本要求。此外,还应该注意下列 3 点:

① 力求设计基准、工艺基准与编程原点统一,以减少基准不重合误差和数控编程中的计算工作量。

② 设法减少装夹次数,尽可能做到在一次定位装夹中,能加工出工件上全部或大部分待加工表面,以减少装夹误差,提高加工表面之间的相互位置精度,充分发挥数控机床的效率。

③ 避免采用占机人工调整方案,以免占机时间太多,影响加工效率。

(1)夹具的选择 数控加工的特点对夹具提出了两个基本要求:一是保证夹具的坐标方向与机床的坐标方向相对固定;二是要能协调零件与机床坐标系的尺寸。除此之外,重点考虑以下几点:

① 单件小批量生产时,优先选用组合夹具、可调夹具和其他通用夹具,以缩短生产准备时间和节省生产费用。

② 在成批生产时,才考虑采用专用夹具,并力求结构简单。

③ 零件的装卸要快速、方便、可靠,以缩短机床的停顿时间,减少辅助时间。

④ 为满足数控加工精度,要求夹具定位、夹紧精度高。

⑤ 夹具上各零部件应不妨碍机床对零件各表面的加工,即夹具要敞开,其定位、夹紧元件不能影响加工中的走刀(如产生碰撞等)。

⑥ 为提高数控加工的效率,批量较大的零件加工可采用气动或液压夹具、多工位夹具。

(2)刀具的选择 与传统加工方法相比,数控加工对刀具的要求,尤其在刚性和耐用度方面更为严格。应根据机床的加工能力、工件材料的性能、加工工序、切削用量以及其他相关因素正确选用刀具及刀柄。刀具选择总的原则是:既要求精度高、强度大、刚性好、耐用度

高,又要求尺寸稳定,安装调整方便。在满足加工要求的前提下,尽量选择较短的刀柄,以提高刀具的刚性。

金属切削刀具材料主要有 5 类:高速钢、硬质合金、陶瓷、立方氮化硼(CBN)、聚晶金刚石。

① 根据数控加工对刀具的要求,选择刀具材料的一般原则是尽可能选用硬质合金刀具。只要加工情况允许选用硬质合金刀具,就不用高速钢刀具。

② 陶瓷刀具不仅适用于加工各种铸铁和不同钢料,也适用于加工有色金属和非金属材料。使用陶瓷刀片,无论什么情况都要用负前角,为了不易崩刃,必要时可将刃口倒钝。陶瓷刀具在下列情况下使用效果欠佳:短零件的加工,冲击大的断续切削和重切削,铍、镁、铝和钛等的单质材料及其合金的加工(易产生亲合力,导致切削刃剥落或崩刃)。

③ 金刚石和立方氮化硼都属于超硬刀具材料,可用于加工任何硬度的工件材料,具有很高的切削性能,加工精度高,表面粗糙度值小。一般可用切削液。

④ 聚晶金刚石刀片一般仅用于加工有色金属和非金属材料。

⑤ 立方氮化硼刀片一般适用加工硬度大于 450HBS 的冷硬铸铁、合金结构钢、工具钢、高速钢、轴承钢,以及硬度不小于 350HBS 的镍基合金、钴基合金和高钴粉末冶金零件。

⑥ 从刀具的结构应用方面,数控加工应尽可能采用镶块式机夹可转位刀片以减少刀具磨损后的更换和预调时间。

⑦ 选用涂层刀具以提高耐磨性和耐用度。

3. 确定走刀路线和工步顺序

走刀路线是刀具在整个加工工序中相对于工件的运动轨迹,不但包括了工步的内容,而且也反映出工步的顺序。走刀路线是编写程序的依据之一。因此,确定走刀路线时最好画一张工序简图,将已经拟定出的走刀路线画上去(包括进、退刀路线),这样可为编程带来不少方便。

工步顺序是指同一道工序中,各个表面加工的先后次序。它对零件的加工质量、加工效率和数控加工中的走刀路线有直接影响,应根据零件的结构特点和工序的加工要求等合理安排。工步的划分与安排一般可随走刀路线来进行,在确定走刀路线时,主要遵循以下原则:

(1) 保证零件的加工精度和表面粗糙度 例如在铣床上进行加工时,因刀具的运动轨迹和方向不同,可能是顺铣或逆铣,其不同的加工路线所得到的零件表面的质量就不同。究竟采用哪种铣削方式,应视零件的加工要求、工件材料的特点以及机床刀具等具体条件综合考虑,确定原则与普通机械加工相同。数控机床一般采用滚珠丝杠传动,其运动间隙很小,并且顺铣优点多于逆铣,所以应尽可能采用顺铣。在精铣内外轮廓时,为了改善表面粗糙度,应采用顺铣的走刀路线加工方案。

对于铝镁合金、钛合金和耐热合金等材料,建议也采用顺铣加工,这对于降低表面粗糙度值和提高刀具耐用度都有利。但如果零件毛坯为黑色金属锻件或铸件,表皮硬而且余量较大,这时采用逆铣较为有利。

加工位置精度要求较高的孔系时,应特别注意安排孔的加工顺序。若安排不当,就可能将坐标轴的反向间隙带入,直接影响位置精度。如图 1-54(a)所示零件上 6 个尺寸相同的孔,有两种走刀路线。按图 1-54(b)所示路线加工时,由于 5、6 孔与 1、2、3、4 孔定位方向

相反,X 向反向间隙会使定位误差增加而影响 5、6 孔与其他孔的位置精度。按图 4 - 35c 所示路线加工时,加工完 4 孔后往上多移动一段距离至 P 点,然后折回来在 5、6 孔处进行定位加工,从而使各孔的加工进给方向一致,避免反向间隙的引入,提高了 5、6 孔与其他孔的位置精度。

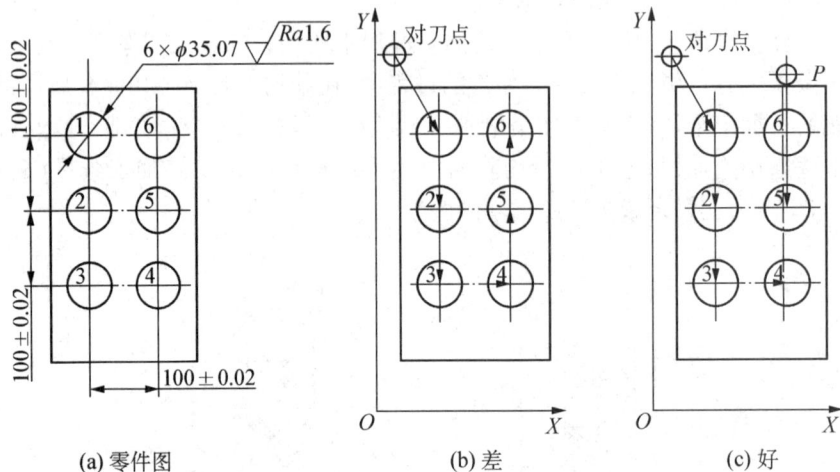

(a) 零件图　　(b) 差　　(c) 好

图 1 - 54　镗削孔系走刀路线比较

刀具的进退刀路线要尽量避免在轮廓处停刀或垂直切入切出工件,以免留下刀痕。

(2) 使走刀路线最短,减少刀具空行程时间,提高加工效率　图 1 - 55 所示为正确选择钻孔加工路线的例子。按照一般习惯,总是先加工均匀分布于同一圆周上的一圈孔后,再加工另一圈孔,如图 1 - 55(a)所示,这不是最好的走刀路线。对点位控制的数控机床而言,要求定位精度高,定位过程尽可能快。若按图 1 - 55(b)所示的进给路线加工,可使各孔间距的总和最小,空程最短,从而节省定位时间。

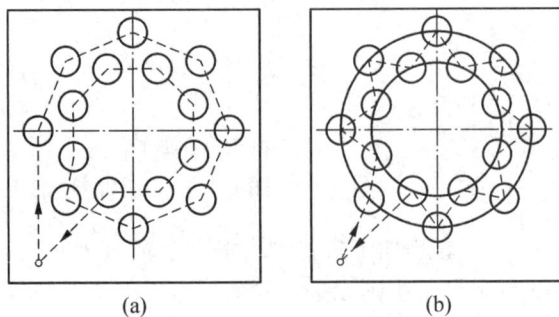

(a)　　　　(b)

图 1 - 55　最短加工路线选择

(3) 最终轮廓一次走刀完成　图 1 - 56(a)所示为采用行切法加工内轮廓。加工时不留死角,在减少每次进给重叠量的情况下,走刀路线较短,但两次走刀的起点和终点间留有残

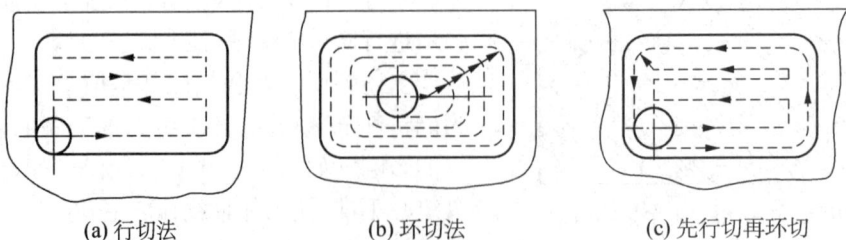

(a) 行切法　　　(b) 环切法　　　(c) 先行切再环切

图 1 - 56　封闭轮廓加工走刀路线

余高度,影响表面粗糙度。图1-56(b)是采用环切法加工,表面粗糙度值较小,但刀位计算略为复杂,走刀路线也较行切法长。采用图1-56(c)所示的走刀路线,先用行切法加工,最后再沿轮廓切削一周,使轮廓表面光整。3种方案中,图1-56(a)方案最差,图1-56(c)方案最佳。

4. 加工余量与工序尺寸及公差的确定

(1) 加工余量的概念　加工余量是指加工过程中所切去的金属层厚度。余量有总加工余量和工序余量之分。由毛坯转变为零件的过程中,在某加工表面上切除金属层的总厚度,称为该表面的总加工余量(亦称毛坯余量)。一般情况下,总加工余量并非一次切除,而是分在各工序中逐渐切除,故每道工序所切除的金属层厚度称为该工序加工余量(简称工序余量)。图1-57表示工序余量与工序尺寸的关系。

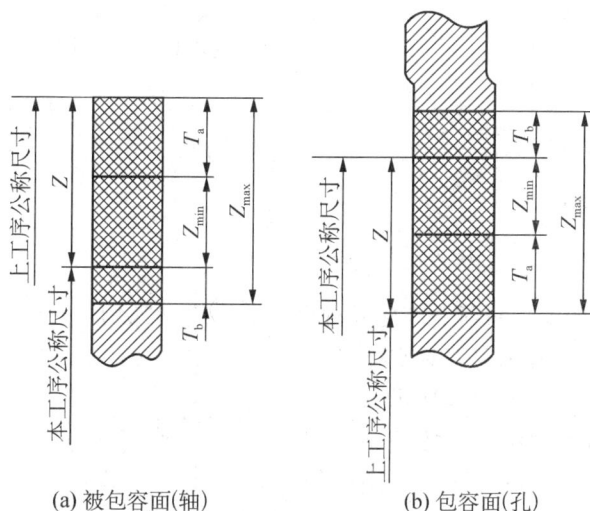

(a) 被包容面(轴)　　　　(b) 包容面(孔)

图1-57　工序余量与工序尺寸及其公差的关系

(2) 影响加工余置的因素　余量太大,会造成材料及工时浪费,增加机床、刀具及动力消耗;余量太小则无法消除前一道工序留下的各种误差、表面缺陷和本工序的装夹误差。因此,应根据影响余量大小的因素合理地确定加工余量。影响加工余量的因素如下:

① 前工序形成的表面粗糙度和缺陷层深度(Ra 和 D_a)等。

② 前工序形成的形状误差和位置误差(Δ_x 和 Δ_w)。

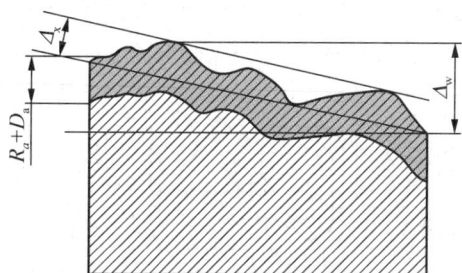

图1-58　影响最小加工余量的因素

以上影响因素中的误差及缺陷,有时会重叠在一起,如图1-58所示,图中的 Δ_x 为平面度误差,Δ_w 为平行度误差,但为了保证加工质量,可对各项进行简单叠加,以便彻底切除。

上述各项误差和缺陷都是前道工序形成的,为能将其全部切除,还要考虑本工序的装夹误差 ε_b 的影响。如图1-59所示,由于三爪自定心卡盘定心不准,使工件轴线偏离主轴旋转轴线 e 值,造成加工余量不均匀,为确保将前工序的各项误

差和缺陷全部切除,直径上的余量应增加 $2e$。装夹误差 ε_b 的数量,可在求出定位误差、夹紧误差和夹具的对定误差后求得。

综上所述,影响工序加工余量的因素可归纳为下列几点:

① 前工序的工序尺寸公差(T_a)。

② 前工序形成的表面粗糙度和表面缺陷层深度($Ra+D_a$)。

③ 前工序形成的形状误差和位置误差($\triangle_x$、$\triangle_w$)。

④ 本工序的装夹误差(ε_b)。

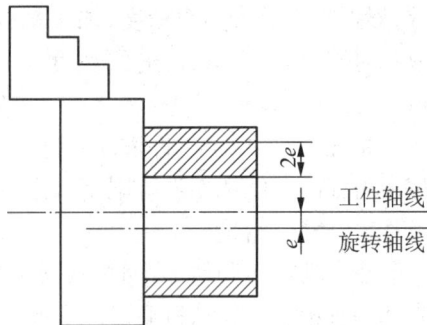

图 1-59　装夹误差对加工余量的影响

(3) 确定加工余量的方法　确定加工余量的方法有以下 3 种。

① 查表修正法。该方法是以工厂实践和工艺试验而累积的有关加工余量的资料数据为基础,并结合实际情况进行适当修正来确定加工余量。

② 经验估计法。此法是根据实践经验确定加工余量。

③ 分析计算法。根据加工余量计算公式和一定的试验资料,通过计算确定加工余量。

在确定加工余量时,总加工余量和工序加工余量要分别确定。总加工余量的大小与选择的毛坯制造精度有关。用查表法确定工序加工余量时,粗加工工序的加工余量不应查表确定,而是用总加工余量减去各工序余量求得,同时要对求得的粗加工工序余量进行分析,如果过小,要增加总加工余量;过大,应适当减少总加工余量,以免造成浪费。

5. 切削用量的确定

(1) 切削用量的选择原则　切削用量包括主轴转速(切削速度)、背吃刀量、进给量。切削用量的大小对切削力、切削功率、刀具磨损、加工质量和加工成本均有显著影响。数控加工中选择切削用量时,就是在保证加工质量和刀具耐用度的前提下,充分发挥机床性能和刀具切削性能,使切削效率最高,加工成本最低。

自动换刀数控机床往主轴或刀库上装刀所费时间较多,所以选择切削用量要保证刀具加工完成一个零件,或保证刀具耐用度不低于一个工作班,最少不低于半个工作班。对易损刀具可采用姐妹刀形式,以保证加工的连续性。

粗、精加工时切削用量的选择原则如下:

① 粗加工。首先选取尽可能大的背吃刀量;其次要根据机床动力和刚性的限制条件等,选取尽可能大的进给量;最后根据刀具耐用度确定最佳的切削速度。

② 精加工。首先根据粗加工后的余量确定背吃刀量;其次根据已加工表面的粗糙度要求,选取较小的进给量;最后在保证刀具耐用度的前提下,尽可能选取较高的切削速度。

(2) 切削用量的选择方法

① 背吃刀量(a_p)的选择。背吃刀量的选择应根据加工余量确定。粗加工($Ra10\sim Ra80$)时,一次进给应尽可能切除全部余量。在中等功率机床上,背吃刀量可达 $8\sim10$ mm。半精加工($Ra1.25\sim Ra10$)时,背吃刀量取为 $0.5\sim2$ mm。精加工($Ra0.32\sim Ra1.25$)时,背吃刀量取为 $0.2\sim0.4$ mm。在工艺系统刚性不足或毛坯余量很大,或余量不均匀时,粗加工要分几次进给,并且应当把第一、二次进给的背吃刀量尽量取得大一些。

② 进给量(进给速度 V_f)的选择。进给量(进给速度)是数控机床切削用量中的重要参

数,根据零件的表面粗糙度、加工精度要求、刀具及工件材料等因素,参考切削用量手册选取。对于多齿刀具,其进给速度 V_f、刀具转速 n、刀具齿数 Z 及每齿进给量 f 的关系为 $V_f = fn = f_z Z n$。

粗加工时,由于工件表面质量没有太高的要求,这时主要考虑机床进给机构的强度和刚性及刀杆的强度和刚性等限制因素,可根据加工材料、刀杆尺寸、工件直径及已确定的背吃刀量来选择进给量。

在半精加工和精加工时,则按表面粗糙度要求,根据工件材料、刀尖圆弧半径、切削速度来选择进给量。如精铣时可取 20～25 mm/min,精车时可取 0.10～0.20 mm/r。

最大进给量受机床刚度和进给系统的性能限制。在选择进给量时,还应注意零件加工中的某些特殊因素。比如在轮廓加工中,选择进给量时,就应考虑轮廓拐角处的超程问题。特别是在拐角较大,进给速度较高时,应在接近拐角处适当降低进给速度,在拐角后逐渐升速,以保证加工精度。

加工过程中,由于切削力的作用,机床、工件、刀具系统产生变形,可能使刀具运动滞后,从而在拐角处可能产生"欠程"。因此,拐角处的欠程问题,在编程时应给予足够重视。此外,还应充分考虑切削的自然断屑问题,通过选择刀具几何形状和对切削用量的调整,使排屑处于最顺畅状态,严格避免长屑缠绕刀具而引起故障。

③ 切削速度(V_c)的选择。根据已经选定的背吃刀量、进给量及刀具耐用度选择切削速度。可用经验公式计算,也可根据生产实践经验,在机床说明书允许的切削速度范围内查表选取,或者参考有关切削用量手册选用。

切削速度 V_c 确定后,可计算出机床主轴转速 n(r/min),

$$n = 1\,000\,V_c/\pi D,$$

式中,D 为工件或刀具直径,mm。对有级变速的机床,须按机床说明书选择与所算转速接近的转速,并填入程序单中。

在选择切削速度时,还应考虑以下几点。

a. 应尽量避开积屑瘤产生的区域。

b. 断续切削时,为减小冲击和热应力,要适当降低切削速度。

c. 在易发生振动的情况下,切削速度应避开自激振动的临界速度。

d. 加工大件、细长件和薄壁工件时,应选用较低的切削速度。

e. 加工带外皮的工件时,应适当降低切削速度。

当需要校验机床功率、计算夹紧力时,还需要确定切削力及切削功率的大小。常用确定切削力的方法有 3 种:由经验公式计算,由单位切削力计算,由手册上提供的诺模图(如 M-P-N 图)确定。

需要强调的是切削用量的选择虽然可以查阅切削用量手册或参考有关资料确定,但是就某一个具体零件而言,通过这种方法确定的切削用量未必就非常理想,有时需要进行试切,才能确定比较理想的切削用量。因此,需要在实践当中进行不断总结和完善。

6. 工时定额的确定

工时定额是指在一定生产条件下,规定生产一件产品完成一道工序所需消耗的时间。它是安排生产计划、计算生产成本的重要依据,还是新建或扩建工厂(或车间)时计算设备和

工人数量的依据。一般通过对实际操作时间的测定与分析计算相结合的方法确定。使用中,时间定额还应定期修订,以使其保持平均先进水平。完成一个零件的一道工序的时间定额,称为单件时间定额,包括下列几部分:

(1) 基本时间 T_b　直接切除工序余量所消耗的时间(包括切入和切出时间),可通过计算求出。图 1-60 所示外圆车削基本时间为

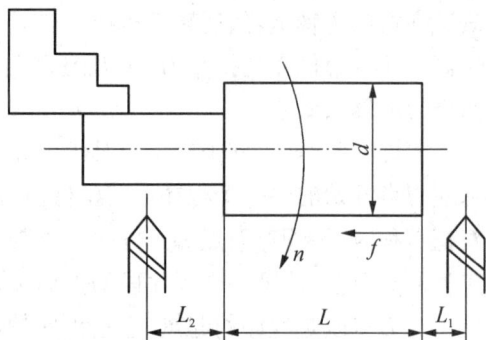

图 1-60　外圆车削

$$T_b = (L + L_1 + L_2)u/nf,$$

式中,u 为进给次数。

(2) 辅助时间 T_a　指装卸工件、开停机床等各种辅助动作所消耗的时间。

基本时间和辅助时间的总和称为作业时间 T_B,是直接用于制造产品或零部件所消耗的时间。

(3) 布置工作地时间 T_s　使加工正常进行,工人照管工作地(清理切屑、润滑机床、收拾工具等)所消耗的时间,一般按作业时间的 2%~7% 计算。

(4) 休息与生理需要时间 T_r　指工人在工工作班内为恢复体力和满足生理需要所消耗的时间。一般按作业时间的 2%~4% 计算。

上述时间的总和称为单件时间即 $T_p = T_b + T_a + T_s + T_r = T_B + T_s + T_r$。

(5) 准备与终结时间 T_e　生产一批产品或零部件,准备和结束工作所消耗的时间。准备工作有熟悉工艺文件、领料、领取工艺装备、调整机床等。结束工作有拆卸和归还工艺装备、送交成品等。若批量为 N,分摊到每个零件上的时间则为 T_e/N。

单件时间定额 $T_c = T_p + T_e/N = T_b + T_a + T_s + T_r + T_e/N$。大量生产时,$T_e/N \approx 0$,可以忽略不计,此时单件时间定额为 $T_c = T_p = T_b + T_a + T_s + T_r$。

7. 对刀点与换刀点的确定

在编程时,应正确地选择对刀点和换刀点的位置。对刀点就是在数控机床上加工零件时,刀具相对于工件运动的起始点。由于程序段从该点开始执行,所以对刀点又称为程序起点或起刀点。对刀点的选择原则是:

① 便于数学处理和简化程序编制。

② 在机床上找正容易,加工中便于检查。

③ 引起的加工误差小。

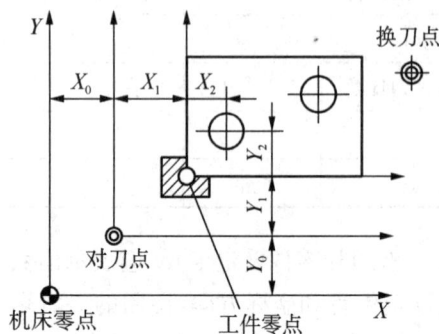

图 1-61　对刀点和换刀点

对刀点可选在工件上,也可选在工件外面(如选在夹具上或机床上),但必须与零件的定位基准有一定的尺寸关系,如图 1-61 中的 X_0 和 Y_0,这样才能确定机床坐标系与工件坐标系的关系。为了提高加工精度,对刀点应尽量选在零件的设计基准或工艺基准上,如以孔定位的工件,可选孔的中心作为对刀点。刀具的位置则以此孔来找正,使刀位点与对刀点重合。工厂常用的找正方法是将千分

表装在机床主轴上,然后转动机床主轴,以使刀位点与对刀点一致。一致性越好,对刀精度越高。所谓刀位点是指车刀、镗刀的刀尖,钻头的钻尖,立铣刀、端铣刀刀头底面的中心,球头铣刀的球头中心。

零件安装后,工件坐标系与机床坐标系就有了确定的尺寸关系。在工件坐标系设定后,从对刀点开始的第一个程序段的坐标值对刀点在机床坐标系中的坐标值(X_0,Y_0)。当按绝对值编程时,不管对刀点和工件原点是否重合,都是 X_2、Y_2。当按增量值编程时,对刀点与工件原点重合进,第一个程序段的坐标值是 X_2、Y_2;不重合时,则为(X_1+X_2)、(Y_1+Y_2)。

对刀点既是程序的起点,也是程序的终点。因此在成批生产中要考虑对刀点的重复精度,该精度可用对刀点相距机床原点的坐标值(X_0,Y_0)来校核。机床原点是指机床上一个固定不变的极限点。例如,对车床而言,是指车床主轴回转中心与车床卡盘端面的交点。

加工过程中需要换刀时,应规定换刀点。换刀点是指刀架转位换刀时的位置。该点可以是某一固定点(如加工中心机床,其换刀机械手的位置是固定的)也可以是任意的一点(如车床)。换刀点应设在工件或夹具的外部,以刀架转位时不碰工件及其他部件为准。其设定值可用实际测量方法或计算确定。

8. 填写数控加工工艺文件

填写数控加工专用技术文件是数控加工工艺设计的内容之一。这些技术文件既是数控加工的依据、产品验收的依据,也是操作者遵守、执行的规程。同时还为产品零件重复生产积累了必要的工艺资料,完成了技术储备。技术文件是对数控加工的具体说明,目的是让操作者更明确加工程序的内容、装夹方式、各个加工部位所选用的刀具及其他问题。数控加工技术文件主要有数控编程任务书、工件安装和原点设定卡片、数控加工工序卡片、数控加工走刀路线图、数控刀具卡片等。以下提供了常用文件格式,文件格式可根据企业实际情况自行设计。

(1)数控编程任务书 阐明了工艺人员对数控加工工序的技术要求和工序说明以及数控加工前应保证的加工余量,是编程人员和工艺人员协调工作和编制数控程序的重要依据之一,详见表1-7。

表1-7 数控编程任务书

工艺处	数控编程任务书	产品零件图号		任务书编号	
		零件名称			
		使用数控设备		共 页第 页	
主要工序说明及技术要求:					
		编程收到日期	月 日	经手人	
编制	审核	编程	审核	批准	

(2)数控加工工件安装和加工原点设定卡片(简称装夹图和零件设定卡) 应表示出数控加工原点、定位方法和夹紧方法,并应注明加工原点设定位置和坐标方向,使用的夹具名称和编号等,详见表1-8。

表 1-8　装夹图和零件设定卡

零件图号	J30102-4	数控加工工件安装和零点设定卡片	工序号			
零件名称	行星架		装夹次数			

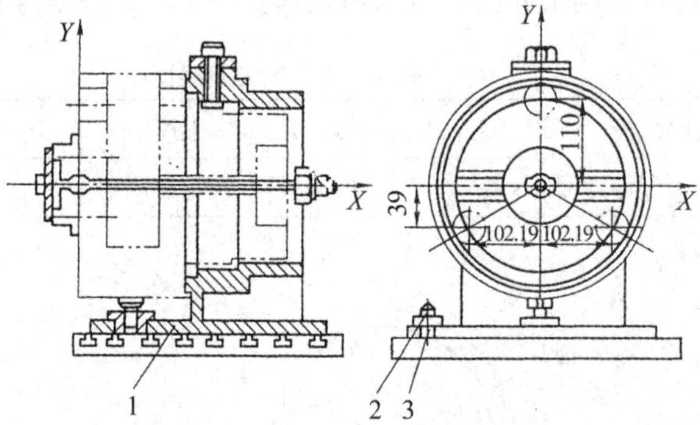

			3	梯形槽螺栓	
			2	压板	
			1	镗铣夹具板	GS53-61
编制(日期)	审核(日期)		批准(日期)	第　页		
				共　页	序号	夹具名称	夹具图号

（3）数控加工工序卡片　数控加工工序卡与普通加工工序卡有许多相似之处,所不同的是:工序草图中应注明编程原点与对刀点,要进行简要编程说明(如所用机床型号、程序介质、程序编号、刀具半径补偿、镜向对称加工方式等)及切削参数(即程序编入的主轴转速、进给速度、最大背吃刀量或宽度等)的选择,详见表 1-9。

表 1-9　数控加工工序卡片

单位	数控加工工序卡片	产品名称或代号		零件名称	零件图号
		车间		使用设备	
	工序简图	工艺序号		程序编号	
		夹具名称		夹具编号	

工步号	工步作业内容	加工面	刀具号	刀补量	主轴转速	进给速度	背吃刀量	备注
编制		审核		批准		年月日	共　页	第　页

（4）数控加工走刀路线图　在数控加工中,常常要注意并防止刀具在运动过程中与夹具或工件发生意外碰撞,为此必须设法告诉操作者关于编程中的刀具运动路线(如从哪里下刀、在哪里抬刀、哪里是斜下刀等)。为简化走刀路线图,一般可采用统一约定的符号来表示。不同的机床可以采用不同的图例与格式,表 1-10 为一种常用格式。

表 1-10　走刀路线图

数控加工走刀路线图		零件号	NC01	工序号		工步号		程序号	00100
机床型号	XK5032	程序段号	N10－N170	加工内容	铣轮廓周边			共　　页	第　　页

						编程	
						校对	
						审批	

符号	⊙	⊗	◕	○—	→	←｜	○----	⌒•⌒	⊃
含义	抬刀	下刀	编程原点	起刀点	走刀方向	走刀线相交	爬斜坡	铰孔	行切

（5）数控刀具卡片　数控加工时要求刀具十分严格,一般要在机外对刀仪上预先调整刀具直径和长度。刀具卡反映刀具编号、刀具结构、尾柄规格、组合件名称代号、刀片型号和材料等。它是组装刀具和调整刀具的依据,详见表 1-11。

表 1-11　数控刀具卡

零件图号	J30102-4	数控刀具卡片			使用设备		
刀具名称	镗刀				TC-30		
刀具编号	T13006	换刀方式	自动	程序编号			
刀具组成	序号	编号	刀具名称	规格	数量	备注	
	1	T013006	拉钉		1		
	2	390、140-50 50 027	刀柄		1		
	3	391、01-50 50 100	接杆	$\phi50\times100$	1		
	4	391、68-03650 085	镗刀杆		1		
	5	R416.3-122053 25	镗刀组件	$\phi41\sim\phi53$	1		
	6	TCM M110208-52	刀片		1		
	7				2	GC435	

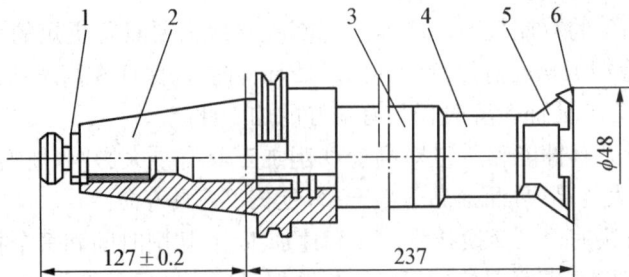

备注						
编制	审核		批准		共　页	第　页

不同的机床或不同的加工目的可能会需要不同形式的数控加工专用技术文件。在工作中,可根据具体情况设计文件格式。

1.1.5　数控加工与工艺技术的发展趋势

随着计算机技术突飞猛进的发展,数控技术正不断采用计算机、控制理论等领域的最新技术成就,使其朝着高速化、高精化、复合化、智能化、高柔性化及信息网络化等方向发展。整体数控加工技术向着 CIMS(计算机集成制造系统)方向发展。

1. 高速切削

高速加工技术是自 20 世纪 80 年代发展起来的一项高新技术,其研究应用的一个重要目标是缩短加工时的切削与非切削时间,对于复杂形状和难加工材料及高硬度材料减少加工工序,最大限度地实现产品的高精度和高质量。由于不同加工工艺和工件材料有不同的切削速度范围,因而很难就高速加工给出一个确切的定义。目前,一般的理解为切削速度达到普通加工切削速度的 5～10 倍即可认为是高速加工。

(1) 高速切削特点　高速加工与传统的数控加工方法相比没有什么本质的区别,两者涉及同样的工艺参数,但其加工效果相对于传统的数控加工有着无可比拟的优越性。

① 有利于提高生产率。

② 有利于改善工件的加工精度和表面质量。

③ 有利于延长刀具的使用寿命和应用直径较小的刀具。

④ 有利于加工薄壁零件和脆性材料。

⑤ 经济效益显著提高。

(2) 高速切削条件　受高生产率的驱使,高速化已是现代机床技术发展的重要方向之一。主要表现在:

① 主轴高转速。高速加工是通过大幅度提高主轴转速和加工进给速度来实现的,为了适应这种高速切削加工,主轴设计采用了先进的主轴轴承、润滑和散热等新技术并采用工作台的快速移动和高进给速度。

② 高速伺服进给系统。高速加工通常要求在高主轴转速下,使用在很大范围内变化的

高速进给加工。高速进给的需求已引起机床结构设计上的重大变化:采用直线伺服电动机来代替传统的电动机、丝杠驱动。

③ 适于高速加工的数控系统。高速加工数控系统需要具备更短的伺服周期和更高的分辨率,同时具有待加工轨迹监控功能和曲线插补功能,以保证在高速切削时,特别是在四、五轴坐标联动加工复杂曲面轮廓时仍具有良好的加工性能。

④ 刀具技术。刀具性能和质量对高速切削加工具有重大影响,新型刀具材料的采用,使切削加工速度大大提高,从而提高了生产率,延长了刀具寿命。

⑤ 刀夹装置及快速刀具交换技术。在高速加工中,切削时间和每个托盘化零件加工时间已显著缩短。高速、高精度定位的托盘交换装置已成为今后的发展方向。

高速加工作为一种新的技术,其优点是显而易见的,给传统的数控加工带来了一种革命性的变化。但是目前,即便是在加工机床水平先进的瑞士、德国、日本、美国,对这一崭新技术的研究也还处在不断摸索研究中。有许多问题有待解决,如高速机床的动态、热态特性,刀具材料、几何角度和耐用度问题,机床与刀具间的接口技术(刀具的动平衡、扭矩传输),冷却润滑液的选择,CAD/CAM 的程序后处理问题,高速加工时刀具轨迹的优化问题等。

2. 高精加工

高精加工是高速加工技术与数控机床的广泛应用的结果。以前汽车零件的加工精度要求在 0.01 mm 数量级,现在随着计算机硬盘、高精度液压轴承等精密零件的增多,精整加工所需精度已提高到 0.1 μm,加工精度进入了亚微米世界。具体措施如下:

(1) 提高机械设备的制造精度和装配精度。

(2) 减小数控系统的控制误差:

① 提高数控系统的分辨率。

② 以微小程序段实现连续进给。

③ 使 CNC 控制单位精细化。

④ 提高位置检测精度。

⑤ 位置伺服系统采用前馈控制与非线性控制。

(3) 采用补偿技术。误差虽然不可避免,但可以通过适当的补偿来达到提高精度的目的。常用的补偿方法有齿隙补偿、热变形误差补偿、刀具误差补偿、丝杆螺距误差补偿和空间误差综合补偿等。

3. 复合化加工

机床的复合化加工是通过增加机床的功能,减少工件加工过程中的多次装夹、重新定位、对刀等辅助工艺时间,来提高机床利用率。

4. 控制智能化

数控技术智能化程度不断提高,体现在加工过程自适应控制技术、加工参数的智能优化与选择、故障自诊断功能以及智能化交流伺服驱动装置等。

5. 快速成型

现代意义上的快速成型技术始于 20 世纪 70 年代末期出现的立体光刻技术(SLA),它是汹涌而来的数字化浪潮在加工领域中不可避免的延拓。连续的曲面被离散成用 STL 文件表达的三角面片,零件在加工方向上被离散成若干层。这种离散化使得任意复杂的零件原型都可以加工出来,加工过程也大大简化了,能不断吸取先进经验,保持其合理性。

案　例

1. 定位基准选择

图 4-31 所示为车床进刀轴架零件,若已知其工艺过程为:划线,粗精刨底面的凸台,粗精镗 ϕ32H7 孔,钻、扩、铰 ϕ16H9 孔。试选择各工序的定位基准并确定各限制几个自由度。

第一道工序划线。当毛坯误差较大时,采用划线的方法能同时兼顾到几个不加工面对加工面的位置要求。选择不加工面 R22 外圆和 R15 外圆为粗基准,同时兼顾不加工的上平面与底面距离 18 mm 的要求,划出底面和凸台的加工线。

第二道工序按划线找正,刨底面和凸台。

第三道工序粗精镗 ϕ32H7 孔。加工要求为尺寸 32 ± 0.1、6 ± 0.1 及凸台侧面 K 的平行度 0.03 mm。根据基准重合的原则选择底面和凸台为定位基准,底面限制 3 个自由度,凸台限制两个自由度,无基准不重合误差。

第四道工序钻、扩、铰 ϕ16H9 孔。除孔本身的精度要求外,本工序应保证的位置要求为尺寸 4 ± 0.1、51 ± 0.1 及两孔的平行度要求 0.02 mm。根据精基准选择原则,可以有 3 种不同的方案:

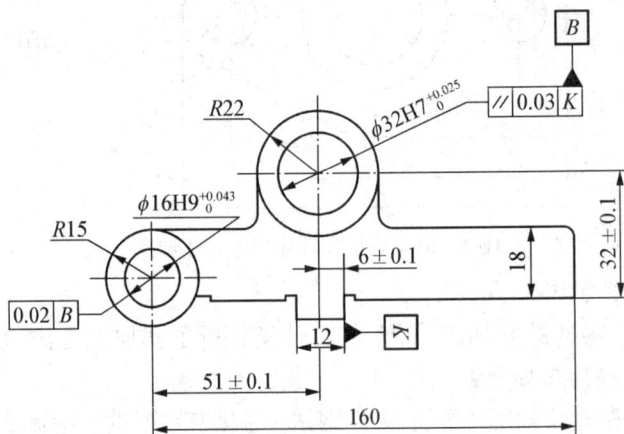

图 1-62　车床进轴架

(1) 底面限制 3 个自由度,K 面限制两个自由度　此方案加工两孔采用了基准统一原则。夹具比较简单。设计尺寸 4 ± 0.1 基准重合;尺寸 51 ± 0.1 的工序基准是孔 ϕ32H7 的中心线,而定位基准是 K 面,定位尺寸为 6 ± 0.1,存在基准不重合误差,其大小等于 0.2 mm;两孔平行度 0.02 mm 也有基准不重合误差,其大小等于 0.03 mm。可见,此方案基准不重合误差已经超过了允许的范围,不可行。

(2) ϕ32H7 孔限制 4 个自由度,底面限制一个自由度　此方案对尺寸 4 ± 0.1 有基准不重合误差,且定位销细长,刚性较差,所以也不好。

(3) 底面限制 3 个自由度,ϕ32H7 孔限制两个自由度　此方案可将工件套在一个长的菱形销上来实现,3 个设计要求均为基准重合,只有 ϕ32H7 孔对于底面的平行度误差将会影响两孔在垂直平面内的平行度,应当在镗 ϕ32H7 孔时加以限制。

综上所述,第三方案基准基本上重合,夹具结构也不太复杂,装夹方便,故应采用。

2. 内孔表面加工方法选择

如图 1-63 所示零件，要加工内孔 ϕ40H7、阶梯孔 ϕ13 mm 和 ϕ22 mm 等 3 种不同规格和精度要求的孔，零件材料为 HT200。ϕ40 mm 内孔的尺寸公差为 H7，表面粗糙度要求较高，为 $Ra1.6$ μm，根据表 1-5 所示孔加工方案，可选择钻孔—粗镗（或扩孔）—半精镗—精镗方案。阶梯孔 ϕ13 mm 和 ϕ22 mm 没有尺寸公差要求，可按自由尺寸公差 IT11～IT12 处理，表面粗糙度要求不高，为 $Ra12.5$ μm，因而可选择钻孔—锪孔方案。

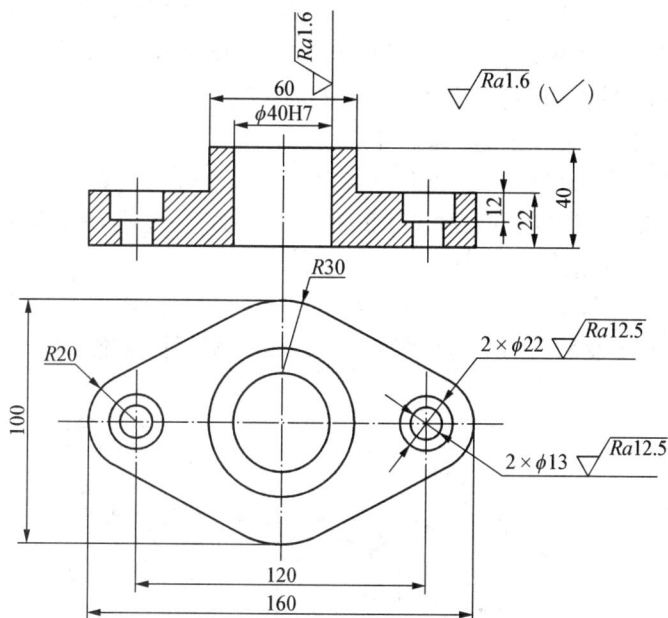

图 1-63　典型零件孔加工方法选择

3. 切削用量选择实例

以图 1-63 所示零件的孔加工为例，前面已经分析了孔加工方法，在选定刀具的基础上，其切削用量的选择计算如下：

（1）ϕ38 底孔钻削查切削用量手册，高速钢钻头钻削灰铁时的切削速度为 21～36 m/min，进给量为 0.2～0.3 mm/r，取 $V_c=24$ m/min，$V_f=0.2$ mm/r，计算主轴转速为 200 r/min，计算进给速度 $V_f=40$ mm/min。

（2）同理可选择计算其他各工序的切削用量该零件各孔加工所用刀具及切削用量参数见表 1-12。

表 1-12　刀具及切削用量参数

刀具编号	加工内容	刀具参数	主轴转速 S /(r/min)	进给量 f /(mm/min)	背吃刀量 a_p /mm
01	ϕ38 钻孔	ϕ38 钻头	2 000	40	19
02	ϕ40H7 粗镗	镗孔刀	600	40	0.8
	ϕ40H7 精镗	镗孔刀	500	30	0.2
03	2×ϕ13 钻孔	ϕ13 钻头	500	30	6.5
04	2×ϕ22 钻孔	22×14 锪钻	350	25	4.5

任务小结

1. 本次任务的主要内容
（1）数控加工工艺的主要内容和设计步骤。
（2）数控加工工艺分析。
（3）数控加工工序设计。
（4）数控加工工艺路线设计。
（5）数控加工工艺技术的发展趋势。
2. 本次任务完成后达到目的
（1）通过本教学任务的学习,掌握数控加工工艺的主要内容和设计步骤。
（2）学会划分数控加工工序的方法。
（3）掌握数控加工工序设计的方法。
（4）初步学会拟定数控加工工艺路线。
（5）了解数控加工工艺的发展趋势。

任务后的思考

1. 什么是生产过程和工艺过程？
2. 获得零件加工精度有哪些方法？
3. 试述影响加工精度的主要因素。
4. 机械零件的加工表面质量包括哪些主要内容？它们对零件的使用性能有何影响？
5. 数控加工工艺的主要内容有哪些？
6. 数控加工有何优缺点？
7. 什么是工序、安装、工位、工步、走刀？划分它们的各自依据是什么？
8. 制订工艺规程时,为什么要划分加工阶段？如何灵活运用？
9. 零件加工过程中粗、精定位基准的选择原则是什么？
10. 试选择图 1 - 64 所示端盖零件加工时的粗基准。
11. 试制订图 1 - 65 所示小轴的加工工艺过程卡。

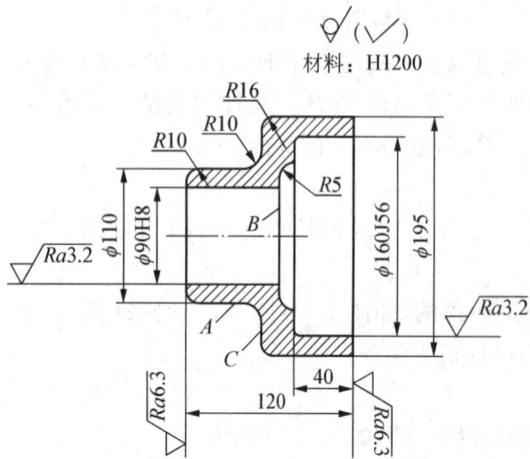

图 1 - 64　端盖零件

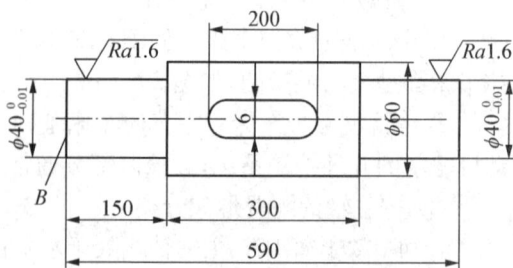

图 1 - 65　轴

学习情境 ②

数控车削加工岗位

模块一　数控车削加工工艺

任务1　数控车削工艺规程设计

必备知识

2.1.1　数控车削加工工艺概述

1. 数控车床的类型

数控车床是集机械、电气、液压、气动、微电子和信息等多项技术为一体的机电一体化产品，是机械制造设备中具有高精度、高效率、高自动化和高柔性化等优点的设备。一般是将事先编好的加工程序输入到数控系统中，由伺服系统控制车床各运动部件的动作，加工出符合要求的各种回转体形状零件。数控车床外形如图2-1所示。

图2-1　数控车床

随着数控车床制造技术的不断发展，为了满足不同的加工需要，数控车床的品种和数量越来越多，形成产品繁多，规格不一的局面。

（1）按数控系统的功能分

① 全功能型数控车床。如配有日本 FANUC-0TE、德国 SIEMENS-810T 系统的数控车床都是全功能型的，如图2-2所示。

② 经济型数控车床。在普通车床基础上改造而来的，如图2-3所示，一般采用步进电动机驱动的开环控制系统，其控制部分通常采用单片机来实现。

（2）按主轴的配置形式分类

① 卧式数控车床。主轴轴线处于水平位置的数控车床，如图2-4所示。

② 立式数控车床。主轴轴线处于垂直位置的数控车床，如图2-5所示。

图2-2　全功能数控车床

图2-3　经济型数控车床

图2-4　卧式数控车床

图2-5　立式数控车床

（3）按数控系统控制的轴数分类

① 两轴控制的数控车床机床上只有一个回转刀架，可实现两坐标轴控制，如图2-6所示。

② 四轴控制的数控车床机床上有两个独立的回转刀架，可实现四轴控制，如图2-7所示。

图2-6　单主轴单刀架数控车床结构

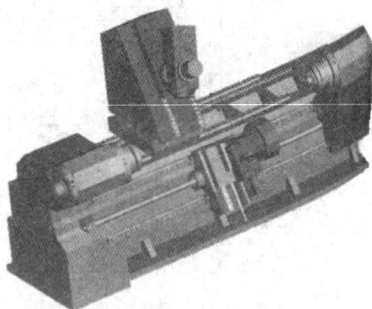

图2-7　双高轴双刀架数控车床结构

车削中心或柔性制造单元还要增加其他的附加坐标轴来满足机床的功能要求。目前，我国使用较多的是中小规格的两坐标联动控制的数控车床。

2. **数控车床的结构**

普通车床相比较，数控车床仍然是由床身、主轴变速系统、导轨、刀架、进给传动系统、液压、冷却、润滑系统等部分组成。由于实现了计算机数字控制，伺服电动机驱动刀具做连续纵向和横向进给运动，所以数控车床的进给系统与普通车床的进给系统在结构上存在着本质上的差别。普通车床主轴的运动经过挂轮架、进给箱、溜板箱传到刀架，实现纵向（Z向）

和横向(X向)进给运动。数控车床是采用伺服电动机经过滚珠丝杠,传到溜板和刀架,实现纵向和横向进给运动。可见数控车床进给传动系统的结构大为简化。

(1)床身 床身是整个机床的基础支承件,是机床的主体,一般用来放置导轨、主轴箱等重要部件。床身的结构对机床的布局有很大的影响。按照床身导轨面与水平面的相对位置,将床身分类,如图2-8所示。卧式床身斜滑板结构,再配置上倾斜的导轨防护罩,这样既保持了卧式床身工艺性好的优点,床身宽度也不会太大。斜床身和卧式床身斜滑板结构在现代数控车床中被广泛应用,是因为这种布局形式具有以下特点:

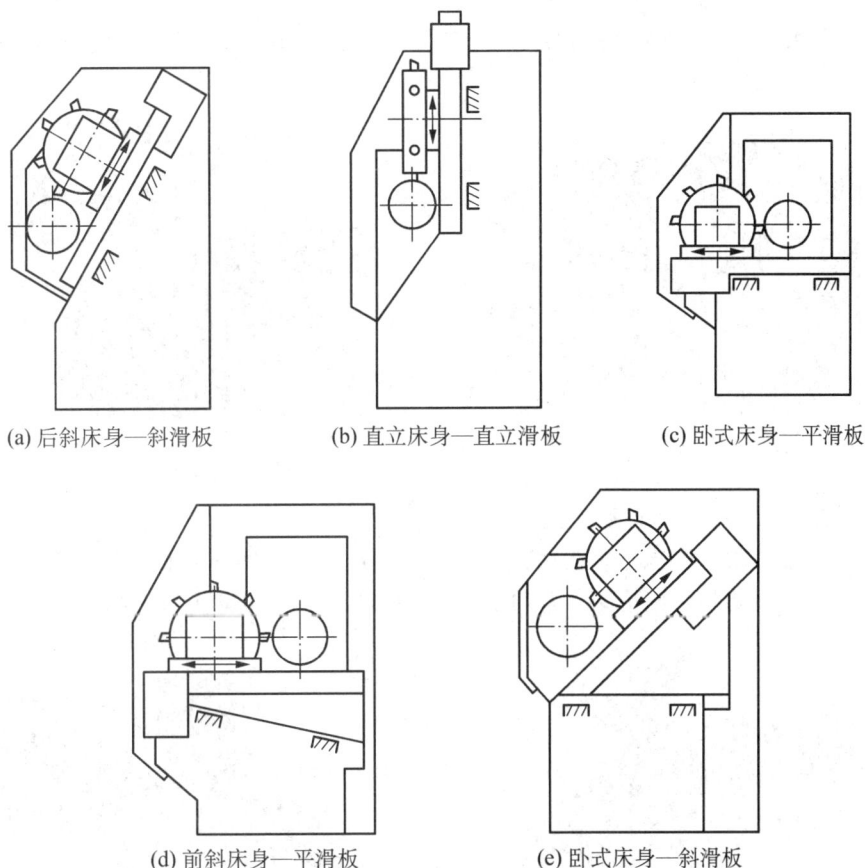

(a) 后斜床身—斜滑板   (b) 直立床身—直立滑板   (c) 卧式床身—平滑板

(d) 前斜床身—平滑板   (e) 卧式床身—斜滑板

图2-8 数控车床床身布局

① 容易实现机电一体化。
② 机床外形整齐、美观,占地面积小。
③ 容易设置封闭式防护装置。
④ 容易排屑和安装自动排屑器。
⑤ 从工件上切下的炽热切屑不至于堆积在导轨上而影响导轨精度。
⑥ 宜人性好,便于操作。
⑦ 便于安装机械手,实现单机自动化。

(2)导轨 车床的导轨可分为滑动导轨和滚动导轨两种。滑动导轨具有结构简单、制造方便、接触刚度大等优点。但传统滑动导轨摩擦阻力大,磨损快,动、静摩擦系数差别大,

低速时易产生爬行现象。

目前,数控车床已不采用传统滑动导轨,而是采用带有耐磨粘贴带覆盖层的滑动导轨和新型塑料滑动导轨。它们具有摩擦性能良好和使用寿命长等特点。导轨刚度的大小、制造是否简单、能否调整、摩擦损耗是否最小,以及能否保持导轨的初始精度,在很大程度上取决于导轨的横截面形状。滑动导轨的横截面采用山形截面和矩形截面,如图 2-9 所示。山形截面导轨导向精度高,导轨磨损后靠自重下沉自动补偿。下导轨用凸形有利于排污物,但不易保存油液。矩形截面导轨制造维修方便,承载能力大,新导轨导向精度高,但磨损后不能自动补偿,需用镶条调节,影响导向精度。

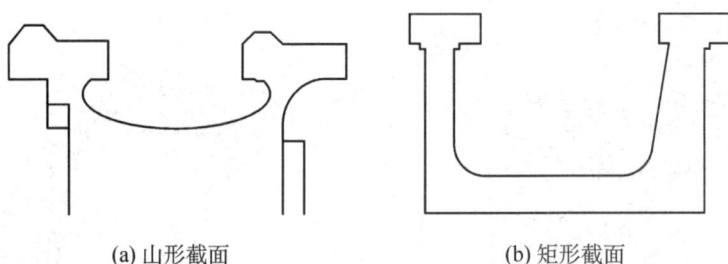

(a) 山形截面　　　　　　　　(b) 矩形截面

图 2-9　数控车床导轨截面形状

滚动导轨的优点是摩擦系数小,动、静摩擦系数很接近,不会产生爬行现象,可以使用油脂润滑。数控车床导轨的行程一般较长,因此滚动体必须循环。根据滚动体的不同,滚动导轨可分为滚珠直线导轨和滚柱直线导轨,如图 2-10 所示。后者的承载能力和刚度都比前者高,但摩擦系数略大。

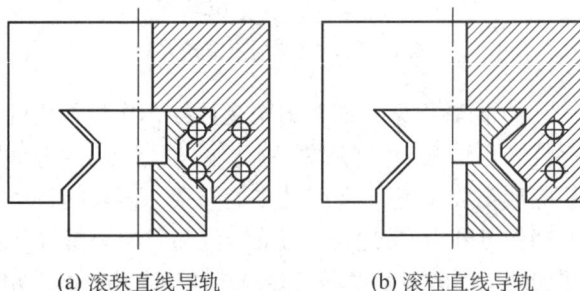

(a) 滚珠直线导轨　　　　(b) 滚柱直线导轨

图 2-10　数控机床滚动导轨

(3) 主轴变速系统　经济型数控车床大多数不能自动变速,需要变速时,只能把机床停止,然后手动变速。全功能数控车床的主传动系统大多采用无级变速。目前,无级变速系统主要有变频主轴系统和伺服主轴系统两种。一般采用直流或交流主轴电动机,通过带传动带动主轴旋转,或通过带传动和主轴箱内的减速齿轮(以获得更大的转矩)带动主轴旋转。由于主轴电动机调速范围广,又可无级调速,使得主轴箱的结构大为简化。主轴电动机在额定转速时可输出全部功率和最大转矩。

(4) 刀架系统　数控车床的刀架是机床的重要组成部分。刀架用于夹持切削用的刀具,因此其结构直接影响机床的切削性能和切削效率。在一定程度上,刀架的结构和性能体现了机床的设计和制造技术水平。随着数控车床的不断发展,刀具结构形式也在不断翻新。

刀架是直接完成切削加工的执行部件,所以,刀架必须具有良好的强度和刚度,以承受粗加工时的切削力。由于切削加工精度在很大程度上取决于刀尖位置,所以要求数控车床有可靠的定位方案和合理的定位结构,以保证有较高的重复定位精度。此外,刀架的设计还应满足换刀时间短、结构紧凑和安全可靠等要求。

按换刀方式的不同,数控车床的刀架系统主要有:

① 排式刀架。排式刀架一般用于小规格数控车床,以加工棒料或盘类零件为主。它的结构形式为夹持着各种不同用途刀具的刀夹沿着机床的 X 坐标轴方向排列在横向滑板上。刀具的典型布置方式如图 2-11 所示,刀具布置和机床调整等都较为方便,可以根据具体工件的车削工艺要求,任意组合各种不同用途的刀具。第一把刀具完成车削任务后,横向滑板只要按程序沿 X 轴移动预先设定的距离后,第二把刀就到达加工位置,这样就完成了机床的换刀动作。这种换刀方式迅速省时,有利于提高机床的生产效率。

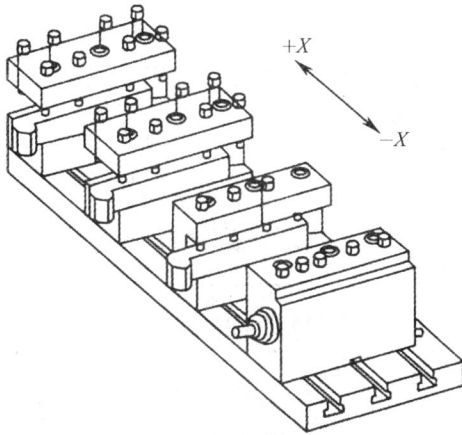

图 2-11　数控车床排式刀架

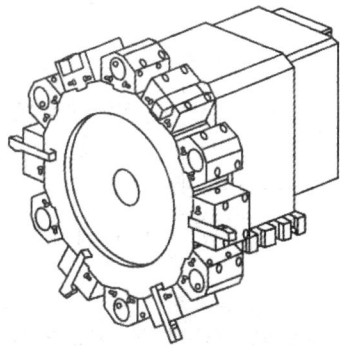

图 2-12　数控车床卧式回转刀架

② 回转刀架。回转刀架是数控车床最常用的一种典型换刀刀架,通过刀架的旋转分度定位来实现机床的自动换刀动作,根据加工要求可设计成四方、六方刀架或圆盘式刀架,并相应地安装 4 把、6 把或更多的刀架。刀具的典型布置方式如图 2-12 所示。回转刀架的换刀动作可分为刀架抬起、刀架转位和刀架锁紧等几个步骤。它的动作是由数控系统发出指令完成的。回转刀架根据刀架回转轴与安装底面的相对位置,分为立式刀架和卧式刀架两种。

③ 带刀库的自动换刀装置。上述排刀式刀架和回转刀架所安装的刀具都不可能太多,即使是装备两个刀架,对刀具的数目也有一定限制。当由于某种原因需要数量较多的刀具时,应采用带刀库的自动换刀装置。带刀库的自动换刀装置由刀库和刀具交换机构组成。刀库形式如图 2-13、图 2-14 所示。

图 2-13　数控车床链式刀库

图 2-14　数控车床盘式刀库

（5）进给传动系统　数控车床的进给传动系统如图2-15所示，一般均采用进给伺服系统，这也是数控车床区别于普通车床的一个特殊部分。

数控车床的伺服系统一般由驱动控制单元、驱动元件、机械传动部件、执行件和检测反馈环节等组成。驱动控制单元和驱动元件组成伺服驱动系统。机械传动部件和执行元件组成机械传动系统。检测元件与反馈电路组成检测系统。

图2-15　数控车床进给系统

按其控制方式不同，进给伺服系统可分为开环系统和闭环系统。闭环控制方式通常是具有位置反馈的伺服系统。根据位置检测装置所在位置的不同，闭环系统又分为半闭环系统和全闭环系统，半闭环系统具有将位置检测装置装在丝杠端头和装在电动机轴端两种类型。前者把丝杠包括在位置环内，后者则完全置机械传动部件于位置环之外。全闭环系统的位置检测装置安装在工作台上，机械传动部件整个被包括在位置环之内。

开环系统的定位精度比闭环系统低，但结构简单、工作可靠、造价低廉。由于影响定位精度的机械传动装置的磨损、惯性及间隙的存在，故开环系统的精度和速度控制性能较差。

全闭环系统控制精度高、快速性能好，但由于机械传动部件在控制环内，所以系统的动态性能不仅取决于驱动装置的结构和参数，而且还与机械传动部件的刚度、阻尼特性、惯性、间隙和磨损等因素有很大关系，故必须对机电部件的结构参数进行综合考虑才能满足系统的要求。因此全闭环系统对机床的要求比较高，且造价也较昂贵。闭环系统中采用的位置检测装置有脉冲编码器、旋转变压器、感应同步器、磁尺、光栅尺和激光干涉仪等。

数控车床的进给伺服系统中常用的驱动装置是伺服电动机。伺服电动机有直流伺服电动机和交流伺服电动机之分。交流伺服电动机由于具有可靠性高、基本上不需要维护和造价低等特点而被广泛采用。

3. 数控车削加工的主要对象

数控车削是数控加工中用得最多的加工方法之一。由于数控车床具有加工精度高、能做直线和圆弧插补（高档车床数控系统还有非圆曲线插补功能）以及在加工过程中能自动变速等特点，因此其工艺范围较普通车床宽得多。针对数控车床的特点，下列几种零件最适合数控车削加工：

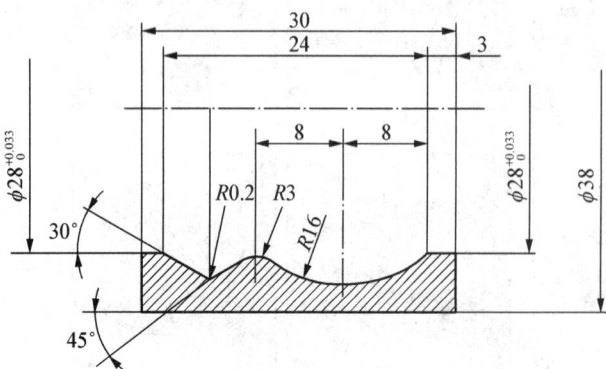

图2-16　内腔零件

（1）轮廓形状复杂的回转体零件　由于数控车床具有直线和圆弧插补功能，部分车床数控装置还有某些非圆曲线插补功能，所以能车削由任意直线和平面曲线组成的形状复杂的回转体零件和难于控制尺寸的零件，如具有封闭内成型面的壳体零件。图2-16所示的壳体零件封闭内腔的成形面，"口小肚大"，在普通车床是无法加工的，而在数

图 2-17 数控车削加工的零件

控车床上则很容易加工出来。

组成零件轮廓的曲线可以是数学方程式描述的曲线,也可以是列表曲线。对于直线或圆弧组成的轮廓,利用机床的直线或圆弧插补功能可直接加工出来。对于由非圆曲线组成的轮廓,若所选机床没有非圆曲线插补功能,则应先用直线或圆弧去逼近,然后再用直线或圆弧插补功能进行插补切削。如果说车削圆弧零件和圆锥零件,既可用传统车床也可用数控车床,车削如图 2-17 所示的复杂形状回转体零件,就只能用数控车床了。

（2）精度要求高的回转体零件 由于数控车床刚性好,制造和对刀精度高,以及能方便和精确地进行人工补偿和自动补偿,所以能加工尺寸精度要求较高的零件。在有些场合可以以车代磨。此外,数控车削的刀具运动是通过高精度插补运算和伺服驱动来实现的,所以能加工对母线直线度、圆度、圆柱度等形状精度要求高的零件。另外工件一次装夹可完成多道工序的加工,提高了加工工件的位置精度。

（3）表面粗糙度要求高的回转体零件 数控车床具有恒线速切削功能,能加工出表面粗糙度值小而均匀的零件。因为在材质、精车余量和刀具已定的情况下,表面粗糙度取决于进给量和切削速度。切削速度变化,致使车削后的表面粗糙度不一致,使用数控车床的恒线速切削功能,就可选用最佳线速度来切削锥面、球面和端面等,使车削后的表面粗糙度值既小又一致。

（4）表面形状复杂的回转体零件 由于数控车床具有直线、圆弧插补功能和宏程序功能,可以车削由任意直线和曲线组成的形状复杂的回转体零件。

（5）带特殊螺纹的回转体零件 数控车床具有加工各类螺纹的功能,包括任何等导程的直、锥和端面螺纹,增导程、减导程以及要求等导程与变导程之间平滑过渡的螺纹,如图 2-18

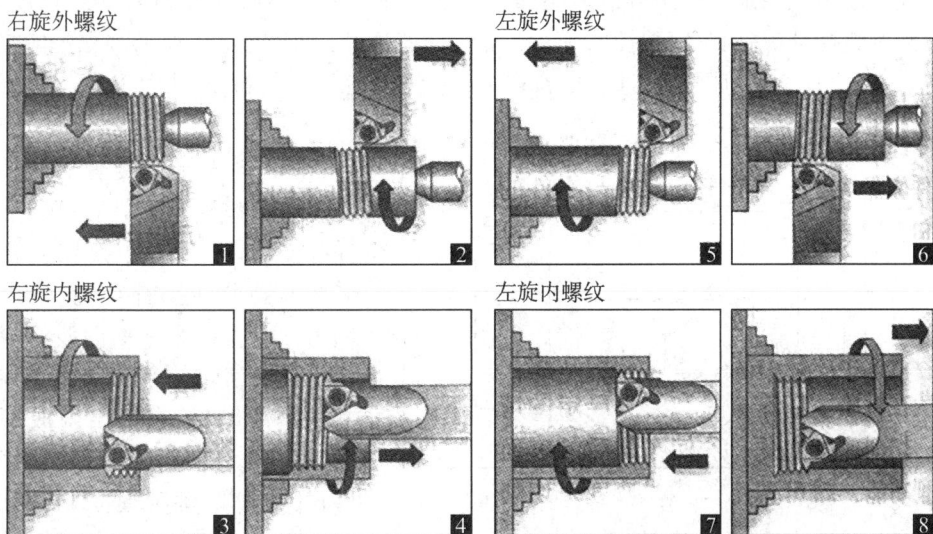

图 2-18 数控螺纹车削

所示。通常在主轴箱内安装有脉冲编码器,主轴的运动通过同步带 1∶1 地传到脉冲编码器。采用伺服电动机驱动主轴旋转,当主轴旋转时,脉冲编码器便发出检测脉冲信号给数控系统,使主轴电动机的旋转与刀架的切削进给保持同步关系,即实现加工螺纹时主轴转一转,刀架移动工件一个导程的运动关系。而且车削出来的螺纹精度高,表面粗糙度值小。

(6) 超精密、超低表面粗糙度值的零件　磁盘、录像机磁头、激光打印机的多面反射体、复印机的回转鼓、照相机等光学设备的透镜等零件,要求超高的轮廓精度和超低的表面粗糙度值,适合在高精度、高性能的数控车床上加工。数控车床超精加工的轮廓精度可达到 $0.1\ \mu m$,表面粗糙度值达 $Ra0.02\ \mu m$,超精加工所用数控系统的最小分辨率应达到 $0.01\ \mu m$。

2.1.2　数控车削加工工艺要解决的主要问题

1. 数控车削加工内容的选择

当选择并决定某个零件进行数控加工后,并不等于要把它所有加工内容都包下来,而可能只是其中一部分,必须对零件图样进行仔细的工艺分析,确定那些最适合、最需要进行数控加工的内容和工序。在选择并做出决定时,应结合本单位的实际,立足于解决难题、攻克关键和提高生产效率,充分发挥数控加工的优势。具体选择时,一般可按下列顺序考虑:

(1) 通用机床无法加工的内容应作为首先选择内容

① 由轮廓曲线构成的回转表面。如图 2 - 19 所示,圆弧回转表面须用数控车削加工方能满足技术要求。

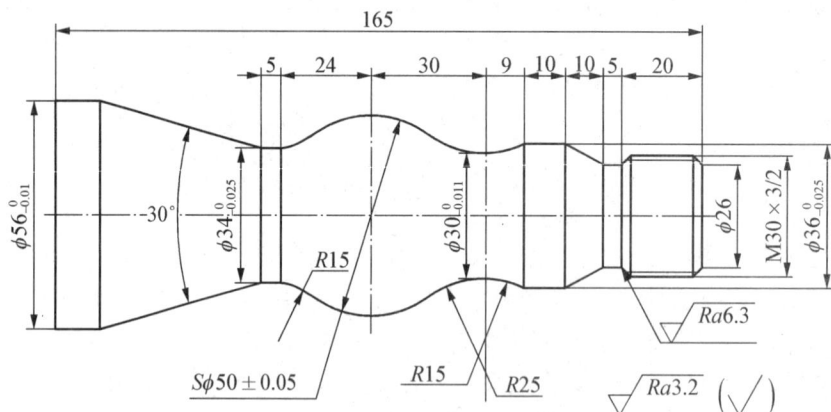

图 2 - 19　回转体零件

② 具有微小尺寸要求的结构表面。如图 2 - 20 所示,加工此类结构正是数控加工优越性的表现。带轮为国外某汽车上的零件,在产品设计上大量采用了微小尺寸的结构并有精度要求(如各种过渡倒角、小圆弧等),这是由于国外产品零件大量使用数控设备制造而在零件结构上表现出的突出特点。图 2 - 21 所示的承内圈中的多处过渡倒角也是小尺寸且为圆弧。

③ 同一表面采用多种设计要求的结构。如图 2 - 22 所示,带轮的轴孔直径采用两种设

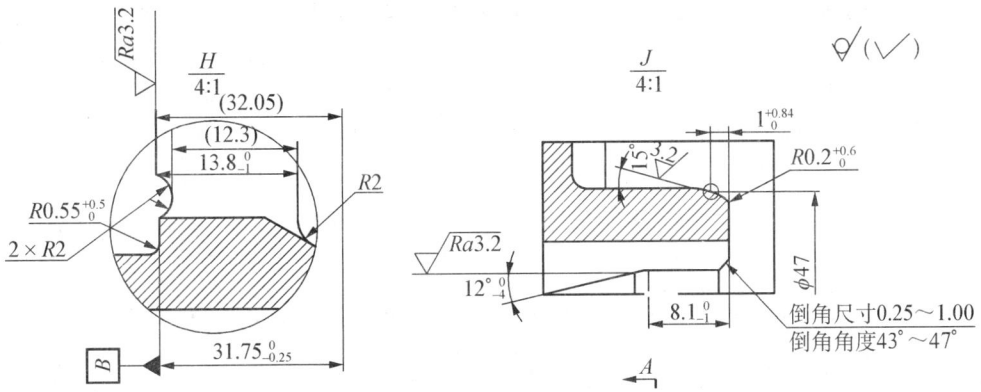

图 2-20   具微小结构零件

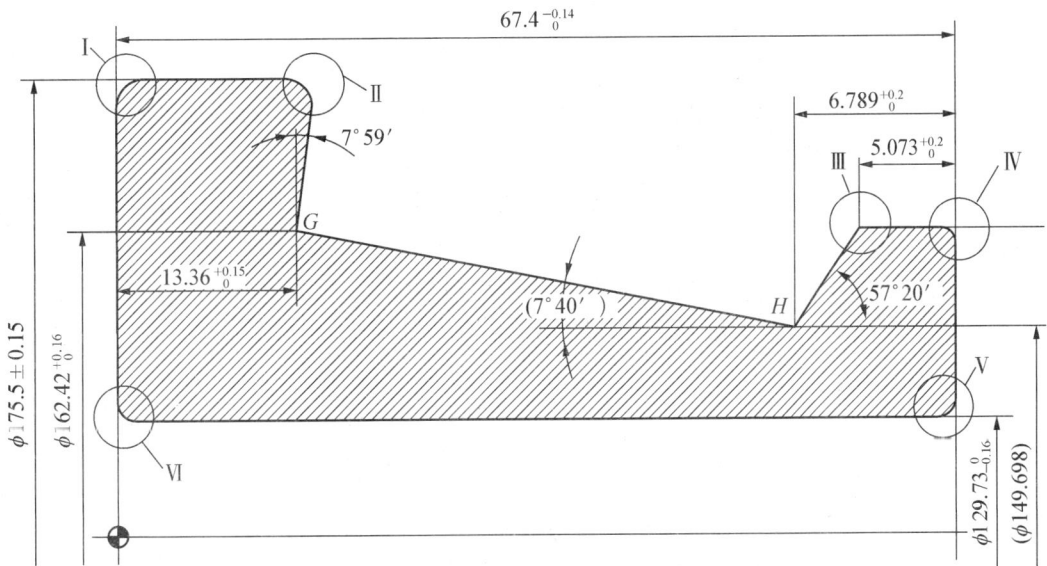

图 2-21   轴承内圈

计要求,尺寸相差很小,配合部分轴颈为 $\phi 31.787_{-0.025}^{0}$,装配部分轴颈为 $\phi 31.82_{0}^{+0.1}$,半径相差仅 0.016 5 mm,并且两尺寸过渡倒角也有要求,这样做既能保证装配配合精度要求又能满足装配方便要求,但在加工时只能使用数控设备才能加工出来。

④ 表面间有严格几何关系要求的表面。此类几何关系是指表面间相切、相交或一定的夹角等连接关系,如图 2-19 所示零件中的多处相切关系,需要在加工中连续切削才能形成,这样的结构也只能采用数控设备连续走刀才能加工出来。

(2) 通用机床难加工质量难以保证的内容应作为重点选择内容

① 表面间有严格位置精度要求但在普通机床上无法一次安装加工的表面。如图 2-21 所示,轴承内圈的滚道和内孔的壁厚差有严格要求,在普通机床上无法一次安装加工,最后采用数控加工才解决了这一技术难题。

② 表面粗糙度要求很严的锥面、曲面、端面等。对于这类表面只能采用恒线速切削才能达到要求,目前普通设备多不具备恒线速切削功能,而数控设备大多具有此功能。

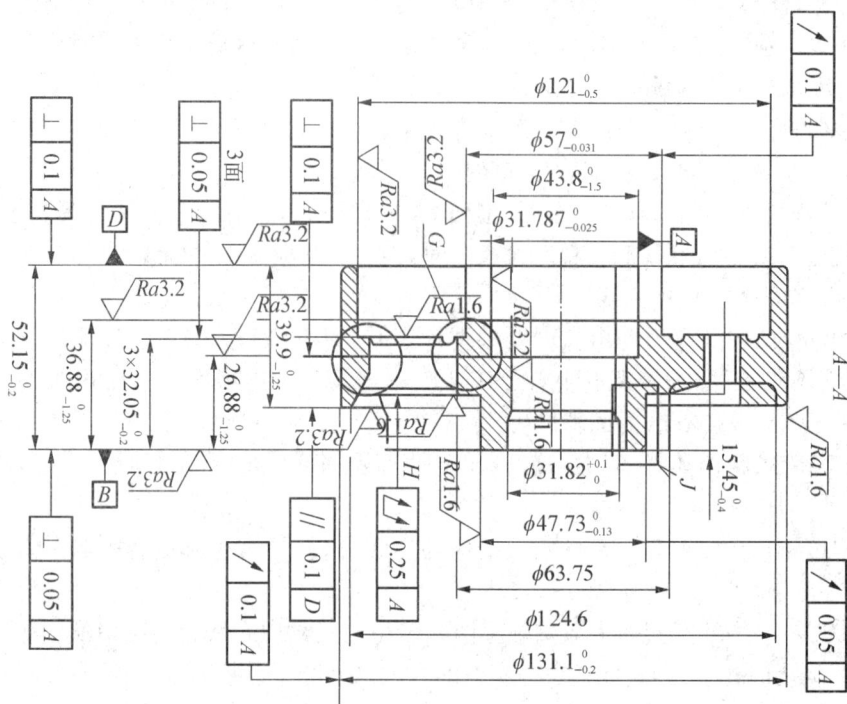

图 2 - 22 某汽车上的带轮

一般来说,上述这些加工通用机床加工效率低。工人手工操作劳动强度大的内容,可在数控机床尚存在富余能力的基础上,选择内容采用数控加工后,在产品质量、生产率与综合经济效益等方面都会得到明显提高。相比之下,下列一些加工内容则不宜采用数控加工:

① 需要通过较长时间占机调整的加工内容,如偏心回转零件用四爪卡盘长时间在机床上调整,但加工内容却比较简单。

② 不能在一次安装中加工完成的其他零星部位,采用数控加工很麻烦,效果不明显,可安排通用机床补加工。

此外,在选择和决定加工内容时,也要考虑生产批量、现场生产条件、生产周期等情况。随着生产技术条件的进步,许多现代化生产企业,包括大量生产的企业(如一汽大众,一汽集团公司下属一些专业生产厂),其产品零件几乎 100%采用数控设备生产制造,零件的所有表面都采用数控机床加工,这样就不存在加工表面的选择问题了。

2. 数控车削加工的装刀

数控车床上的装刀与普通车床装刀近似,但数控加工中的对刀与普通机床或专用机床中的对刀有所不同。普通机床或专用机床中的对刀只是找正刀具与加工面间的位置关系,而数控加工中的对刀是建立工件坐标系和确定刀补,即确定工件坐标系在机床坐标系中的位置,使刀具运动的轨迹有一个参考依据。

车刀安装得正确与否,直接影响切削的顺利进行和工件的加工质量,即使车刀的几何形状与角度刃磨得十分合理,如果安装不当,也会改变车刀的实际工作角度。

(1)外圆车刀装刀

① 车刀刀杆不能伸出刀架过长。车刀刀杆伸出过长则刀杆刚性减弱，切削时在主切削力的作用下，容易产生变形和振动，影响工件表面的粗糙度。因此车刀安装时应尽可能伸出短些，一般不超过刀杆厚度的1.5倍。

② 车刀的垫片要平整、数量少。车刀的垫片要平整，一般只用2～3片，并与刀架对齐。垫片的片数太多或不平整，会使车刀切削时产生振动。

③ 车刀刀尖高度要适当。车端面、锥面、成形面时，刀尖应与工件轴线等高；粗车外圆时，刀尖一般应比工件轴线稍高；精车细长轴时，刀尖一般应比工件轴线稍低。

（2）内孔车刀装刀

① 伸出长度：内孔车刀伸出长度要根据加工孔的深度确定，既要保证能够加工到要求的孔深，刀架不与工件相碰，又不能悬出刀架太长，减弱刀杆的刚性。一般车到要求孔深后，刀架与工件还有5～10 mm的间隙即可。

② 装刀高度：粗车孔时，刀尖一般应比工件轴线稍低；精车孔时，刀尖一般应比工件轴线稍高。

③ 装刀方向：孔加工车刀刀杆中心线应与走刀方向平行，否则也会影响车刀工作的主偏角。

④ 装刀方法：内孔车刀刀尖应按加工内容装得与工件中心线稍高或稍低。如果在车床方刀架上直接装内孔车刀，其保证装刀高度的方法与外圆车刀装刀方法相似；如果在车床刀盘装内孔车刀的孔内装刀，按尺寸要求选合适刀杆直径的内孔车刀装刀并拧紧螺钉即可；如果采用刀夹装内孔车刀，则连同刀夹一起装刀并保证内孔车刀刀尖高度满足要求。

（3）螺纹车刀装刀　螺纹车刀安装的正确与否，对螺纹车削的精度有明显的影响。

① 螺纹车刀装刀法：螺纹车刀有轴向安装和法向安装两种方法。轴向安装时，车刀一侧刃工作前角变小、后角增大，而另一侧刃则相反，切削条件不一致，但不会带来牙形误差。适用于精车各种螺纹以及轴间齿廓为直线的蜗杆。法向安装螺纹车刀可使两侧刃的工作前角、后角相等，切削条件一致，切削顺利，但会使牙形产生误差，主要用于细车螺纹升角大于3°的螺纹，以及车削法向直廓的蜗杆。

② 螺纹车刀刀尖装刀高度：螺纹车刀刀尖安装高度应和工件轴线等高。为防止硬质合金车刀高速切削时扎刀，刀尖允许高于螺纹百分之一螺纹大径；而低速切削高速钢螺纹车刀的刀尖，则允许稍低于工件轴线。

③ 螺纹车刀装刀方向：螺纹车刀刀尖角的角平分线应垂直螺纹轴线。一般用有螺纹角度样板装刀，用于车削一般螺纹切削；用带V形块的螺纹角度样板装刀对刀精度较高；用百分表校正法装刀对刀精度最高，用于车削精密螺纹。

（4）切槽、切断刀装刀

① 伸出长度：切槽、切断刀安装时，不宜伸出过长，以防止切断时刀头颤动。装刀时确保切到槽底或切断时不发生碰撞而刀杆伸出长度最小。

② 装刀方向：切槽、切断刀的中心线必须与工件轴线垂直，以保证两副偏角对称。

③ 安装底面：切断刀安装部位的底面要修磨平直，否则安装时会引起副后角的变化，故在刃磨切断刀之前，先把底面磨平，刃磨后用直角尺检查两侧副后角的大小。

④ 装刀高度：切槽或切实心工件时，切槽、切断刀的主切削刃不能高于或低于工件中心，否则会使工件中心形成凸台，并损坏刀头；切断空心工件时，切断刀主切削刃一般应比工

件轴线稍低。

3. 数控车削加工工艺性分析

(1) 结构工艺性分析　在进行数控加工工艺性分析时,工艺人员应根据所掌握的数控加工基本特点及所用数控机床的功能和实际工作经验,力求把这一前期准备工作做得更仔细、更扎实一些,以便为下面的工作铺平道路,减少失误和返工,不留遗患。

① 零件结构工艺性。零件结构工艺性是指在满足使用要求前提下零件加工的可行性和经济性,即所设计的零件结构应便于加工成形并且成本低、效率高。

对零件进行结构工艺性分析时要充分反映数控加工的特色,过去用普通设备加工工艺性很差的结构,改用数控设备加工其结构工艺性则可能不再成问题,比如国外产品零件中大量使用的圆弧结构、微小结构等,最简单的如图 2-23 所示的定位销,国内普遍采用图 2-23(a)中销头部分为锥形的结构,而国外则普遍采用图 2-23(b)中销头部分为球形的结构。从使用效果来说,球形对工件的划伤要比锥形小得多,但加工时,球形的销必须用数控车削加工。再比如倒角尺寸,国内在标注时标成"宽度×角度"(如 $1×30°$,若角度为 $45°$,可简写为 C1)的形式,而国外图样在标注时对倒角宽度和角度都提出公差要求(如图 2-22 所示的倒角要求)。

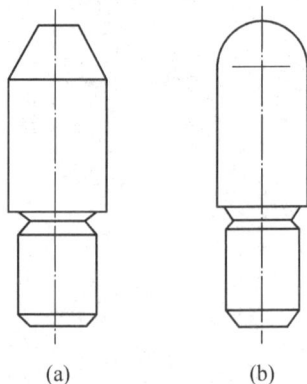

图 2-23　两种结构形式的定位销

实际上,数控加工技术在制造领域的应用,对产品结构设计提供了广阔的舞台,甚至对我国工程标准都提出了挑战,这是一个需认真对待的问题。一般来说,对图样的工艺性分析与审查,是在零件图样设计和毛坯设计以后进行的,特别是在把原来采用通用机床加工的零件改为数控加工的情况下,零件设计都已经定型,再要求根据数控加工工艺的特点,对图样或毛坯进行较大更改,一般是比较困难的,所以一定要把重点放在零件图样和毛坯图样初步设计与设计定型之间的工艺性审查与分析上。工艺人员不但要积极参与审查工作,还要与设计人员密切合作,并尽力说服他们在不损害零件使用特性的许可范围内,更多地满足数控加工工艺的各种要求,尽可能采用适合数控加工的结构,也尽可能发挥数控加工的优越性。

② 零件结构工艺性分析:

a. 审查与分析零件图样中的尺寸标注方法是否适应数控加工的特点。对数控加工来说,最倾向于以同一基准引注尺寸或直接给出坐标尺寸。这就是坐标标注法。这种标注法,既便于编程,也便于尺寸之间的相互协调,在保证设计、定位、检测基准与程编原点设置的一致性方面带来很大方便。由于零件设计人员往往在尺寸标注中较多地考虑装配等使用特性要求,而不得不采取局部分散的标注方法,这样会给工序安排与数控加工带来诸多不便。

事实上,由于数控加工精度及重复定位精度都很高,不会因产生较大的积累误差而破坏使用特性,因而改变局部的分散标注法为集中引注或坐标式尺寸标注是完全可行的。目前,国外的产品零件设计尺寸标注绝大部分采用坐标法标注,这是基本采用数控设备制造并充分考虑数控加工特点所采取的一种设计原则。

b. 审查与分析零件图样中构成轮廓的几何元素的条件是否充分、正确。

由于零件设计人员在设计过程中考虑不周或疏忽,常常使构成零件轮廓的几何元素的

条件不充分,或模糊不清甚至多余。如圆弧与直线、圆弧与圆弧到底是相切还是相交,有些明明画得相切,但根据图样给出的尺寸计算相切条件不充分或条件多余,而变为相交或相离状态,使编程无从下手;有时,所给条件又过于苛刻或自相矛盾,增加了数学处理与基点计算的难度。因为在自动编程时要对构成轮廓的所有几何元素进行定义,手工编程时要计算出每一个基(节)点坐标,无论哪一点不明确或不确定,编程都无法进行。所以在审查与分析图样时,一定要仔细认真,发现问题及时找设计人员更改。

如图 2-24 所示,圆弧与斜线的关系要求为相切,但经计算后却为相交关系。如图 2-25 所示,图样上给定几何条件自相矛盾,其给出的各段长度之和不等于其总长。

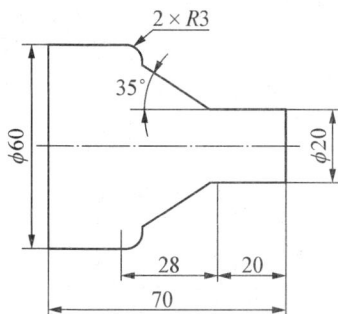

图 2-24　几何要素缺陷示例一　　　　图 2-25　几何要素缺陷示例二

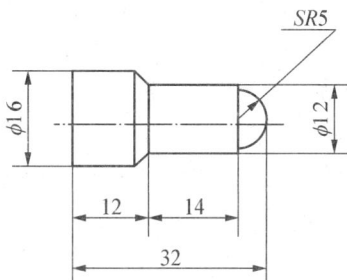

c. 审查与分析在数控车床上加工时零件结构的合理性。

如图 2-26(a)所示,零件需用三把不同宽度的切槽刀切槽,如无特殊需要,显然是不合理的,若改成图 2-26(b)所示结构,只需一把刀即可切出 3 个槽,既减少了刀具数量,少占了刀架刀位,又节省了换刀时间。

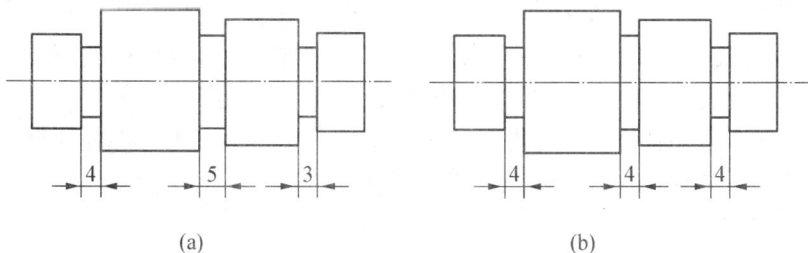

(a)　　　　　　　　　　　　(b)

图 2-26　结构工艺性示例

(2) 精度及技术要求分析　对被加工零件的精度及技术要求进行分析,是零件工艺性分析的重要内容,只有在分析零件精度和表面粗糙度的基础上,才能对加工方法、装夹方式、进给路线、刀具及切削用量等进行正确而合理的选择。精度及技术要求分析的主要内容:

① 分析精度及各项技术要求是否齐全、合理。对采用数控加工的表面,其精度要求应尽量一致,以便最后能一刀连续加工。

② 分析本工序的数控车削加工精度能否达到图样要求,若达不到,需采取其他措施(如磨削)弥补的话,注意给后续工序留有余量。

③ 找出图样上有较高位置精度要求的表面,这些表面应在一次安装下完成。

④ 对表面粗糙度要求较高的表面,应确定用恒线速切削。

4. 数控车削加工工件装夹方案的确定

(1) 工件采用常用夹具装夹

① 工件定位要求。由于数控车削编程和对刀的特点,工件径向定位后必须保证工件坐标系 Z 轴与机床主轴轴线同轴(即工件坐标系 Z 轴只能为加工表面的轴线),同时还要保证加工表面径向的工序基准(或设计基准)与机床主轴回转中心线的位置满足工序(或设计)要求。如工序要求加工表面轴线与工序基准表面轴线同轴,这时工件坐标系 Z 轴与工序基准表面轴线同轴,可采用三爪自定心卡盘以工序基准为定位基准自动定心装夹或采用两顶尖(工序基准为工件两中心孔)定位装夹;若工序要求加工表面轴线与工序基准表面轴线有偏心,则采用偏心卡盘、偏心顶尖或专用夹具装夹,偏心卡盘、偏心顶尖或专用夹具的中心(为定位基准)到主轴回转中心线的距离要满足加工表面中心线与工序基准(与定位基准重合)的偏心距离要求。

工件轴向定位后要保证加工表面轴向的工序基准(或设计基准)与工件坐标系 X 轴的位置要求。批量加工时,若采用三爪自定心卡盘装夹,工件轴向定位基准可选工件的左端面或左侧其他台肩面以方便定位;若采用两顶尖装夹,为保证定位准确,工件两中心孔倒角可加工成准确的圆弧形倒角,这时顶尖与中心孔圆弧形倒角接触为一条环线,轴向定位非常准确,适合数控加工精确性要求。若单件加工,不需轴向定位,是用对刀的方法建立工件坐标系。采用夹具定位的目的就是一次对刀加工一批工件,用于批量加工,单件加工一般不涉及夹具定位问题。

② 定位基准(指精基准)选择的原则:

a. 基准重合原则:为避免基准不重合误差,方便编程,应选用工序基准(设计基准)作为定位基准,并使工序基准、定位基准、编程原点三者统一,这是最优先考虑的方案。因为当加工面的工序基准与定位基准不重合且加工面与工序基准不在一次安装中同时加工出来的情况下,会产生基准不重合误差。

b. 基准统一原则:在多工序或多次安装中,选用相同的定位基准,这对数控加工保证零件的位置精度非常重要。

c. 便于装夹原则:所选择的定位基准应能保证定位准确、可靠,定位、夹紧机构简单,敞开性好,操作方便,能加工尽可能多的内容。

d. 便于对刀原则:批量加工时,在工件坐标系已确定的情况下,采用不同的定位基准为对刀基准建立工件坐标系,会使对刀的方便性不同,有时甚至无法对刀,这时就要分析此种定位方案是否能满足对刀操作的要求,否则原设工件坐标系须重新设定。

③ 常用装夹方式:

a. 在三爪自定心卡盘上装夹。三爪自定心卡盘的三个卡爪是同步运动的,能自动定心,一般不需找正,但装夹时一般需有轴向支承面,否则所需夹紧力可能会过大而夹伤工件。三爪自定心卡盘装夹工件方便、省时,自动定心好,但夹紧力相对较小,适用于装夹外形规则的中、小型工件。三爪自定心卡盘可装成正爪或反爪两种形式,如图 2-27 所示。卡爪伸出卡盘圆周一般不应超过卡爪长度的 1/3,否则卡爪与平面螺纹只有 1～2 牙啮合,受力时容易使卡爪上的牙齿碎裂,故用反爪来装夹直径较大的工件。当较大的空心工件需车外圆时,可使 3 个卡爪做离心移动,把工件内孔撑住车削。用三爪自定心卡盘装夹精加工过的表面时,

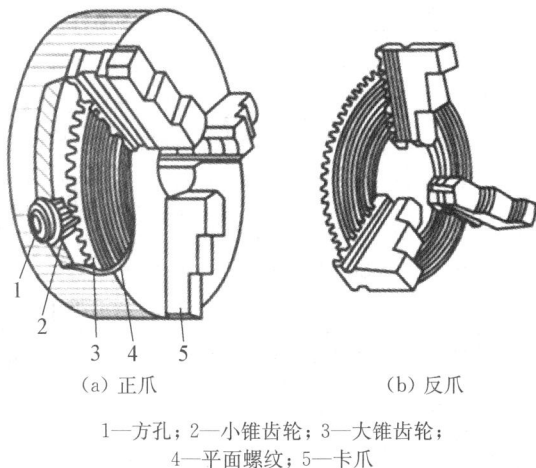

(a) 正爪   (b) 反爪

1—方孔；2—小锥齿轮；3—大锥齿轮；
4—平面螺纹；5—卡爪

图 2-27 三爪自定心卡盘正、反爪的应用

被夹住的工件表面应包一层铜皮，以免夹伤工件表面。

用三爪自定心卡盘装夹工件进行粗车或精车时，若工件直径小于或等于 30 mm，其悬伸长度应不大于直径的 5 倍；若工件直径大于 30 mm，其悬伸长度应不大于直径的 3 倍。

数控车床主轴转速较高，为便于工件夹紧，多采用液压高速动力卡盘。这种卡盘在生产厂已通过了严格的动、静平衡检验，具有高转速（极限转速可达 8 000 r/min 以上）、高夹紧力（最大推拉力为 2 000～8 000 N）、高精度、调爪方便、使用寿命长等优点。通过调整液压缸的压力，可改变卡盘的夹紧力，以满足夹持各种薄壁和易变形工件的特殊需要。为减少细长轴加工时的受力变形，提高加工精度，以及在加工带孔轴类工件内孔时，可采用液压自动定心中心架，其定心精度可达 0.03 mm。

b. 在两顶尖之间装夹。对于长度尺寸较大或加工工序较多的轴类工件，为保证每次装夹时的装夹精度，可用两顶尖装夹。两顶尖装夹工件方便，不需找正，装夹精度高，但必须先在工件的两端面钻出中心孔，同时还要靠其他方式传递转矩。该装夹方式适用于多工序加工或精加工。

用两顶尖装夹工件时须注意的事项：

➤ 车削前要调整尾座顶尖轴线，使前后顶尖的连线与车床主轴轴线同轴，否则车出的工件会产生锥度误差。

➤ 尾座套筒在不影响车刀切削的前提下，应尽量伸出得短些，以增加刚性，减少振动。

➤ 应选用正确类型的中心孔，形状准确，表面粗糙度值小。对于精度一般的轴类零件，中心孔不需要重复使用的，可选用 A 型中心孔；对于精度要求高，工序较多需多次使用中心孔的轴类零件，应选用 B 型中心孔，B 型中心孔比 A 型中心孔多一个 120° 的保护锥，用于保护 60° 锥面不致碰伤；对于需要在轴向固定其他零件的工件，可选用带内螺纹的 C 型中心孔；轴向精确定位时可选用 R 型中心孔，即中心孔的 60° 锥加工成准确的圆弧形，并以该圆弧与顶尖锥面的切线为轴向定位基准定位。

➤ 两顶尖与中心孔的配合应松紧合适，在加工过程中要注意调整顶尖的顶紧力。

➤ 在两顶尖间加工细长轴时，应使用跟刀架或中心架，固定顶尖和中心架应注意润滑。

c. 用卡盘和顶尖装夹。用两顶尖装夹工件虽然精度高，但刚性较差。因此，车削质量较大工件时要一端用卡盘夹住，另一端用后顶尖支撑。为了防止工件由于切削力的作用而产生轴向位移，必须在卡盘内装一限位支承，或利用工件的台阶面限位，如图 2-28 所示。这种方法比较安全，能承受较大的轴向切

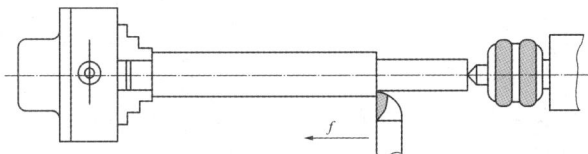

图 2-28 用工件的台阶面限位

削力,安装刚性好,轴向定位准确,所以应用比较广泛。

d. 用双三爪自定心卡盘装夹。对于精度要求高、变形要求小的细长轴类零件可采用双主轴驱动式数控车床加工,机床两主轴轴线同轴、转动同步,零件两端同时分别由三爪自定心卡盘装夹并带动旋转,这样可以减小切削加工时切削力矩引起的工件扭转变形。一汽大众公司生产捷达轿车发动机曲轴的数控车拉加工就是采用此种方式。

(2) 工件采用找正方式装夹

① 装夹方式。一般采用四爪单动卡盘装夹,如图 2 - 29 所示。四爪单动卡盘的四个卡爪是各自独立运动的,可以调整工件夹持部位在主轴上的位置,但四爪单动卡盘找正比较费时,只能用于单件小批生产。四爪单动卡盘夹紧力较大,所以适用于大型或形状不规则的工件。四爪单动卡盘也可装成正爪或反爪两种形式。

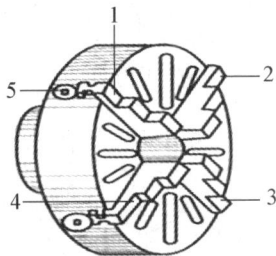

1、2、3、4—卡爪;5—丝杠

图 2 - 29　四爪单动卡盘

② 找正及校正要求。对于工件装夹表面轴线与加工表面轴线同轴的,找正装夹时必须将工件的装夹表面轴线找正及校正到与车床主轴回转中心线重合,以保证装夹表面轴线与加工表面轴线(同时也是工件坐标系 Z 轴)重合;对于工件装夹表面轴线与加工表面轴线不同轴的,要使工件的装夹表面轴线(即加工表面径向的工序基准或设计基准)与机床主轴回转中心线的位置满足工序(或设计)要求,如偏心距要求(详见在四爪单动卡盘上装夹偏心工件)。

单件生产工件偏心安装时常采用找正装夹;用三爪自定心卡盘装夹较长的工件时,工件离卡盘夹持部分较远处的旋转中心不一定与车床主轴旋转中心重合,这时必须找正及校正;当三爪自定心卡盘使用的时间较长,已失去应有的精度,而工件的加工精度要求又较高时,也需要找正及校正。

③ 找正及校正的方法。与普通车床上找正及校正工件相同,一般用划针或打表找正,精度高的工件用百分表校正,通过调整卡爪,使工件装夹后满足工序定位要求。

(3) 其他类型的数控车床夹具　为了充分发挥数控车床的高速度、高精度和自动化的性能,必须有相应的数控夹具进行配合。数控车床夹具除了使用通用三爪自定心卡盘、四爪卡盘、顶尖和大批量生产中使用便于自动控制的液压、电动及气动卡盘、顶尖外,还有其他类型的夹具,它们主要分为两大类:用于轴类工件的夹具和用于盘类工件的夹具。

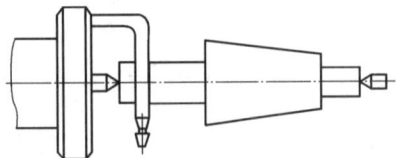

图 2 - 30　实心轴加工所用的拨齿顶尖夹具

① 用于轴类工件的夹具。数控车床加工一些特殊形状的轴类工件(如异形杠杆)时,零件可装夹在专用车床夹具上,夹具随同主轴一同旋转。用于轴类工件的夹具还有自动夹紧拨动卡盘、三爪拨动卡盘和快速可调万能卡盘等。图 2 - 30 所示为加工实心轴所用的拨齿顶尖夹具,其特点是在粗车时可以传递足够大的转矩,以适应主轴高速旋转车削要求。

② 用于盘类工件的夹具。这类夹具适用在无尾座的卡盘式数控车床上。用于盘类工件的夹具主要有可调卡爪式卡盘和快速可调卡盘。

(4) 特殊零件的装夹

1) 薄壁件装夹方法　薄壁套筒类零件的刚度差,装夹不当或夹紧力过大会使工件变形

而造成圆度误差,可采用下述方法加以解决。

① 增大接触面积,用减小、均匀夹紧力方式装夹。

a. 开口套方式装夹:如图 2-31 所示,在卡爪和工件之间增加一开口套,使卡爪与工件的接触面积增大,夹紧力均匀,以此来减小工件的夹紧变形。此外,在精车前略微放松一下卡爪,让工件变形恢复后,再适当夹紧进行加工。

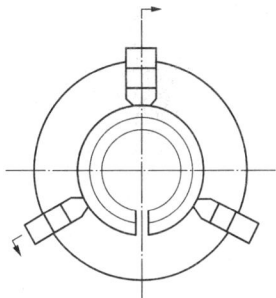

图 2-31 开口套装夹

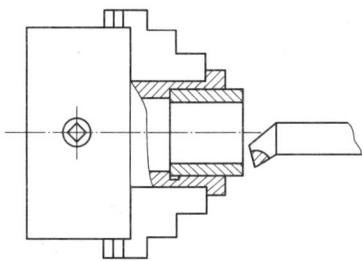

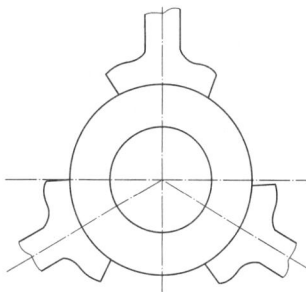

图 2-32 增大卡爪面积装夹

b. 增大卡爪面积装夹:如图 2-32 所示,其原理和效果与开口套装夹相似。

② 改径向夹紧为轴向夹紧方式装夹。

a. 花盘上轴向夹紧:根据薄壁套筒类零件径向刚度差、易变形的特点,在车削时可改径向夹紧为轴向夹紧方式以减小工件的夹紧变形。图 2-33 所示为工件在花盘上的轴向夹紧方式。

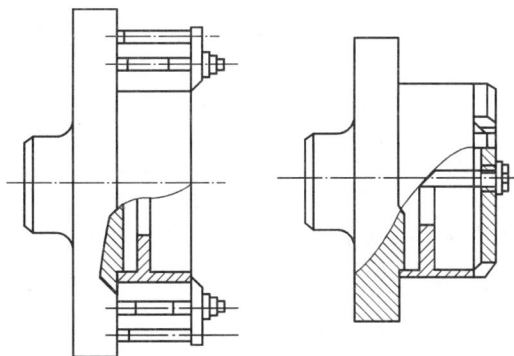

(a) 车内孔   (b) 车外圆

图 2-33 在花盘上轴向夹紧

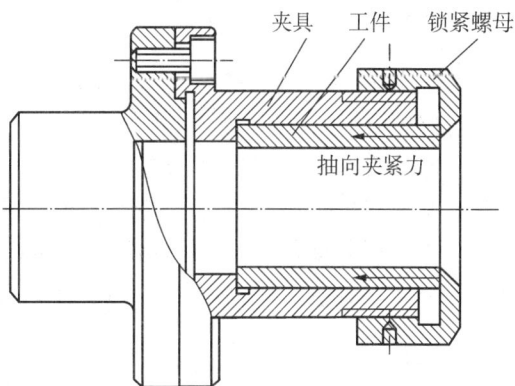

图 2-34 用专用夹具轴向夹紧

b. 专用夹具上轴向夹紧:对于工件不便在花盘上轴向夹紧的,可制作专用夹具,工件在专用夹具上进行轴向夹紧装夹,图 2-34 所示为一专用夹具轴向夹紧示例。

③ 改径向夹紧为径向胀紧方式装夹。

a. 胀力心轴装夹:如图 2-35 所示,胀力心轴是依靠锥形弹性套受轴向力作用产生向外径向弹性变形而夹紧工件的。其特点是装夹方便、定位精度高,同轴度一般可达 $\phi0.01\sim\phi0.02$。适用于零件的精加工和半精加工。

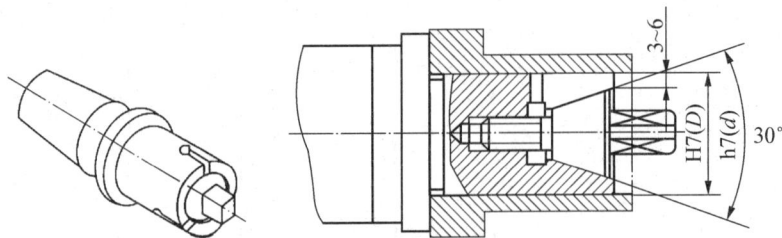

图 2 - 35　采用胀力心轴装夹

b. 液性介质夹具装夹：如图 2 - 36 所示，拧紧加压螺钉 2，使柱塞 3 对密封腔内的介质施加压力，使薄壁套产生均匀的向外径向变形，将工件定心并夹紧。反向拧动螺钉 2 时，薄壁套自身弹性恢复而使工件松开。夹具的定心精度为 $\phi0.01$，适用于定位孔精度较高的精车等工序的加工。

2) 偏心件装夹方法　外圆与外圆的轴线平行而不重合的轴，称为偏心轴；内孔与外圆的轴线平行而不重合的套，称为偏心套。此两条轴线之间的距离，称为偏心距。车削偏心零件的关键，是要保证被加工的偏心部分轴线与车床主轴旋转轴线重合。但是，随着工件结构形状、数量与加工精度的不同，要相应地选择不同的装夹方法。

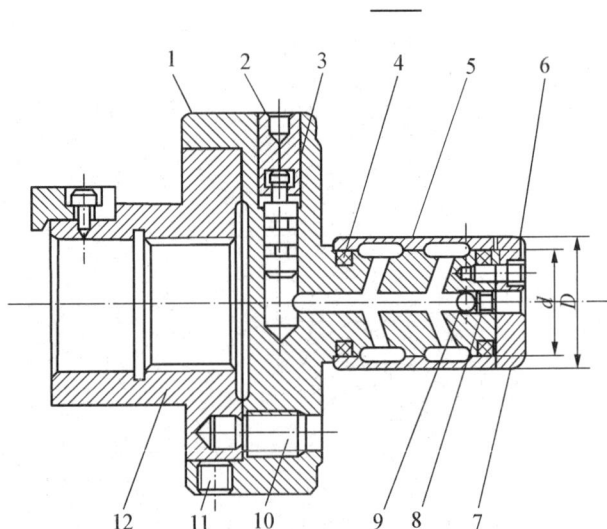

1—夹具体；2—加压螺钉；3—柱塞；4—密封圈；5—薄壁套；6—螺钉；7—　　；8—螺塞；9—钢球；10、11—调整螺钉；12—过滤盘

图 2 - 36　液性介质夹装夹

① 在四爪单动卡盘上装夹偏心工件。长度较短、数量较少、精度要求不高、偏心距较小的工件，常用四爪单动卡盘装夹车削。

a. 划线：如图 2 - 37 所示将已车好的光轴放在平台的 V 形块上，用高度游标划线尺在工件的端面和四周划出轴线，工件转过 90°，用直角尺校准后，再在工件四周划出一圈十字轴线。最后，在工件两端面上划出偏心轴线，并用划规画出一个偏心圆。

b. 装夹：如图 2 - 38 所示。

c. 校正：如图 2 - 39 所示，用划线盘进行校正。采用十字校正法，先校正偏心圆。使其中心与旋转中心一致。然后自左至右校正外圆上的水平线；同样方法转 90°校正另一条水平线，反复校正到符合要求，如果工件外圆跳动量（其值等

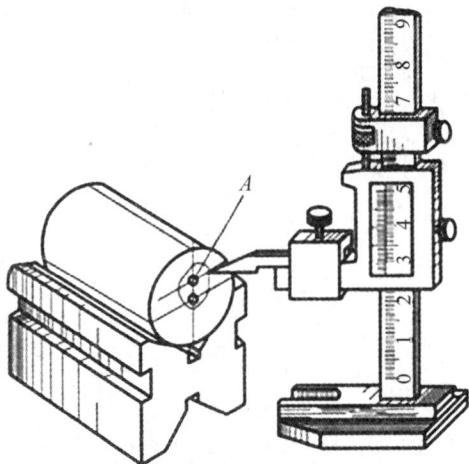

图 2 - 37　轴偏心前的划线

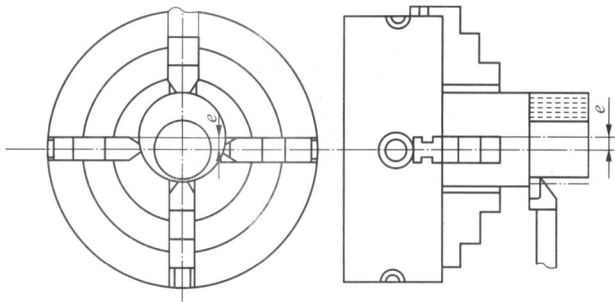

图 2 - 38　装夹

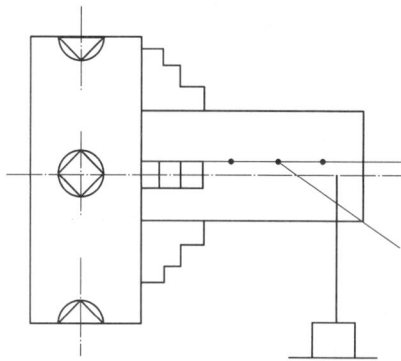

图 2 - 39　偏心工件的找正

于偏心距的两倍)在百分表的量程范围内,也可直接用百分表进行校正。

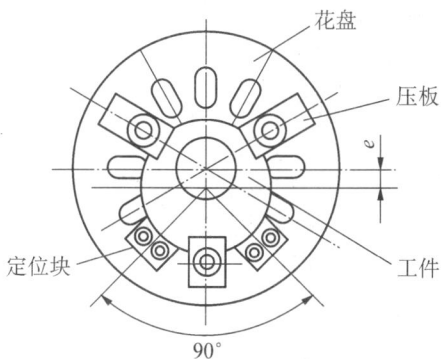

图 2 - 40　在花盘上装夹偏心工件

校正后夹紧工件即可车削。由于工件的回转是不圆整的,车刀必须从最高处开始切削,以免损坏车刀和工件。

② 在花盘上装夹偏心工件。长度较短、偏心距较大、精度要求不高的偏心孔工件,可在花盘上车削图 2 - 40 所示。

车削偏心孔前,先加工好工件的外圆及两端面,并在一端面上划好偏心孔的位置,然后用压板把工件装夹在花盘上,用划线盘校正后压紧,即可车削偏心孔。

③ 用偏心卡盘装夹偏心工件。图 2 - 41 所示的偏心卡盘,主要由花盘 2 和装有三爪自

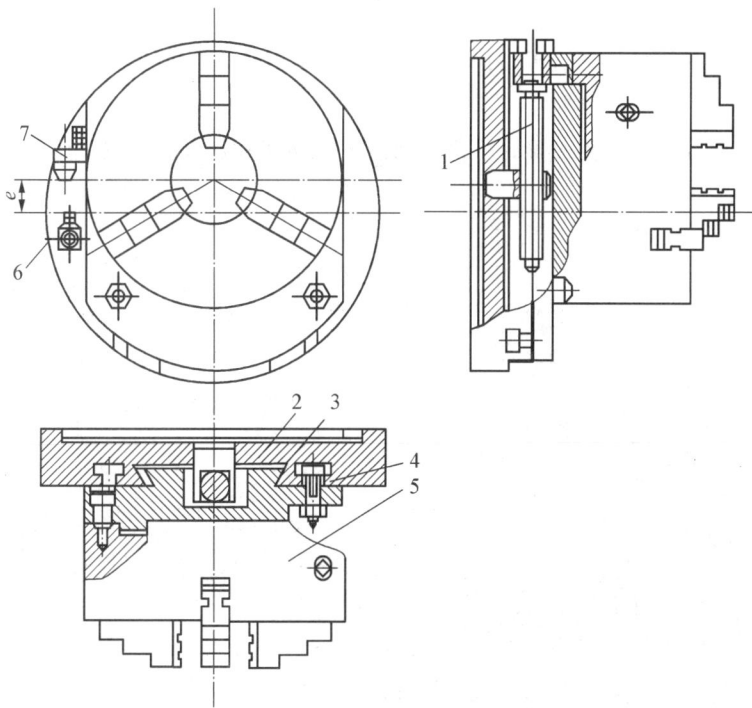

图 2 - 41　用偏心卡盘装夹偏心工件

定心卡盘 5 的偏心体 3 组成。偏心体与花盘间用燕尾槽相互配合,利用丝杠 1 可以调整卡盘的偏心距。偏心距 e 的数值可以用量块在测量头 6、7 之间测出,因此可以获得较高的精度,且调整方便。当偏心距调整好后,用四个螺钉 4 紧固。把工件夹在三爪自定心卡盘上,即可车削。这种方法适于加工精度较高、尺寸较短的轴、盘、套类偏心工件。

④ 在两顶尖间装夹偏心工件。较长的偏心工件,可用两端顶尖顶住的方法车削如图 2-42 所示。加工前先把两端偏心点的中心孔和中心点的中心孔钻出,然后用前、后顶尖顶住,便可车削。偏心距小时,在钻偏心的中心孔时可能与中心点的中心孔相互干涉。此时可采用切去中心孔的方法,即把工件长度加长两个中心孔的深度,先将毛坯车成光轴,然后车去两端中心孔至工件要求的长度,再划线、钻出偏心中心孔,车削偏心轴。

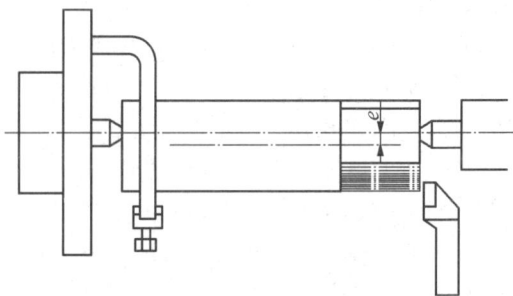

图 2-42　在两顶尖间装夹偏心工件

⑤ 在通用可调整夹具中装夹偏心工件。这是一种用于装夹偏心工件外圆、内孔的弹性夹头如图 2-43 所示。松开螺钉 2,调整滚花螺钉 1,可使夹头 4 的中心调至所需的偏心距位置,然后拧紧螺钉 2。将工件装入夹头内,拧紧螺母 5 将工件夹紧。更换不同孔径的弹性夹头,即可装夹直径不同的偏心工件。

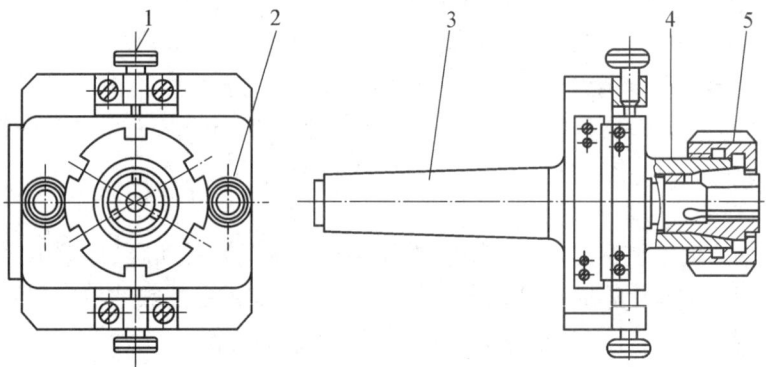

1、2—螺钉;3—轴;4—弹簧夹头;5—螺母

图 2-43　在通用可调夹具中装夹工件

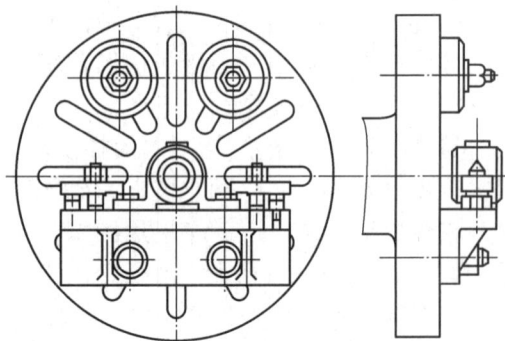

图 2-44　轴承座加平衡块安装

3) 异形件装夹方法　用车床的四爪卡盘、花盘、角铁、弯板等装夹杠杆、拨叉、曲轴、轴承座等不规则、异形偏重工件时,由于重量的不平衡,如果未经校正平衡,回转时受到离心力和惯性力的作用,车削时很容易出现圆度误差。因此,这类工件装夹后必须加平衡块平衡,如图 2-44 所示,同时车削时工件的转速不能太高,否则会引起振动而影响加工质量。

2.1.3 数控车削加工工艺过程的拟订

1. 零件表面数控车削加工方案的确定

一般根据零件的加工精度、表面粗糙度、材料、结构形状、尺寸及生产类型确定零件表面的数控车削加工方法及加工方案。

(1) 数控车削外回转表面及端面的加工方案的确定

① 加工精度为 IT7~IT8 级、$Ra0.8~1.6~\mu m$ 的除淬火钢以外的常用金属,可采用普通型数控车床,按粗车、半精车、精车的方案加工;

② 加工精度为 IT5~IT6 级、$Ra0.2~0.63~\mu m$ 的除淬火钢以外的常用金属,可采用精密型数控车床,按粗车、半精车、精车、细车的方案加工;

③ 加工精度高于 IT5 级、$Ra<0.08~\mu m$ 的除淬火钢以外的常用金属和一些非金属材料,可采用高档精密型数控车床,按粗车、半精车、精车、精密车的方案加工;

④ 对淬火钢等难车削材料,其淬火前可采用粗车、半精车的方法,淬火后安排磨削加工。

(2) 数控车削内回转表面的加工方案的确定

① 加工精度为 IT8~IT9 级、$Ra1.6~3.2~\mu m$ 的除淬火钢以外的常用金属,可采用普通型数控车床,按粗车、半精车、精车的方案加工;

② 加工精度为 IT6~IT7 级、$Ra0.2~0.63~\mu m$ 的除淬火钢以外的常用金属,可采用精密型数控车床,按粗车、半精车、精车、细车的方案加工;

③ 加工精度为 IT5 级、$Ra<0.2~\mu m$ 的除淬火钢以外的常用金属和一些非金属材料,可采用高档精密型数控车床,按粗车、半精车、精车、精密车的方案加工;

④ 对淬火钢等难车削材料,同样其淬火前可采用粗车、半精车的方法,淬火后安排磨削加工。

2. 工序的划分

(1) 数控车削加工工序的划分 对于需要多台不同的数控机床、多道工序才能完成加工的零件,工序划分自然以机床为单位进行。而对于需要很少的数控机床就能加工完零件全部内容的情况,数控加工工序的划分一般可按下列方法进行:

① 以一次安装加工作为一道工序。将位置精度要求较高的表面安排在一次安装下完成,以免多次安装所产生的安装误差影响位置精度。例如,图 2-45 所示,轴承内圈有一项形位公差要求——壁厚差,是指滚道与内径在一个圆周上的最大壁厚差别。此零件的精车,原采用 3 台液压半自动车床和一台液压仿形车床加工,需 4 次装夹,滚道与内径分在两道工序内车削(无法在一台液压仿形车床上将两面一次安装同时加工出来),因而造成较大的壁厚差,达不到图样要求。改用数控车床加工,两次装夹完成全部精车加工。第一道工序采用图 2-45 (a)所示的以大端面和大外径定位装夹的方案,滚道和内孔的车削及除大外径、大端面及相邻两个倒角外的所有表

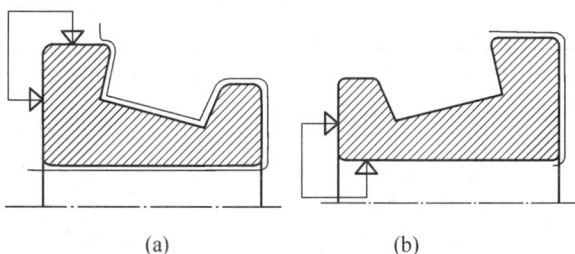

(a) (b)

图 2-45 轴承内圈两道工序加工方案

面均在这次装夹内完成。由于滚道和内径同在此工序车削,壁厚差大为减小,且加工质量稳定。此外,该轴承内圈小端面与内径的垂直度、滚道的角度也有较高要求,因此也在此工序内同时完成。若在数控车床上加工后经实测发现小端面与内径的垂直度误差较大,可以用修改程序内数据的方法来进行校正。第二道工序采用图 2-45(b)所示的以内孔和小端面定位装夹方案,车削大外圆和大端面及倒角。

② 以一个完整数控程序连续加工的内容为一道工序。有些零件虽然能在一次安装中加工出很多待加工面,但考虑到程序太长,会受到某些限制,如控制系统的限制(主要是内存容量)、机床连续工作时间的限制(如一道工序在一个工作班内不能结束)等,此外,程序太长会增加出错率,查错与检索困难,因此程序不能太长。这时可以独立、完整的数控程序连续加工的内容为一道工序。在本工序内用多少把刀具,加工多少内容,主要根据控制系统的限制,机床连续工作时间的限制等因素考虑。

③ 以工件上的结构内容组合用一把刀具加工为一道工序。有些零件结构较复杂,既有回转表面也有非回转表面,既有外圆、平面,也有内腔、曲面。对于加工内容较多的零件,按零件结构特点将加工内容组合分成若干部分,每一部分用一把典型刀具加工。这时可以将组合在一起的所有部位作为一道工序。然后再将另外组合在一起的部位换另外一把刀具加工,作为新的工序。这样可以减少换刀次数,减少空程时间。

④ 以粗、精加工划分工序。对于容易发生加工变形的零件,通常粗加工后需要矫形,这时粗加工和精加工作为两道工序,可以采用不同的刀具或不同的数控车床加工。对毛坯余量较大和加工精度要求较高的零件,应将粗车和精车分开,划分成两道或更多的工序。将粗车安排在精度较低、功率较大的数控车床上,将精车安排在精度较高的数控车床上。

下面以车削图 2-46(a)所示手柄零件为例,说明工序的划分。

该零件加工所用坯料为 $\phi32$ 棒料,批量生产,加工时用一台数控车床。工序划分如下:

第一道工序(按图 2-46(b)所示,将一批工件全部车出,包括切断),夹棒料外圆柱面,工序内容有:先车出 $\phi12$ 和 $\phi20$ 两圆柱面及圆锥面(粗车掉 $R42$ 圆弧的部分余量),掉头后按总长要求留下加工余量切断。

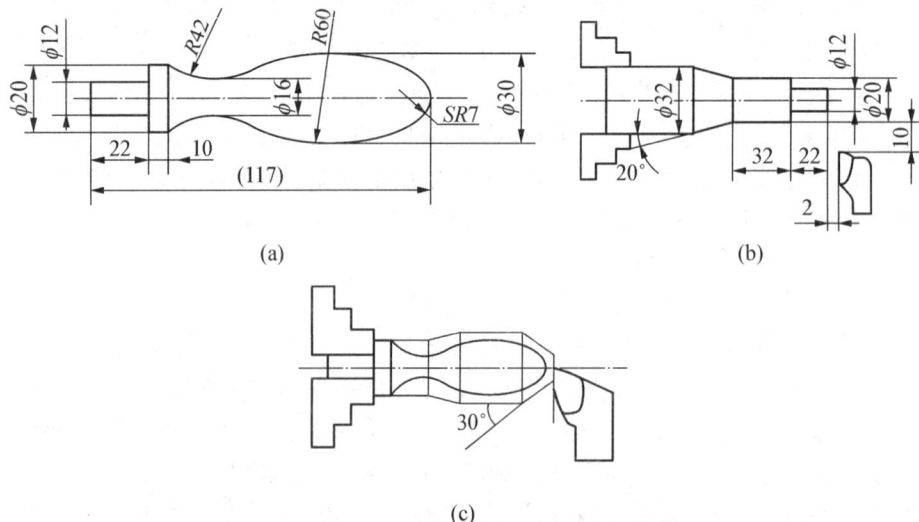

(a)

(b)

(c)

图 2-46　手柄加工示意图

第二道工序(图 2-46(c)),用 $\phi12$ 外圆及 $\phi20$ 端面装夹,工序内容:先车削包络 SR7 球面的 30°锥面,然后对全部圆弧表面半精车(留少量的精车余量),最后换精车刀将全部圆弧表面一刀精车成形。

综上所述,在数控加工划分工序时,一定要视零件的结构与工艺性、零件的批量、机床的功能、零件数控加工内容的多少、程序的大小、安装次数及本单位生产组织状况灵活掌握。零件采用工序集中的原则还是采用工序分散的原则,也要根据实际情况来确定,但一定要力求合理。

(2) 回转类零件非数控车削加工工序的安排

① 零件上有不适合数控车削加工的表面,如渐开线齿形、键槽、花键表面等,必须安排相应的非数控车削加工工序。

② 零件表面硬度及精度要求均高,热处理需安排在数控车削加工之后,则热处理之后一般安排磨削加工。

③ 零件要求特殊,不能用数控车削加工完成全部加工要求,则必须安排其他非数控车削加工工序,如喷丸、滚压加工、抛光等。

④ 零件上有些表面根据工厂条件采用非数控车削加工更合理,这时可适当安排这些非数控车削加工工序,如铣端面、钻中心孔等。

(3) 数控加工工序与普通工序的衔接　数控工序前后一般穿插有其他普通工序,如衔接得不好就容易产生矛盾,最好的办法是相互建立状态要求,如要不要留加工余量,留多少;定位面的尺寸精度要求及形位公差;对校形工序的技术要求;对毛坯的热处理状态要求等。目的是达到相互能满足加工需要,且质量目标及技术要求明确,交接验收有依据。

3. 工序顺序的安排

制订零件数控车削加工工序顺序一般遵循下列原则:

① 先加工定位面,即上道工序的加工能为后面的工序提供精基准和合适的夹紧表面。制订零件的整个工艺路线就是从最后一道工序开始往前推,按照前工序为后工序提供基准的原则先大致安排的。

② 先加工平面后加工孔,先加工简单的几何形状再加工复杂的几何形状。

③ 对精度要求高,粗精加工需分开进行的,先粗加工后精加工。

④ 以相同定位、夹紧方式安装的工序,最好接连进行,以减少重复定位次数和夹紧次数。

⑤ 中间穿插有通用机床加工工序的要综合考虑合理安排其加工顺序。

上述工序顺序安排的一般原则不仅适用于数控车削加工工序顺序的安排,也适用于其他类型的数控加工工序顺序的安排。

4. 工步顺序和进给路线的确定

(1) 工步顺序安排的一般原则

① 先粗后精。对粗、精加工在一道工序内进行的,先对各表面粗加工,全部粗加工结束后再半精加工和精加工,逐步提高加工精度。此工步顺序安排的原则要求:粗车在较短的时间内将工件各表面上的大部分加工余量(图 2-47 中的双点画线内所示部分)切掉,一方面提高金属切除率,另一方面满足精车的余量均匀性要求。若粗车后所留余量的均匀性满足不了精加工的要求时,则要安排半精车,以此为精车作准备。此原则实质是在一个工序内分阶段加工,这样有利于保证零件的加工精度,适用于精度要求高的场合,但可能增加换刀的

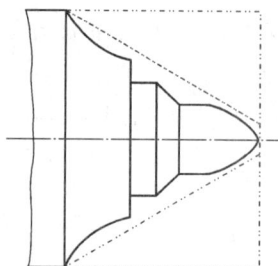

图 2-47　先粗后精示例

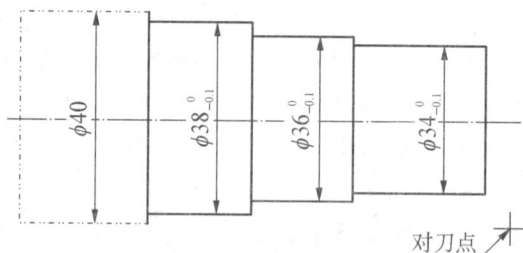

图 2-48　先近后远示例

次数和加工路线的长度。

② 先近后远这里所说的远与近,是按加工部位相对于对刀点(起刀点)的距离远近而言的。在一般情况下,离对刀点远的部位后加工,以便缩短刀具移动距离,减少空行程时间。

例如,当加工图 2-48 所示零件时,如果按 $\phi 38$—$\phi 36$—$\phi 34$ 的次序安排车削,会增加刀具返回对刀点所需的空行程时间,还可能使台阶的外直角处产生毛刺(飞边)。对这类直径相差不大的台阶轴,当第一刀的背吃刀量(图中最大背吃刀量可为 3 mm 左右)未超限时,宜按 $\phi 34$—$\phi 36$—$\phi 38$ 的次序先近后远地安排车削。

③ 内外交叉。对既有内表面(内型、腔)又有外表面需加工的回转体零件,安排加工顺序时,应先进行外、内表面粗加工,后进行外、内表面精加工。切不可将零件上一部分表面(外表面或内表面)加工后,再加工其他表面(内表面或外表面)。

④ 保证工件加工刚度原则。在一道工序中进行的多工步加工,应先安排对工件刚性破坏较小的工步,后安排对工件刚性破坏较大的工步,以保证工件加工时的刚度要求。即一般先加工离装夹部位较远的、在后续工步中不受力或受力小的部位,本身刚性差又在后续工步中受力的部位一定要后加工。

⑤ 同一把刀能加工内容连续加工原则。此原则的含义是用同一把刀把能加工的内容连续加工出来,以减少换刀次数,缩短刀具移动距离。特别是精加工同一表面一定要连续切削。该原则与先粗后精原则有时相矛盾,能否选用以能否满足加工精度要求为准。

上述工步顺序安排的一般原则同样适用于其他类型的数控加工工步顺序的安排。

(2) 数控车削加工常见工步内容的安排

① 车削台阶轴时,为了保证车削时的刚性,一般应先车直径较大的部分,后车直径较小的部分。

② 在轴类工件上切槽时,应在精车之前进行,以防止工件变形。

③ 精车带螺纹的轴时,一般应在螺纹加工之后再精车无螺纹部分。

④ 钻孔前,应将工件端面车平。必要时应先钻中心孔。

⑤ 钻深孔时,一般先钻导向孔。

⑥ 车削 $\phi 10$~$\phi 20$ 的孔时,刀杆的直径应为被加工孔径的 0.6~0.7 倍;加工直径大于 $\phi 20$ 的孔时,一般应采用装夹刀头的刀杆。

⑦ 当工件的有关表面有位置公差要求时,尽量在一次装夹中完成车削。

⑧ 车削圆柱齿轮齿坯时,孔与基准端面必须在一次装夹中加工。必要时应在该端面的齿轮分度圆附近车出标记线。

(3) 进给路线的确定　进给路线是指数控机床加工过程中刀具相对零件的运动轨迹和

方向,也称走刀路线。它泛指刀具从对刀点(或机床参考点)开始运动起,直至返回该点并结束加工程序所经过的路径,包括切削加工的路径及刀具切入、切出等非切削空行程。它不但包括工步的内容,也反映出工步顺序。进给路线是编写程序的依据之一,因此,在确定进给路线时最好画一张工序简图,将已经拟订的进给路线画上去(包括进、退刀路线),可为编程带来不少方便。

① 确定进给路线的主要原则。

a. 首先按已定工步顺序确定各表面加工进给路线的顺序;

b. 所定进给路线应能保证工件轮廓表面加工后的精度和粗糙度要求;

c. 寻求最短加工路线(包括空行程路线和切削路线),减少刀具行走时间以提高加工效率;

d. 要选择工件在加工时变形小的路线,对横截面积小的细长零件或薄壁零件应采用分几次走刀加工到最后尺寸或对称去余量法安排进给路线。

确定进给路线的工作重点,主要在于确定粗加工及空行程的进给路线,因精加工切削过程的进给路线基本上都是沿零件轮廓顺序进行的。

② 粗加工进给路线的确定。

a. 常用的粗加工进给路线:

➤ 矩形循环进给路线。图 2 - 49(a)所示为利用数控系统具有的矩形循环功能而安排的矩形循环进给路线。

➤ 三角形循环进给路线。图 2 - 49(b)所示为利用数控系统具有的三角形循环功能安排的三角形循环进给路线。

➤ 沿轮廓形状等距线循环进给路线。图 2 - 49(c)所示表示利用数控系统具有的封闭式复合循环功能控制车刀沿着工件轮廓等距线循环的进给路线。

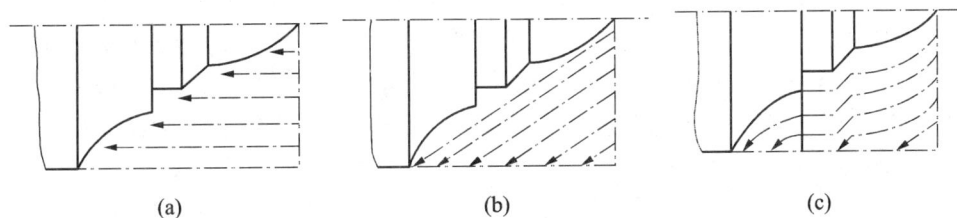

| (a) | (b) | (c) |

图 2 - 49 常用的粗加工循环进给路线

➤ 阶梯切削路线。图 2 - 50 所示为车削大余量工件两种加工路线,图 2 - 50(a)是错误

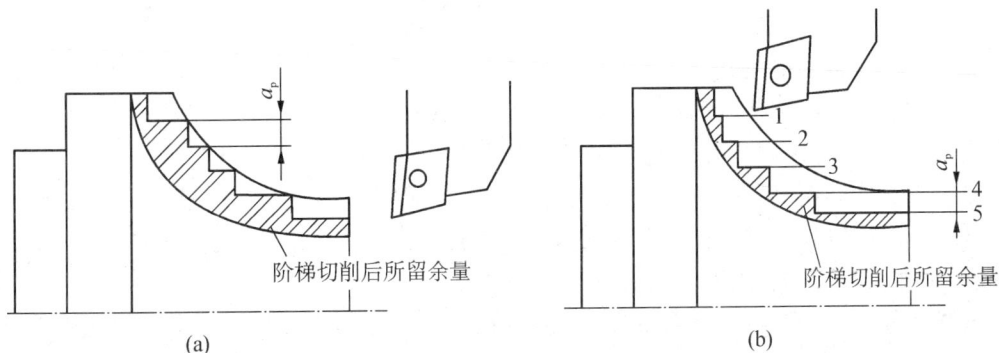

| (a) | (b) |

图 2 - 50 大余量毛坯阶梯切削路线

的阶梯切削路线,图 2 - 50(b)按 1～5 的顺序切削,每次切削所留余量相等,是正确的阶梯切削路线。因为在同样背吃刀量的条件下,按图 2 - 50(a)的方式加工所剩的余量过多。

➤ 双向联动切削进给路线。利用数控车床加工的特点,还可以放弃常用的阶梯车削法,改用轴向和径向联动双向进刀,顺工件毛坯轮廓进给的路线,如图 2 - 51 所示。

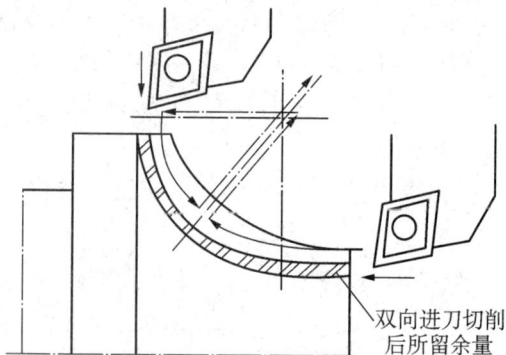

图 2 - 51 顺工件轮廓双向联动进给路线

b. 最短的粗加工切削进给路线:切削进给路线为最短,可有效地提高生产效率,降低刀具的损耗等。图 2 - 47 为粗车,图 2 - 49 所示为 3 种不同的切削进给路线。对以上 3 种切削进给路线,经分析和判断后可知矩形循环进给路线的进给长度总和最短。因此,在同等条件下,其切削所需时间(不含空行程)最短,刀具的损耗最少,为常用粗加工切削进给路线,但也有缺点,粗加工后的精车余量不够均匀,一般需安排半精加工。

③ 精加工进给路线的确定。

a. 完工轮廓的进给路线。在安排一刀或多刀进行的精加工进给路线时,其零件的完整轮廓应由最后一刀连续加工而成,并且加工刀具的进、退刀位置要考虑妥当,尽量不要在连续的轮廓中安排切入、切出或换刀及停顿,以免因切削力突然变化而造成工件弹性变形,致使光滑连接轮廓上产生表面划伤、形状突变或滞留刀痕等缺陷。

b. 换刀加工时的进给路线。主要根据工步顺序要求决定各刀加工的先后顺序及各刀进给路线的衔接。

c. 切入、切出及接刀点位置的选择。应选在有空刀槽或表面间有拐点、转角的位置,而曲线要求相切或光滑连接的部位不能作为切入、切出及接刀点的位置。

d. 各部位精度要求不一致的精加工进给路线。若各部位精度相差不是很大时,应以最高的精度为准,连续走刀加工所有部位;若各部位精度相差很大,则精度接近的表面安排在同一把刀走刀路线内加工,并先加工精度较低的部位,最后再单独安排精度高的部位的走刀路线。

④ 最短的空行程进给路线的确定。

在保证加工质量的前提下,使加工程序具有最短的进给路线,不仅可以节省整个加工过程的执行时间,还能减少机床进给机构滑动部件的磨损等。

a. 巧用起刀点。图 2 - 52(a)为采用矩形循环方式进行粗车的一般情况示例。其对刀点 A 的设定是考虑到加工过程中需方便地换刀,故设置在离坯件较远的位置处,同时将起刀点与其对刀点重合在一起,按 3 刀粗车的进给路线安排如下:

第一刀 $A \rightarrow B \rightarrow C \rightarrow D \rightarrow A$;

第二刀 $A \rightarrow E \rightarrow F \rightarrow G \rightarrow A$;

第三刀 $A \rightarrow H \rightarrow I \rightarrow J \rightarrow A$。

图 2 - 52(b)则是巧将循环加工的起刀点与对刀点分离,并设于图示 B 点位置,仍按相同的切削量进行 3 刀粗车,其进给路线安排如下:

循环加工的起刀点与对刀点分离的空行程 $A \to B$；

第一刀　　$B \to C \to D \to E \to B$；

第二刀　　$B \to F \to G \to H \to B$；

第三刀　　$B \to I \to J \to K \to B$。

显然,图 2-52(b)所示的进给路线短。该方法也可用在其他循环(如螺纹)切削加工中。

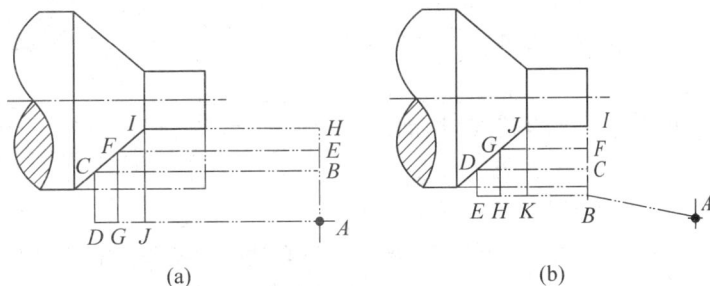

图 2-52　巧用起刀点

b. 巧设换(转)刀点。为了考虑换(转)刀的方便和安全,有时将换(转)刀点也设置在离工件较远的位置处(如图 2-52 中的 A 点),那么当换第二把刀后,进行精车时的空行程路线必然也较长;如果将第二把刀的换刀点也设置在图 2-51(b)中的 B 点位置上(因工件已去掉一定的余量),则可缩短空行程距离,但换刀过程中一定不能发生碰撞。

c. 合理安排回零路线。在手工编制较为复杂轮廓的加工程序时,为使其计算过程尽量简化,既不出错,又便于校核,编程者有时将每一刀加工完后的刀具终点通过执行回零(即返回对刀点)指令,使其全都返回到对刀点位置,然后再执行后续程序。这样会增加进给路线的距离,从而降低生产效率。因此,在合理安排回零路线时,应使其前一刀终点与后一刀起点间的距离尽量减短,或者为零,即可满足进给路线为最短的要求。另外,在选择返回对刀点指令时,在不发生加工干涉现象的前提下,宜尽量采用 X、Z 坐标轴双向同时回零指令,该指令功能的回零路线将是最短的。

⑤ 特殊的进给路线。在数控车削加工中,一般情况下,Z 坐标轴方向的进给运动都是沿着负方向进给的,但有时按这种方式安排进给路线并不合理,甚至可能车坏工件。

如图 2-53 所示,当采用尖形车刀加工大圆弧内表面时,有两种不同的进给路线,其结果极不相同。图 2-53(a)所示,第一种进给路线(负 Z 走向)因切削时尖形车刀的主偏角为 $100° \sim 105°$,这时切削力在 X 向的分力 F。将沿着正 X 方向作用,当刀尖运动到圆弧的换象限处,即由负 Z、负 X 向负 Z、正 X 变换时,吃刀抗力 F_p。马上与传动横拖板的传动力方向相同,若螺旋副间有机械传动间隙,就可能使刀尖嵌入零件表面(即扎刀),其嵌入量在理论上等于其机械传动间隙量 e,如图 2-54 所示。即使该间隙量很小,由于刀尖在 X 方向换向时,横向拖板进给过程的位移量变化也很小,加上处于动摩擦与静摩擦之间呈过渡状态的拖板惯性的影响,仍会导致横向拖板产生严重的爬行现象,从而大大降低零件的表面质量。

对于图 2-53(b)所示的第二种进给方法,因为尖刀运动到圆弧的换象限处,即由正 Z、负 X 向正 Z、正 X 方向变换时,吃刀抗力 F_p 与丝杠传动横向拖板的传动力方向相反,如图 2-55 所示,不会受螺旋副机械传动间隙的影响而产生嵌刀现象,进给路线是较合理的。

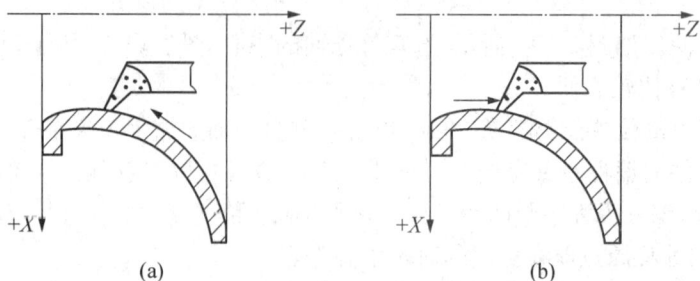

图 2 - 53　两种不同的进给方法

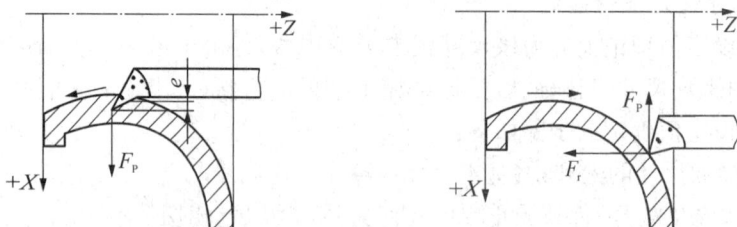

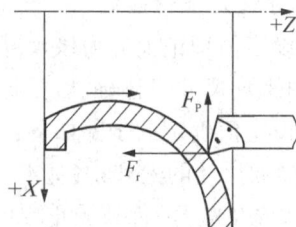

图 2 - 54　嵌刀现象　　　　图 2 - 55　合理的进给方案

此外,在车削螺纹时,有一些多次重复进给的动作,且每次进给的轨迹相差不大,这时进给路线的确定可采用系统固定循环功能。

2.1.4　零件图形的数学处理及编程尺寸设定值的确定

数控加工是一种基于数字控制的加工,分析制订数控加工工艺过程不可避免地要进行数学分析和计算。对零件图形的数学处理正是数控加工这一特点的突出体现。数控工艺员在拿到零件图后,必须作数学处理并最终确定编程尺寸设定值。

1. 编程原点的选择

加工程序中的字大部分是尺寸字,尺寸字中的数据是程序的主要内容。同一个零件,同样的加工,由于编程原点选得不同,尺寸字中的数据就不一样,所以编程之前首先要选定编程原点。从理论上说,编程原点选在任何位置都是可以的。但实际上,为了换算尽可能简便以及尺寸较为直观(至少让部分点的指令值与零件图上的尺寸值相同),应尽可能把编程原点的位置选得合理些;另外,当编程原点选在不同位置时,对刀的方便性和准确性也不同;还有就是编程原点位置不同时,确定其在毛坯上位置的难易程度和加工余量的均匀性也不一样。车削件的程序原点 Z 向均应取在零件加工面的回转中心,即装夹后与车床主轴的轴心线同轴,所以编程原点位置只在 X 向作选择。Z 向不对称零件,编程原点 Z 向位置一般在左端面、右端面两者中选择。如果是左右对称零件,Z 向编程原点应选在对称平面内。一般来说,编程原点的确定原则为:

(1) 将编程原点选在设计基准上并以设计基准为定位基准,可避免基准不重合而产生的误差及不必要的尺寸换算。

(2) 容易找正对刀,对刀误差小。若单件生产,G92 建立工件坐标系,选零件的右端面为编程原点,可通过试切直接确定编程原点在 Z 向的位置,不用测量,找正对刀比较容易,对

刀误差小。

(3) 编程方便。如图 2-19 所示,选零件球面的中心(图中 O 点)为编程原点,各基(节)点的编程尺寸计算比较方便。

(4) 在毛坯上的位置能够容易、准确地确定,并且各面的加工余量均匀。

(5) 对称零件的编程原点应选在对称中心。一方面可以保证加工余量均匀,另一方面可采用镜像编程,编一个程序干两个工序,零件的形廓精度高。例如,对于轮廓含椭圆之类曲线的零件 Z 向编程原点取在椭圆的对称中心为好。

具体应用哪条原则,要视具体情况,在保证质量的前提下,按操作方便和效率高的要求确定。

2. 编程尺寸设定值的确定

编程尺寸设定值理论上应为该尺寸误差分散中心,但由于事先无法知道分散中心的确切位置,可先由平均尺寸代替,最后根据试加工结果进行修正,以消除常值系统性误差的影响。编程尺寸设定值确定的步骤如下:

(1) 精度高的尺寸的处理:将基本尺寸换算成平均尺寸;

(2) 几何关系的处理:保持原重要的几何关系,如角度、相切等不变;

(3) 精度低的尺寸的调整:修改一般尺寸保持零件原有几何关系,使之协调;

(4) 基(节)点坐标尺寸的计算:按调整后的尺寸计算有关未知基(节)点的坐标尺寸;

(5) 编程尺寸的修正:按调整后的尺寸编程并加工一组工件,测量关键尺寸的实际分散中心并求出常值系统性误差,再按此误差对程序尺寸进行调整并修改程序。

2.1.5 数控车削加工余量、工序尺寸及公差的确定

1. 数控车削加工余量的确定

为方便数控车削加工工艺的具体制订,这里直接给出按查表法确定轧制圆棒料毛坯和模锻毛坯用于加工轴类零件的余量,见表 2-1 和表 2-2。

表 2-1 普通精度轧制件用于轴类(外旋转表面)零件的数控车削加工余量　单位:mm

名义直径	表面加工方法	直径余量(按轴长取)										
		到 120		>120~260		>260~500		>500~800		>800~1 250	>1 250~2 000
到 30	粗车和一次车	1.1	1.3	1.7	1.7						
	半精车	0.45	0.45	0.5	0.5						
	精车	0.2	0.25	0.25	0.25						
	细车	0.12	0.13	0.15	0.15						
>30~50	粗车和一次车	1.1	1.3	1.8	1.8	2.2	2.2				
	半精车	0.45	0.45	0.45	0.45	0.5	0.5				
	精车	0.2	0.25	0.25	0.25	0.3	0.3				
	细车	0.12	0.13	0.13	0.14	0.16	0.16				
>50~80	粗车和一次车	1.1	1.5	1.8	1.9	2.2	2.3	2.3	2.6		
	半精车	0.45	0.45	0.45	0.5	0.5	0.5	0.5	0.5		
	精车	0.2	0.25	0.22	0.25	0.25	0.3	0.3	0.3		
	细车	0.12	0.13	0.13	0.15	0.14	0.16	0.17	0.18		

名义直径	表面加工方法	直径余量（按轴长取）					
		到 120	>120~260	>260~500	>500~800	>800~1 250	>1 250~2 000
>80~120	粗车和一次车 半精车 精车 细车	1.2　1.7 0.45　0.5 0.22　0.25 0.12　0.15	1.9　2.0 0.45　0.5 0.25　0.3 0.13　0.16	2.2　2.3 0.5　0.5 0.3　0.3 0.16　0.18	2.7　2.7 0.55　0.55 0.35　0.35 0.2　0.2	3.4　3.4 0.55　0.55 0.35　0.35 0.2　0.2	
>120~180	粗车和一次车 半精车 精车 细车	1.3　2.0 0.45　0.5 0.25　0.3 0.13　0.16	2.0　2.1 0.45　0.5 0.25　0.3 0.13　0.16	2.2　2.3 0.5　0.5 0.25　0.3 0.15　0.17	2.7　2.7 0.5　0.5 0.3　0.3 0.17　0.18	3.5　3.5 0.55　0.6 0.3　0.35 0.2　0.21	4.8　4.8 0.65　0.65 0.4　0.4 0.27　0.27
>180~260	粗车和一次车 半精车 精车 细车	1.4　2.7 0.45　0.5 0.25　0.3 0.13　0.17	2.2　2.4 0.45　0.5 0.25　0.3 0.14　0.17	2.4　2.6 0.5　0.5 0.25　0.3 0.15　0.18	2.8　2.9 0.5　0.55 0.3　0.3 0.17　0.19	3.5　3.6 0.55　0.6 0.35　0.35 0.2　0.22	4.8　5.0 0.65　0.65 0.4　0.4 0.27　0.27

注：① 直径小于 30 mm 的毛坯规定校直，不校直时必须增加直径，以达到能够补偿弯曲所需的数值；
　　② 阶梯轴按最大阶梯直径选取毛坯直径；
　　③ 表中每格前列数值是用中心孔安装时的车削余量，后列数值是用卡盘安装时的车削余量。

表 2-2　模锻毛坯用于轴类（外旋转表面）零件的数控车削加工余量　单位：mm

名义直径	表面加工方法	直径余量（按轴长取）					
		到 120	>120~260	>260~500	>500~800	>800~1 250	>1 250~2 000
到 18	粗车和一次车 精车 细车	1.4　1.5 0.25　0.25 0.14　0.14	1.9　1.9 0.3　0.3 0.15　0.15				
>18~30	粗车和一次车 精车 细车	1.5　1.6 0.25　0.25 0.14　0.14	1.9　2.0 0.25　0.3 0.14　0.15	2.3　2.3 0.3　0.3 0.16　0.16			
>30~50	粗车和一次车 精车 细车	1.7　1.8 0.25　0.3 0.15　0.15	2.0　2.3 0.3　0.3 0.15　0.16	2.7　3.0 0.3　0.3 0.17　0.19	3.5　3.5 0.35　0.35 0.21　0.21		
>50~80	粗车和一次车 精车 细车	2.2　2.2 0.3　0.3 0.16　0.15	2.6　2.9 0.3　0.3 0.17　0.18	2.9　3.4 0.3　0.35 0.18　0.2	3.6　4.2 0.35　0.4 0.2　0.22	5.0　5.0 0.45　0.45 0.25　0.25	
>80~120	粗车和一次车 精车 细车	2.3　2.6 0.3　0.3 0.17　0.17	3.0　3.3 0.3　0.3 0.18　0.19	3.8　4.3 0.35　0.4 0.21　0.23	4.5　5.2 0.4　0.45 0.24　0.26	5.2　6.3 0.45　0.5 0.26　0.3	8.2　8.2 0.6　0.6 0.38　0.38
>120~180	粗车和一次车 精车 细车	2.8　3.2 0.3　0.35 0.2　0.2	4.2　4.6 0.3　0.4 0.22　0.24	4.5　5.0 0.4　0.45 0.23　0.25	5.6　6.2 0.45　0.5 0.27　0.3	6.7　7.5 0.55　0.6 0.32　0.35	

注：① 直径小于 30 mm 的毛坯规定校直，不校直时必须增加直径，以达到能够补偿弯曲所需的数值；
　　② 阶梯轴按最大阶梯直径选取毛坯直径；
　　③ 表中每格前列数值是用中心孔安装时的车削余量，后列数值是用卡盘安装时的车削余量。

2. 数控车削加工工序尺寸及公差的确定

这里主要分析编程原点与零件设计基准不重合时工序尺寸及公差的确定。在数控机床上批量加工时，工件以定位基准在夹具中定位装夹，刀具以定位元件为对刀基准对刀，建立工件坐标系，并按调整法获得尺寸原理，一次对刀加工一批工件，这时一批工件的编程原点无论设在哪里，在机床上的位置都为同一点，假如不考虑定位基准位置变动的影响，则一批工件的编程原点到定位基准间的尺寸为同一值，因此不管编程原点与零件设计基准是否重合，都不会产生因编程原点与设计基准不重合而造成的误差。但若工件的设计基准与定位基准不重合，且工件的设计基准与加工面不在一次安装内同时加工，即使将编程原点设在了设计基准上，也会产生类似普通工艺中设计基准与定位基准不重合时的基准不重合误差。事实上，即使将编程原点选在工件设计基准上，加工时编程原点与工件设计基准是否真正重合，也要看批量加工时设计基准是否与定位基准重合，单件加工时(逐件测量)设计基准是否与测量基准重合，只有重合了编程原点才在设计基准上。

综上所述，无论编程原点与设计基准或定位基准(或测量基准)重合与否，只有当工件的设计基准与定位基准(或测量基准)不重合且设计基准与加工面不同时加工时，才会产生基准不重合误差，此时确定工序尺寸需用尺寸链原理解算。对传统的工艺尺寸链，从原理来说，其本质是在定位(或测量)基准依次转换获得尺寸中加工误差的累积。但在数控加工条件下，工件上的一组尺寸往往是在一次安装中直接获得的，不存在基准转换和误差的多次累积问题。无论是采用绝对编程(G90)还是增量编程(G91)，工件各加工面到编程原点的误差都应控制在数控机床加工精度范围内。所以利用尺寸链原理分析图 2-56 所示零件数控加工条件下的工序尺寸及公差时，不能简单照搬普通机床加工时的尺寸链分析方法。

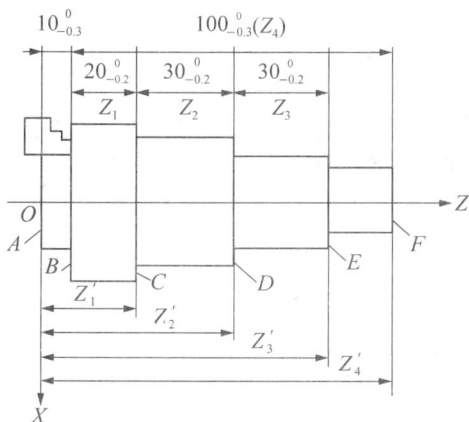

图 2-56　一轴类零件简图及轴向工序尺寸

3. 切削用量的选择

数控车削加工的切削用量包括背吃刀量、进给速度或进给量、主轴转速或切削速度(用于恒线速切削)。合理的切削用量应该是在充分发挥机床效能、刀具性能和保证加工质量的前提下，能够获得高的生产率和低的加工成本。为在一定刀具耐用度条件下取得最高的生产率，选取切削用量的合理顺序是：首先选取尽可能大的背吃刀量；其次根据机床动力与刚性限制条件或加工表面粗糙度的要求，选择尽可能大的进给量；最后在保证刀具耐用度的前提下，选取尽可能大的切削速度，以保证生产率最高。切削用量的具体选择原则与通用机床加工相似，其数值应根据数控机床使用说明书和金属切削原理中规定的方法及原则，结合实际加工经验来确定。在计算好各部位与各把刀具的切削用量后，最好能建立一张切削用量表，主要是为了防止遗忘和方便编程。

(1) 背吃刀量 a_p 的确定　背吃刀量是根据余量确定的。在工艺系统刚性和机床功率允许的条件下，尽可能选取较大的背吃刀量，以减少进给次数。一般当毛坯直径余量小于 6 mm 时，根据加工精度考虑是否留出半精车和精车余量，剩下的余量可一次切除。当零件的精度要求较高时，应留出半精车、精车余量，半精车余量一般为 0.5～2 mm，所留精车余量

一般比普通车削时所留余量少,常取 $0.1\sim0.5$ mm,具体数值可查表 2-1 和表 2-2。

(2) 进给速度 V_f 或进给量 f 的确定　进给速度是指在单位时间内,刀具沿进给方向移动的距离(mm/min)。有些数控车床规定可以选用进给量(mm/r)表示进给速度。确定进给速度的原则是:

① 当工件的质量要求能够得到保证时,为提高生产率,可选择较高(2 000 mm/min 以下)的进给速度。

② 切断、车削深孔或精车削时,宜选择较低的进给速度。

③ 刀具空行程,特别是远距离回零时,可以设定尽量高的进给速度。

④ 进给速度应与主轴转速和背吃刀量相适应。

进给速度包括纵向进给速度和横向进给速度,其值按下式计算:

$$V_f = nf, \qquad (2-1)$$

式中,V_f 为进给速度,mm/min;f 为进给量,mm/r;n 为工件或刀具的转速,r/min。

粗加工时,加工表面粗糙度要求不高,进给量主要受刀杆、刀片、工件和机床进给机构的强度与刚度能承受的切削力所限制,一般粗车时取为 $0.5\sim0.8$ mm/r;半精加工与精加工的进给量,主要受加工表面粗糙度要求的限制,半精车时常取 $0.3\sim0.5$ mm/r,精车时常取 $0.1\sim0.3$ mm/r;切断时常取 $0.05\sim0.2$ mm/r。表 2-3 和表 2-4 分别为硬质合金车刀粗车外

表 2-3　硬质合金车刀粗车外圆、端面的进给量

工件材料	车刀刀杆尺寸 /mm($B\times H$)	工件直径 D_w/mm	背吃刀量 a_p/mm				
			≤3	>3~5	>5~8	>8~12	>12
			进给量/(mm/r)				
碳素结构钢 合金结构钢 耐热钢	16×25	20	0.3~0.4				
		40	0.4~0.5	0.3~0.4			
		60	0.5~0.7	0.4~0.6	0.3~0.5		
		100	0.6~0.9	0.5~0.7	0.5~0.6	0.4~0.5	
		400	0.8~1.2	0.7~1.0	0.6~0.8	0.5~0.6	
	20×30 25×25	20	0.3~0.4				
		40	0.4~0.5	0.3~0.4			
		60	0.5~0.7	0.5~0.7	0.4~0.6		
		100	0.8~1.0	0.7~0.9	0.5~0.7	0.4~0.7	
		400	1.2~1.4	1.0~1.2	0.8~1.0	0.6~0.9	0.4~0.6
铸铁 铜合金	16×25	40	0.4~0.5				
		60	0.5~0.8	0.5~0.8	0.4~0.6		
		100	0.8~1.2	0.7~1.0	0.6~0.8	0.5~0.7	
		400	1.0~1.4	1.0~1.2	0.8~1.0	0.6~0.8	
	20×30 25×25	40	0.4~0.5				
		60	0.5~0.9	0.5~0.8	0.4~0.7		
		100	0.9~1.3	0.8~1.2	0.7~1.0	0.5~0.8	
		400	1.2~1.8	1.2~1.6	1.0~1.3	0.9~1.1	0.7~0.9

注:① 加工断续表面及有冲击的工件时,表内进给量应乘系数 $k=0.75\sim0.85$;
② 在无外皮加工时,表内进给量应乘系数 $k=1.1$;
③ 加工耐热钢及其合金时,进给量不大于 1 mm/r;
④ 加工淬硬钢时,进给量应减小。当钢的硬度为 44~56 HRC 时,乘以系数 $k=0.8$;当钢的硬度为 57~62 HRC 时,乘以系数 $k=0.5$。

表 2-4 按表面粗糙度选择进给量的参考值

工件材料	表面粗糙度 $Ra/\mu m$	切削速度范围 $V_c/(m/min)$	刀尖圆弧半径 r_e/mm		
			0.5	1.0	2.0
			进给量/(mm/r)		
铸铁 青铜 铝合金	>5~10 >2.5~5 >1.25~2.5	不限	0.25~0.40 0.15~0.25 0.10~0.15	0.40~0.50 0.25~0.40 0.15~0.20	0.50~0.60 0.40~0.60 0.20~0.35
碳钢 合金钢	>5~10	<50 >50	0.30~0.50 0.40~0.55	0.45~0.60 0.55~0.65	0.55~0.70 0.65~0.70
	>2.5~5	<50 >50	0.18~0.25 0.25~0.30	0.25~0.30 0.30~0.35	0.30~0.40 0.30~0.50
	>1.25~2.5	<50 50~100 >100	0.10~0.15 0.11~0.16 0.16~0.20	0.11~0.15 0.16~0.25 0.20~0.25	0.15~0.22 0.25~0.35 0.25~0.35

注：$r_e = 0.5$ mm，用于 12 mm×12 mm 以下刀杆，$r_e = 1$ mm，用于 30 mm×30 mm 以下刀杆，$r_e = 2$ mm，用于 30 mm×45 mm 及以上刀杆。

圆、端面的进给量参考值和按表面粗糙度选择半精车、精车进给量的参考值，供选用参考。

（3）主轴转速的确定

光车时主轴转速应根据零件上被加工部位的直径，并按零件和刀具的材料及加工性质等条件所允许的切削速度来确定。切削速度除了计算和查表选取外，还可根据实践经验确定。需要注意的是交流变频调速电动机的数控车床低速输出力矩小，因而切削速度不能太低。切削速度确定之后，用下式计算主轴转速；

$$n = 1\,000V_c/\pi d, \qquad (2-2)$$

式中，V_c 为切削速度，m/min；d 为切削刃选定点处所对应的工件或刀具的回转直径，mm；n 为工件或刀具的转速，r/min。

表 2-5 为硬质合金外圆车刀切削速度的参考值，选用时可参考选择。

表 2-5 硬质合金外圆车刀切削速度的参考数值

工件材料	热处理状态	$a_p = 0.3 \sim 2$ mm $f = 0.08 \sim 0.3$ mm/r	$a_p = 2 \sim 6$ mm $f = 0.3 \sim 0.6$ mm/r	$a_p = 6 \sim 10$ mm $f = 0.6 \sim 1$ mm/r
		$V_c/(m/min)$		
低碳钢	热轧	140~180	100~120	70~90
中碳钢	热轧	130~160	90~110	60~80
	调质	100~130	70~90	50~70
合金结构钢	热轧	100~130	70~90	50~70
	调质	80~110	50~70	40~60

工件材料	热处理状态	$a_p = 0.3 \sim 2$ mm $f = 0.08 \sim 0.3$ mm/r	$a_p = 2 \sim 6$ mm $f = 0.3 \sim 0.6$ mm/r	$a_p = 6 \sim 10$ mm $f = 0.6 \sim 1$ mm/r
		$V_c/$(m/min)		
工具钢	退火	90～120	60～80	50～70
灰铸铁	＜190 HBS	90～120	60～80	50～70
	190～225 HBS	80～110	50～70	40～60
高锰钢		10～20		
铜及铜合金		200～250	120～180	90～120
铝及铝合金		300～600	200～400	150～200
铸铝合金		100～180	80～150	60～100

注：切削钢及灰铸铁时刀具耐用度约为 60 min。

在切削螺纹时，车床的主轴转速将受到螺纹的螺距（或导程）大小、驱动电动机的升降频特性及螺纹插补运算速度等多种因素影响，故对于不同的数控系统，推荐不同的主轴转速选择范围。如大多数普通型车床数控系统推荐车螺纹时的主轴转速如下：

$$n \leqslant 1\,200/P - k, \qquad\qquad (2-3)$$

式中，P 为工件螺纹的螺距或导程，mm；k 为保险系数，一般取为 80；n 为主轴转速，r/min。

4. 切削液的选择

车削时能否正确使用切削液，对刀具寿命、工件的加工质量都有重大影响。正确选用切削液，可以降低切削力和切削温度，减缓刀具磨损，减小工件、刀具热变形和表面粗糙度值，达到保证加工质量和提高生产率的目的。

（1）切削液的作用　切削液的作用主要有以下 4 个方面：

① 冷却作用。切削液依靠热传导原理从切削区带走大量的切削热，从而降低切削温度。在切削速度高，刀具、工件材料导热性差，热膨胀系数大的情况下，切削液的冷却作用尤显重要。切削液的冷却性能取决于它的热导率、比热、汽化热、汽化速度、流量、流速与本身温度等。切削液中一般是水溶液的冷却性能最好，乳化液次之，油类最差。

② 润滑作用。切削液渗入到刀具、切屑、加工表面之间而形成一层薄的润滑膜或化学吸附膜，因而能够减小它们之间的摩擦。其润滑效果取决于切削液的渗透能力以及形成吸附膜的牢固程度。在切削液中加入含硫、氯等元素的极压添加剂，可提高其润滑能力。

③ 清洗作用。切削液能够冲走切削中产生的碎屑或磨粒。这对于深孔加工、自动线加工和磨削等精密加工是十分重要的。切削液清洗能力与它的渗透性、流动性和使用的压力有关。

④ 防锈作用。加入防锈添加剂的切削液，可在金属表面形成一层附着力很强的保护膜，或与金属化合而形成钝化膜，对机床、刀具、工件都有良好的防锈作用。

（2）切削液中的添加剂　为了改善切削液性能而加入的各种化学物质，称为添加剂。主要有以下几种：

① 油性添加剂。油性添加剂含有极性分子,能与金属表面形成牢固的吸附膜,但只能在较低的温度下有较好的润滑作用,故多用于低速精加工中。油性添加剂有动物油、植物油、脂肪酸、胺类、醇类、脂类等。

② 极压添加剂。极压添加剂是含有硫、磷、氯、碘等的有机化合物。在高温下它们与金属表面产生化学反应,形成能耐较高温度与压力的化学润滑膜。在切削加工中能防止金属界面直接接触,减小摩擦与保持良好的润滑条件。

③ 表面活性剂。表面活性剂即乳化剂,既有使矿物油和水乳化形成乳化液的作用,又有吸附在金属表面形成润滑膜产生润滑的作用。常用的表面活性剂有石油磺酸钠、油酸钠皂等。其乳化性能好,并且有一定的清洗、润滑和防锈性能。

④ 其他添加剂。有防锈添加剂(如亚硝酸钠、石油磺酸钠等)、抗泡沫添加剂(如二甲基硅等)、防霉添加剂(如苯酚等),以及乳化稳定剂(如乙醇、正丁醇等)。添加剂选择适当,可获得效果良好的切削液。

(3) 切削液的种类、选择与使用　切削液主要有水基和油基两类。前者冷却能力强,后者润滑性能好。

① 水基切削液。其主要成分是水,有化学合成水和乳化液。通常都加入防锈剂,也有加入其他的添加剂,如极压添加剂等。

② 油基切削液。其主要成分是矿物油、植物油、动物油,或由它们组成的混合油。有时视需要而加入极压添加剂、油性添加剂等。

选择切削液,除了考虑切削液本身的性能外,还要考虑工件材料、刀具材料和加工方法等因素。

粗加工时产生的切削热大,应选用冷却为主的切削液;精加工时为获得良好的表面质量,切削液应以润滑为主。

难加工材料的切削加工,均处于高温、高压边界摩擦状态,因而宜选用极压切削油或极压乳化液。

硬质合金刀具的耐热性好,一般可不用切削液;如使用切削液,应连续、充分地浇注,以免因冷热不均产生很大的热应力而导致裂纹,损坏刀具。

几种加工情况下切削液的选择见表2-6。

表2-6　常用冷却润滑液推荐表

加工种类		工件材料						
		碳钢	合金钢	不锈钢及高温合金	铸铁及黄铜	紫铜	铝及其合金	青铜
车、镗孔、扩孔	粗加工	3%～5%乳化液	(1) 3%～5%乳化液 (2) 5%～10%极压乳化液	(1) 3%～5%乳化液 (2) 10%～15%极压乳化液 (3) 含硫、磷、氯的切削油	一般不加		(1) 3%～5%乳化液 (2) 煤油 (3) 煤油与矿物油的混合油 注:硬铝一般不加	一般不加

加工种类		工件材料						
		碳钢	合金钢	不锈钢及高温合金	铸铁及黄铜	紫铜	铝及其合金	青铜
车、镗孔、扩孔	精加工	(1) 10%～20%乳化液 (2) 10%～15%极压乳化液 (3) 含硫化棉籽油的切削油	(1) 10%～25%乳化液 (2) 10%～15%极压乳化液 (3) 含氯的切削油 (4) 含硫、磷、氯的切削油	(1) 黄铜： (2) 铸铁： ① 煤油；② 煤油与矿物油的混合油				
钻孔		(1) 3%～5%乳化液 (2) 5%～10%极压乳	(1) 10%～15%乳化液 (2) 10%～20%极压乳化液 (3) 含氯的切削油 (4) 含硫、磷、氯的切削油	一般不加		(1) 3%～5%乳化液 (2) 煤油 (3) 煤油与矿物油的混合油		3%～5%乳化液
攻丝、铰孔		(1) 10%～15%极压乳化液 (2) 含氯的切削油 (3) 含硫、氯的切削油 (4) 含硫化棉籽油的切削油 (5) 含硫、磷、氯的切削油	(1) 10%～15%极压乳化液 (2) 含硫、氯的切削油 (3) 含氯的切削油 (4) 含硫、磷、氯的切削油	(1) 黄铜：一般不加 (2) 铸铁粗加工： ① 10%～15%乳化液；② 10%～20%极压乳化液 (3) 铸铁精加工： ① 煤油；② 煤油与矿物油的混合油	(1) 10%～15%乳化液 (2) 10%～15%极压乳化液 (3) 煤油 (4) 煤油与矿物油的混合油		(1) 10%～20%乳化液 (2) 10%～15%极压乳化液 (3) 含氯的切削油

切削液普遍使用的方法是浇注法。由于切削液流速小、压力低,难于直接渗透入最高温度区,影响其冷却、润滑效果。因此,使用时应尽量将切削液浇注到切削区。对于深孔加工、难加工材料的加工等,应采用高压冷却法,切削液的压力应为 1～10 MPa,流量为 50～150 L/min。喷雾冷却法是以 0.3～0.6 MPa 的压缩空气,通过雾化装置使切削液雾化,并高速喷射到切削区内,从而获得良好的冷却效果。

2.1.6　数控车削加工工艺文件

编写数控加工专用技术文件是数控加工工艺设计的内容之一。这些专用技术文件既是数控加工、产品验收的依据,也是需要操作者遵守、执行的规程;有的则是加工程序的具体说明或附加说明,目的是让操作者更加明确程序的内容、定位装夹方式、各个加工部位所选用的刀具及其他问题。

为加强技术文件管理,数控加工专用技术文件也应该标准化、规范化,目前只是先按部门或按单位局部统一。下面介绍几种常用数控加工专用技术文件,供读者参考。

1. 数控车削加工工序卡片

数控车削加工工序卡与普通车削加工工序卡有许多相似之处,所不同的是加工图中应注明程编原点与对刀点,要进行程编简要说明及切削参数的选定。

在工序加工内容不十分复杂的情况下,用数控加工工序卡的形式较好,可以把零件加工图、尺寸、技术要求、工序内容及程序要说明的问题集中反映在一张卡片上,一目了然。

2. 数控加工程序说明卡

实践证明,仅用加工程序单和工艺规程来进行实际加工还有许多不足之处。由于操作者对程序的内容不清楚,对程编人员的意图不够理解,经常需要程编人员在现场口头解释、说明与指导,这种做法在程序仅使用一二次就不用的场合还是可以的。但是,若程序是用于长期批量生产的,则程编人员很难都到达现场。再者,如程编人员临时不在场或调离,已经熟悉的操作工人不在场或调离,麻烦就更多了,弄不好会造成质量事故或临时停产。因此,对加工程序进行必要的详细说明是很有用的,特别是对于那些需要长时间保存和使用的程序尤其重要。

根据应用实践,一般应对加工程序作出说明的主要有以下内容:

(1) 所用数控设备型号及控制机型号;

(2) 程序原点、对刀点及允许的对刀误差;

(3) 工件相对于机床的坐标方向及位置(用简图表述);

(4) 镜像加工使用的对称轴;

(5) 所用刀具的规格、图号及其在程序中对应的刀具号(如 D03 或 T0101 等),必须按实际刀具半径或长度加大或缩小补偿值的特殊要求(如用同一条程序、同一把刀具利用加大或减小刀具半径补偿值进行粗加工),更换该刀具的程序段号等;

(6) 整个程序加工内容的顺序安排(相当于工步内容说明与工步顺序),使操作者明白先干什么后干什么;

(7) 子程序说明,对程序中调用的子程序应说明其内容,使人明白每个子程序的功用;

(8) 其他需要作特殊说明的问题,如需要在加工中更换夹紧点(挪动压板)的计划停车程序段号,中间测量用的计划停车程序段号,允许的最大刀具半径和长度补偿值等。

3. 数控加工走刀路线图

在数控加工中,常常要注意并防止刀具在运动中与夹具、工件等发生意外碰撞,为此必须设法告诉操作者关于程编中的刀具运动路线(如从哪里下刀、在哪里抬刀、哪里是斜下刀等),使操作者在加工前就了解并计划好夹紧位置及控制夹紧元件的高度,这样可以减少上述事故。此外,有些被加工零件,由于工艺性问题,必须在加工过程中挪动夹紧位置,也需要事先告诉操作者,在哪个程序段前挪动,夹紧点在零件的什么地方,然后更换到什么地方,需要在什么地方事先备好夹紧元件等,以防到时候手忙脚乱或出现安全问题。这些用程序说明卡和工序说明卡是难以说明或表达清楚的,应用走刀路线图附加说明。

为简化走刀路线图,一般可采取统一约定的符号来表示。不同的机床可以采用不同图例与格式,见表 2-7 所示。

4. 数控车削加工刀具卡片

数控车削加工刀具卡片包括与工步相对应的刀具号、刀具名称、刀具型号、刀片型号和牌号、刀尖半径等内容。

表 2-7 走刀路线图

数控加工走刀路线图		零件号	NC01	工序号		工步号		程序号	00100
机床型号	XK5032	程序段号	N10-N170	加工内容	铣轮廓周边			共 页	第 页

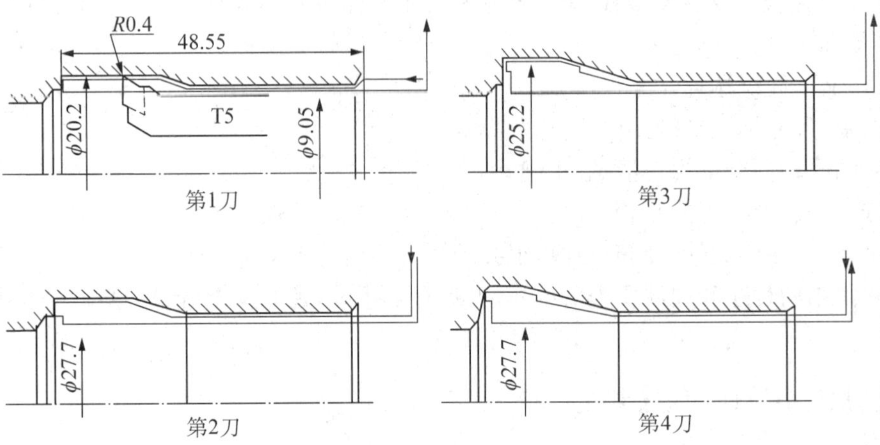

符号	⊙	⊗	◕	o→	→ーー	↓	o---	•—•	▱
含义	抬刀	下刀	编程原点	起刀点	走刀方向	走刀线相交	爬斜坡	铰孔	行切

（编程／校对／审批栏目略）

5. 数控车削加工刀具调整图

刀具调整如图 2-57 所示,图中要反映如下内容:

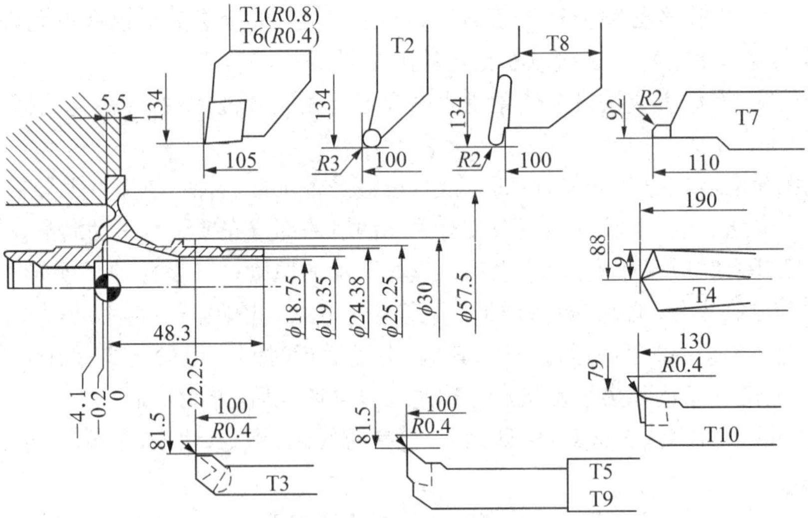

图 2-57 刀具调整图

① 本工序所需刀具的种类、形状、安装位置、预调尺寸和刀尖圆弧半径等,有时还包括刀补组号。

② 刀位点。若以刀具尖点为刀位点时,则刀具调整图中 X 向和 Z 向的预调尺寸终止线交点即为该刀具的刀位点。

③ 工件的安装方式及待加工部位。

④ 工件的坐标原点。

⑤ 主要尺寸的程序设定值。

6. 数控加工专用技术文件的编写要求

编写数控加工专用技术文件应像编写工艺规程和加工程序一样认真对待,切不可草草了事。编写基本要求:

① 字迹工整、文字简练达意。

② 加工图清晰、尺寸标注准确无误。

③ 应该说明的问题要全部说得清楚、正确。

④ 文图相符、文实相符,不能互相矛盾。

⑤ 当程序更改时,相应文件要同时更改,须办理更改手续的要及时办理。

⑥ 准备长期使用的程序和文件要统一编号,办理存档手续,建立借阅(借用)更改、复制等管理制度。

2.1.7 工艺执行中的有关注意事项

1. 安全操作要点

数控车床操作,执行制订的数控加工工艺,特别要遵守安全操作规程。数控车床操作人员如果违反安全操作规程,将会造成质量、设备甚至人身事故,这是绝对不允许的。因此,为了保证证安全生产,在操作数控车床时,必须做到:

(1) 操作者应根据机床使用说明书的要求,熟悉本机床的规格、性能和结构,禁止超范围和超性能加工。

(2) 开机前,操作者必须清理好现场。机床工作台、机床防护罩顶部不允许放置工具、工件及其他杂物。上述物品必须放在指定的工位器具上。

(3) 开机前,操作者应按机床使用说明书规定给相关部位加油,并检查油标、油量、油路是否畅通。

(4) 机床通电后检查各开关、按钮、旋钮、按键是否正常、灵活,机床有无异常现象。

(5) 检查电压、气压、油压是否正常,有手动润滑的部位先要进行手动润滑。

(6) 机床开机时应遵循先回零、手动、点动、自动的原则。各坐标轴必须先手动回零,若某轴在回零前已在零位,必须先将该轴移动到离开零点一段距离后再手动回零。机床运行应遵循先低速、中速再高速的运行原则,其低、中速运行时间不得少于 2~3 min。机床空运转 15 min 以上使机床达到热平衡状态并确定无异常情况后,方能开始加工。

(7) 程序输入后应认真核对,保证无误,包括对代码、指令、地址、正负号、小数点及语法的查对。

(8) 操作机床必须遵循机加工艺守则和数控车床加工工艺守则。按工艺规程安装找正好夹具。在更换刀具、工件、调整工件以及离开机床时必须停机。确认工件和刀具夹紧后,方可进行下一步工作。

(9) 正确测量和计算工件坐标系,将工件坐标系输入到偏置页面,并对坐标、坐标值、正负号及小数点进行认真核对。

(10) 确定刀具长度和刀尖半径补偿值并输入偏置页面,要对刀补号、补偿值、正负号、小数点和刀尖方位号进行认真核对。

（11）加工前必须采用程序校验方式检查所用程序是否与被加工零件相符，并在未装工件时空运行一次程序，看程序能否顺利执行，刀具长度的选取和夹具安装是否合理，有无超程现象，待确定无误后，方可关好安全防护罩，开动机床。

（12）装卸工件及测量尺寸时，必须退刀并停止机床转动；刀具未退离工件时，不得停车。

（13）装卸较重的工件及卡盘时，要选用可靠的吊具及方法。卡盘及工件装夹要牢固，卡盘锁紧装置要装好；工件偏重时，要装上适合的配重平衡块；工件装夹后，卡盘扳手必须随手取下。

（14）正确安装刀具，经常检查刀具紧固及磨损情况，禁止用杠杆增大尾座手轮转矩的方法进行轴向进给。

（15）车床各滑动面上应当清洁无物，主轴、尾座锥孔等安装基准面处应当清洁无伤痕，并且定时加注润滑油（脂）。

（16）用顶尖支顶工件时，尾座套筒的伸出量不得大于套筒直径的两倍。

（17）禁止在机床上重力敲击、修焊工件，或在顶尖间、导轨上直接校直工件；禁止踩踏机床导轨面或放置有损导轨表面的物件；装卸卡盘时，应当放置导轨保护垫板。

（18）在程序运行中要重点观察数控系统上的几种显示：

① 坐标显示。了解目前刀具运动点在机床坐标系及工件坐标系中的位置，了解当前程序段的运动量及剩余运动量。

② 工作寄存器和缓冲寄存器显示。了解正在执行程序段各状态指令和下一个程序段的内容。

③ 主程序和子程序。了解正在执行程序段的具体内容。

（19）程序修改后，对修改部分一定要仔细计算和认真核对。

（20）禁止在开车时变换正反转，不得用反转来制动或用正反车装卸卡盘，不得用手去制动转动着的卡盘。

（21）工作时必须集中精力，头、手及身体不要和旋转的工件（或车床部件）靠得太近；当车削出崩碎状切屑时，要戴上防护眼镜。

（22）不得戴手套操作，蓄长发者要戴安全帽；不可用手直接清除切屑，应当用专用的铁钩。

（23）随时注意各部位运转情况，发现异常现象，应立即停车检查并排除故障。

（24）车螺纹后，不得开机用纱布、棉布去擦拭，防止拉伤手指。

（25）使用量具、塞规时，不得用榔头敲打，应用手轻轻塞进或取出。

（26）操作者不得任意拆卸和移动机床上的保险和安全防护装置。

（27）机床附件和量具、刀具应妥善保管，保持完整与良好。

（28）操作后应清扫机床，保持清洁。离开机床时，必须切断电源。下班前应当将尾座、刀架滑板置于床身尾端；主轴上不得夹持较重的工件（特殊情况例外），以减少床身和主轴的变形，达到保护床身导轨和主轴精度的目的。

2. 工艺执行要求

（1）为了保证加工质量和提高生产率，应根据工件材料、精度要求和机床、刀具、夹具等情况，合理选择切削用量。加工铸件时，为了避免表面夹砂、硬化层等损坏刀具，在许可的条

件下,背吃刀量应大于夹砂或硬化层深度。

(2) 对有公差要求的尺寸,在加工时应尽量按其公差中间值进行加工。

(3) 工艺规程中未规定表面粗糙度要求的粗加工工序,加工后的表面粗糙度 Ra 值应不大于 25 μm。

(4) 铰孔前的表面粗糙度 Ra 值应不大于 12.5 μm。

(5) 粗加工时的倒角、倒圆、槽深等都应按精加工余量加工,以保证精加工后达到设计要求。

(6) 凡下道工序需进行表面淬火、超声波探伤或滚压加工的工件表面,在本工序加工的表面粗糙度 Ra 值不得大于 6.3 μm。

(7) 在本工序后无法安排去毛刺工序时,本工序加工产生的毛刺应在本工序去除。

(8) 在大件的加工过程中应经常检查工件是否松动,以防因松动而影响加工质量或发生意外事故。

(9) 当粗、精加工在同一台机床上进行时,粗加工后一般应松开工件,待其冷却后重新装夹。

(10) 在切削过程中,若机床—刀具—工件系统发出不正常的声音或加工表面粗糙度突然变坏,应立即退刀停车检查。

(11) 在加工过程中,操作者必须对工件进行自检。

(12) 检查时应正确使用测量器具。使用量规、千分尺等必须轻轻用力推入或旋入,不得用力过猛;使用游标卡尺、千分尺、百分表、千分表等时,事先应调好零位。

3. 现场工艺问题处理

制订完数控加工工艺并编好程序后要进行首件试切加工。由于现场机床自身存在的误差大小、规律各不相同,用同一程序加工,实际加工尺寸可能发生很大偏差,这时可根据实测结果和现场工艺问题处理方案,修正工艺及所编程序,直至满足零件技术要求为止。

4. 加工后的注意事项

(1) 工件在各工序加工后应做到无屑、无水、无脏物,并在规定的工位器具上摆放整齐,以免磕、碰、划伤等。

(2) 暂不进行下道工序加工或精加工后的表面应进行防锈处理。

(3) 用磁力夹具吸住进行加工的工件,加工后应进行退磁。

(4) 凡相关零件成组配合加工的,加工后需做标记(或编号)。

(5) 各工序加工完的工件经专职检查员检查合格后方能转往下道工序。

(6) 工艺装备用完后要擦拭干净(涂好防锈油),放到规定的位置或交还工具库。

(7) 产品图样、工艺规程和所使用的其他技术文件,要注意保持整洁,严禁涂改。

案 例

1. 数控车削数学处理

图 2-58 所示为典型轴类零件,试确定数控车削编程尺寸(mm)。

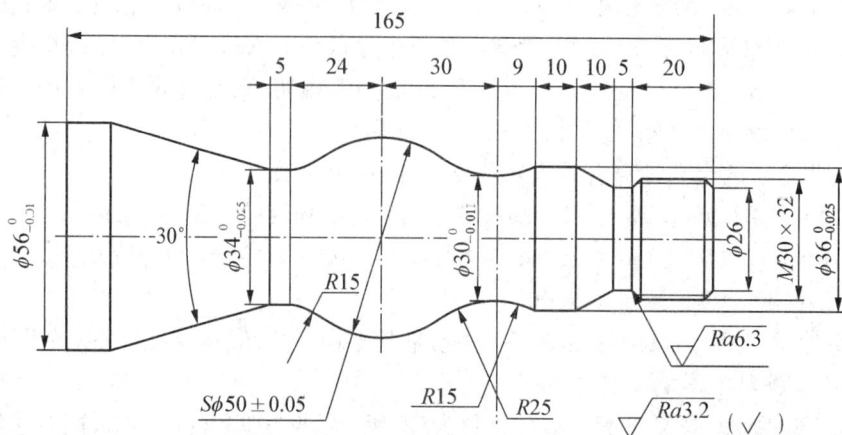

图 2 - 58　轴类零件

该零件中的 $\phi 56_{-0.03}^{0}$、$\phi 34_{-0.025}^{0}$、$\phi 30_{-0.033}^{0}$、$\phi 36_{-0.025}^{0}$ 等 4 个直径基本尺寸都为最大尺寸,若按此基本尺寸编程,考虑到车削外尺寸时刀具的磨损及让刀变形,实际加工尺寸肯定偏大,难以满足加工要求,所以必须按平均尺寸确定编程尺寸。但这些尺寸一改,若其他尺寸保持不变,则左边 $R15$ 圆弧与 $S\phi 50\pm 0.05$ 球面、$S\phi 50\pm 0.05$ 球面与 $R25$ 圆弧和 $R25$ 圆弧与右边 $R15$ 圆弧相切的几何关系就不能保持,所以必须按前述步骤对有关尺寸进行修正,以确定编程尺寸值。

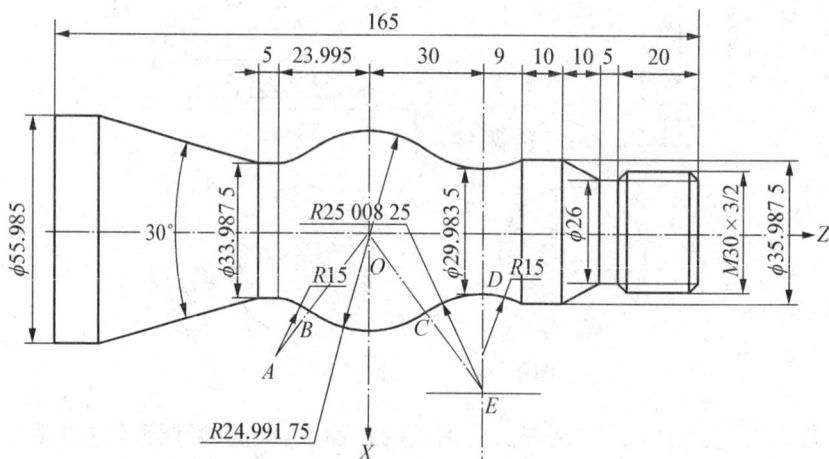

图 2 - 59　数学处理后的零件图

(1) 将精度高的基本尺寸换算成平均尺寸:

$\phi 56_{-0.03}^{0}$ 改为 $\phi 55.985\pm 0.015$;$\phi 34_{-0.025}^{0}$ 改为 $\phi 33.9875\pm 0.0125$;

$\phi 30_{-0.033}^{0}$ 改为 $\phi 29.9835\pm 0.0165$;$\phi 36_{-0.025}^{0}$ 改为 $\phi 35.9875\pm 0.0125$。

(2) 保持原有关圆弧间相切的几何关系,修改其他精度低的尺寸使之协调,如图 2 - 59 所示:设工件坐标系原点为图示 O 点,工件轴线为 Z 轴,径向为 X 轴。A 点为左边 $R15$ 圆弧圆心;B 点为左边 $R15$ 圆弧与 $R25$ 球面圆弧切点;C 点为 $R25$ 球面圆弧与右边 $R25$ 圆弧切点;D 点为 $R25$ 圆弧与右边 $R15$ 圆弧切点;E 点为 $R25$ 圆弧圆心。要保证 E 点到轴线距

离为 40,由于 D 点到轴线距离为 14.991 75(编程尺寸决定),所以该处圆弧半径调整为 R25.008 25,保持 OE 间距 50 不变,则球面圆弧半径调整为 R24.991 75;保持左边 R15 圆弧半径不变并与 ϕ33.987 5 外圆和 R24.991 75 球面圆弧相切,则左边 R15 圆弧中心按此要求计算确定。其他调整后的有关尺寸如图 2-59 所示。

(3) 按调整后的尺寸计算有关未知基点尺寸(保留小数点后 3 位):

A 点:$Z=-23.995$　$X=31.994$;　B 点:$Z=-14.995$　$X=19.994$;

C 点:$Z=14.995$　$X=19.994$;　D 点:$Z=30.000$　$X=14.992$;

E 点:$Z=30.000$　$X=40.000$。

需说明的是,球面圆弧调整后的直径并不是其平均尺寸,但在其尺寸公差范围内。

2. 轴套零件数控车削工艺分析

如图 2-60 所示,典型轴套类零件材料为 45 钢,无热处理和硬度要求,试对该零件进行数控车削工艺分析(单件小批量生产)。

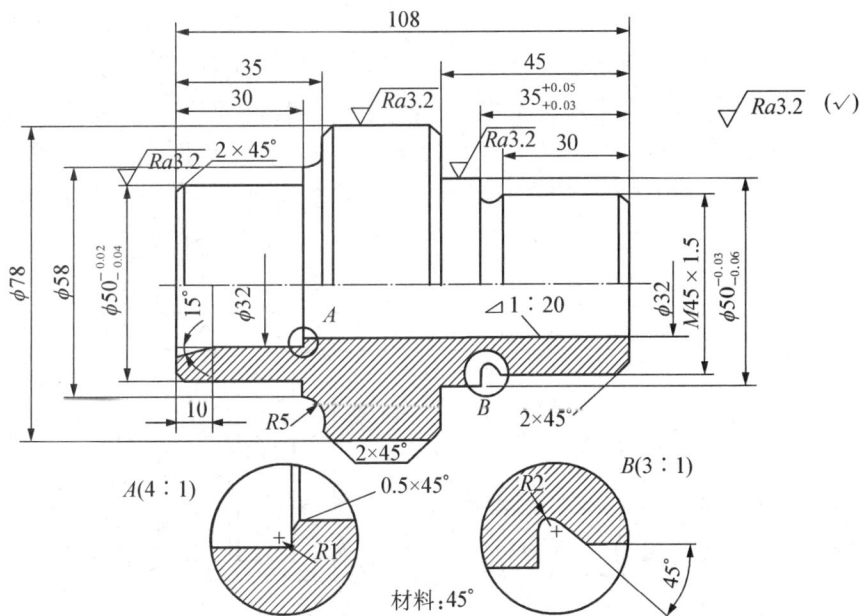

图 2-60　典型轴套类零件

(1) 零件图工艺分析　该零件表面由内外圆柱面、内锥面、顺圆弧、逆圆弧及外螺纹等表面组成,其中多个直径尺寸与轴向尺寸有较高的尺寸精度和表面粗糙度要求。零件图尺寸标注完整,符合数控加工尺寸标注要求;轮廓描述清楚完整;零件材料为 45 钢,加工切削工艺性好,无热处理和硬度要求。

通过上述分析,采用以下几点工艺措施:

① 对图样上带公差的尺寸,因公差值大,实体尺寸比基本尺寸小,故编程时不必取平均值,而取基本尺寸即可。

② 左右端面均为多个尺寸的设计基准,相应工序加工前,应该先将左右端面车出来。

③ 内孔尺寸较小,镗 1∶20 锥孔与镗 ϕ32 孔及 150 锥面时需掉头装夹。

(2) 选择设备　根据被加工零件的外形和材料等条件,选用 CJK6240 数控车床。

（3）确定零件的定位基准和装夹方式

① 内孔加工。

定位基准：内孔加工时以外圆定位。

装夹方式：用三爪自动定心卡盘夹紧。

② 外轮廓加工。

定位基准：确定零件轴线为定位基准。

装夹方式：加工外轮廓时，为保证一次安装加工出全部外轮廓，需要设计一圆锥心轴装置，用三爪卡盘夹持心轴左端，心轴右端留有中心孔并用尾座顶尖顶紧以提高工艺系统的刚性，如图 2 - 61 所示。

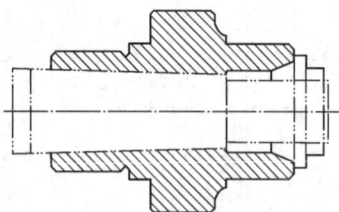

（4）确定加工顺序及进给路线　加工顺序的确定，按由内到外、由粗到精、由近到远的原则确定，在一次装夹中尽可能加工出较多的工件表面。结合本零件的结构特征，可先加工内孔各表面，然后加工外轮廓表面。由于该零件为单件小批量生产，走刀路线设计不必考虑最短进给路线或最短空行程路线，外轮廓表面车削走刀路线可沿零件轮廓顺序进行，如图 2 - 62 所示。

图 2 - 61　外轮廓车削装夹方案　　　　图 2 - 62　外轮廓加工走刀路线

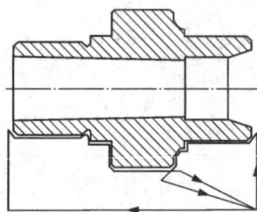

（5）刀具选择　将所选定的刀具参数填入表 2 - 8 轴承套数控加工刀具卡片中，以便于编程和操作管理。注意：车削外轮廓时，为防止副后刀面与工件表面发生干涉，应选择较大的副偏角，必要时可作图检验。本例中选 $K'_r = 55°$。

表 2 - 8　轴承套数控加工刀具卡片

产品名称或代号		×××	零件名称	轴承套	零件图号	×××
序号	刀具号	刀具规格名称	数量	加工表面		备注
1	T01	45°硬质合金端面车刀	1	车端面		
2	T02	φ5 中心钻	1	钻 φ5 中心孔		
3	T03	φ26 钻头	1	钻底孔		
4	T04	镗刀	1	镗内孔各表面		
5	T05	93°右偏刀	1	从右至左车外表面		
6	T06	93°左偏刀	1	从左至右车外表面		
7	T07	60°外螺纹车刀	1	车 M45 螺纹		
编制	×××	审核	×××	批准	×××	共　页　第　页

（6）切削用量选择　根据被加工表面质量要求、刀具材料和工件材料，参考切削用量手

册或有关资料选取切削速度与每转进给量,然后利用公式 $V_c = \pi dn / 1\,000$ 和 $V_f = nf$,计算主轴转速与进给速度(计算过程略),计算结果填入工序卡中。

背吃刀量的选择因粗、精加工而有所不同。粗加工时,在工艺系统刚性和机床功率允许的情况下,尽可能取较大的背吃刀量,以减少进给次数;精加工时,为保证零件表面粗糙度要求,背吃刀量一般取 $0.1 \sim 0.4$ mm 较为合适。

(7) 数控加工工艺卡片拟订 将前面分析的各项内容综合填入表 2-9 所示的数控加工工艺卡片。

表 2-9 轴承套数控加工工艺卡片

单位名称	×××		产品名称或代号		零件名称		零件图号	
			×××		轴承套		×××	
工序号	程序编号		夹具名称		使用设备		车间	
001	×××		三爪卡盘和自制心轴		CJK6240 数控车床		数控中心	
工步号	工步内容 (尺寸单位 mm)	刀具号	刀具、刀柄规格/mm	主轴转速 /(r/min)	进给速度 /(mm/min)	背吃刀量 /mm	备注	
1	平端面	T01	25×25	320		1	手动	
2	钻 $\phi5$ 中心孔	T02	$\phi5$	950		2.5	手动	
3	钻 $\phi32$ 孔的底孔	T03	$\phi26$	200		13	手动	
4	粗镗 $\phi32$ 内孔、15°斜面及 C0.5 倒角	T04	20×20	320	40	0.8	自动	
5	精镗 $\phi32$ 内孔、15°斜面及 C0.5 倒角	T04	20×20	400	25	0.2	自动	
6	掉头装夹粗镗 1:20 锥孔	T04	20×20	320	40	0.8	自动	
7	精镗 1:20 锥孔	T04	20×20	400	20	0.2	自动	
8	心轴装夹从右至左粗车外轮廓	T05	25×25	320	40	1	自动	
9	从左至右粗车外轮廓	T06	25×25	320	40	1	自动	
10	从右至左精车外轮廓	T05	25×25	400	20	0.1	自动	
11	从左至右精车外轮廓	T06	25×25	400	20	0.1	自动	
12	卸心轴,改为三爪装夹,粗车 M45 螺纹	T07	25×25	320	1.5 mm/r	0.4	自动	
13	精车 M45 螺纹	T07	25×25	320	1.5 mm/r	0.1	自动	
编制	×××	审准	×××	批准	×××	年　月　日	共　页	第　页

任务小结

1. 本次任务的主要内容

（1）数控车削加工工艺概述。

（2）数控车削加工工艺要解决的主要问题。

（3）数控车削加工工艺过程的拟订。

（4）零件图形的数学处理及编程尺寸设定值的确定。

（5）数控车削加工余量、工序尺寸及公差的确定。

（6）数控车削加工工艺文件。

（7）工艺执行中的有关注意事项。

2. 本次任务完成后达到目的

通过本任务的学习,掌握数控车床的工艺特点;掌握数控车削加工工艺的编制方法,了解数控车削工艺执行的注意事项。

任务后的思考

1. 数控车削加工工序尺寸如何确定?

2. 数控车削工序顺序的安排原则有哪些? 工步顺序安排原则有哪些?

3. 数控车床的布局由哪几种方式? 各有什么特点?

4. 数控车床适合加工哪些特点回转体零件? 为什么?

5. 数控常用粗加工进给路线有哪些方式? 精加工路线应如何确定?

6. 数控车削加工进给速度如何确定?

7. 轴类与孔类零件车削有什么工艺特点?

8. 常用数控车床车刀有哪些类型? 安装车刀有哪些要求?

9. 数控车床的常用装夹方式?

10. 数控车削常用工艺文件有哪些? 数控车削加工的工序原则有哪些? 非数控车削加工工序如何安排?

11. 数控车床有哪些常用对刀方法? 各种方法有何特点?

12. 试分析图 2-63 异形轴的数控加工工艺。

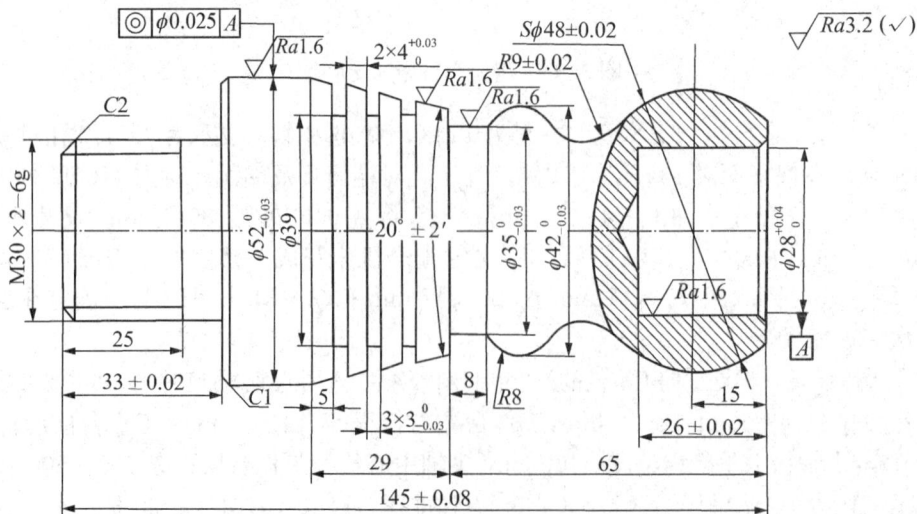

图 2-63　异形轴

任务 2 典型零件的车削加工工艺分析

1. 典型零件的车削加工工艺案例分析

在车削中心上加工轴套类零件如图 2-64 所示为升降台铣床的支承套,零件材料为 45 钢,无热处理和硬度要求,试分析其数控加工工艺。

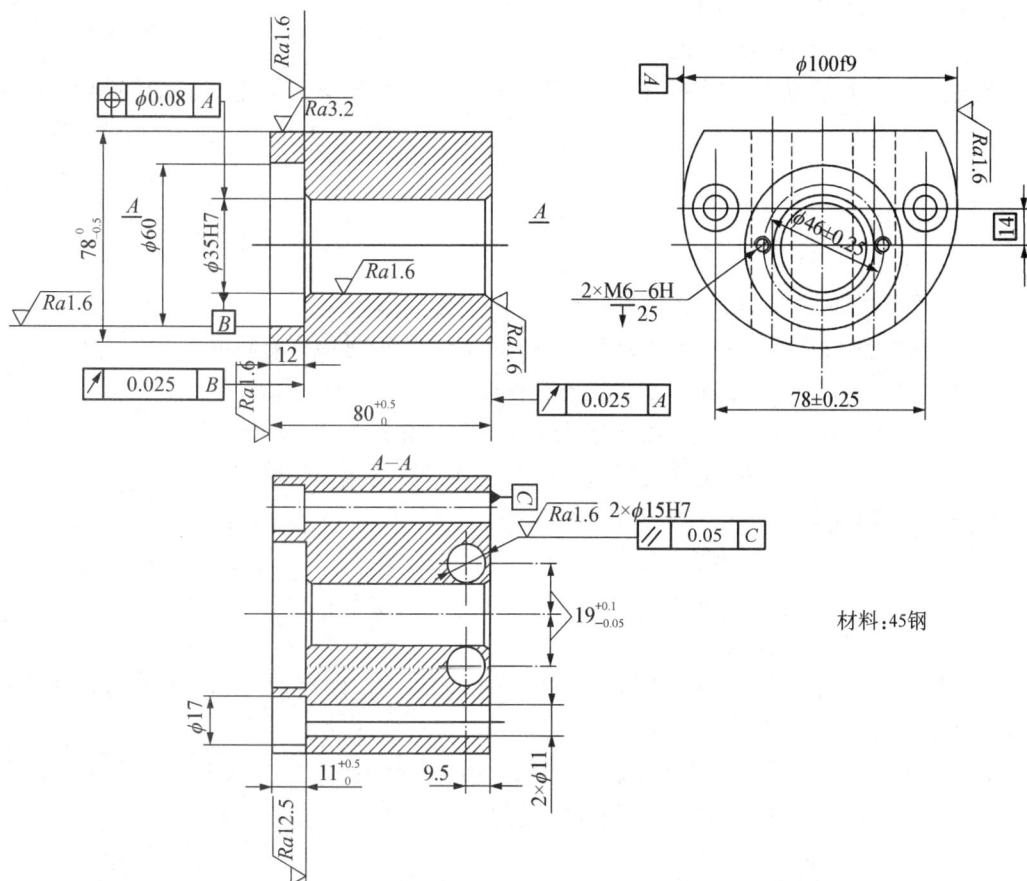

图 2-64 升降台铣床的支承套

(1) 零件图工艺分析 支承套的材料为 45 钢,毛坯选棒料。支承套 $\phi35H7$ 孔对 $\phi100f9$ 外圆、$\phi60$ mm 孔底平面对 $\phi35H7$ 孔、$2\times\phi15H7$ 孔对端面 C 及端面 C 对内 $\phi100f9$ 外圆均有位置精度要求。为便于在加工中心上定位和夹紧,将 $\phi100f9$ 外圆、$80^{+0.5}_{0}$ mm 尺寸两端面、$78^{0}_{-0.5}$ mm 尺寸上平面均安排在前面工序中由普通机床完成。其余加工表面($2\times\phi15H7$ 孔、$\phi35H7$ 孔、$\phi60$ mm 孔、$2\times\phi11$ mm 孔、$2\times\phi17$ mm 孔、$2\times M8-6H$ 螺孔)确定在加工中心上一次装夹完成。

(2) 选择设备 根据被加工零件的外形和材料等条件,选用的卧式加工中心,其主要参数是:

工作台尺寸:400 mm$\times\phi$400 mm,工作台左右行程(X 轴)500 mm,工作台前后行程(Z 轴)400 mm,主轴箱上下行程(Y 轴)400 mm,主轴中心线至工作台面距离 100~500 mm,主轴端面至工作台中心线距离 150~500 mm,主轴锥孔 BT-40,刀库容量 30 把。

（3）确定零件的定位基准和装夹方式　如图 2 - 65 所示,工件以 ϕ100f9 外圆、$80^{+0.5}_{0}$ 尺寸左端面定位。

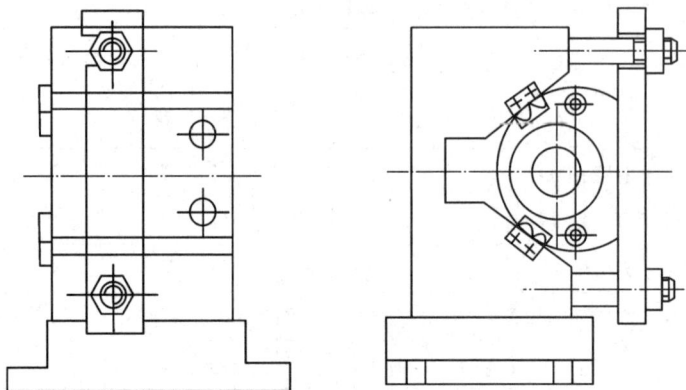

图 2 - 65　支承套装夹示意图

（4）工件坐标系设定　B0°、G54、X0、Y0 设在 ϕ35H7 孔中心上,Z0 设在 $80^{+0.5}_{0}$ 尺寸左面。B90°、G55、X0 设在 $80^{+0.5}_{0}$ 尺寸左面。Y0 设在 ϕ35H7 孔中心上,Z0 设在 $80^{0}_{-0.5}$ 尺寸上面。

（5）确定加工顺序及进给路线（分析略）　由于毛坯为棒料,因此所有孔都是实体上加工。为防止钻偏,需先用中心钻钻引正孔然后再钻孔。孔 ϕ35H7 及 2×ϕ15H7 选择铰削作其最终加工方法。对 ϕ60 的孔,根据孔径精度,孔深尺寸和孔底平面要求,用铣削方法同时完成孔壁和孔底平面的加工。各加工表面选择的加工方案如下:

2×ϕ15H7 孔	钻中心孔 — 钻孔 — 扩孔 — 铰孔
ϕ35H7 孔	钻中心孔 — 钻孔 — 粗镗 — 半精镗 — 铰孔
ϕ60 孔	粗铣 — 精铣
2×ϕ11 孔	钻中心孔 — 钻孔
2×ϕ17 孔	锪孔(在 ϕ11 底孔上)
2×M6 - 6H 螺孔	钻中心孔 — 钻底孔 — 孔底倒角 — 攻螺纹

为减少变换工位的辅助时间和工作台分度误差的影响,各个工位上的加工表面在工作台一次分度下按先粗后精的原则加工完毕。具体的加工顺序是:

第一工位（B0°）:钻 ϕ35H7、2×ϕ11 中心孔—钻 ϕ35H7 孔—2×ϕ11 孔—锪 2×ϕ17 孔—粗镗 ϕ35H7 孔—粗铣、精铣 ϕ60×12 孔—半精镗 ϕ35H7 孔—钻 2×M6 - 6H 螺纹中心孔—钻 2×M6 - 6H 螺纹底孔—2×M6 - 6H 螺纹孔端倒角—攻 2×M6 - 6H 螺纹—铰 ϕ35H7 孔;

第二工位（B90°）:钻 2×ϕ15H7 中心孔—2×ϕ15H7 孔—扩 2×ϕ15H7 孔—铰 2×ϕ15H7 孔。

（6）刀具选择　将所选定的刀具参数填入表 2 - 10 支承套数控加工刀具卡片中。

（7）切削用量选择（分析略）

（8）数控加工工序卡片拟订　见表 2 - 11。

表 2-10　支承套数控加工刀具卡

产品名称或代号		×××		零件名称	支承套	零件图号	×××
序号	刀具号	刀具规格名称/mm	数量	加工表面/mm			备注
1	T01	中心钻 $\phi3$	1	钻 $\phi35H7$ 孔、$2-\phi17\times\phi11$ 中心孔、钻 $2-M6-6H$ 螺孔中心孔、钻 $2-\phi15H7$ 孔中心孔			
2	T02	锥柄麻花钻 $\phi11$	1	钻 $2-\phi11$ 孔、$2-M6-6H$ 孔端倒角			
3	T03	锥柄埋头钻 17×11	1	锪 $2-\phi17$			
4	T04	粗镗刀 $\phi34$	1	粗镗 $\phi35H7$ 至 $\phi34$			
5	T05	合金立铣刀 $\phi32T$	1	粗铣 $\phi60\times12$ 至 $\phi59\times11.5$			
6	T06	合金立铣刀 $\phi32T$	1	精铣 $\phi60\times12$			
7	T07	镗刀 $\phi34.85$	1	半精镗 $\phi35H7$ 至 $\phi34.85$			
8	T08	直柄麻花钻 $\phi5$	1	钻 $2-M6-6H$ 底孔至 $\phi5$			
9	T09	机用丝锥、中锥 M6	1	攻 $2-M6-6H$ 螺纹			
10	T10	套式铰刀 $35AH7$	1	铰 $\phi35H7$ 孔			
11	T11	锥柄麻花钻 $\phi14$	1	钻 $2-\phi15H7$ 孔至 $\phi14$			
12	T12	锥柄端刃扩孔钻 $\phi14.85$	1	扩 $2-\phi15H7$ 孔至 $\phi14.85$			
13	T13	锥柄长刃铰刀 $\phi15AH7$	1	铰 $\phi15H7$ 孔			
14	T14	锥柄麻花钻 $\phi31$	1	钻 $\phi35H7$ 孔至 $\phi31$			
编制		×××	审核	×××	批准	×××	共　页　　　第　页

表 2-11　数控加工工序卡

单位名称		×××	产品名称或代号		零件名称	零件图号
			×××		支承套	×××
工序号		程序编号	夹具名称		使用设备	车间
×××		×××	组合夹具		卧式加工中心	数控中心
工步号	工步内容 /mm		刀具号	刀具规格 /mm	主轴转速 /(r/min)	进给速度 /(mm/min)	背吃刀量/mm	备注
1	B0、G45							
2	钻 $\phi35H7$ 孔、$2-\phi17\times\phi11$ 中心孔		T01	中心钻 $\phi3$	1 200	80		
3	钻 $\phi35H7$ 孔至 $\phi31$		T14	锥柄麻花钻 $\phi31$	300	30		
4	钻 $2-\phi11$ 孔		T02	锥柄麻花钻 $\phi11$	600	60		
5	锪 $2-\phi17$		T03	锥柄埋头钻 17×11	150	15		
6	粗镗 $\phi35H7$ 至 $\phi34$		T04	粗镗刀 $\phi34$	400	30		

续　表

工步号	工步内容 /mm	刀具号	刀具规格 /mm	主轴转速 /(r/min)	进给速度 /(mm/min)	背吃刀量/mm	备注
7	粗铣 $\phi60 \times 12$ 至 $\phi59 \times 11.5$	T05	合金立铣刀 $\phi32T$	400	35		
8	精铣 $\phi60 \times 12$	T06	合金立铣刀 $\phi32T$	600	45		
9	半精镗 $\phi35H7$ 至 $\phi34.85$	T07	镗刀 $\phi34.85$	450	35		
10	钻 2 - M6 - 6H 螺孔中心孔	T01		1 000	40		
11	钻 2 - M6 - 6H 底孔至 $\phi5$	T08	直柄麻花钻 $\phi5$	650	35		
12	2 - M6 - 6H 孔端倒角	T02		500	20		
13	攻 2 - M6 - 6H 螺纹	T09	机用丝锥、中锥 M6	100	100		
14	铰 $\phi35H7$ 孔	T10	套式铰刀 35AH7	100	50		
15	M01(程序任选停止)						
16	在 $\phi35H7$ 孔中手动装入工艺堵		专用工艺堵Ⅱ 29 - 54				
17	B90°、G55						
18	钻 2 - $\phi15H7$ 孔中心孔	T01		1 200	80		
19	钻 2 - $\phi15H7$ 孔至 $\phi14$	T11	锥柄麻花钻 $\phi14$	450	50		
20	扩 2 - $\phi15H7$ 孔至 $\phi14.85$	T12	锥柄端刃扩孔钻 $\phi14.85$	400	40		
21	铰 $\phi15H7$ 孔	T13	锥柄长刃铰刀 $\phi15AH7$	60	30		
编制		审核		批准		年　月　日　　共　页　　第　页	

任务小结

1. 本次任务的主要内容

典型零件的数控车削工艺分析。

2. 本次任务完成后达到目的

通过本任务的学习,掌握典型零件的数控车削工艺分析方法,初步学会编制数控车削工艺文件。

任务后的思考

1. 试编制题图 2 - 66 所示圆锥螺母套零件的数控车削加工工序卡。

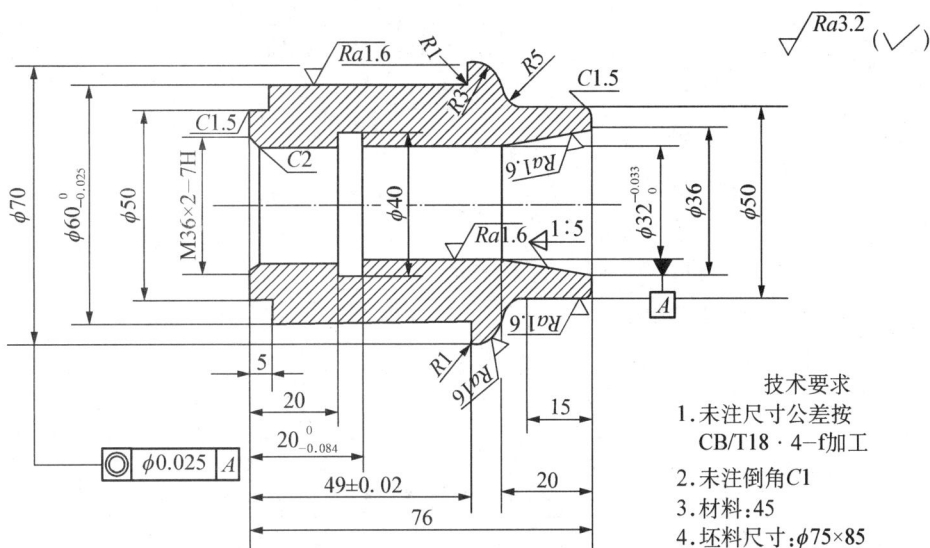

图 2-66 圆锥螺母套零件

模块二 数控车削加工编程

任务 1 数控车削编程基础

必备知识

2.1.1 工件坐标系的设定

工件坐标系是编程人员根据零件图特点和尺寸标注的情况,为了方便计算编程坐标值而建立的坐标系。工件坐标系的坐标轴方向必须与机床坐标系的方向一致。因此,工件坐标系的设定其实就是工件坐标原点的设定。

机床坐标系是生产厂家在制造机床时设置的固定坐标系,其坐标原点也称机床原点或机械原点,通过开机回参考点来确认。参考点位置一般都设在机床坐标系正向的极限位置处,通过装配制造时设置的限位开关来确定。参考点就是与机床原点之间有确定的位置关系的点。

如图 2-67 所示,车床的机床原点一般取卡盘端面法兰盘与主轴轴线的交点处。数控车削零件的工件坐标系原点一般位于零件右端面或左端面与轴线的交点上。

常见的确定工件坐标系的方法及其具体操作过程如下:

1. 用 G50 设置工件坐标原点

G50 建立工件坐标系的方法,是通过设定刀具起始点在工件坐标系中的坐标值来建立工件坐标系的。也就是通过实际测得刀位点在开始执行程序时,在工件坐标系的位置坐标

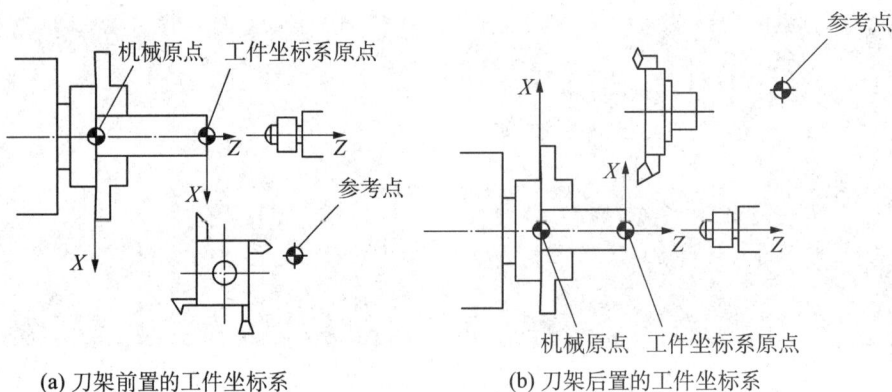

(a) 刀架前置的工件坐标系   (b) 刀架后置的工件坐标系

图 2-67 机床坐标系与工件坐标系

值后,通过程序中的 G50 指令设定的方法建立工件坐标系。

编程格式:G50X_Z_;

其实 G50 指令实现的功能是一种反求方法。通过 G50 指令后面的刀位点"X_Z_"坐标值,使数控系统推算出工件坐标系原点的位置。

例如,如果机床为后置刀架,刀位点停在 A 点位置,当程序执行"G50 X200.Z300.;"指令时,系统建立如图 2-68 所示工件坐标系原点为 O 点,并且刀位点在工件坐标系的坐标为(200,300),其中 X 轴为直径编程。

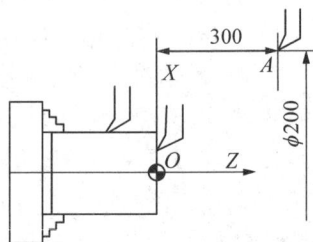

图 2-68 工件坐标系的建立

2. 用 Txxxx 试切对刀确定工件坐标原点

试切法对刀是通过试切工件来获得刀位点在试切点的偏置量(简称刀偏量),将刀偏值输入机床参数刀具偏置表中,并运行 T 指令来获得工件坐标系的方法。其实质就是测出各把刀的刀位点到达工件坐标原点时,相对机床原点(参考点)的位置偏置量。

下面以外圆车刀为例,机床为前置刀架,简述试切法建立工件坐标原点的具体操作。

(1) X 轴对刀 用 1 号刀车削工件外圆。车外圆后,X 轴不能移动(保持坐标不变),沿 Z 轴正向退出后主轴停转。测量出工件外圆直径实际值为($\phi56.485\,0$ mm),如图 2-69(a)所示。随后打开刀具偏置补偿"工具补正/形状"界面,如图 2-69(b)所示。将光标选中该刀

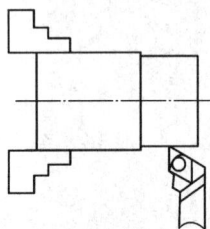

(a)

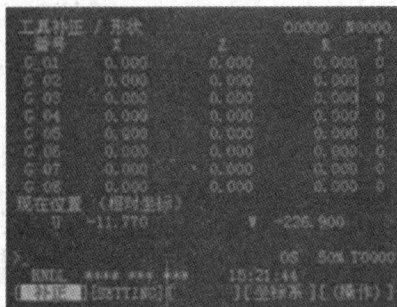

(b)

(c)

(d)

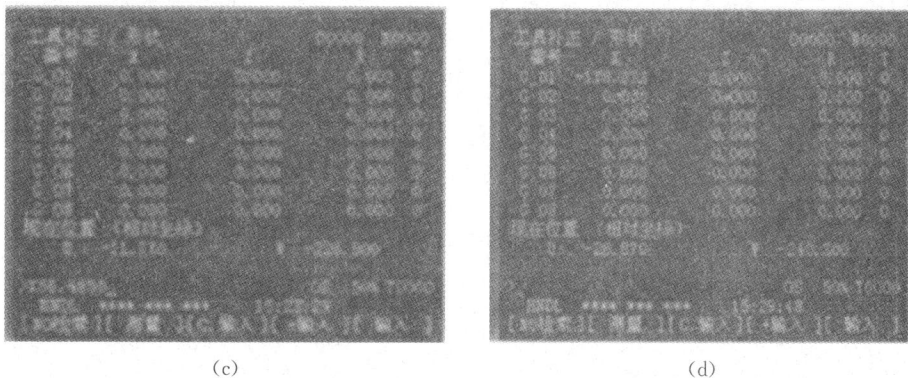

图 2 - 69 刀具偏置补偿操作

所对应的番号"G01"(通常选此番号同刀位号),输入已测量直径实际值为"X56.4850",如图 2 - 69(c)所示。再按软键盘上的"测量"就完成 X 轴对刀,系统自动计算得出 X 轴偏置值为 "-178.333",如图 2 - 69(d)所示。

(2) Z 轴对刀 用 1 号刀车削工件右端面,Z 轴保持坐标不变,沿 X 轴正向退出后主轴 停转,如图 2 - 70(a)所示。测量工件坐标系的原点与刀位点 Z 轴距离,已知为 0。打开刀具 偏置补偿"工具补正/形状"界面,如图 2 - 70(b)所示,将光标选中该刀所对应的刀号番号 "G01",输入测量的距离"Z0",如图 2 - 70(c)所示,再按软键盘上的"测量"就完成 Z 轴对刀。 系统自动求得 Z 轴偏置值"-461.500",如图 2 - 70(d)所示。

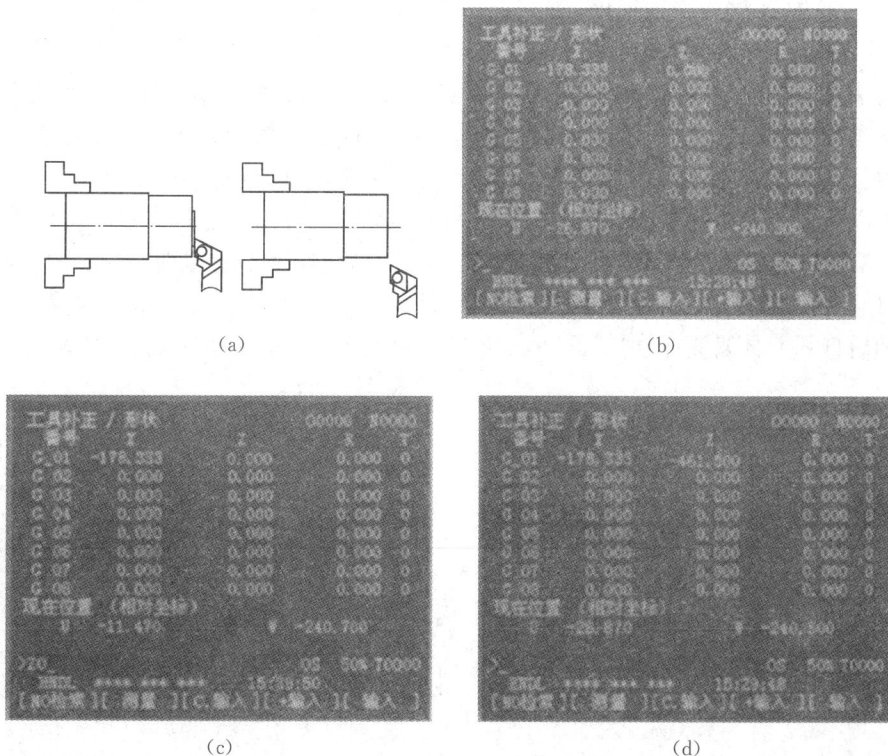

(a)

(b)

(c)

(d)

图 2 - 70 刀具偏置补偿界面操作

值得注意的是:

① 对刀完毕时,数控系统并没有执行当前建立的工件坐标系,因此显示屏上显示的工件坐标系仍是上次建立的工件坐标系。要实现当前的工件坐标系,就必须在 MDI 方式下,或自动运行方式下执行"T××××"。其中,前两位的"××"代表当前的刀位号,后两位的"××"代表与当前的刀位号所对应的刀具偏置值地址号。

② 由于刀架上其他刀具结构形状、安装位置的不同,需要逐一对刀,对刀方法与上述类似。

2.1.2 常用功能指令(G96/G97/G98/G99/G00/G01/G02/G03/M/F/S/T)

1. 基本知识

(1) FANUC 0i 数控系统的基本功能指令 常见的准备功能 G 代码见表 2-12。表 2-12 中 01~16 组的 G 指令为模态指令,又称续效指令,该指令在程序段中一经指定便一直有效,直到出现同组另一指令或被其他指令取消时才失效;00 组的指令为非模态指令,即仅在当前程序段中有效。表 2-13 中是常用的辅助功能 M 代码,是控制机床或系统开关功能的一种命令。

表 2-12 数控车床常见准备功能 G 代码

G 代码	组别	功能	G 代码	组别	功能
G00	01	快速点定位	G40	07	刀尖半径补偿取消
G01		直线插补	G41		刀尖半径左补偿
G02		顺时针圆弧插补	G42		刀尖半径右补偿
G03		逆时针圆弧插补	G50	00	工件坐标原点或最大主轴转速设置
C04	00	暂停			
G10		数据设置	G52		局部坐标系设置
G11		数据设置取消	G53		机床坐标系设置
G18	16	ZX 平面选择	G54~G59	14	选择工件坐标系 1~6
G20	06	英制(in)(in=2.54 cm)	G65	00	宏程序调用
G21		米制(mm)	G66	12	宏程序模态调用
G22	09	行程检查功能打开	G67		宏程序模态调用取消
G23		行程检查功能关闭	G70	00	精加工循环
G27	00	参考点返回检查	G71		外圆/内孔粗车循环
G28		参考点返回	G72		端面粗车循环
G30		第二参考点返回	G73		平行(成形)轮廓车削循环
G31		跳步功能	G74		Z 向啄式钻孔、端面沟槽循环
G32	01	螺纹切削	G75		外径/内径钻孔循环

续 表

G 代码	组别	功能	G 代码	组别	功能
G76		螺纹切削复循环	G90		外径/内径切削循环
G80		取消钻孔固定循环	G92	01	螺纹切削循环
G83		正面钻孔循环	G94		端面切削循环
G84		正面攻丝循环	G96	02	恒线切削速度
G85	10	正面镗孔循环	G97		恒线切削速度取消
G87		侧面钻孔循环	G98	05	每分钟进给
G88		侧面攻丝循环	G99		每转进给
G89		侧面镗孔循环			

表 2 - 13 数控车床常见辅助功能 M 代码

M 代码	功能	M 代码	功能
M00☆	程序停止	M07	冷却液打开(一号)
M01☆	选择性程序停止	M08	冷却液打开(二号)
M02☆	程序结束	M09	冷却液关闭
M03	主轴正转(CW)	M30☆	程序结束并返回
M04	主轴反转(CCW)	M98	子程序调用
M05	主轴停	M99	子程序结束并返回

(2) 直径编程与半径编程　在编制数控车床的 CNC 程序时,因为工件是回转体,其尺寸可以用直径和半径两种方式来表达,在描述工件轮廓上某一点坐标时,X 坐标用直径数据表达时称为直径编程,用半径数据表达时称为半径编程,两者只能选其一,具体由机床参数设置。通常机床默认选择直径编程,以下所有编程为直径编程。

(3) 绝对值编程与增量值编程　在数控编程中,刀具位置坐标通常有两种表示方式:一种是绝对坐标,另一种是增量(相对)坐标。数控车床可采用绝对值编程、增量值编程或者二者混合编程。

① 绝对值编程。在程序中,刀位点的坐标值都是相对工件坐标系原点的绝对坐标值,称为绝对值编程,用 X、Z 表示。

② 增量值编程。在程序中,刀位点的坐标值是相对于刀具的前一位置(或起点)的增量,称为增量值编程。X 坐标用 U 表示,Z 坐标用 W 表示,正负由运动方向确定。如图 2 - 71 所示的运动轨迹,用以上 3 种编程方法编写的部分程序如下:

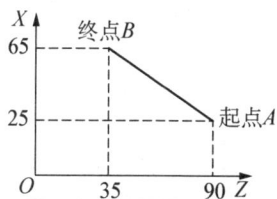

图 2 - 71　绝对值/增量值编程

用绝对值编程:X65. Z35. ;

用增量值编程:U40. W—55. ;

混合编程:X65. W—55. ;或 U40. Z35. ;

2. G 功能指令

（1）快速移动指令（G00）　编程格式为

G00X(U)_ Z(W)_；

式中，X、Z 是刀具移动目标点的绝对坐标；U、W 是目标点相对起点的增量坐标；G00 指令是在工件坐标系中以快速移动速度（机床内部设置）移动刀具到达由坐标字指定的位置。刀具以每轴的快速移动速度定位刀具轨迹，不一定是直线。因此，要确保刀具不与工件、夹具发生碰撞。

例2-1　如图 2-72(a)所示，当前刀具所在位置为 A 点，用 G00 编写从 $A \to B \to C$ 轨迹（图中实线）数控程序见表 2-14。

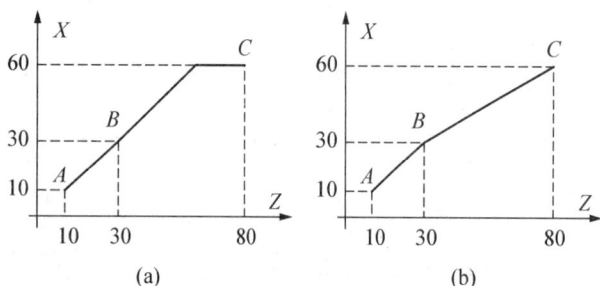

表 2-14　用 G00 编写程序

绝对编程方式	相对编程方式
G00 X30 Z30；	G00 X20 Z20；
G00 X80 Z60；	G00 X50 Z30；

图 2-72　G00 与 G01 移动轨迹

（2）直线插补指令（G01）　编程格式为

G01 X(U)_ Z(W)_ F_；

式中，X、Z 是刀具移动目标点的绝对坐标；U、W 是目标点相对起点的增量坐标；F 为进给功能字，可以用 G98 或 G99 设定单位，进给速度单位分别为 mm/min 和 mm/r。直线插补指令是直线运动指令，实现刀具在两坐标间以插补联动方式按指定的进给速度做任意斜率的直线运动，该指令为模态（续效）指令。

例2-2　如图 2-72(b)所示，当前刀具所在位置为 A 点，用 G01 编写从 $A \to B \to C$ 轨迹的（图中实线）数控程序见表 2-15。

表 2-15　用 G01 写程序

绝对编程方式	相对编程方式
G01 X30 Z30 F100；	G01 X20 Z20 F100；
G01 X80 Z60；	G01X50 Z30；

（3）圆弧插补指令（G02/G03）　编程格式为

$$\begin{Bmatrix} G02 \\ G03 \end{Bmatrix} X\_Z\_ \begin{Bmatrix} I\_K\_ \\ R\_ \end{Bmatrix} F\_$$

圆弧插补指令用法说明如下：

① 绝对值编程时，X、Z 表示圆弧的终点坐标。增量编程时用 U、W 表示，其含义是圆弧终点相对圆弧起点的坐标增量值。

② 圆弧顺、逆切削的判断依据是沿着机床坐标 Y 轴由正方向来看,刀具所走圆弧轨迹方向为顺时针用 G02 指令,逆时针用 G03 指令,如图 2-73 所示。

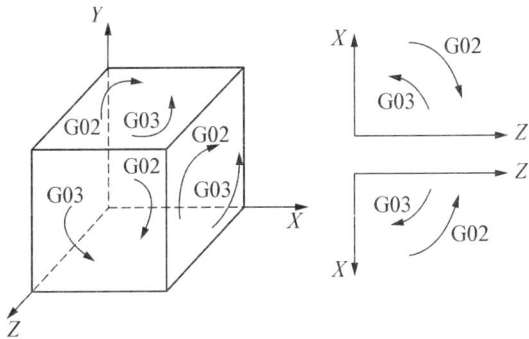

图 2-73　圆弧顺时针、逆时针的判定

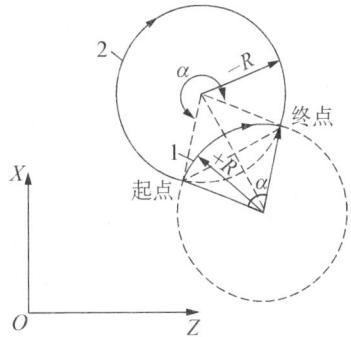

图 2-74　$+R$ 与 $-R$ 的区别

③ 圆心坐标 I、K 为圆弧圆心相对于圆弧起点在 X 轴和 Z 轴上的增量(I 的值用半径差值表示)。

④ 用半径 R 编程时,当刀具加工圆弧所对应的圆心角 $\alpha \leqslant 1800$ 时,用"$+R$"表示;否则用"$-R$"表示。切记,加工整圆时,小能用半径 R 指定圆心位置,如图 2-74 所示,当程序执行从起点至终点的顺时针圆弧指令时,刀具所走的轨迹因"$+R$"和"$-R$"而不同。当为"$-R$"时,所走的轨迹为圆弧 2(优弧);当为"$+R$"时,所走的轨迹为圆弧 1(劣弧)。

例 2-3　如图 2-75 所示,用 G02/G03 圆弧插补指令编写从 $O \rightarrow A \rightarrow B \rightarrow C$ 轨迹的数控程序见表 2-16。已知:$A(50,-46.583)$、$B(50,-65)$、$C(70,-75)$。

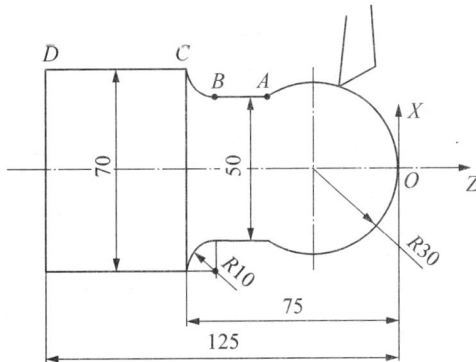

图 1-75　圆弧插补

表 2-16　用 G02/G03 写程序

	轨迹	绝对编程方式	相对编程方式
($I\_K\_$)	$O \rightarrow A$	G03 X50 Z−46.583 I0 K−30;	G03 U50 W−46.583 I0 K−30;
	$A \rightarrow B$	G01 Z−65;	G01 Z−18.417;
	$B \rightarrow C$	G02 X70 Z−75 I10 K0;	G02 U20 W10 I10 K0;

	轨迹	绝对编程方式	相对编程方式
(R_)	$O \rightarrow A$	G03X50Z−46.583 R30;	G03 U50 W−46.583 R30;
	$A \rightarrow B$	G01 Z−65;	G01 Z−18.417;
	$B \rightarrow C$	G02 X70 Z−75 R10;	G02 U20 W10 R10;

（4）进给量单位设定指令（每分钟/每转进给量,G98/G99） 进给功能字 F 的单位由 G98 或 G99 决定。程序中出现 G98 时,F 的单位为 mm/min;如果是 G99 则 F 的单位为 mm/r。两者都为模态指令。换算公式为

$$V_f = nf,$$

式中,V_f 为每分钟进给量,mm/min;n 为轴转速,r/min;f 为转进给量,mm/r。

（5）米/英制转换指令（G21/G20） G21 指定米制单位,也就是 X(U)、Z(W) 等坐标字所描述的单位为 mm,一般系统默认为 G21;G20 指定英制单位,相应的坐标字所描述的单位为 inch。两者都为模态指令。

（6）恒线速切削设置/取消指令（G96/G97）

① 设置恒线速切削编程格式:

G96 S_;

式中,S 后面数字是切削速度,单位为 m/min。G96 设置恒线速切削,即车削过程中数控系统会根据车削时刀尖所处的不同工件直径计算主轴转速,保持恒定的线性切削速度。当设定恒线速切削时,最好增加限制主轴最大转速的指令,以防止主轴转速过高时发生意外。其程序为

G50 S_;

式中,S 后面数字是被限制的最高主轴转速,单位为 r/min。

② 取消恒线速切削编程格式:

G97 S_;

G97 为取消恒线速切削设置(也可简称恒转速)。S 后面的数字是主轴固定转速,单位为 r/min。

（7）暂停指令（G04）C04 指令的作用是按指定的时间延迟执行下一个程序段。编程格式:

G04 X_;或 G04 P_;

式中,X 为指定暂停时间,单位为 s,允许小数点编程;P 为指定暂停时间,单位为 ms,不允许小数点编程。

例如,暂停时间若为 1.5 s 时,则程序为

G04 XI.5.;或 G04 P1500;

3. M 功能指令

（1）程序结束（M02/M30） 两者都是主程序结束指令。区别在于:执行 M02 时,程序光标停在程序末尾。需要重复加工时,要重新调用程序;而执行 M30 时,程序光标自动返回程序开始位置。需要重复加工时,不用重新调用程序,直接按循环启动按钮即可。

（2）程序暂停/选择性程序暂停（M00/M01）

① M00 程序暂停指令。在执行完含有 M00 的程序段后，机床的主轴、进给及切削液都自动停止。该指令用于加工过程中需测量工件的尺寸、工件调头、手动变速等固定操作。当程序运行停止时，全部现存的模态信息保持不变，固定操作完成，重按［启动］键，便町继续执行后续的程序。

② M01 选择性程序（任选）暂停代码。该代码与 M00 基本相似，所不同的是只有在［任选停止］按键被按下时，M01 才有效，否则机床仍不停地继续执行后续的程序段。该代码常用于工件关键尺寸的停机抽样检查等情况，当检查完成后，按［启动］键继续执行后续的程序。

（3）主轴运转与停止（M03/M04/M05）　分别表示主轴正转（M03）、反转（M04）和主轴停止转动（M05）。

（4）切削液开关（M07/M08/M09）　用于冷却装置的起动和关闭。M07 表示雾状切削液开；M08 表示液状切削液开；M09 表示关闭切削液开关，并注销 M07。

4. 其他功能指令

（1）F 功能（进给功能）　也称进给功能，表示进给速度，用字母 F 与其后数字表示。根据数控系统不同，F 功能的表示方法也不同。进给功能的单位一般为 mm/min（G98 时）。例如，F100 表示进给速度为 100 mm/min。当进给速度与主轴转速有关时，用进给量来表示刀具移动的快慢时，单位为 mm/r（G99 时）。例如，车削螺纹时，F2 表示进给速度为 2 mm/r，2 为加工螺纹的螺距或导程（多线螺纹）。

（2）S 功能（主轴转速功能）　也称主轴转速功能，主要表示主轴运转速度。S 功能有恒线速和恒转速两种指令方式，其单位是 r/min（恒转速，G97 时）或 m/min（恒线速，G96 时），通常使用 r/min。例如，S800 表示主轴转速为 800 r/min。

（3）T 功能（刀具功能）　FANUC 系统采用 T 指令选刀，由地址码 T 和 4 位数字组成。前两位数字是刀具号，后两位数字是刀具补偿号。例如，T0101 前面的 01 表示调用第 1 号刀具，后面的 01 表示调用刀偏地址为 1 号刀具补偿。如果后面两位数是 00，例如 T0200，表示调用第 2 号刀具，并取消刀具补偿。F、S、T 功能均为模态代码。

（4）跳段功能（/）　程序的斜杠跳跃在程序段前面的第一个符号为"/"符号，该符号称为斜杠跳跃符号，且该程序段称为可跳跃程序段。例如，下列程序段：

/N10　G00　X30. Z40. ；

当程序执行遇到可跳跃程序段时，只有操作者通过机床操作面板使系统的"跳跃程序段"信号生效时，该可跳跃程序段不被执行，执行下段程序；否则，当系统的"跳跃程序段"信号不生效时，该程序段照样执行，即与不加"/"符号的程序段相同。

2.1.3　精加工轨迹描述

如图 2 - 76 所示，轴类零件材料为 45 钢，粗加工已经完成且留有 0.25 mm 的单边精加工余量。试编写其精加工程序（注意工件坐标系的设定位置，机床为前置刀架）。

零件加工程序见表 2 - 17。

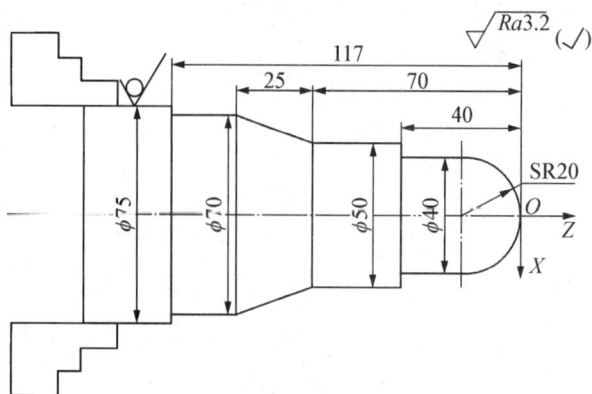

图 2-76　轴类零件加工

表 2-17　轴类零件加工程序

O0002；		主程序名
N2	T0101 G98 G21 G97；	选 1 号刀、建立工件坐标系,每分进给,公制单位,恒转速
N4	G00 X50 Z10；	快速接近工件
N6	M03 S1200；	主轴正转,转速 1 200 r/min
N8	G00 X0 Z3；	快速移到加工起始点
N10	G01 Z0 F100 M08；	进给速度 F 为 100 mm/min 移至 O 点,M08 为打开切削液。
N12	G03 X40 Z-20 I0 K-20；	X 轴坐标为直径编程。圆弧插补指令用 I、K 增量编程
N14	G01 Z-40；	车削 φ40 圆柱面
N16	X50；	G01 为模态指令,省略;车削台阶端面
N16	Z-70；	车削 φ70 圆柱面
N18	X70 Z-95；	车削锥面
N20	Z-117；	
N22	X75；	
N24	G00 X100 Z200 M09；	退刀,M09 为关闭切削液
N26	M05；	主轴停止
N28	M30；	程序结束

2.1.4　刀具半径补偿功能(G41/G42/G40)

1. 半径补偿功能作用

车刀刀位点为假想刀尖点,如图 2-77 所示。车削时,实际切削点是刀尖过渡刃圆弧与零件轮廓表面的切点。车外圆、端而时并无误差产生,因为实际切削刃的轨迹与零件轮廓一致。车锥面时,就会出现欠切削和过切削,从而引起加工形状和尺寸误差,使锥面精度达不到要求,如图 2-78 所示。采用刀尖半径补偿功能后,按零件轮廓线编程,数控系统会自动

沿轮廓方向偏置一个刀尖圆弧半径,消除了刀尖圆弧半径加工圆锥产生的欠切削和过切削现象,如图 2-79 所示。

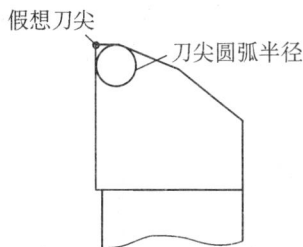

图 2-77 假想刀尖

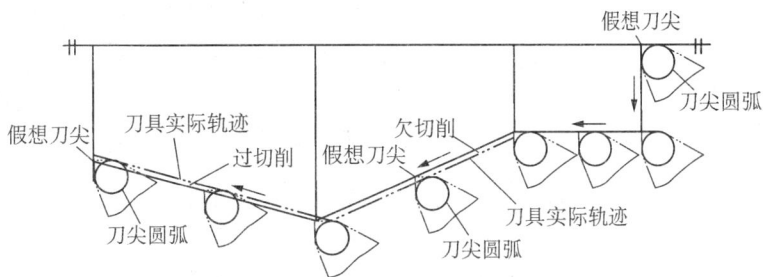

图 2-78 加工锥面时欠切与过切现象

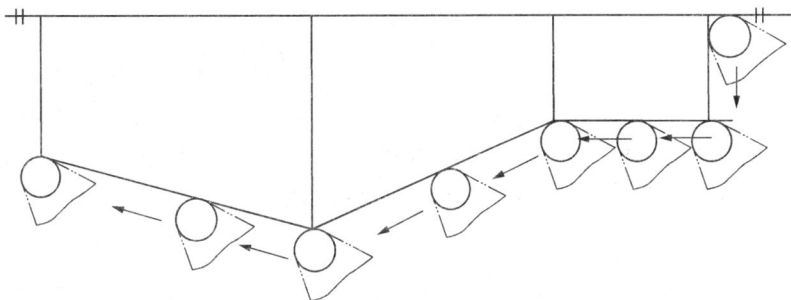

图 2-79 采用刀具半径补偿后刀具轨迹

在数控切削加工中,为了提高刀尖的强度和工件加工表面质量,一般将车刀刀尖磨成圆弧形状。刀尖圆弧半径一般取 0.2～0.8 mm,粗加工时取 0.8 mm,半精加工取 0.4 mm,精加工取 0.2 mm。切削时,实际起作用的是圆弧上的各点。

2. 刀尖圆弧半径补偿指令

(1) 刀具半径左补偿指令(G41)　沿刀具运动方向看,刀具在工件左侧时,称为刀具半径左补偿,如图 2-80 所示。编程格式:

G41　G01　(G00)　X(U) _Z(W) _ F_;

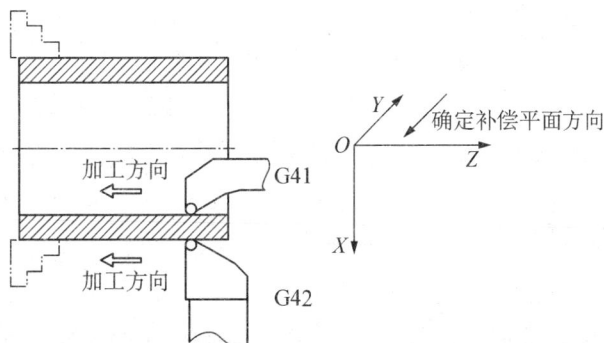

图 2-80 前置刀架补偿平面及刀具半径补偿方向

(2) 刀具半径右补偿指令(G42)　沿刀具运动方向看,刀具在工件右侧时,称为刀具半

径右补偿,如图 2－81 所示。编程格式:

G42 G01　(G00)　X(U)_Z(W)_F_;

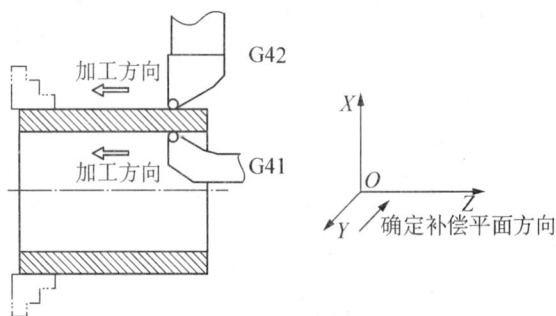

图 2－81　后置刀架补偿平面半径补偿方向

(3) 取消刀具半径补偿指令(C40)　编程格式:

G40 G01　(G00)　X(U)_Z(W)_;

(4) 说明

① G41、C42 和 G40 是模态指令。G41 和 G42 指令不能同时使用,即前面的程序段中如果有 G41,就不能接着使用 G42,必须先用 G40 取消 G41 后,才能使用 G42,否则补偿就不正常了。

② 不能在圆弧指令段建立或取消刀具半径补偿,只能在 G00 或 G01 指令段建立或取消。

3. **刀具半径补偿的过程**

刀具半径补偿的过程分为 3 步:

第一步:刀补的建立。刀具中心从与编程轨迹重合过渡到与编程轨迹偏离一个补偿量的过程,如图 2－82(a)所示。

第二步:刀补的运行。执行 G41 或 G42 指令的程序段后,刀具中心始终与编程轨迹相距一个补偿量。

第三步:刀补的取消。刀具离开工件,刀具中心轨迹过渡到与编程重合的过程,如图 2－82(b)所示。

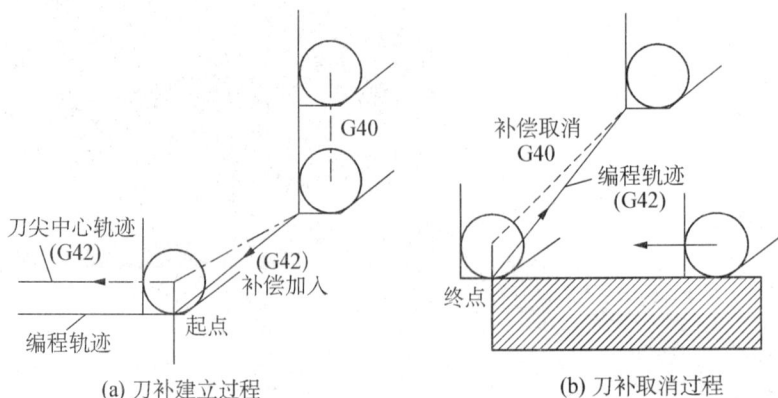

(a) 刀补建立过程　　(b) 刀补取消过程

图 2－82　刀具半径补偿的建立与取消

4. 刀尖圆弧半径补偿的参数设置

（1）刀尖方位的确定　刀具刀尖半径补偿功能执行,除了和刀具刀尖半径大小有关外,还和刀尖的方位有关。即按假想刀尖的方位,确定补偿量。不同的刀具,刀尖圆弧的位置不同,刀具自动偏离零件轮廓的方向就不同。假想刀尖的方位有 8 种位置可以选择,如图 2 - 83 所示。箭头表示刀尖方向,如果按圆弧中心编程,则刀具方位选用 0 或 9。例如,车削外圆表面时,刀具方位选用 3。

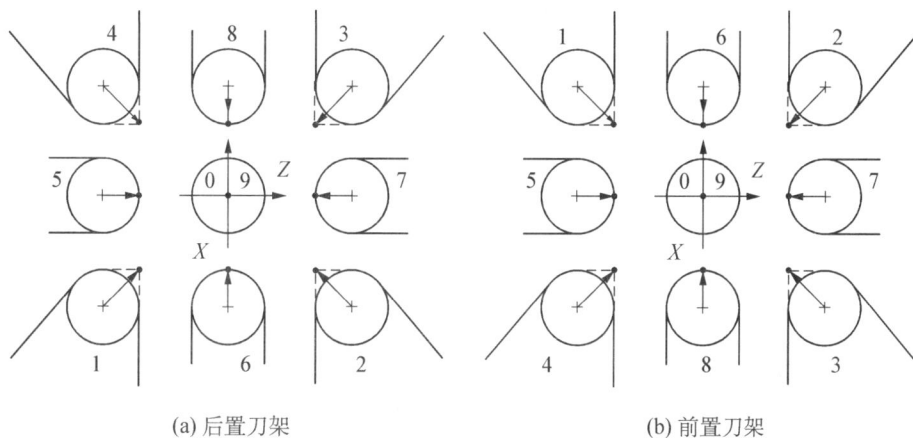

(a) 后置刀架　　　　　　　　　　　(b) 前置刀架

图 2 - 83　刀尖方位号

（2）刀具半径　补偿量的设置对应每一个刀具补偿号,都有一组偏置量,即 X、Z 刀尖半径补偿量 R 和刀尖方位号 T。根据装刀位置、刀具形状确定刀尖方位号。例如,2 号刀（刀尖半径为 0.4 mm、刀位号为 3）刀具半径补偿量的设置过程如下:首先根据 2 号刀位置确定刀尖方位号是 3;然后打开刀具偏置补偿"工具补正/形状"界面,将光标选中该刀所对应的号码"G_02"（通常选此番号同刀位号）,输入"R0.400"后,再按软键盘上的"输入"就完成刀尖半径的设置;最后输入"T3"后,再按软键盘上的"输入"完成刀尖方位号的设置,如图 2 - 84 所示。

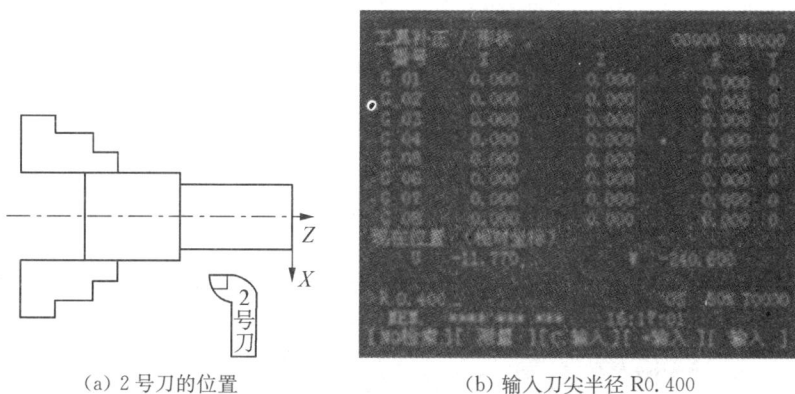

(a) 2 号刀的位置　　　　　　　(b) 输入刀尖半径 R0.400

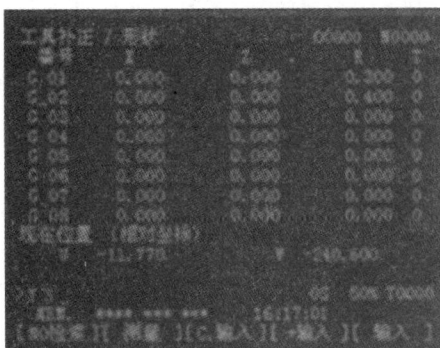

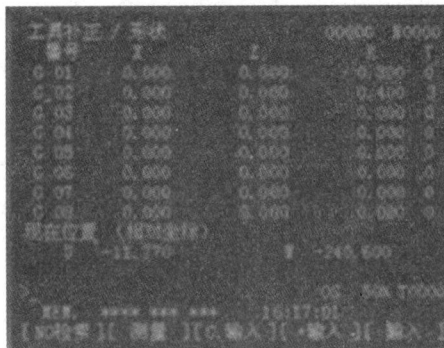

（c）输入方位号 T3　　　　　　　　　（d）刀尖半径和方位号的结果

图 2-84　刀尖半径和方位号的设定

例 2-4　如图 2-85 所示,以工件右端面中心建立工件坐标系,且已粗加工,留单边余量 0.5 mm。利用刀尖圆弧补偿指令编写精车轮廓程序见表 2-18(已知 3 号刀为外圆精车刀,且刀尖圆弧半径和方位号已设置好)。

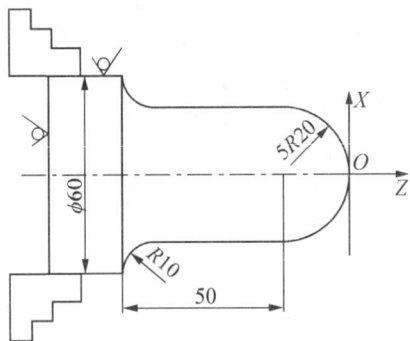

图 2-85　轴类零件图

表 2-18　加工程序

O0001；		主程序名
N2	G98 G21 G97 T0303；	初始化,选 3 号外圆刀并由刀偏建立工件坐标系
N4	M03 S1400；	转速 1 400 r/min；
N6	G00 X0 Z10；	快速移到加工起始点
N8	G42 G01 X0 Z0 F80 M08；	建立刀补,进给速度 F 为 80 mm/min,M08 为打开切削液。
N10	G03 X40 Z−20 R20；	X 轴坐标为直径编程。圆弧插补指令用 R 编程
N12	G01 Z−60；	
N14	G02 X60 Z−70 R10；	
N16	G40 G00 X150 Z150；	取消刀具补偿指令并退刀
N18	M09；	M09 为关闭切削液
N20	M05；	主轴停止
N22	M02；	程序结束

2.1.5 外沟槽的加工

例2-5 加工如图2-86所示的带环形槽的零件,零件上环形槽的加工轨迹如图2-87所示,加工程序见表2-19。

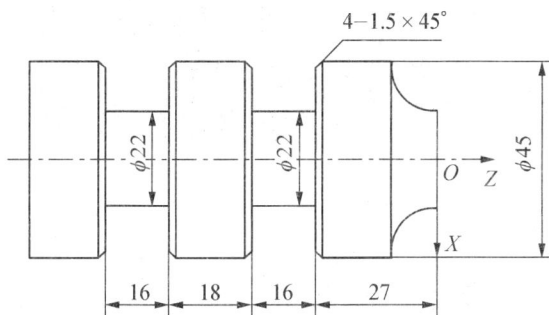

图2-86 环形槽的加工

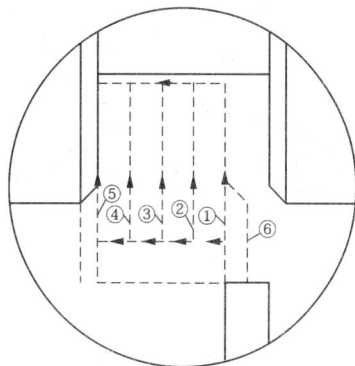

图2-87 环形槽的加工轨迹局部放大图

表2-19 环形槽的加工程序

O0001;		主程序名
N2	G98 G21 G97;	初始化(分进给,尺寸单位mm,固定转速)
N4	T0202;	换2号切断刀并由刀偏建立工件坐标系
N6	M03 S500;	主轴转速500 r/min
N8	G00 X50;	
N10	Z-31 M08;	快速移到加工起始点,冷却液开
N12	M98 P0002;	调用子程序加工第一个环形槽
N14	G00 Z-65;	
N16	M98 P0002;	调用子程序加工第二个环形槽
N18	G00 X150 M09;	退刀
N20	Z200;	
N22	M05;	主轴停止
N24	M30;	程序结束
O0002;		子程序名
N2	G01 X22.4 F100;	第一次进刀,进给速度30 mm/min,留单边余量0.2
N4	X48;	退刀
N6	W-3;	左移定位
N8	X22.4;	第二次进刀
N10	X48;	退刀
N12	W-3;	左移定位
N14	X22.4;	第三次进刀

O0002;		子程序名
N16	X48;	退刀
N18	W−3;	左移定位
N20	X22.4;	第四次进刀
N22	X48;	退刀
N24	W−3;	
N26	X22.4;	第五次进刀,得到槽宽16
N28	X50;	退刀
N30	G00　W12;	快速返回定位
N32	G01 X45;	移至倒角、精加工槽底起点
N34	X42 W−1.5;	倒角 1.5×45°(右边)
N36	X22;	至槽底
N38	W−12;	精加工槽底
N40	X42;	退刀
N42	X45 W−1.5;	倒角 1.5×45°(左边)
N44	X50;	退刀
N46	M99;	子程序结束返回

例 2−6　图 2−86 所示为具有多个环形槽的轴,假设其外轮廓、弧形锥面已加工完毕。试利用子程序编写环形槽加工程序。已知 2 号刀为切断刀且刀宽 4 mm。

(1) 切削参数选择 f＝0.1 mm/r,切槽的主轴转速为 500 r/min,则进给速度为 50 mm/min。程序中取 F100,加工时通过操作面板上倍率开关调节。

(2) 加工轨迹环形槽的加工轨迹如图 2−87 所示,5 次进刀加工完直槽后,第 6 次进刀加工两侧 C1.5 倒角,并精加工槽底。

(3) 加工程序为了简化编程,将一个槽的加工程序编成子程序,然后由主程序两次调用。加工程序见表 2−19。

2.2.6　成形面的分层加工

例 2−7　如图 2−88 所示的手柄零件,毛坯为 φ55 mm 的棒料,材料为硬铝。试利用子程序指令编写其粗、精加工程序。已知:在工件坐标系中,圆弧基点坐标为 A(17.14, −4.85)、B(36.09, −63.64)、C(38.68, −134.9)、D(40, −140)。

(1) 刀具选择及切削参数的选择 1 号刀:93°菱形外圆刀。粗、精加工用同一把刀具。粗加工切削用量:主轴转速为 800 r/min,进给速度为 180 mm/min,背吃刀量为 2.5 mm。精加工切削用量:主轴转速为 1 400 r/min,进给速度为 120 mm/min,背吃刀量为 0.5 mm。

(2) 工艺路线手柄的加工轨迹如图 2−88 所示。刀具由外向内分层车削。

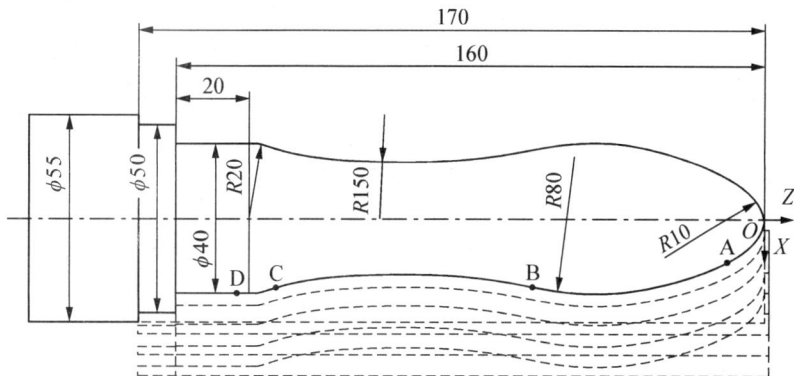

图 2-88 手柄零件图

（3）加工程序将手柄零件的精加工轨迹编写成子程序，然后由主程序多次调用。零件加工程序见表 2-20。

表 2-20 手柄的加工程序

O0001；		主程序名
N2	G98；	分进给
N4	M03 S800 T0101；	转速 800 r/min；换 1 号外圆刀并建立工件坐标系
N6	G00 G42 X55.5Z3 F180；	快速移到加工起始点，加刀补，进给速度为 180 mm/min
N8	M98 P110002；	调用子程序（0002），重复执行 11 次。外轮廓粗加工
N10	G01 U4.5　S1400 F120；	后移 4.5
N12	M98 P0002；	调用子程序（0002），不写次数为 1 次。外轮廓精加工
N14	G40 G00 X100Z200；	退刀，取消刀补
N16	M05；	主轴停转
N18	M30；	程序结束
O0002；		子程序名
N22	G01 U−5；	X 轴增量编程，进给 5 mm
N24	Z0；	
N26	G03 U17.14 Z−4.85 R10；	相对位移，同 $O \rightarrow A$
N28	G03 U18.95　Z−63.64 R80；	$A \rightarrow B$
N30	G02　U2.59　Z−134.9 R150；	$B \rightarrow C$
N32	G03 U1.32 Z−140 R20；	$C \rightarrow D$
N34	G01　Z−160；	
N36	U10；	
N38	Z−170；	
N40	U8；	避让工件

	O0002；	子程序名
N42	G00　Z3；	Z 向快速返回
N44	U−58；	抵消避让，并切入进给一次
N46	M99；	子程序结束返回

2.1.7　单一固定循环指令(G90/G94)

单一固定循环指令可以把一系列连续加工工步动作，如切入→切削→退刀→返回，用一个循环指令完成，从而简化编程。

1. 直径切削单一固定循环指令(G90)

(1) 切削内、外圆柱面编程格式

G90　X(U)_ Z(W)_ F；

式中，X、Z 为切削段的终点绝对坐标值；U、W 为切削段的终点相对于循环起点的增量坐标值；F 为进给速度。

如图 2‑89 所示，刀具从 A 点开始，沿 X 轴快速移动到 B 点，再以 F 指令的进给速度切削到 C 点，以切削进给速度退到 D 点，最后快速退回到出发点 A，完成一个切削循环，从而简化编程。

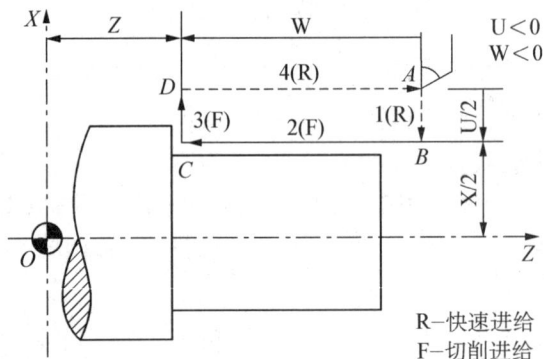

图 2‑89　圆柱面单一固定循环

例 2‑8　对图 2‑90 所示零件，试利用圆柱面单一固定切削循环指令编写 ϕ30 mm 圆柱面粗、精加工程序。其中粗、精主轴转速分别为 800 r/min 和 1 200 r/min，进给速度分别为 120 mm/min 和 100 mm/min。刀具为 3 号外圆车刀，粗加工背吃刀量为 2 mm，精加工余量单边为 0.5 mm。

加工轨迹如图 2‑90 所示。加工程序见表 2‑21。

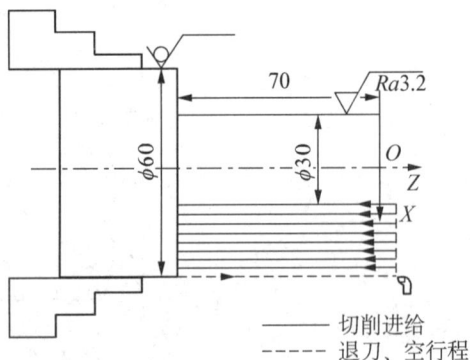

图 2‑90　外径单一固定循环应用实例

表 2-21　外径单一固定循环实例程序

O0001;		主程序名
N2	G98 G21 G97;	初始化(每分进给,尺寸单位 mm,固定转速)
N4	M03 S800 T0303;	转速 800 r/min;换 3 号外圆刀并由刀偏建立工件坐标系
N6	G00 X64 Z5;	快速移到加工起始点
N8	G90 X59 Z-70 F120 M08;	进给速度 F 为 120 mm/min, M08 为打开切削液,粗加工
N10	X55;	G90 为模态指令
N12	X51;	
N14	X47;	
N16	X43;	
N18	X39;	
N20	X35;	
N22	X31;	
N24	X30 F100 S1200;	进给速度 F 为 100 mm/min,精加工
N26	G00 X150 Z150;	退刀
N28	M09;	M09 为关闭切削液
N30	M05;	主轴停止
N32	M02;	程序结束

(2) 切削内、外圆锥面　编程格式为

G90　X(U)_ Z(W)_ R_ F_;

式中,X、Z、U、W 含义同上;R 为圆锥面切削起点和切削终点的半径差;若起点坐标值大于终点坐标值时(X 轴方向),R 为正,反之为负;F 含义同上。如图 2-91 所示,刀具从 A 点开

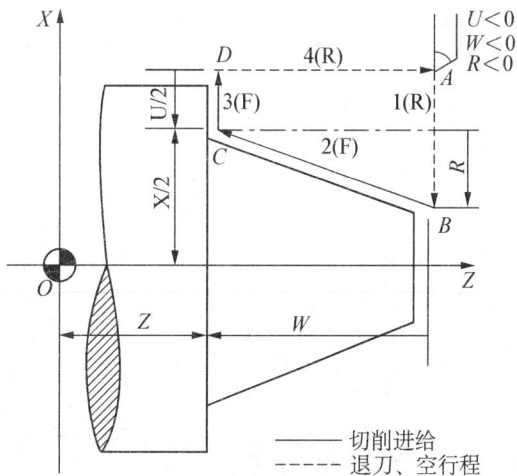

图 2-91　圆锥面单一固定循环

始,沿 X 轴快速移动到 B 点,再以 F 指令的进给速度切削到 C 点,以切削进给速度退到 D 点,最后快速退回到出发点 A,完成一个切削循环。

例 2-9　如图 2-92 所示,加工工件的锥面,固定循环的起始点为(X65.0,Z5.0)背吃刀量为 2 mm,精加工余量单边为 0.5 mm,利用单一固定切削循环指令编写圆锥面粗、精加工程序(刀具为 1 号外圆车刀)。

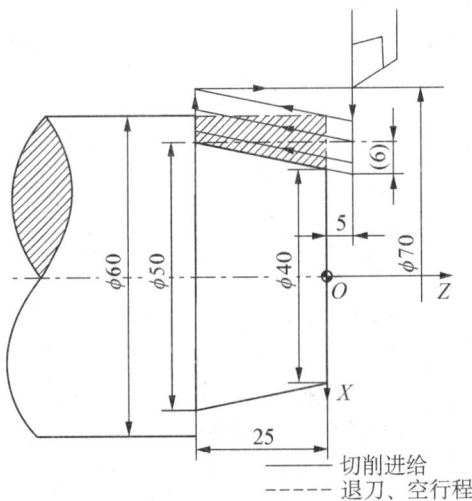

图 2-92　圆锥面车削固定循环加工实例

加工轨迹如图 2-92 所示,加工程序见表 2-22。

表 2-22　锥面的固定循环加工程序

O0002;		主程序名
N2	G98 G21 G97;	初始化(分进给,尺寸单位 mm,固定转速)
N4	M03 S800 T0101;	转速 800 r/min;换 1 号刀并建立工件坐标系
N6	G00 X70.0 Z5.0;	快速移到加工起始点
N8	G90 X66.0 Z−25.0 R−6.0 F120 M08;	M08 为打开切削液,粗加工
N10	X62.0;	G90 为模态指令
N12	X58.0;	
N14	X54.0;	
N16	X53.0;	
N17	X50.0 F100 S1200;	进给速度 F 为 100 mm/min,精加工
N18	G00 X150 Z150;	退刀
N20	M09;	M09 为关闭切削液
N22	M05;	主轴停止
N24	M02;	程序结束

2. 端面切削单一固定循环指令(G94)

（1）平端面切削循环　编程格式为

G94　X(U)　Z(W)_ F_;

式中，X、Z、U、W、F 的含义同 G90。其切削循环过程如图 2-93(a)所示。

（2）锥形端面切削循　环编程格式为

G94　X(U)_ Z(W)_ R_F_;

式中，X、Z、U、W、F 的含义与 G90 相同，R 为 Z 轴上圆锥面起点减去终点的值。其切削循环过程如图 2-93(b)所示。

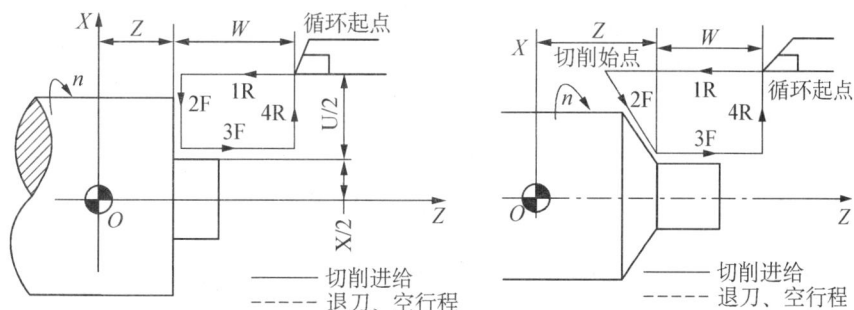

(a) G94端面车削固定循环　　　　(b) G94锥形端面车削固定循环

图 2-93　端面切削单一固定循环

例 2-10　对图 2-94 所示零件,利用端面切削单一固定切削循环指令编写加工程序,已知刀具为 3 号外圆车刀。

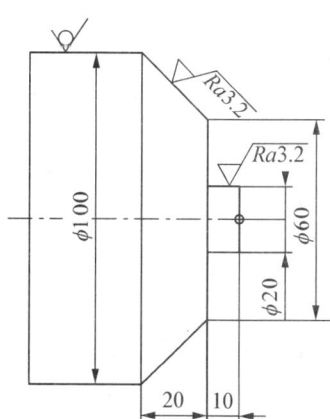

图 2-94　端面切削单一固定循环实例

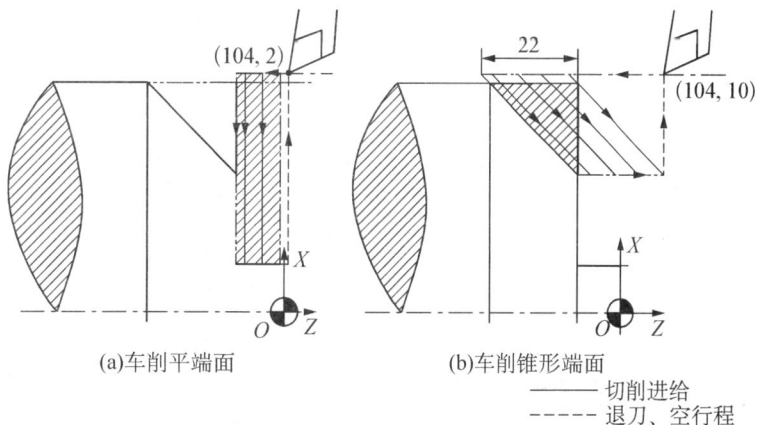

(a)车削平端面　　　(b)车削锥形端面

图 2-95　车削轨迹轨迹示意图

切削过程可以分两步走,即先加工圆柱面,再加工圆锥面,加工轨迹如图 2-95 所示,加工程序见表 2-23。

表 2 - 23　端面切削固定循环实例程序

O0001；		主程序名
N2	G98 G21 G97；	初始化(分进给,尺寸单位 mm,固定转速)
N4	M03 S1000 T0303；	转速 1 000 r/min,换 3 号刀并建立工件坐标系
N6	G00 X104.0 Z2.0；	快速移到加工起始点
N8	G94 X20 Z-3 F100 M08；	平端面切削循环
N10	Z-5.5；	G94 为模态指令
N12	Z-7.5；	
N14	Z-9.5；	
N16	Z-10；	精加工,背吃刀量 0.5 mm
N18	G00 X104.0 Z10.0；	快速移到下一个锥面加工起始点
N20	G94X60.0Z6.0 R-22.0；	锥形端面切削循环车削
N22	Z2.0；	
N24	Z-2.0；	
N26	Z-6.0；	
N28	Z-9.5；	
N30	Z-10.0；	最后一刀精加工
N32	G00 X150 Z150；	退刀
N34	M09；	M09 为关闭切削液
N36	M05；	主轴停止
N38	M02；	程序结束

2.1.8　复合循环指令(G71/G72/G73/G70)

利用复合循环指令,只需要在程序中对零件轮廓的走刀轨迹和相关的加工参数设定,机床即可自动完成从粗加工到精加工的全过程,这样可以大大简化编程工作。

1. 内、外圆粗车复合循环指令(G71)

刀具运行轨迹如图 2 - 96 所示。

(1) 编程格式

G71　U(Δd)　R(e)；

G71　P(ns)　Q(nf)　U(Δu)

W(Δw)　F(f)　S(s)　T(t)；

式中,Δd 为每次切削深度(半径值)。

一般 45 钢取 1~2 mm,铝件取 1.5~

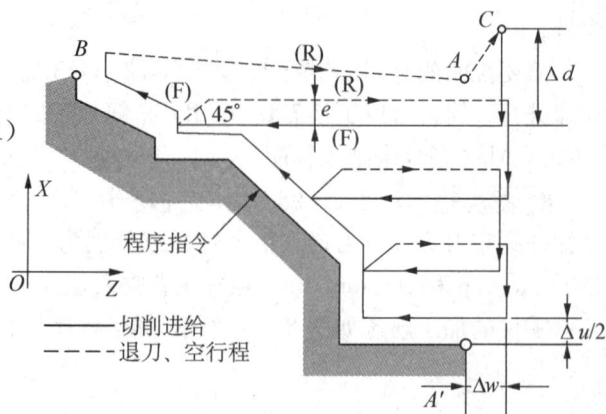

图 2 - 96　外径粗车循环 G71 路径

3 mm;e 为每次循环的退刀量(半径值)。一般取 0.5~1 mm;ns 为精车加工程序第一个程序段的顺序号;nf 为精车加工程序最后一个程序段的顺序号;Δu 为 X 轴精加工余量(直径指定),加工内轮廓时,为负值;Δw 为 Z 轴精加工余量;f、s、t 为辅助功能代码分别代表粗加工的进给速度、主轴转速和使用的刀具号。

需要说明的是:

① 在使用 G71 进行粗加工时,只有包含在 G71 指令程序段中 F、S 指令值在粗加工循环中有效,而包含在 ns 到 nf 程序段中的任何 F、S 指令值在粗加工循环中无效。在 ns 到 nf 程序段中的 F、S 指令在执行 G70 精加工时有效。

② 区别外圆、内孔;正、反阶梯由 X 轴、Z 轴上精加工余量 Δu、Δw 的正负值决定,具体如图 2-97 所示。

③ 使用 G71 指令时,工件径向尺寸必须单向递增或递减。

④ 调用 G71 前,刀具应处于循环起始点 A 处,A 点的位置随加工表面不同而不同。

⑤ 顺序号 ns 到 nf 之间程序段不能调用子程序。

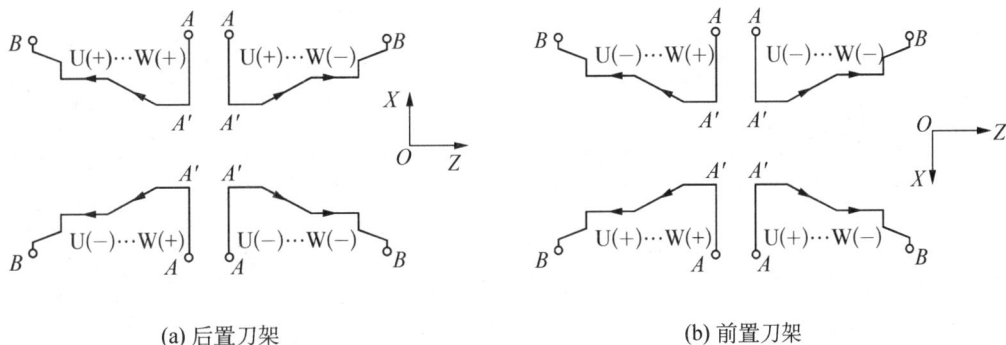

(a) 后置刀架   (b) 前置刀架

图 2-97 前置刀架和后置刀架加工不同表面 Δu、Δw

2. 精加工复合循环指令(G70)

使用 G71、G72 或 G73 指令完成粗加工后,用 G70 指令实现精车循环,精车时的加工余量是 Δu、Δw。编程格式:

G70   P(ns)Q(nf);

式中,ns 为精加工路线的第一个程序段的顺序号;nf 为精加工路线的最后一个程序段的顺序号。

需要说明的是 G70 指令与 G71、G72、G73 配合使用时,不一定紧跟在粗加工程序之后立即进行。通常可以更换刀具,可用一把精加工的刀具来执行 G70 的程序段,但中间不能用 M02 或 M30 指令来结束程序。

例2-11 对图 2-98 所示零件,利用 G71 和 G70 指令编写外轮廓粗、精加工程序。已知外圆车刀为 3 号刀;粗、精主轴转速分别为 800 r/min 和 1 200 r/min;进给速度分别为 120 mm/min 和 100 mm/min,粗加工背吃刀量为 1.5 mm,精加工余量单边为 0.3 mm。

零件的加工轨迹如图 2-98 所示,加工程序见表 2-24。

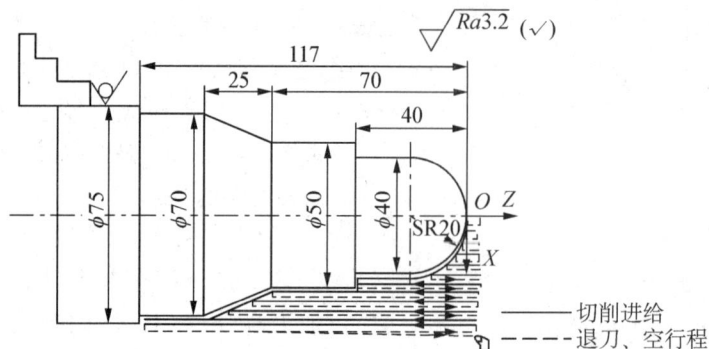

图 2 - 98 零件的加工轨迹

表 2 - 24 加工程序

O0002；		主程序名
N2	G98 G21 G97；	初始化(分进给,尺寸单位 mm,固定转速)
N4	T0303；	换 3 号外圆刀并由刀偏建立工件坐标系
N6	M03 S800；	转速 800 r/min；
N8	G00 X79 Z3 M08；	移动至加工起始点
N10	G71 U1.5 R1；	外圆粗车复合固定循环切削:粗加工背吃刀量 U 为 1.5 mm, 循环的退刀量 R 为 1 mm
N12	G71 P14 Q30 U0.6 W0.3 F120；	粗加工进给速度为 120 mm/min,主轴转速为 800 r/min
N14	G00 X0；	P14:粗加工第一程序段段号,快速移到加工起始点
N16	G01 Z0 F100 S1200；	精加工进给速度为 100 mm/min,主轴转速为 1 200 r/min
N18	G03 X40 Z−20 I0 K−20；	
N20	G01 Z−40；	X 轴坐标为直径编程。圆弧插补指令用 I、K 增量编程
N22	X50；	
N24	Z−70；	此段执行的是 G01 指令,此指令为模态指令
N26	X70 Z−95；	以下同上
N28	Z−117；	
N30	X77；	Q30:粗加工最后一个程序段段号
N32	G70 P14 Q30；	精加工复合循环切削
N34	G00 X100 Z200 M09；	退刀
N36	M05；	主轴停止
N38	M30；	程序结束

3. 端面粗车复合循环指令(G72)

编程格式:

G72　W(△d)　R(e)；

$$G72 \quad P \quad (ns) \quad Q(nf) \quad U(\triangle u) \quad W(\triangle w) \quad F(f) \quad S(s)T(t);$$

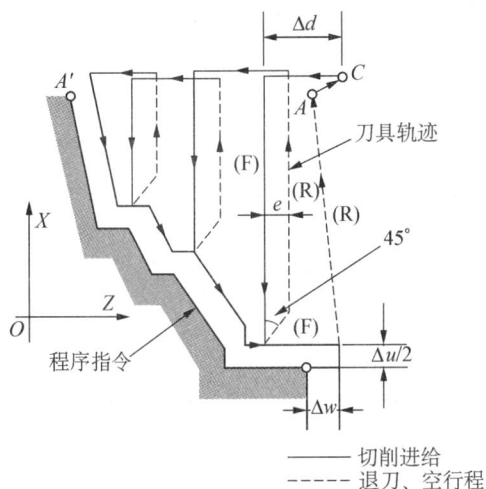

图 2-99 端面切削复合循环 G72 路径

式中，$\triangle d$ 为每次切削深度；其余参数含义同 G71。G72 适用于对大小径之差较大而长度较短的盘类工件，其走刀轨迹如图 2-99 所示。

需要说明的是：

① 在使用 G72 进行粗加工时，只有 f、s、t 包含在 G72 指令程序段中，F、S、T 功能在循环粗加工有效，而 f、s、t 包含在 ns 到 nf 程序段中的任何 F、S 或 T 功能在粗加工循环中被忽略，相反在 ns 到 nf 程序段中的任何 F、S 或 T 功能对 G70 精加工有效。

② 该指令适用于随 Z 坐标的单调增加或减少，X 坐标也单调变化的情况。

例 2-12 对图 2-100 所示零件，利用 G72 和 G70 指令编写外轮廓粗、精加工程序。

已知外圆车刀为 3 号刀；粗、精主轴转速分别为 800 r/min 和 1 200 r/min；进给速度分别为 120 mm/min 和 100 mm/min；粗加工背吃刀量为 1.5 mm，精加工余量为 0.3 mm。

零件的加工轨迹如图 2-100 所示，其加工程序见表 2-25。

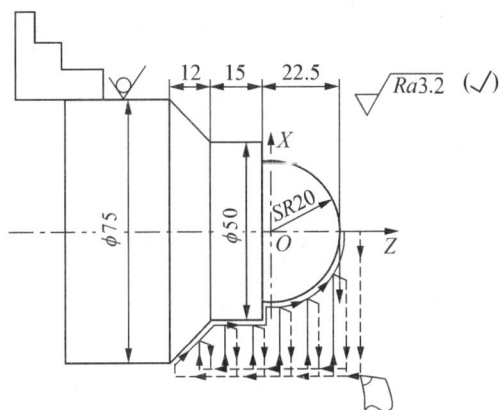

图 2-100 零件的加工轨迹

表 2-25 加工程序

	O0001；	主程序名
N2	G98 G21 G97；	初始化(分进给，尺寸单位 mm，固定转速)
N4	T0303；	换 3 号外圆刀并由刀偏建立工件坐标系
N6	M03 S800；	转速 800 r/min
N8	G00 X79 Z3 M08；	移动至加工起始点
N10	G72 U1.5 R1；	端面粗车复合固定循环切削：粗加工背吃刀量 U 为 1.5 mm，循环的退刀量 R 为 1 mm

O0001；	主程序名
N12	G72 P14 Q28 U0.6 W0.3 F120；	粗加工进给速度为 120 mm/min，主轴转速为 800 r/min
N14	G00 Z−49.5；	P14：粗加工第一程序段段号，快速移到加工起始点
N16	G01 X75 F100 S1200；	精加工进给速度为 100 mm/min，主轴转速为 1 200 r/min
N18	X50 Z−37.5；	
N20	Z−22.5；	
N22	X40；	
N24	Z−20；	此段执行的是 G01 指令，此指令为模态指令
N26	G02 X0 Z0 R20；	以下同上
N28	Z3；	Q28：粗加工最后一个程序段段号
N30	G70 P14 Q28；	精加工复合循环切削
N32	G00 X100 Z200 M09；	退刀
N34	M05；	主轴停止
N36	M30；	程序结束

4. 固定形状粗车循环指令(G73)

G73 指令主要用于加工毛坯形状与零件轮廓形状基本接近的铸造成形、锻造成形或已粗车成形的工件，刀具运行轨迹如图 2−101 所示。使用 G73 可以减少空行程，提高加工效率。编程格式：

G73　U(Δi)　W(Δk)　R(d)；

G73　P(ns)　Q(nf)　U($\triangle$u)　W(Δw)　F(f)　S(s)　T(t)；

式中，Δi 为 X 轴方向退刀量的距离和方向(半径指定)；Δk 为 Z 轴方向退刀量的距离和方向；D 为重复加工次数；ns 为精车加工程序第一个程序段的顺序号；nf 为精车加工程序最后一个程序段的顺序号；Δu 为在 X 方向精加工余量的距离和方向(直径)指定；Δw 为在 Z 轴方向精加工余量的距离和方向；f、s、t 为辅助功能代码分别代表粗加工的进给速度、主轴转速和使用的刀具号。

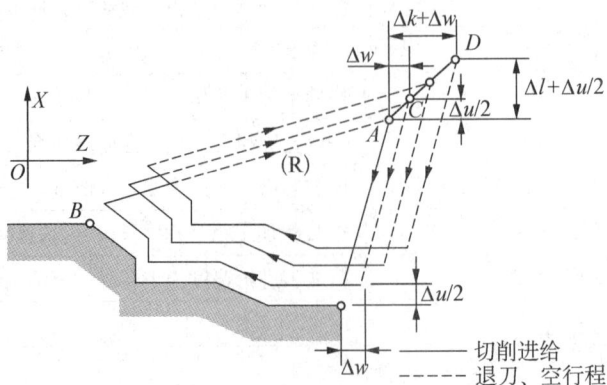

图 2−101　固定形状复合循环 G73 路径

需要说明的是：

在使用 G73 进行粗加工时，只有 f、s、t 包含在 G73 指令程序段中 F、S、T 功能在循环粗加工有效，而 f、s、t 包含在 ns 到 nf 程序段中的任何 F、S 或 T 功能在粗加工循环中被忽略，相反在 ns 到 nf 程序段中的任何 F、S 或 T 功能对 G70 精加工有效。

例 2-13 对图 2-102 所示零件，利用 G73 和 G70 指令编写外轮廓粗、精加工程序。已知 $\Delta u = 1.0$ mm，$\Delta w = 0.5$ mm，$\Delta i = 9.5$ mm，$\Delta k = 9.5$ mm，$d = 5$ mm。外圆车刀为 3 号刀，粗、精主轴转速分别为 800 r/min 和 1 200 r/min。进给速度分别为 120 mm/min 和 100 mm/min。

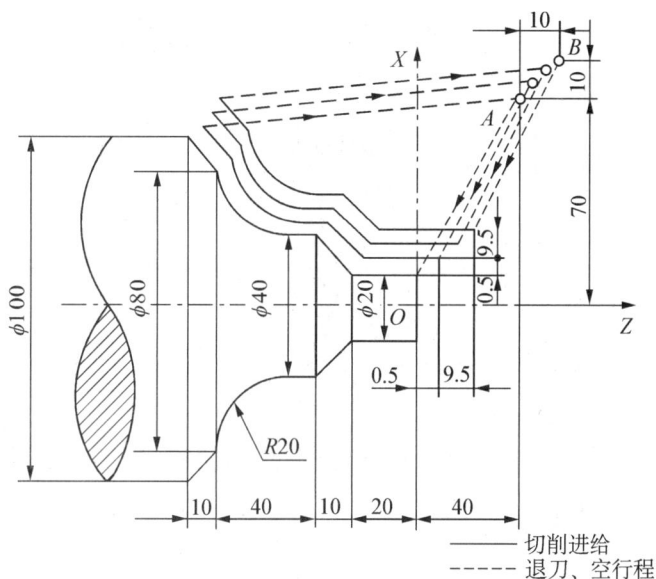

图 2-102 零件的加工轨迹

零件的加工轨迹如图 2-102 所示，其加工程序见表 2-26。

表 2-26 加工程序

O0001；		主程序名
N2	G98 G21 G97；	初始化(分进给，尺寸单位 mm，固定转速)
N4	T0303；	换 3 号外圆刀并由刀偏建立工件坐标系
N6	M03 S800；	转速 800 r/min
N8	G00 X140 Z40 M08；	移动至加工起始点
N10	G73 U9.5 W9.5 R5；	平行轮廓粗车复合固定循环切削
N12	G72 P14 Q26 U1. W0.5 F120；	粗加工进给速度为 120 mm/min，主轴转速为 800 r/min
N14	G00 X20 Z2；	P14：粗加工第一程序段段号，快速移到加工起始点
N16	G01 Z—20 F100 S1200；	精加工进给速度为 100 mm/min，主轴转速为 1 200 r/min
N18	X40 W—10；	
N20	W—20；	

O0001；		主程序名
N22	G02 X80 W−20 R20；	
N24	G01 X100 W−10；	
N26	X104；	Q26：粗加工最后一个程序段段号
N28	G70 P14 Q26；	精加工复合循环切削
N30	G00 X100 Z200 M09；	退刀
N32	M05；	主轴停止
N34	M30；	程序结束

2.1.9 螺纹的车削加工与编程

1. 螺纹加工的相关基本知识

螺纹联接和螺纹传动在机械设备中应用很广泛。数控车床可以实现多种螺纹的加工，主要类型有内(外)圆柱螺纹、圆锥螺纹、单线或多线螺纹、等螺距或变螺距螺纹等。无论车削哪一种螺纹，车床主轴与刀具之间必须保持严格的运动关系，即主轴每转一转(工件每转一转)，刀具应均匀地进给一个工件螺纹导程的距离。以下通过对普通三角形螺纹的基本知识学习，来理解并掌握普通螺纹编程与加工的一般方法。

(1) 普通三角形螺纹的基本牙型 普通三角形螺纹的基本牙型如图 2−103 所示，各基本尺寸的名称如下：

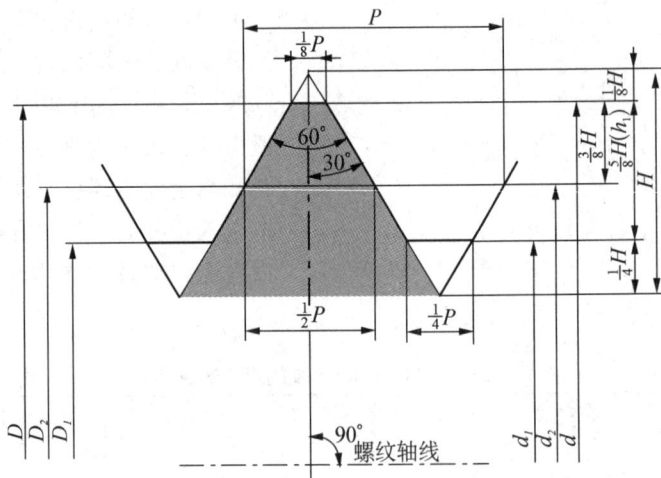

图 2−103 普通三角螺纹的基本牙型

① D、d：螺纹的基本大径，即螺纹的公称直径。内、外螺纹分别用符号 D 和 d 表示；

② D_2、d_2：螺纹中径，指一个螺纹上牙槽宽与牙宽相等地方的直径。内、外螺纹中径分别用 D_2 和 d_2 表示。只有内、外螺纹中径都一致时，两者才能很好地配合；

③ D_1、d_1：螺纹的基本小径。内、外螺纹小径分别用 D_1 和 d_1 表示；

④ P：螺距,是指沿轴线方向上相邻两牙间对应点的距离;

⑤ H：原始三角形高度。

（2）螺纹的主要参数　以外螺纹为例,见表 2-27。

表 2-27　螺纹的主要参数

名称	代号	计算公式
牙型角	α	$60°$
螺距	P	
螺纹大径	d	
螺纹中径	d_2	$d_2 = d - 0.6495P$
牙型高度	h_1	$h_1 = 0.5413P$
螺纹小径	d_1	$d_1 = d - 2h_1 = d - 1.083P$

（3）螺纹数控加工中常用参数确定和注意事项

① 螺纹加工前工件直径。切削加工过程是一个挤压、塑性变形、断裂的过程,外螺纹加工后直径会变大 Δd,内螺纹加工后直径会变小 Δd。所以加工内螺纹时,孔径应车削到 $d + \Delta d$;加工外螺纹时,直径应车削到 $d - \Delta d$。其中,Δd 可选为 $0.1P$（螺距）,也可根据材料变形能力大小,选取 $0.1 \sim 0.5$ mm。

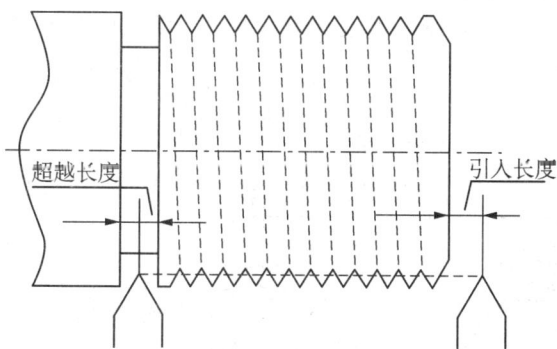

② 引入长度、超越长度。由于机床伺服系统本身具有滞后特性,会在起始段和停止段发生螺纹的螺距不规则现象,故应考虑刀具的引入长度和超越长度,被加工螺纹的长度应该是引入长度、超越长度和螺纹长度之和,如图 2-104 所示。一般引入长度为螺距的 $2 \sim 3$ 倍,对于大螺距和高精度的螺纹取大值;超越长度一般取引入长度的一半左右,若螺纹的收尾处没有退刀槽时,一般按 $45°$ 退刀收尾。

图 2-104　螺纹加工时的引入长度和超越长度

③ 车削螺纹的进刀方法。表 2-28。

表 2-28　车削螺纹的进刀方式

进刀方式	图示	特点及应用
直进法		切削力大,易扎刀,切削用量低,牙型精度高。适用于加工 $P < 3$ mm 普通螺纹及精加工 $P \geqslant 3$ mm 螺纹

进刀方式	图示	特点及应用
斜进法	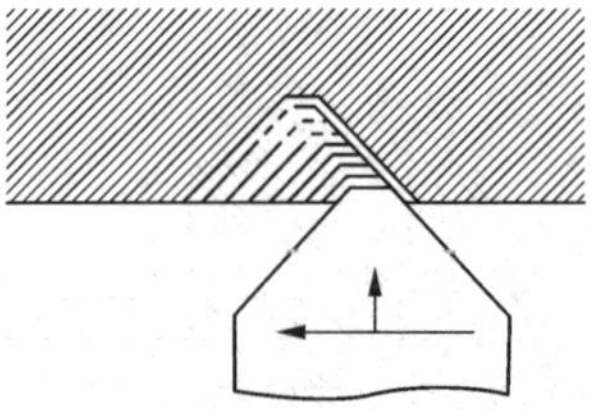	切削力小，不易扎刀，切削用量大，牙型精度低。表面粗糙度值大，适用于加工粗加工 $P \geqslant 3\,mm$ 螺纹
左右切削法	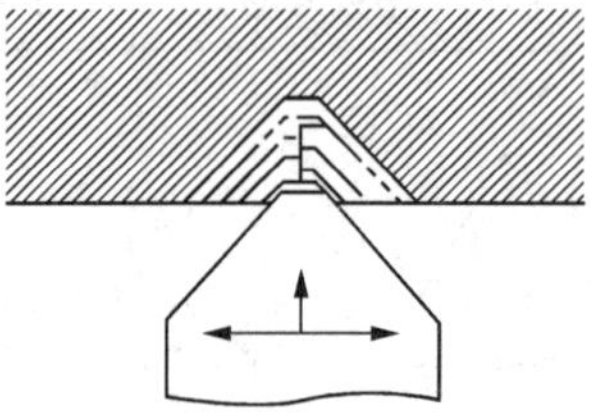	切削力小，不易扎刀，切削用量大，牙型精度低。表面粗糙度值小，适用于 $P \geqslant 3\,mm$ 螺纹粗、精加工

④ 加工螺纹时应限制主轴转速。由于螺距一定，随着主轴转速的增大，进给速度（$V_f = nP$）会随之增大，相应的惯性也会增大，若数控系统加减速性能较差，就会产生较大的误差，因此主轴转速不应过高。最高转速一般取 $n \leqslant 1\,200/P - 80$。其中 P 是螺距。

⑤ 螺纹牙型高度的计算。零件图样上标出的是螺纹的公称直径即螺纹大径 D 或 d，而车削螺纹编程需要知道螺纹小径 D_1 或 d_1，从而得到螺纹切削背吃刀量值，考虑螺母和螺杆啮合合理间隙和圆角半径的因素，一般按经验计算螺纹牙型高度实际值，即 $h_1 = 0.65P$ 外螺纹小径为 $d_1 = d - 2h_1 = d - 1.3P$。

⑥ 车螺纹时的指令格式。以 G32 为例，指令格式见表 2-29。

表 2-29　FANUC 系统螺纹加工指令方式

数控系统	法那科系统			
圆柱螺纹	指令格式：G32 Z_F_； Z 为螺纹终点坐标；F 为导程 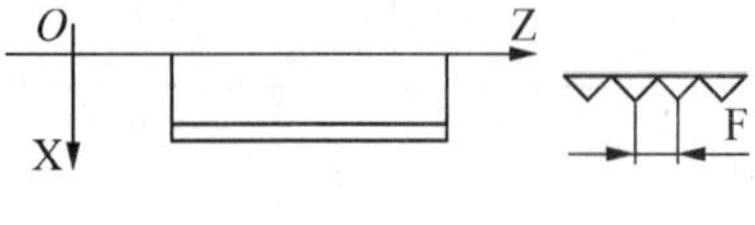	圆锥螺纹 $\alpha > 45°$	指令格式：G32 X_Z_F_； X、Z 为螺纹终点坐标； X、Z 为螺纹终点坐标；F 为 X 向导程 （X 方向位移较大） 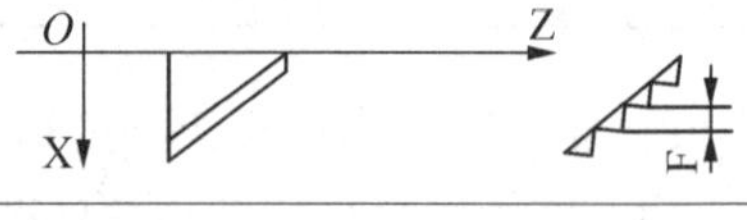
圆锥螺纹 $\alpha < 45°$	指令格式：G32 X_Z_F_； X、Z 为螺纹终点坐标； Z 为螺纹终点坐标；F 为 Z 向导程 （Z 方向位移较大） 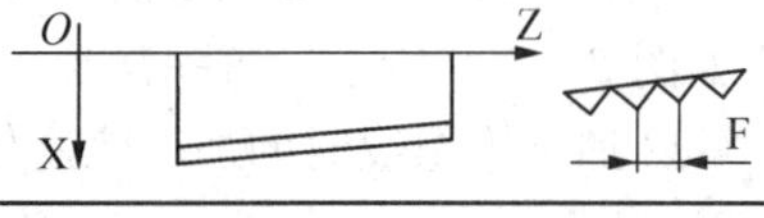	端面螺纹	指令格式：G32 X_F_； X 为螺纹终点坐标；F 为导程 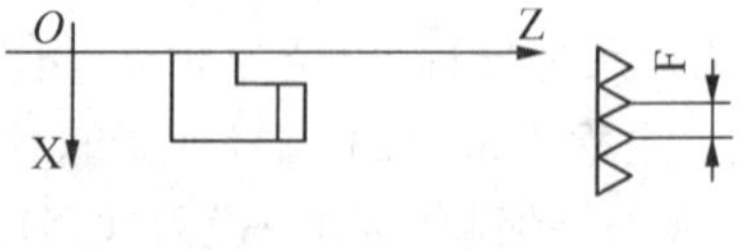

⑦ 螺纹切削的进给次数与背吃刀量。螺纹车削加工为成形车削，且切削进给量较大，

刀具强度较差,一般要求分数次进给加工,每次进给的背吃刀量用螺纹深度减精加工背吃刀量所得的差按递减规律分配,如图 2-105 所示。常用螺纹切削的进给次数与背吃刀量(米制、双边)见表 2-30。

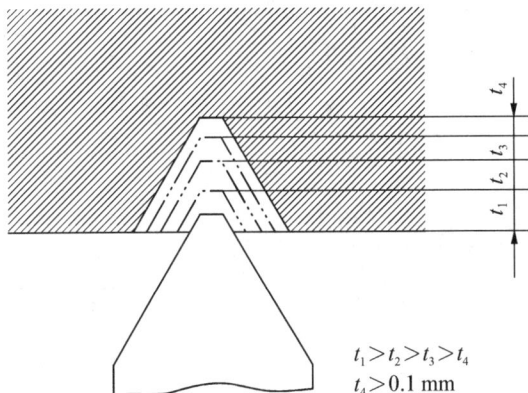

$t_1 > t_2 > t_3 > t_4$

$t_4 > 0.1 \text{ mm}$

图 2-105　车螺纹背吃刀量的分配

表 2-30　常用螺纹的进给次数及背吃刀量(米制螺纹)

螺距		1	1.5	2	2.5	3	3.5	4
牙高(半径上)		0.65	0.975	1.3	1.625	1.95	2.275	2.6
总背吃刀量(直径上)		1.3	1.95	2.6	3.25	3.9	4.55	5.2
进给次数及背吃刀量(直径上)	1	0.7	0.8	0.8	1.0	1.2	1.5	1.5
	2	0.4	0.5	0.6	0.7	0.7	0.7	0.8
	3	0.2	0.5	0.6	0.6	0.6	0.6	0.6
	4		0.15	0.4	0.4	0.4	0.4	0.6
	5			0.2	0.4	0.4	0.4	0.4
	6			0.15	0.4	0.4	0.4	0.4
	7					0.2	0.2	0.4
	8						0.15	0.3
	9							0.2

2. 常见螺纹的数控加工编程指令

(1) 单行程螺纹切削指令(G32)　编程格式:

G32 X(U)_Z(W)_F_;

式中,X、Z 为螺纹切削终点的绝对坐标;U、W 为螺纹切削终点相对切削起点的增量坐标;F 为螺纹的导程,单位为 mm。单线螺纹,导程=螺距;多线螺纹,导程=螺距×螺纹线数。

注意:G32 加工圆柱或锥螺纹时的加工轨迹如图 2-106 所示。每一次加工分 4 步:进刀(AB)→切削(BC)→退刀(CD)→返回(DA)。G32 加工锥螺纹时的加工轨迹如图 2-106(b)所示,切削斜角 α 在 45°以下的圆锥螺纹时,螺纹导程以 Z 方向指定,大于 45°时,螺纹导程以 X 方向指定。

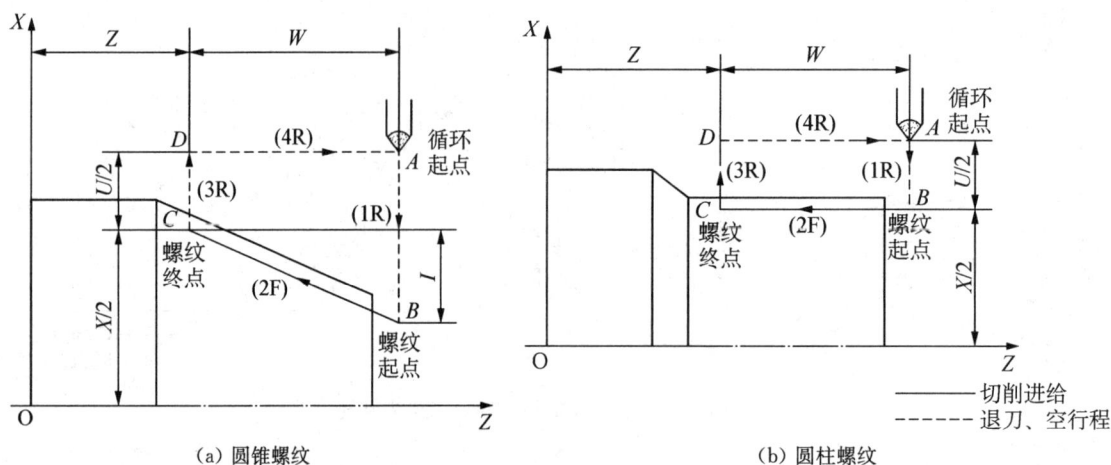

图 2 - 106　螺纹循环 G92

(2) 螺纹切削单一固定循环指令(G92)

① 圆柱螺纹切削循环编程格式为:

G92 X(U)_　Z(W)_　F_;

② 锥螺纹切削循环编程格式为:

G92 X(U)_　Z(W)_　R_　F_;

式中,X、Z 为螺纹切削终点的绝对坐标;U、W 为螺纹切削终点相对切削起点的增量坐标;R 为圆锥螺纹起点和终点的半径差。当圆锥螺纹起点坐标大于终点坐标时为正,反之为负。加工圆柱螺纹时,R 为零,可省略;F 为螺纹的导程,单位为 mm。单线螺纹,导程＝螺距;多线螺纹,导程＝螺距×螺纹线数。

　　G92 为螺纹固定循环指令,是模态指令。它可以切削圆柱螺纹和圆锥螺纹,图 2 - 106 (a)是圆锥螺纹循环,图 2 - 106(b)是圆柱螺纹循环。刀具从循环点开始,按 $A \to B \to C \to D$ 自动循环,最后又回到循环起点 A。其每一次自动加工循环过程分 4 步:进刀(AB)→切螺纹(BC)→退刀(CD)→返回(DA)。

　　(3) 复合螺纹切削循环指令(G76)　G76 指令用于多次自动循环切削螺纹。编程人员只需在程序指令中一次性定义好有关参数,则在车削过程中系统可自动计算各次背吃刀最,并自动分配背吃刀量,完成螺纹加工,如图 2 - 107 所示。G76 指令可用于不带退刀槽的圆柱螺纹和圆锥螺纹的加工。编程格式:

G76 P(m)　(r)　(α)　Q(Δdmin)　R(d);

G76 X(U)_ Z(W)_ R(i)　P(k)　Q(Δd)　F(f);

式中,m 为精加工重复次数。其范围为 01～99,该值是模态量;R 为螺纹尾部倒角量(斜向退刀),设定值范围用两位整数来表示:00～99,其值为螺纹导程(P_h)的 0.1 倍,即 $0.1P_h$,该值为模态量;α 为刀尖角度,可从 80°、60°、55°、30°、29° 和 0° 等 6 个角度中选择,用两位整数来表示,该值是模态量;m、r 和 α 用地址 P 同时指定。例如,$m = 2, r = 1.2P_h, \alpha = 60°$ 时可以表示为 P021260。Δdmin 为切削时的最小背吃刀量,用半径编程,单位为 μm;D 为精加工余量,用半径编程,单位为 μm;U、W 为螺纹终点坐标;i 为锥螺纹大小头半径差,用半径编程,方向与 G92 中的 R 相同,如果 i＝0 时,可进行普通直螺纹切削;k 为螺纹牙型高度,用半

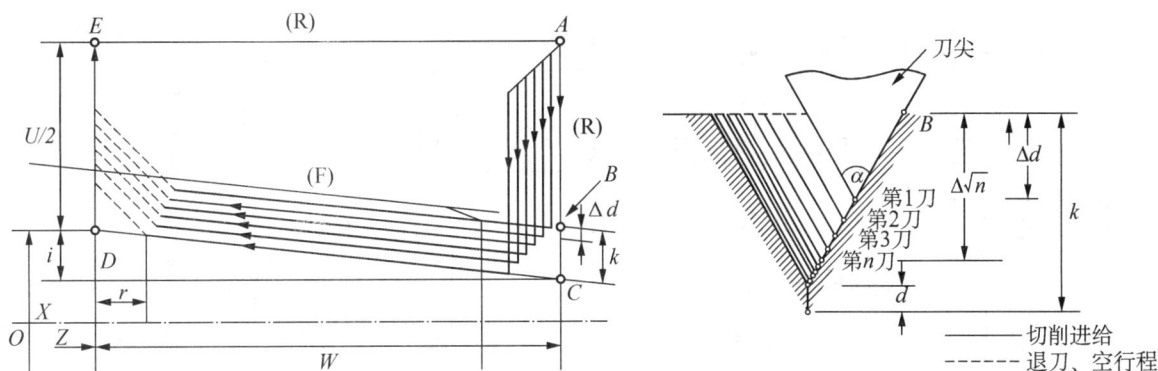

图 2-107　G76 循环的运动轨迹及进刀轨迹

径值指定,单位为 μm;Δd 为第一次切削深度,第 n 次切削深度为 $\Delta d\sqrt{n}$。用半径值指定,单位为 μm;f 为等于导程。如果是单线螺距,则该值为螺距,单位为 mm。

注意:

① 加工多线螺纹时的编程,应在加工完一个线后,用 G00 或 G01 指令将车刀轴向移动一个螺距,然后再按要求编写车削下一条螺纹的加工程序。

② 用 G92、G76 指令在切削螺纹期间,按下"进给保持"按钮时,刀具在完成切削循环后,才会执行进给保持。

③ G92 指令是模态指令。

④ 执行 G92 循环指令时,在螺纹切削的收尾处,刀具要在接近 45°的方向斜向退刀,具体移动距离由机床内部参数设置。

⑤ 执行 G32、G92、G76 指令期间,进给速度倍率、主轴速度倍率均无效。

(4) 螺纹切削指令比较

① G32 直进式切削方法。由于两侧刃同时工作,切削力较大,而且排削困难,因此在切削时,两切削刃容易磨损。在切削螺距较大的螺纹时,由于切削深度较大,切削刃磨损较快,从而造成螺纹中径产生误差。但是其加工的牙型精度较高,因此一般多用于小螺距螺纹加工。由于其刀具移动切削均靠编程来完成,所以加工程序较长。由于切削刃容易磨损,因此加工中要做到勤测量。

② G92 直进式切削方法较 G32 指令简化了编程,其他方面基本相同。

③ G76 斜进式切削方法由于为单侧刃加工,切削刃容易损伤和磨损,使加工的螺纹面不直,刀尖角发生变化,从而造成牙型精度较差。单侧刃工作,刀具负载较小,排屑容易,并且切削深度为递减式,因此,此加工方法一般适用于大螺距螺纹加工。由于此加工方法排屑容易,切削刃加工工况较好,在螺纹精度要求不高的情况下,此加工方法更为方便。在加工较高精度螺纹时,可采用两刀加工完成,即先用 G76 加工方法进行粗车,然后用 G32 加工方法精车。加工时要注意刀具起始点要准确,不然容易乱扣,造成零件报废。

3. 三角形圆柱外螺纹的加工

例 2-14　图 2-108 所示为圆柱螺纹轴,外轮廓、退刀槽、螺纹加工前外圆柱面均已加工完毕。试利用螺纹加工指令编写外螺纹加工程序。

已知螺纹刀为 3 号刀。查表 2 - 30 可知,螺距为 2 mm 的牙型深度为 1.3 mm,背吃刀量直径值分别为 0.8、0.6、0.6、0.4 和 0.2 mm。

(1) 单行程螺纹切削指令 G32 编写程序见表 2 - 31。

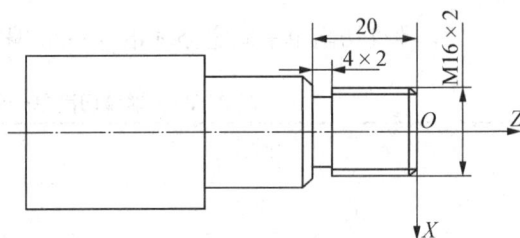

图 2 - 108　圆柱螺纹加工

表 2 - 31　单行程螺纹切削指令 G32 编写程序

	O0001;	主程序名
N2	G98 G21 G97;	初始化(分进给,尺寸单位 mm,固定转速)
N4	T0303;	换 3 号螺纹刀并由刀偏建立工件坐标系
N6	M03 S400;	主轴转速 400 r/min
N8	G00 X20 Z5 M08;	快速移到加工起始点,螺纹引入长度为 5 mm
N10	X15.2;	挑第一次螺纹,螺距为 2 mm。分四步:第一步进刀
N12	G32 Z-18 F2;	第二步切削
N14	G00 X20;	第三步退刀
N16	Z5;	第四步返回
N18	X14.6;	挑第二次螺纹
N20	G32 Z-18 F2;	
N22	G00 X20;	
N24	Z5;	
N26	X14;	挑第三次螺纹
N28	G32 Z-18 F2;	
N30	G00 X20;	
N32	Z5;	
N34	X13.6;	挑第四次螺纹
N36	G32 Z-18 F2;	
N38	G00 X20;	
N40	Z5;	
N42	X13.4;	挑第五次螺纹
N44	G32 Z-18 F2;	
N46	G00 X100;	退刀
N48	Z200 M09;	
N50	M05;	主轴停止
N52	M30;	程序结束

（2）螺纹切削单一固定循环指令 G92 编写程序　见表 2-32。

表 2-32　螺纹切削单一固定循环指令 G92 编写程序

O0001；		主程序名
N2	G98 G21 G97；	初始化（分进给，尺寸单位 mm，固定转速）
N4	T0303；	换 3 号螺纹刀并由刀偏建立工件坐标系
N6	M03 S400；	主轴转速 400 r/min
N8	G00 X20 Z5 M08；	快速移到加工起始点，螺纹引入长度为 5 mm
N10	G92 X15.2 Z-18 F2；	挑第一次螺纹；自动完成一次四步循环切削
N12	X14.6；	挑第二次螺纹；G92 指令是模态指令
N14	X14；	挑第三次螺纹
N16	X13.6；	挑第四次螺纹
N18	X13.4；	挑第五次螺纹
N20	G00 X100 Z200 M09；	退刀
N22	M05；	主轴停止
N24	M30；	程序结束

（3）复合螺纹切削循环指令 G76 编写程序　见表 2-33。

表 2-33　复合螺纹切削循环指令 G76 编写程序

O0001；		主程序名
N2	G98 G21 G97；	初始化（分进给，尺寸单位 mm，固定转速）
N4	T0303；	换 3 号螺纹刀并由刀偏建立工件坐标系
N6	M03 S400；	主轴转速 400 r/min
N8	G00 X20 Z5 M08；	快速移到加工起始点，螺纹引入长度为 5 mm
N10	G76 P030060 Q100 R50；	复合螺纹切削：第一次背吃刀量 0.4 mm
N12	G76 X13.4 Z-18 R0 P1300 Q400 F2；	最小切削深度 0.1 mm；精车余量 0.05 mm
N14	G00 X100 Z200 M09；	退刀
N16	M05；	主轴停止
N18	M30；	程序结束

4. 三角形圆锥外螺纹的加工

例 2-15　图 2-109(a)所示，圆锥螺纹轴，外轮廓、退刀槽、螺纹加工前圆锥面均已加工完毕。试利用螺纹加工指令编写锥螺纹加工程序。螺纹刀为 3 号刀。

如图 2-109(b)所示，引入长度为 5 mm，圆锥面延长右端直径是 ϕ22.9 mm，引出长度

为 2 mm,即退刀槽中线位置与圆锥面相交的直径是 ϕ28.4 mm。查表 2-22 可知,螺距为 2 mm 的牙型深度为 1.3 mm,背吃刀量直径值分别为 0.8、0.6、0.6、0.4 和 0.2 mm。

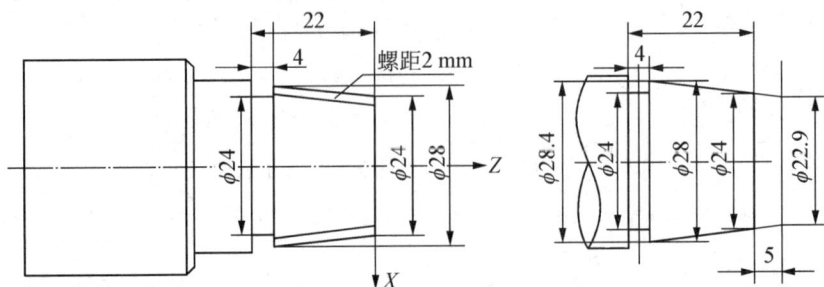

图 2-109　圆锥螺纹轴

利用复合螺纹切削指令 G76 编写程序见表 2-34。

表 2-34　复合螺纹切削指令 G76 编写程序

O0001;		主程序名
N2	G98 G21 G97;	初始化(分进给,尺寸单位 mm,固定转速)
N4	T0303;	换 3 号螺纹刀并由刀偏建立工件坐标系
N6	M03 S400;	主轴转速 400 r/min
N8	G00 X20 Z5 M08;	快速移到加工起始点,螺纹引入长度为 5 mm
N10	G76 P030060 Q100 R50;	复合螺纹切削:第一次背吃刀量 0.4 mm
N12	G76 X25.8 Z-20 R-2.75 P1300 Q400 F2;	最小切削深度 0.1 mm,精车余量 0.05 mm
N14	G00 X100 Z200 M09;	退刀
N16	M05;	主轴停止
N18	M30;	程序结束

5. 三角形圆柱内螺纹的加工

例 2-16　图 2-110 所示为连接套,外轮廓、内孔、螺纹加工前内孔面及退刀槽已加工完毕。试利用螺纹加工指令编写内孔螺纹加工程序。

内孔螺纹刀为 3 号刀。查表 2-30 可知,螺距 2 mm 的牙型深度为 1.3 mm,背吃刀量直径值分别为 0.8、0.6、0.6、0.4 和 0.2 mm。

利用螺纹加工指令编写内孔螺纹的加工程序见表 2-35。

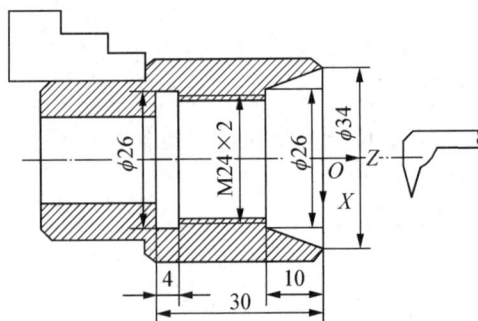

图 2-110　连接套

表 2-35　螺纹加工指令编写内孔螺纹的加工程序

O0001;		主程序名
N2	G98 G21 G97;	初始化(分进给,尺寸单位 mm,固定转速)
N4	T0303;	换 3 号螺纹刀并由刀偏建立工件坐标系
N6	M03 S400;	主轴转速 400 r/min
N8	G00 X19 Z2 M08;	快速移到加工起始点
N10	G76 P030060 Q100 R80;	复合螺纹切削:第一次背吃刀量 0.4 mm
N12	G76 X24.05 Z-28 R0 P1300 Q400 F2;	最小切削深度 0.1 mm,精车余量 0.08 mm
N14	G00 Z200 M09;	退刀
N16	X150;	
N18	M05;	主轴停止
N20	M30;	程序结束

6. 多线螺纹的加工

例 2-17　图 2-111 所示为多线螺纹轴。其外轮廓、退刀槽、多线螺纹加工前的外圆柱面均已加工完毕。试利用螺纹加工指令编写多线螺纹加工程序。

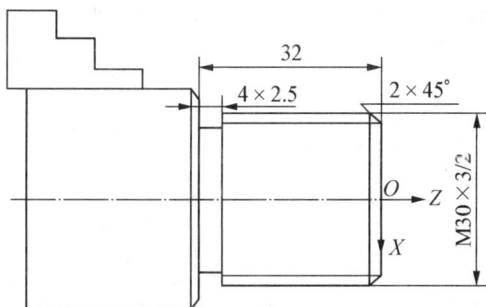

图 2-111　多头螺纹加工

螺纹刀为 3 号刀。查表 2-22 可知,螺距为 3 mm 的牙型深度为 1.95 mm,背吃刀量直径值分别为 1.2、0.7、0.6、0.4、0.4、0.4 和 0.2 mm。

(1)单行程螺纹切削指令 G32 编写程序　见表 2-36。

表 2-36　单行程螺纹切削指令 G32 编写程序

O0001;		主程序名
N2	G98 G21 G97;	初始化(分进给,尺寸单位 mm,固定转速)
N4	T0303;	换 3 号螺纹刀并由刀偏建立工件坐标系
N6	M03 S400;	主轴转速 400 r/min
N8	G00 X34 Z7 M08;	快速移到加工起始点,螺纹引入长度为 7 mm

O0001；		主程序名
N10	X28.8；	多头螺纹第一个头切削，第一刀；第一步进刀
N12	G32 Z－30 F6；	导程为 6 mm，螺距为 3 mm。第二步切削
N14	G00 X34；	第三步退刀
N16	Z7；	第四步返回
N18	X28.1；	第二刀
N20	G32 Z－30 F6；	
N22	G00 X34；	
N24	Z7；	
N26	X27.5；	第三刀
N28	G32 Z－30 F6；	
N30	G00 X34；	
N32	Z7；	
N34	X27.1；	第四刀
N36	G32 Z－30 F6；	
N38	G00 X34；	
N40	Z7；	
N42	X26.7；	第五刀
N44	G32 Z－30 F6；	
N46	G00 X34；	
N48	Z7；	
N50	X26.3；	第六刀
N52	G32 Z－30 F6；	
N54	G00 X34；	
N56	Z7；	
N58	X26.1；	第七刀
N60	G32 Z－30 F6；	
N62	G00 X34；	
N64	Z4；	加工下一个螺纹头 Z 向偏移一个螺距
N66	X28.8；	切削条线螺纹第2个螺旋线第1刀
N68	G32 Z－30 F6；	
N70	G00 X34；	
N72	Z4；	

O0001；		主程序名
N74	X28.1；	挑第 2 刀
N76	G32 Z—30 F6；	
N78	G00 X34；	
N80	Z4；	
N82	X27.5；	挑第 3 刀
N84	G32 Z—30 F6；	
N86	G00 X34；	
N88	Z4；	
N90	X27.1；	挑第 4 刀
N92	G32 Z—30 F6；	
N94	G00 X34；	
N96	Z4；	
N98	X26.7；	挑第 5 刀
N100	G32 Z—30 F6；	
N102	X34；	
N104	Z4；	
N106	X26.3；	挑第六刀螺纹
N108	G32 Z—30 F6；	
N110	G00 X34；	
N112	Z4；	
N114	X26.1；	挑第七刀螺纹
N116	G32 Z—30 F6；	
N118	G00 X150；	
N120	Z200 09；	
N122	M05；	主轴停止
N124	M30；	程序结束

（2）螺纹切削单一固定循环指令 G92 编写程序　见表 2-37。

表 2-37　螺纹切削单一固定循环指令 G92 编写程序

O0001；		主程序名
N2	G98 G21 G97；	初始化(分进给,尺寸单位 mm,固定转速)
N4	T0303；	换 3 号螺纹刀并由刀偏建立工件坐标系

续　表

O0001；	主程序名
N6	M03 S400；	主轴转速 400 r/min
N8	G00 X34 Z7 M08；	快速移到加工起始点，螺纹引入长度为 7 mm
N10	G92 X22.8 Z−30 F6；	（螺纹第一个头）挑第一刀；自动完成一次四步循环切削返回加工起始点
N12	X28.1；	挑第二刀；G92 指令是模态指令，导程为 6 mm
N14	X27.5；	挑第三刀
N16	X27.1；	挑第四刀
N18	X26.7；	挑第五刀
N20	X26.4；	挑第六刀
N22	X26.1；	挑第七刀
N24	G00 Z4；	加工下一个螺纹头 Z 向偏移一个螺距
N26	G92 X22.8 Z−30 F6；	（螺纹第二个头）挑第一刀
N28	X28.1；	挑第二刀
N30	X27.5；	挑第三刀
N32	X27.1；	挑第四刀
N34	X26.7；	挑第五刀
N36	X26.4；	挑第六刀
N38	X26.1；	挑第七刀
N40	G00 X100 Z200 M09；	退刀
N42	M05；	主轴停止
N44	M30；	程序结束

（3）复合螺纹切削循环指令 G76 编写程序　见表 2－38。

表 2－38　复合螺纹切削循环指令 G76 编写程序

O0001；	主程序名
N2	G98 G21 G97；	初始化（分进给，尺寸单位 mm，固定转速）
N4	T0303；	换 3 号螺纹刀并由刀偏建立工件坐标系
N6	M03 S400；	主轴转速 400 r/min
N8	G00 X34 Z7 M08；	快速移到加工起始点，螺纹引入长度为 7 mm
N10	G76 P030060 Q100 R80；	加工第一个头：第一次背吃刀量 0.4 mm
N12	G76 X26.1 Z−30 R0 P1950 Q400 F6；	最小切削深度 0.1 mm，精车余量 0.08 mm
N14	G00Z4；	加工下一个螺纹头 Z 向偏移一个螺距

O0001；		主程序名
N16	G76 P030060 Q100 R80；	复合螺纹切削指令加工第二个头
N18	G76 X26.1 Z－30 R0 P1950 Q400 F6；	
N20	G00 X100 Z200 M09；	退刀
N22	M05；	主轴停止
N24	M30；	程序结束

7. 梯形圆柱外螺纹的加工

（1）梯形螺纹加工的相关基本知识　梯形螺纹主要用于传动。例如，车床丝杠上的螺纹就是梯形螺纹。它具有中径配合定心和定心准确等特点。梯形螺纹传动的开合螺母磨损后可调整，从而保证良好的配合。梯形螺纹各部分的尺寸及其计算标注在内外螺纹的大径上，其标注的具体项目及格式见表 2－39。

表 2－39　常用传动螺纹的种类、牙型与标注

螺纹类型		特征代号	牙型略图	标注示例	说明
传动螺纹	梯形螺纹	Tr	内螺纹30° 外螺纹 d d_2 d_3 P	Tr36×12(P6)－7H	梯形螺纹，公称直径 36 mm，双线螺纹，导程 12 mm，螺距 6 mm，右旋。中径公差带 7H，中等旋合长度
传动螺纹	锯齿形螺纹	B	内螺纹 3° 外螺纹 P d d_2 d_1 30°	B70×10LH－7e	锯齿形螺纹，公称直径 70 mm，单线螺纹，螺距 10 mm，左旋。中径公差带为 7e，中等旋合长度

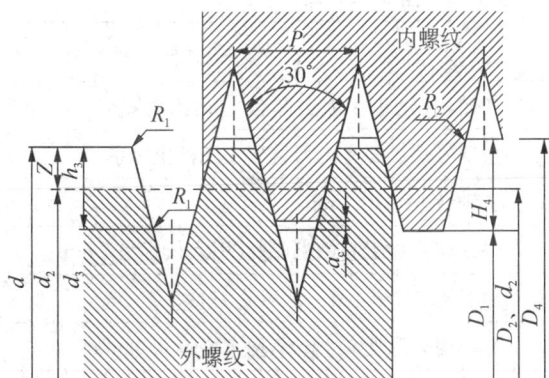

图 2－112　梯形螺纹各部分的尺寸名称、代码

梯形螺纹的螺纹代号用字母"Tr"表示，锯齿形螺纹的特征代号用字母"B"表示。多线螺纹标注导程与螺距，单线螺纹只标注螺距。右旋螺纹不标注代号，左旋螺纹标注字母"LH"。传动螺纹只注中径公差带代号。旋合长度只注"S"（短）、"L"（长），中等旋合长度代号"N"省略标注。表 2－39 所示为传动螺纹标注示例。梯形螺纹各部分的尺寸名称、代码如图 2－112 所示，其计算公式见表 2－40。

表 2-40 梯形螺纹计算公式

名称		代号	计算公式			
牙型角		α	30°			
螺距		P	由螺纹标准确定			
牙顶间隙		a_C	P	1.5~5	6~12	14~44
			a_C	0.25	0.5	1
外螺纹	大径	d	公称直径			
	中径	d_2	$d_2 = d - 0.5P$			
	小径	d_3	$d_3 = d - 2h_3$			
	牙高	h_3	$h_3 = 0.5P + a_C$			
内螺纹	大径	D_4	$D = d + 2a_C$			
	中径	D_2	$D_2 = d_2$			
内螺纹	小径	D_1	$D_1 = d - P$			
	牙高	H_4	$H_4 = h_3$			
牙顶高		f、f'	$f = f' = 0.336P$			
牙槽底宽		W、w'	$W = w' = 0.336P - 0.536a_C$			

(2) 梯形螺纹车刀的选择　梯形螺纹有英制和米制两类,米制牙型角 30° 和英制牙型角 29°。一般常用的是米制螺纹。梯形螺纹车刀分粗车刀和精车刀两种,如图 2-113 所示。

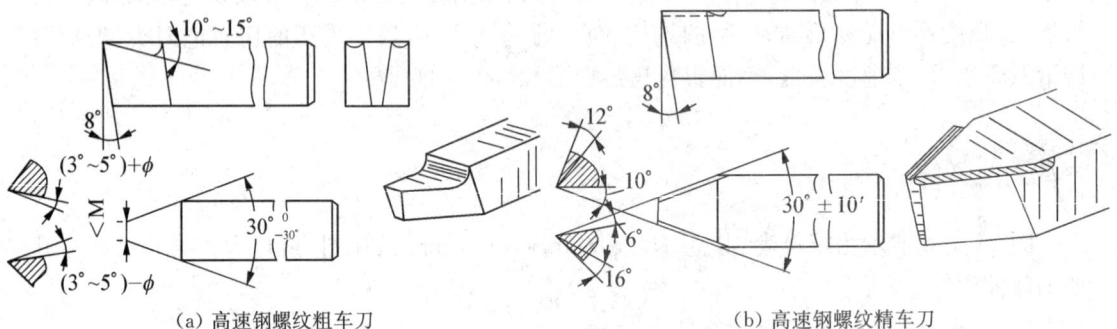

(a) 高速钢螺纹粗车刀　　　　　　　　(b) 高速钢螺纹精车刀

图 2-113　高速钢梯形螺纹车刀

为了切削梯形螺纹时能留精车余量,粗车刀的左、右切削刃的夹角应小于牙型角,精车刀应等于牙型角;粗车刀的刀尖宽度应为 1/3 螺距宽,精车刀的刀尖宽应等于牙底宽减 0.05 mm;粗车刀的纵向前角一般为 15°左右,精车刀为了保证牙型角正确,前角应等于 0°,但实际生产时取 5°~10°。两者的纵向前角一般取 6°~8°。

梯形螺纹加工可分为高速车削和低速车削。通常采用低速车削,选用高速钢梯形螺纹粗、精车刀。它能加工出精度较高和表面粗糙度值较小的螺纹,但生产效率较低。高速车削一般选用的是硬质合金刀具,精度低,但效率较高。

(3) 梯形螺纹的加工方法　车削梯形螺纹时,通常采用高速钢材料的刀具进行低速车

削,低速车削梯形螺纹一般有如图 2-114 所示的 4 种进刀方法。通常直进法只适用于车削螺距较小($P<4$ mm)的梯形螺纹,而粗车螺距较大($P>4$ mm)的梯形螺纹常采用左右切削法、车直槽法和车阶梯槽法。

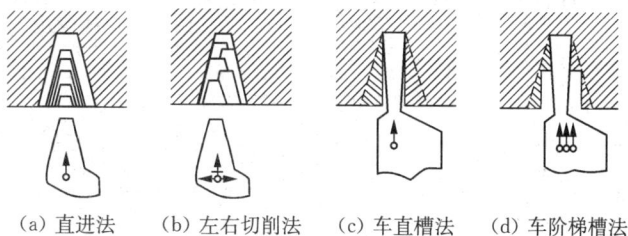

(a) 直进法　(b) 左右切削法　(c) 车直槽法　(d) 车阶梯槽法

图 2-114　车削梯形螺纹进刀方法

① 直进法。也称为切槽法。车削螺纹时,横向(垂直于导轨方向)进刀,在几次行程中完成螺纹车削。这种方法虽可以获得比较正确的牙形,操作也很简单,但由于刀具 3 个切削刃同时参加切削,振动比较大,牙侧容易拉出毛刺,不易得到较好的表面质量,并容易产生扎刀现象,因此,它只适用于螺距较小的梯形螺纹车削。

② 左右切削法。车削梯形螺纹时,车刀除了横向进刀外,同时还进行左右微量进给,直到牙型全部车好。用左右切削法车螺纹时,由于是车刀两个主切削刃中的一个在进行单面切削,避免了三刃同时切削,所以不容易产生扎刀现象。另外,精车时尽量选择低速($V=4\sim7$ m/min),并浇注切削液,一般可获得很好的表面质量。

③ 车直槽法。车直槽法车削梯形螺纹时一般选用刀头宽度稍小于牙槽底宽的矩形螺纹车刀,采用横向直进法粗车螺纹至小径尺寸(每边留有 0.2～0.3 mm 的余量),然后换用精车刀修整。这种方法简单、易懂、易掌握,但是在车削较大螺距的梯形螺纹时,刀具因其刀头狭长,强度不够而易折断;切削的沟槽较深,排屑不顺畅,致使堆积的切屑把刀头"砸掉";进给量较小,切削速度较低,因而很难满足梯形螺纹的车削需要。

案　例

图 2-115 所示为螺母套,其毛坯为 $\phi80$ mm$\times$104 mm 的棒料,材料为 45 钢,试编写其加工数控程序。

1. 刀具选择及切削参数的选择

(1) 刀具选择

1 号刀:93°菱形外圆车刀(粗、精)　2 号刀:内孔镗刀

3 号刀:60°外螺纹刀　4 号刀:外切槽刀,刀宽 4 mm

5 号刀:$\phi18$ mm 钻头(手动)

(2) 切削参数的选择　根据加工表面质量要求、刀具和工件材料,参考切削用量手册或机床使用说明书选取:外轮廓粗、精加工的主轴转速分别选为 800 r/min 和 1 200 r/min,外轮廓粗、精加工进给速度分别选为 120 mm/min 和 100 mm/min;切退刀槽、挑螺纹的主轴转速为 400 r/min,切槽进给速度为 40 mm/min;镗孔粗、精加工的主轴转速分别选为 800 r/min 和 1 200 r/min,进给速度分别选为 100 mm/min 和 80 mm/min。

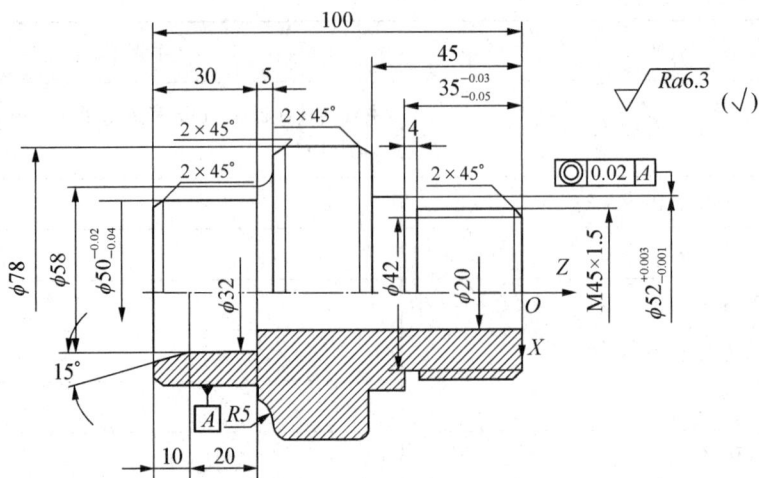

图 2 - 115　螺母套

2. 制定工艺路线

(1) 三爪自定心卡盘夹紧零件右端外圆柱面,手动车削端面,后用 ϕ18 mm 钻头钻孔 ϕ20 mm 至 ϕ18 mm 通孔。

(2) 调用 1 号刀,用 G71 粗加工工件左端外轮廓后,G70 精加工至尺寸要求;调用 2 号刀,同样方法加工内轮廓至尺寸。

(3) 掉头,垫铜皮夹,左端 ϕ58 mm 外圆找正。调用 1 号刀,用 G71 粗加工工件右端外轮廓后,G70 精加工至尺寸。

(4) 调用 4 号切断刀,车退刀槽至尺寸。

(5) 加工 M45 螺纹至尺寸。螺距为 1.5 mm,查表 2-22 得牙高为 0.975 mm,分 4 次切削完成。每次的背吃刀量分别为 0.8、0.5、0.5、0.15 mm。

3. 加工程序

(1) 零件左端面加工程序　见表 2-41。

表 2 - 41　零件左端面加工程序

	O0001;	主程序名
N2	G98 G21 G97;	初始化(分进给,尺寸单位 mm,固定转速)
N4	M03 S800 T0101;	转速 800 r/min;换 1 号外圆刀并由刀偏建立工件坐标系
N6	G00 X84 Z0;	快速移到加工起始点
N8	G01 X—0.5 F100 M08;	见光端面:进给速度为 100 mm/min
N10	G00 X84 Z2;	返回下一步加工起始点
N12	G71 U1.5 R1;	外轮廓粗车循环,背吃刀量 1.5,退刀量 1
N14	G71 P16 Q30 U0.6 W0.3 F120;	粗加工循环:进给量 120 mm/min, X、Z 向精加工余量 0.3 mm

O0001；		主程序名
N16	G00 X42 S1200 F100；	主轴转速 1 200 r/min 和进给量 100 mm/min 在精加工中有效
N18	G01 X49.97 Z−2；	
N20	Z−30；	
N22	X58；	
N24	G02 X68 Z−35 R5；	
N26	G01 X74；	
N28	X78 Z−37；	
N30	Z−60；	
N32	G70 P16 Q30；	外轮廓精车循环
N34	G00 X200；	退回换刀点
N36	Z200；	
N38	T0202 S800；	换 2 号镗孔刀，转速 800 r/min
N40	G00 X16 Z3；	返回下一步加工起始点
N42	G71 U1 R0.5；	内轮廓粗车循环：背吃刀量 1 mm，退刀量 0.5 mm
N44	G71 P46 Q54 U−0.6 W0.3 F100；	粗加工循环：进给量 100 mm/min，X、Z 向精加工余量 0.3 mm
N46	G00 X33.6 ；	
N48	G01 X32 Z−10 S1200 F80；	主轴转速 1 200 r/min 和进给量 80 mm/min 在精加工中有效
N50	Z−30；	
N52	X20；	
N54	Z−105；	
N56	G71 P46 Q54；	内轮廓精车循环
N58	G00 Z200 M09；	退刀
N59	X200；	
N60	M05；	主轴停止
N62	M30；	程序结束

（2）零件右端面加工程序　见表 2−42。

表 2－42　零件右端面加工程序

O0002；	主程序名
N2	G98 G21 G97；	初始化(分进给,尺寸单位 mm,固定转速)
N4	T0101；	换 1 号外圆刀并由刀偏立工件坐标系
N6	M03 S800；	转速 800 r/min
N8	G00 X84；	见光端面
N10	Z1；	
N12	G01 X－0.5 F40 M08；	
N14	G00 X84 Z2；	
N16	Z0；	
N18	G01 X－0.5；	
N20	G00 X84 Z2；	快速移到加工起始点
N22	G71 U1.5 R1；	外轮廓粗车循环,背吃刀量 1.5 mm,退刀量 1 mm
N24	G71 P26 Q38 U0.6 W0.3 F120；	粗加工循环:进给量 120 mm/min,X、Z 向精加工余量 0.3 mm
N26	G00 X37 S1200 F100；	主轴转速 1 200 r/min 和进给量 100 mm/min 在精加工中有效
N28	G01 X44.8 Z－2；	
N30	Z－34.96；	
N32	X52.01；	
N34	Z－45；	
N36	X74；	
N38	X78 Z－47；	
N40	G70 P26 Q38；	外轮廓精车循环
N42	G00 X200 Z200；	退回换刀点
N44	T0404 S400；	换 4 号切槽刀,转速 400 r/min
N46	G00 X54；	快速移到下一个加工起始点
N48	Z－34.96；	
N50	G01 X42 F40；	切退刀槽进给速度 40 mm/min
N52	X54；	
N54	G00 X200 Z200；	退回换刀点
N56	T0303 S400；	换 3 号螺纹刀,转速 400 r/min
N58	G00 X48 Z5；	快速移到内孔螺纹加工起始点

续　表

	O0002；	主程序名
N60	G92 X44.2 Z−33 F2；	G92 螺纹第一次循环切削,背吃刀量 0.8 mm
N62	X43.6；	第二次循环切削,背吃刀量 0.6 mm
N64	X43.2；	第三次循环切削,背吃刀量 0.4 mm
N66	X43.04；	第四次循环切削,背吃刀量 0.16 mm
N68	G00 X200 Z200 M09；	退刀
N70	M05；	主轴停止
N72	M30；	程序结束

任务小结

1. 本次任务的主要内容
(1) 工件坐标系的设定
(2) 常用功能指令
(3) 精加工轨迹描述
(4) 刀具半径补偿功能
(5) 外沟槽的加工
(6) 成形面的分层加工
(7) 单一固定循环指令
(8) 复合循坏指令
(9) 螺纹的车削加工与编程
2. 本次任务完成后达到目的
(1) 通过本任务的学习,掌握数控车削编程指令运用。
(2) 能完成常见零件的车削编程。

任务后的思考

1. 试说明机床原点与参考点、工件原点的关系。
2. 已知:当前刀具起点位置为(0,0)点,试画出机床执行以下程序刀具所走的轨迹:
(1) G00　X100. Z50. ;→G02 X130. Z80. R−30. ;→G00　X0. Z0. ;
(2) G01　X100. Z50. ;→G02　X130. Z80. R30. ;→G01X0.　Z0. ;
(3) G00　U100. W50. ;→G03 U30. W30. I30. K0. ;→G00 W−130. W−80. ;
(4) G01　U100. W50. ;→G03 U30. W30. I0. K0. ;→G00 W−100. W−50. ;
3. 编制一个精车外轮廓并切断的程序,图形尺寸如图 2−116 所示,精加工余量为 0.5 mm。

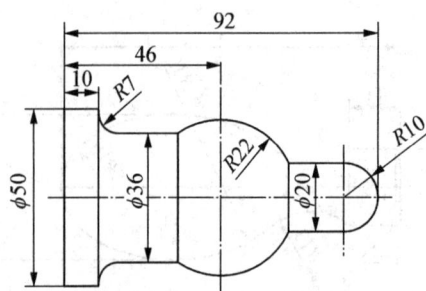

图 2 - 116　外轮廓精车零件

4. 零件如图 2 - 117 所示,使用基本代码编写加工程序。已知:毛坯为 ϕ30 mm 的棒料,1 号刀具为外圆车刀,3 号刀具为切断刀。

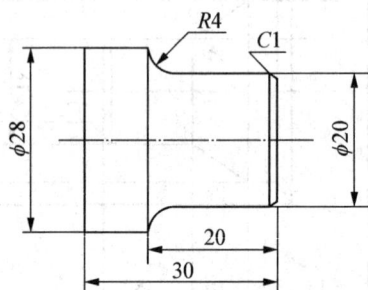

图 2 - 117　轴头

5. 如图 2 - 118 所示,已知:毛坯直径为 ϕ32 mm,长度为 77 mm,1 号刀具为外圆车刀,3 号刀为切断刀,宽度为 2 mm,试编写其加工程序。

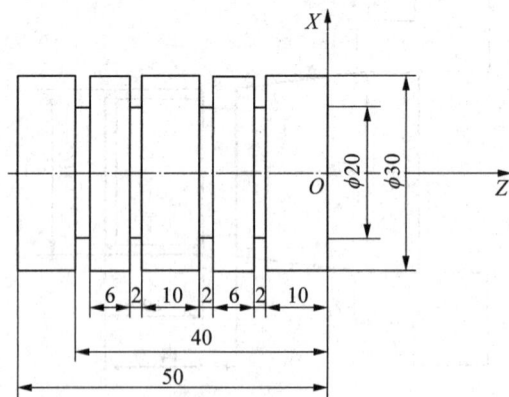

图 2 - 118　割槽零件

6. 零件如图 2 - 119 所示,试编写精车手柄并切断的程序(带刀补)。

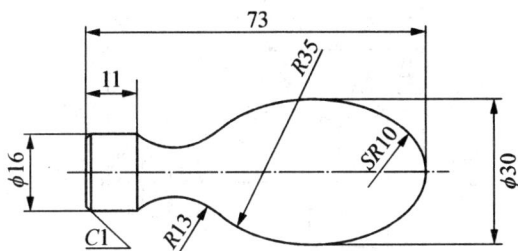

图 2 - 119 手柄

7. 利用复合循环编写如图 2 - 120 所示零件的加工程序。

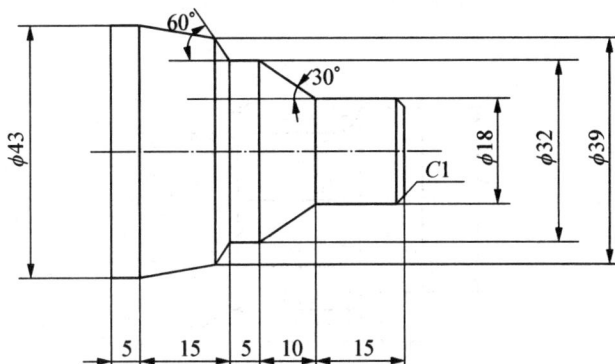

图 2 - 120 阶梯轴

8. 采用螺纹加工指令编写如图 2 - 121 所示零件。

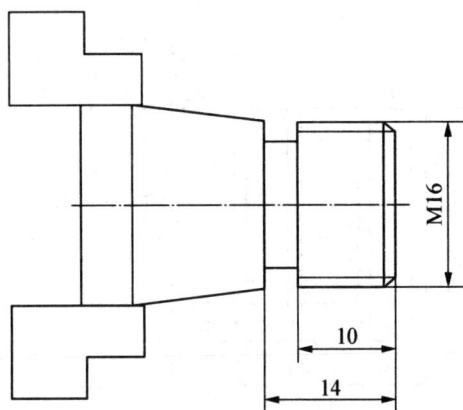

图 2 - 121 螺纹加工

9. 编写如图 2-122 数控车削零件的编程。

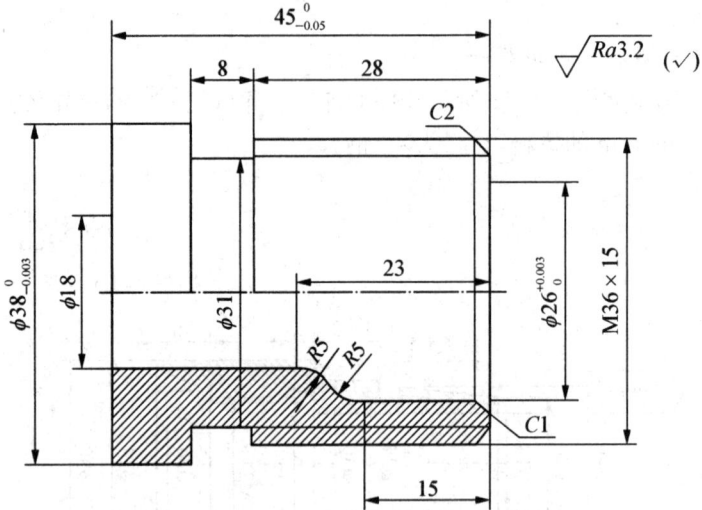

刀号	刀具类型
1	外形刀
2	螺纹刀
3	锉刀
4	钢槽刀

毛坯材料	45钢、铝
毛坯尺寸	$\phi40$
加工工时	120min

(a)

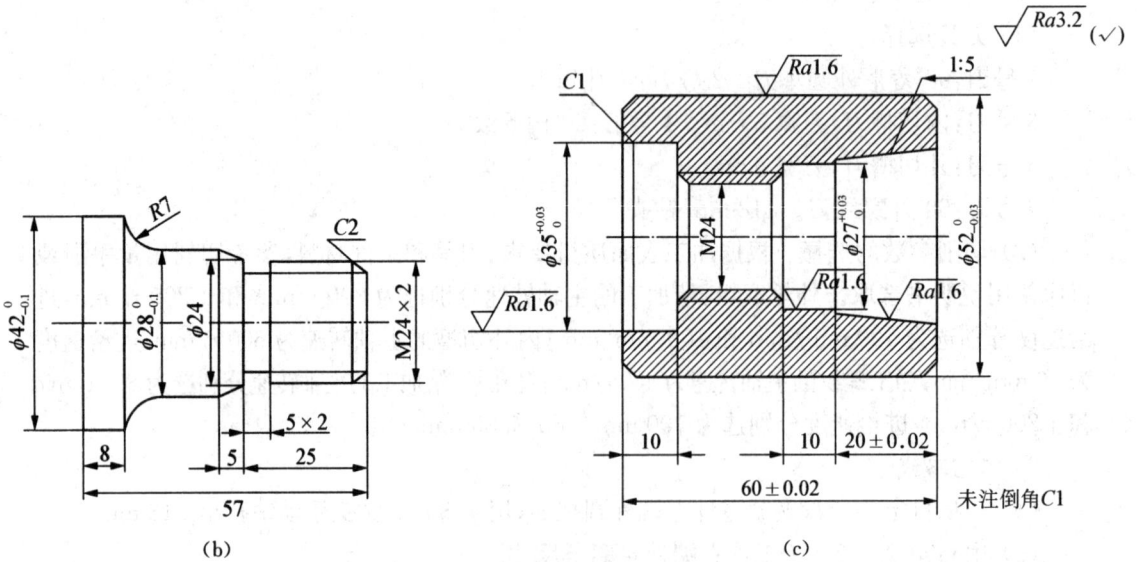

(b)　　　　　　　　　(c)

图 2-122　数控车削零件

任务2　典型零件的数控车削编程

1. 典型零件的数控车削编程一

例2-17　编制如图2-123所示零件的加工程序(以工件的右端面建立工件坐标系)，毛坯为 $\phi40$ mm×68 mm 的棒料，材料为45钢。

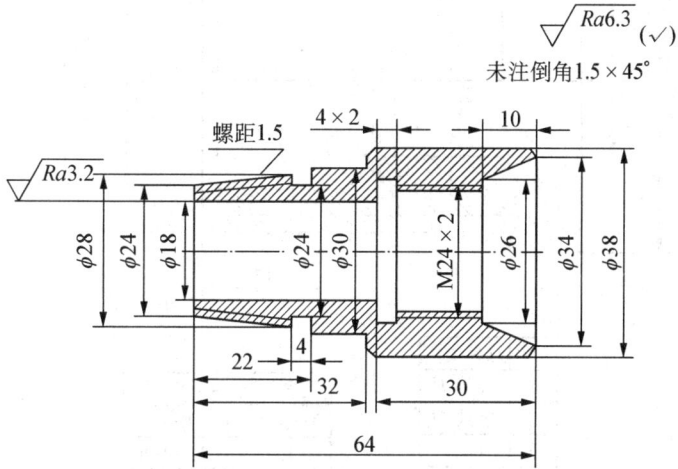

图2-123　接头零件图

1. 刀具选择及切削参数的选择

（1）刀具选择

1号刀：93°菱形外圆车刀　　2号刀：内孔镗刀

3号刀：内切槽刀，刀宽3 mm　　4号刀：60°内螺纹刀

5号刀：外切槽刀，刀宽3 mm

6号刀：60°外螺纹刀　　$\phi18$ mm 钻头

（2）切削参数的选择　根据加工表面质量要求、刀具和工件材料，参考切削用量手册或机床使用说明书选取。外轮廓粗、精加工的主轴转速分别选为800 r/min 和1 200 r/min，进给速度分别选为120 mm/min 和100 mm/min；内外切槽的主轴转速为600 r/min，进给速度为40 mm/min；加工螺纹的主轴转速为400 r/min；镗孔粗、精加工的主轴转速分别选为800 r/min 和1 200 r/min，进给速度分别选为100 mm/min 和80 mm/min。

2. 工艺路线

（1）三爪自定心卡盘夹紧零件左端外圆柱面，用 $\phi18$ mm 钻头手动钻孔至 $\phi18$ mm。

（2）用G90粗、精加工工件右端外轮廓至尺寸。

（3）用G71粗加工工件右端内孔后，G70精加工内孔至尺寸。

（4）车内孔4 mm×2 mm 槽至尺寸。

（5）加工M24螺纹至尺寸。螺距为2 mm，查表2-22得牙高为1.3 mm，分5次切削完成。每次的背吃刀量分别为0.8、0.6、0.6、0.4、0.2 mm。

（6）调头，垫铜皮装夹，右端 ϕ38 mm 外圆面找正，用 G71 粗加工工件左端外轮廓后，G70 精加工至尺寸。

（7）车外退刀槽 4 mm×ϕ24 mm 槽至尺寸。

（8）加工左端锥螺纹至尺寸。螺距为 1.5 mm，查表 2-22 得牙高为 0.975 mm，分 4 次切削完成。每次的背吃刀量分别为 0.8、0.5、0.5、0.15 mm。

3. 锥度内、外轮廓的坐标

从图 2-124 可以看出，锥螺纹的左端面引入长度为 5 mm，其小锥端直径为 22.9 mm。超越长度为 2 mm，即外槽的中段大锥端直径为 28.4 mm。为了保证内孔锥面的表面粗糙度，也增加了 4 mm 的引入长度，其位置锥端直径为 37.2 mm。

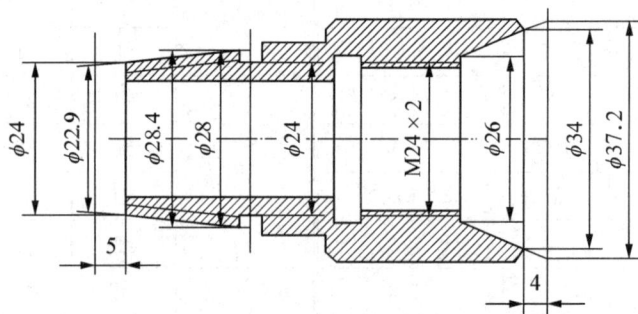

图 2-124 锥度内、外轮廓坐标计算

4. 螺纹底孔直径的计算

螺纹底孔直径可参照表 2-43 的经验公式计算或查相关手册（表 2-44）。

表 2-43 螺纹底孔直径计算经验公式

序号	公式	适用范围
1	$D = d - P$ 式中，d 为螺纹的公称直径 P 为螺距	① 螺距 P ② 工件材料塑料较大 ③ 孔扩张量适中
2	$D = d - (1.04 \sim 1.08)P$	① 螺距>1 ② 工件材料塑料较小 ③ 孔扩张量较小

表 2-44 螺纹底孔直径参照表

公称直径	螺距		钻头直径	公称直径	螺距		钻头直径
3	粗	0.5	2.5	4	粗	0.7	3.3
	细	0.35	2.65		细	0.5	3.5
5	粗	0.8	4.2	6	粗	1	5
	细	0.5	4.5		细	0.75	5,2

公称直径	螺距		钻头直径	公称直径	螺距		钻头直径
8	粗	1.25	6.7	10	粗	1.5	8.5
	细	1	7		细	1.25	8.7
	细	0.75	7.2		细	1	9
					细	0.75	9.2
12	粗	1.75	10.2	14	粗	2	11.9
	细	1.5	10.5		细	1.5	12.5
	细	1.25	10.7		细	1.25	12.7
	细	1	11		细	1	13
16	粗	2	13.9	18	粗	2.5	15.4
	细	1.5	14.5		细	2	15.9
	细	1	15		细	1.5	16.5
					细	1	17
20	粗	2.5	17.4	22	粗	2.5	19.4
	细	2	17.9		细	2	19.9
	细	1.5	18.5		细	1.5	20.5
	细	1	19		细	1	21
24	粗	3	20.9	27	粗	3	23.9
	细	2	21.9		细	2	24.9
	细	1.5	22.5		细	1.5	25.5
	细	1	23		细	1	26

5. 加工零件程序

(1) 零件右端面加工程序　见表 2-45。

表 2-45　零件右端面加工程序

O0001;		主程序名
N2	G98 G21 G97;	初始化(分进给,尺寸单位 mm,固定转速)
N4	M03 S800 T0101;	转速 800 r/min;换 1 号外圆刀并由刀偏建立工件坐标系
N6	G00 X46 Z0;	快速移到加工起始点
N8	G01 X−0.5 F100;	进给速度为 100 mm/min,见光端面
N10	G00 X46 Z2;	返回下一步加工起始点
N12	G90 X38.4 Z−34 F120;	外轮廓粗加工,单边留精加工余量 0.2 mm

	O0001；	主程序名
N14	X38 F100 S1200；	外轮廓精加工,G90 指令是模态指令
N16	G00 X31；	
N18	G01 X38 Z−1.5；	倒角 1.5×45°
N20	G00 X150 Z200；	退回换刀点
N22	T0202；	换 2 号镗孔刀,转速 800 r/min
N24	G00 X16 Z4；	快速移到内孔加工起始点
N26	G71 U1 R0.5；	内孔粗车循环,背吃刀量 1,退刀量 0.5
N28	G71 P30 Q38 U−0.3 W0 F100 S800；	粗加工循环,进给量 100 mm/min,X 向精加工余量 0.3 mm
N30	G00 X37.2 S1200 F80；	主轴转速 1 200 r/min 和进给量 80 mm/min 在精加工中有效
N32	G01 X26 Z−10；	
N34	X23；	
N36	X22 Z−11.5；	倒 1.5×45°
N38	Z−30；	
N40	G70 P30 Q38；	
N42	G00 X200 Z200；	退回换刀点
N44	T0303 S600；	换 3 号内孔切槽刀,转速 600 r/min
N46	G00 X18；	
N48	Z−30；	
N50	G01 X26 F40；	切内孔槽进给速度 40 mm/min
N52	X18；	
N54	Z−29；	
N56	X26；	
N58	X18；	
N60	G00 Z200；	
N62	X200；	退回换刀点
N64	T0505 S400；	换 3 号内孔切槽刀,转速 400 r/min
N66	G00 X20；	快速移到内孔螺纹加工起始点
N68	Z−6；	
N70	G92 X22.3 Z−28 F2；	G92 螺纹第一次循环切削,背吃刀量 0.9 mm
N72	X22.9；	第二次循环切削,背吃刀量 0.6 mm

O0001;		主程序名
N74	X23.5;	第三次循环切削,背吃刀量 0.6 mm
N76	X23.9;	第四次循环切削,背吃刀量 0.4 mm
N78	X24;	第五次循环切削,背吃刀量 0.1 mm
N80	G00 Z200;	退刀
N82	X200;	
N84	M05;	主轴停止
N86	M30;	程序结束

(2) 零件左端面加工程序 表 2-46。

表 2-46 零件左端面加工程序

O0002;		主程序名
N2	G98 G21 G97;	初始化(分进给,尺寸单位 mm,固定转速)
N4	M03 S800 T0101;	转速 800 r/min;换 1 号外圆刀并由刀偏建立工件坐标系
N6	G00 X46 Z0;	快速移到加工起始点
N8	G01 X-0.5 F100;	进给速度为 120 mm/min,见光端面
N10	G00 X44 Z5;	返回下一步加工起始点
N12	G71 U1 R0.5;	外轮廓粗车循环,背吃刀量1,退刀量 0.5
N14	G71 P16 Q24 U0.3 W0 F120 S800;	粗加工循环,进给量 120 mm/min,X 向精加工余量0.3 mm
N16	G00 X22.9 S1200 F100;	主轴转速 1 200 r/min 和进给量 100 mm/min 在精加工中有效
N18	G01 X28 Z-22;	
N20	X20;	
N22	Z-32;	
N24	X35 Z-33.5;	
N26	G70 P16 Q24;	外轮廓精车循环
N28	G00 X200 Z200;	退回换刀点
N30	T0505 S600;	换 5 号外切槽刀,转速 600 r/min
N32	G00 X32 Z-22;	快速移到加工起始点
N34	G01 X24 F40;	切外槽进给速度 40 mm/min
N36	X32;	
N38	Z-21;	
N40	X24;	

续　表

O0002；	主程序名
N42	G00 X200；	
N44	Z200；	退回换刀点
N46	T0606 S400；	换 6 号外切槽刀,转速 400 r/min
N48	G00 X32 Z5；	快速移至锥螺纹加工起始点
N50	G92 X27.6 Z−20 R−2.75F1.5；	R 为起点和终点的半径差,1.5 为螺距第一次循环切削
N52	X27；	第二次循环切削
N54	X26.6；	第三次循环切削
N56	X26.44；	第四次循环切削
N58	G00 X200 Z200；	退刀
N60	M05；	主轴停止
N62	M30；	程序结束

2. 典型零件的数控车削编程二

例 2 - 18　编制如图 2 - 125 所示零件的加工程序(以工件的右端面建立工件坐标系),毛坯为 $\phi 30$ mm×90 mm 的棒料,材料 45 钢。

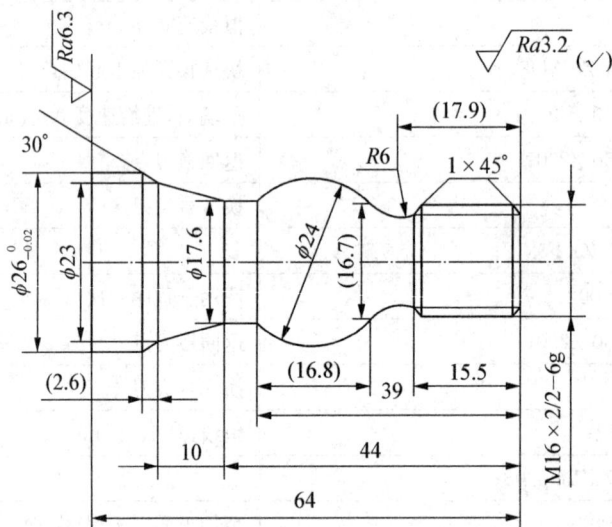

图 2 - 125　双头螺纹轴

1. 刀具选择及切削参数的选择

(1) 刀具选择

1 号刀:90°圆车刀。

2 号刀:尖头车刀(粗车)。

3 号刀:尖头车刀(精车,刀尖圆弧 R0.3 mm)。

4号刀:60°螺纹刀。

5号刀:切断刀,刀宽4 mm。

（2）切削参数的选择　根据加工表面质量要求、刀具和工件材料,参考切削用量手册或机床使用说明书选取。车右端面的主轴转速为80 m/min,进给速度为0.1 mm/r;粗精车外轮廓的主轴转速分别选为80 m/min和110 m/min,进给速度分别选为0.12 mm/r和0.08 mm/r。加工螺纹的主轴转速为250 r/min;切断的主轴转速为500 r/min,进给速度为0.1 mm/r。

2. 工艺路线

（1）三爪自定心卡盘夹紧零件左端外圆柱面,车右端面。

（2）用G71粗加工工件外轮廓留加工余量后,G70精加工至尺寸。

（3）加工M16×3/2双线螺纹至尺寸。

（4）切断。

3. 零件加工程序（表2-47）

表2-47　零件加工程序

O0001；		主程序名
N2	G99 G21 G97；	初始化（每转进给,尺寸单位 mm,固定转速）
N4	T0101；	换1号90°偏刀并由刀偏建立工件坐标系
N6	M03 S800；	主轴转速800 r/min
N8	G50 S1800；	限制最高转速
N10	G96 S80；	恒线速80 m/min
N12	G00 X34 Z0 M08；	快速移到加工起始点,打开冷却液
N14	G01 X−0.5 F0.1；	平端面,进给速度0.1 mm/r
N16	G00 X150 Z200；	返回换刀点
N18	T0202；	换2号尖刀
N20	G00 X32 Z1 F0.12；	
N22	M98 P80002；	调用子程序8次
N24	G00 X150 Z200；	返回换刀点
N26	T0303；	换3号尖刀
N28	G96 S110；	恒线速110 m/min
N30	G00 X17 Z1 F0.08；	
N32	M98 P0002；	精加工调用子程序一次
N34	G00 X150 Z200；	返回换刀点
N36	T0404；	换4号螺纹刀挑双头螺纹
N38	G97 S200；	固定转速200 r/min
N40	G00 X18 Z5；	螺纹加工起始点
N42	G76 P030060 Q20 R0.05；	车双头螺纹第一个头
N44	G76 X14.05 Z−17.9 R0 P975 Q400 F3；	

O0001；		主程序名
N46	G00 X18 Z6.5；	移动一个螺距
N48	G76 P030060 Q20 R0.05；	车双头螺纹第二个头
N50	G76 X14.05 Z−17.9 R0 P975 Q400 F3；	
N52	G00 X150 Z200；	返回换刀点
N54	T0505 ；	换5号切断刀
N56	M03 S500；	
N58	G00 X34；	
N60	Z−68；	总长加切刀宽4 mm
N62	G01 X−0.5 F0.1；	切断
N64	X100 Z200；	退刀
N66	M09；	冷却液关闭
N68	M05；	主轴停止
N70	M30；	程序结束
O0002；		子程序名
N2	G01 U−5；	
N4	G01 U3.8 Z−1；	
N6	Z−14.5；	
N8	U−1.8 Z−15.5；	
N10	G02 U2.7 Z−22.2 R6；	
N12	G03 U0.9 W−16.8 R12；	
N14	G01 W−5；	
N16	U5.4 W−10；	
N18	U3 W−2.6；	
N20	Z−70；	
N22	G00 U3；	
N24	Z1；	
N26	U−19；	
N28	M99；	

任务小结

1. 本次任务的主要内容
典型零件的数控车削编程技术。

2. 本次任务完成后达到目的

通过要任务的学习,能综合运用编程指令,编制典型零件的车削程序。

任务后的思考

1. 根据所学编写图 2 - 126 所示零件的车削加工程序。

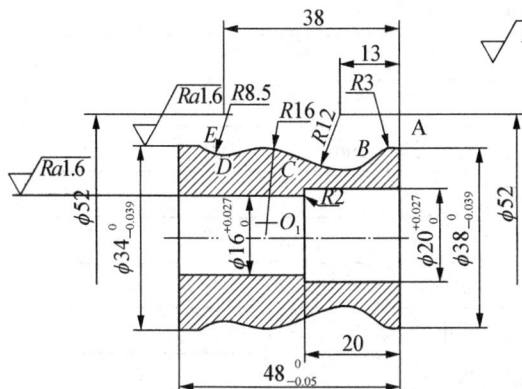

毛坯材料	45钢、铝
毛坯尺寸	$\phi40$
加工工时	100 min

$A(38,-1.7801)$
$B(36,-4.0162)$
$C(32.4182,-19.8986)$
$D(36.148,-34.9294)$
$E(38,-42.8218)$
$O_1(6.309,-29.1494)$

(a)

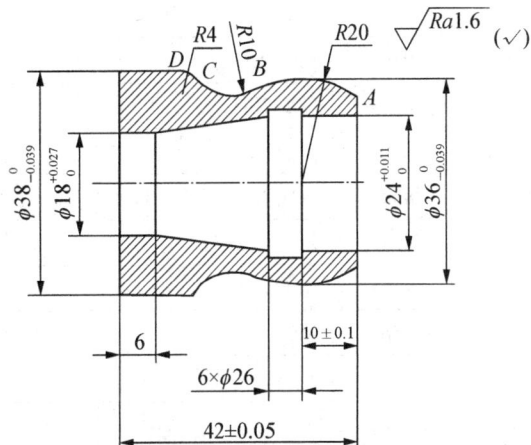

毛坯材料	45钢、铝
毛坯尺寸	$\phi40$
加工工时	100 min

$A(30.776,0)$
$B(33.68,-16.7)$
$C(35.94,28.548)$
$D(38,-31.224)$

(b)

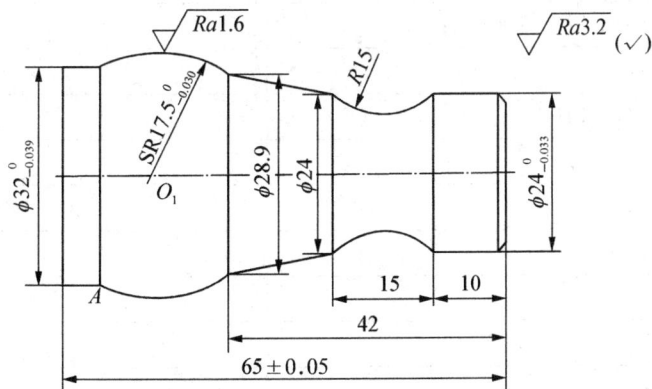

刀号	刀具类型
1	外形刀
2	螺纹刀
3	锉刀
4	钢槽刀

毛坯材料	45钢、铝
毛坯尺寸	$\phi40$
加工工时	120 min

$O_1(0,-52.7290)$
$A(16,-60.9592)$

(c)

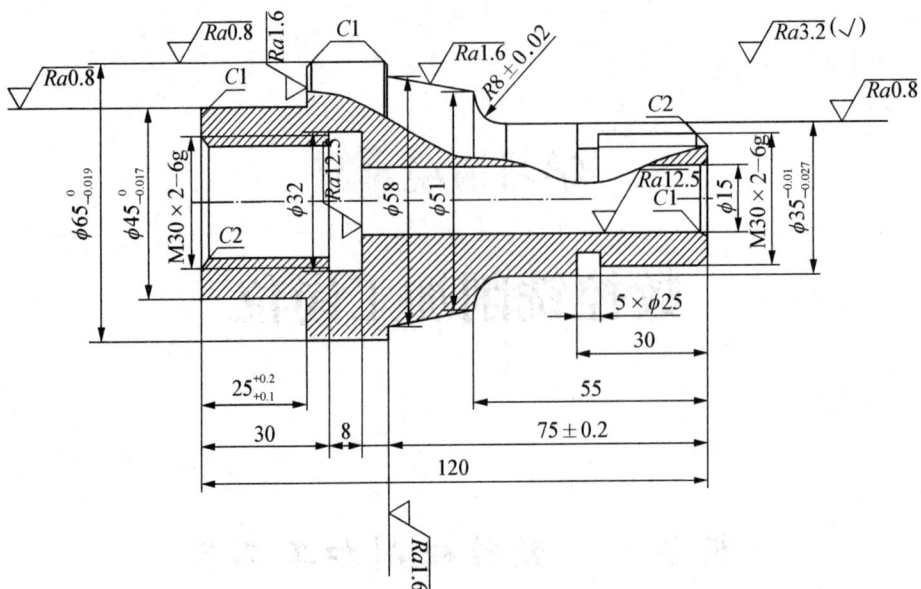

(d)

技术要求
1.未注公差尺寸按GB/T1804—m。
2.锐边倒顿角C0.3。

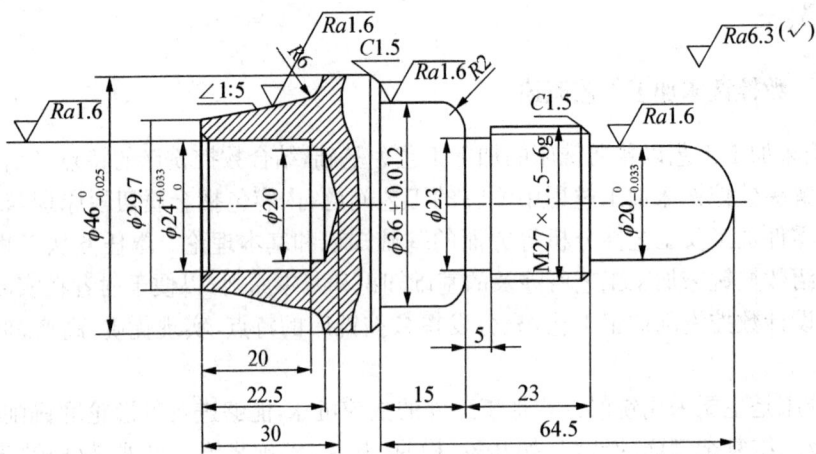

(e)

图 2 - 126 车削加工

学习情境 ③

【数控加工工艺与编程】

数控铣削加工岗位

模块一 数控铣削加工工艺

任务1 数控铣削工艺规程设计

必备知识

3.1.1 数控铣床加工工艺概述

数控铣床加工工艺以普通铣床的加工工艺为基础,结合数控铣床的特点,综合运用多方面的知识,解决数控铣床加工过程中面临的工艺问题,内容包括金属切削原理与刀具、加工工艺、典型零件加工及工艺性分析等方面的基础知识和基本理论。本任务从工程实际应用的角度,介绍数控铣床加工工艺所涉及的基础知识和基本原则,以便于读者在实践过程中科学、合理地设计数控铣削加工工艺,充分发挥数控铣床的特点,实现优质、高产、低耗的数控加工。

数控铣床是主要采用铣削方式加工工件的数控机床,能够进行外形轮廓铣削、平面或曲面型铣削及三维复杂型面的铣削,如凸轮、模具、叶片、螺旋桨等。另外,数控铣床还具有孔加工的功能,如钻孔、扩孔、铰孔、镗孔和攻螺纹等加工。

1. **数控铣床的分类**

数控铣床种类很多,按其体积大小可分为小型、中型和大型数控铣床。一般数控铣床是指规格较小的升降台式数控铣床,其工作台宽度多在 400 mm 以下,规格较大的数控铣床,其功能已向加工中心靠近,进而演变成柔性加工单元。按其控制坐标的联动轴数可分为二轴半联动、三轴联动和多轴联动数控铣床等。对于有特殊要求的数控铣床,可以加回转的 A 坐标或 C 坐标,即增加一个数控分度头或数控回转工作台,这时机床数控系统为四轴联动插补的数控系统,用来加工螺旋槽、叶片等空间曲面零件。

(1) **按主轴布置形式分类** 可分为立式数控铣床、卧式数控铣床和立卧两用数控铣床。

① 立式数控铣床。立式数控铣床的主轴轴线垂直于水平面,是数控铣床中最常见的一

种布局形式,应用范围也最广泛。立式数控铣床中又以三坐标(X、Y、Z)联动铣床居多,各坐标轴的控制方式主要有以下几种:

a. 工作台纵、横向移动并升降,主轴不动方式。目前小型数控铣床一般采用这种方式。

b. 工作台纵、横向移动,主轴升降方式,一般运用在中型数控铣床中,如图 3-1 所示。

图 3-1　主轴升降式铣床

图 3-2　数控龙门铣床

c. 龙门架移动式,即主轴可在龙门架的横向与垂直导轨上移动,而龙门架则沿床身做纵向移动。许多大型数控铣床都采用这种结构,又称之为数控龙门铣床,如图 3-2 所示。

② 卧式数控铣床。卧式数控铣床的主轴轴线平行于水平面,主要用来加工箱体类零件,如图 3-3 所示。为了扩大功能和加工范围,通常采用增加数控转盘来实现四轴或五轴加工。这样,工件在一次加工中可以通过转盘改变工位,进行多工位加工,配有数控转盘的卧式数控铣床,在加工箱体类零件时,一次安装中可改变零件的工位,实现多工位加工,具有明显的优势。

③ 立卧两用数控铣床。立卧两用数控铣床的主轴轴线方向可以变换,使一台铣床具备立式数控铣床和卧式

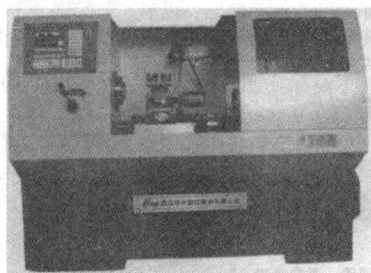

图 3-3　卧式数控铣床

数控铣床的功能,这类铣床适应性更强,使用范围更广,生产成本也低。所以,目前两用数控铣床的数量正在逐渐增多。

立卧两用数控铣床靠手动和自动两种方式变换主轴方向。有些立卧两用数控铣床采用主轴头可以任意方向转换的万能数控主轴头,使其可以加工出与水平面呈不同角度的工件表面。在这类铣床的工作台上增设数控转盘,可实现对零件的五面加工。

(2) 按数控系统的功能分类

① 经济型数控铣床。一般是在普通立式铣床或卧式铣床的基础上改造而来的,采用经济型数控系统,成本低,机床功能较少,主轴转速和进给速度不高,主要用于精度要求不高的简单平面或曲面零件加工,如图 3-4 所示。

② 全功能数控铣床。一般采用半闭环或闭环控制数控系统,数控系统功能丰富,一般可实现四轴或四轴以上坐标轴的联动,加工适应性强,应用最为广泛,如图 3-5 所示。

图3-4 经济型数控铣床　　　　图3-5 全功能数控铣床　　　　图3-6 高速铣削数控铣床

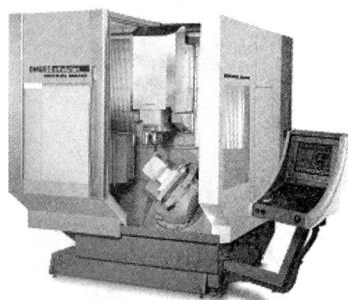

③ 高速铣削数控铣床。一般把主轴转速在8 000～40 000 r/min的数控铣床称为高速铣削数控铣床,其进给速度可达10～30 m/min,如图3-6所示。这种数控铣床采用全新的机床结构(主体结构及材料变化)、功能部件(电主轴、直线电机驱动进给)和功能强大的数控系统,并配以加工性能优越的刀具系统,可对大面积的曲面进行高效率、高质量的加工。

高速铣削是数控加工的一个发展方向,目前,其技术正日趋成熟,并逐渐得到广泛应用,但机床价格昂贵,使用成本较高。

2. 数控铣床的结构

如图3-7所示,数控铣床一般由数控系统、主传动系统、进给伺服系统、冷却润滑系统等几大部分组成。

(1) 主传动系统　包括主轴箱体和主轴传动系统,用于装夹刀具并带动刀具旋转,主轴转速范围和输出转矩对加工有直接的影响。

(2) 进给伺服系统　由进给电动机和进给执行机构组成,按照程序设定的进给速度实现刀具和工件之间的相对运动,包括直线进给运动和旋转运动。

(3) 控制系统　数控铣床运动控制的中心,执行数控加工程序,控制机床进行加工。

图3-7 数控铣床的结构

(4) 辅助装置　如液压、气动、润滑、冷却系统和排屑、防护等装置。

(5) 机床基础件　通常是指底座、立柱、横梁等,它是整个机床的基础和框架。

(6) 工作台

3. 数控铣床加工的主要对象

数控铣削是机械加工中最常用和最主要的数控加工方法之一,它除了能铣削普通铣床

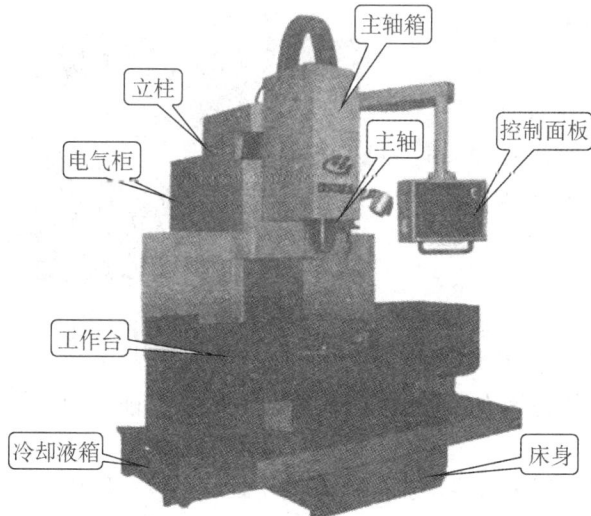

所能铣削的各种零件表面外,还能铣削普通铣床不能铣削的,需要二～五坐标轴联动的各种平面轮廓和立体轮廓。根据数控铣床的特点,从铣削加工角度考虑,适合数控铣削的主要加工对象有以下几类:

(1) 平面类零件　加工面平行或垂直于定位面,或加工面与水平面的夹角为定角的零件为平面类零件,如图3-8所示。目前在数控铣床上加工的大多数零件属于平面类零件,其特点是各个加工面是平面,或可以展开成平面。

| (a) | (b) | (c) | (d) |

图3-8　平面类零件

平面类零件是数控铣削加工中最简单的一类零件,一般只需用三坐标数控铣床的两坐标联动(或两轴半坐标联动)就可以把它们加工出来。

(2) 变斜角类零件　加工面与水平面的平角呈连续变化的零件称为变斜角零件,如图3-9所示的飞机变斜角梁缘条。变斜角类零件的变斜角加工面不能展开为平面,但在加工中,加工面与铣刀圆周的瞬时接触为一条线。最好采用四坐标、五坐标数控铣床摆角加工。若没有上述机床,也可采用三坐标数控铣床进行两轴半近似加工。

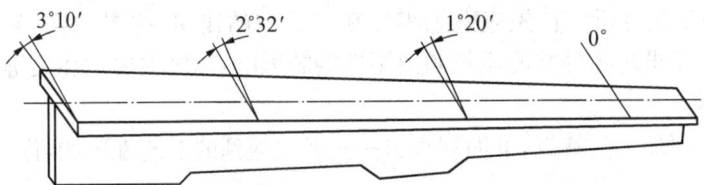

图3-9　飞机上的变斜角梁缘条

(3) 曲面类零件　加工面为空间曲面的零件称为曲面类零件,如模具、叶片、螺旋桨等。曲面类零件不能展开为平面。加工时,铣刀与加工面始终为点接触,一般采用球头刀在三轴数控铣床上加工。当曲面较复杂、通道较狭窄、会伤及相邻表面及需要刀具摆动时,要采用四坐标或五坐标铣床加工。

图3-10　曲面类零件

(4) 箱体类零件　箱体类零件一般是指具有两个以上孔系,内部有一定型腔或空腔,在长、宽、高方向有一定比例的零件。

4. 数控铣床加工工艺的基本特点及主要内容

(1) 数控铣床加工工艺的基本特点　工艺规程是工人在加工时的指导性文件。由于普通铣床受控于操作工人,因此,在普通铣床上用的工艺规程实际上只是一个工艺过程卡,铣床的切削用量、走刀路线、工序的工步等往往都是由操作工人自行选定。数控铣床加工的程序是数控铣床的指令性文件。数控铣床受控于程序指令,加工的全过程都是按程序指令自

动进行的。因此,数控铣床加工程序与普通铣床工艺规程有较大差别,涉及的内容也较广。数控铣床加工程序不仅要包括零件的工艺过程,而且还要包括切削用量、走刀路线、刀具尺寸以及铣床的运动过程。因此,要求编程人员对数控铣床的性能、特点、运动方式、刀具系统、切削规范以及工件的装夹方法都要非常熟悉。工艺方案的好坏不仅会影响铣床效率的发挥,而且将直接影响到零件的加工质量。

(2) 数控铣床加工工艺的主要内容　主要内容包括:

① 选择适合在数控铣床上加工的零件,确定工序内容。

② 分析被加工零件的图样,明确加工内容及技术要求。

③ 确定零件的加工方案,制定数控铣削加工工艺路线,如划分工序、安排加工顺序,处理与非数控加工工序的衔接等。

④ 加工工序的设计,如选取零件的定位基准、夹具方案的确定、工步划分、刀具选择和确定切削用量等。

⑤ 数控铣削加工程序的调整,如选取对刀点和换刀点、确定刀具补偿及确定加工路线等。

3.1.2　数控铣床加工工艺分析

1. 数控铣床加工零件的工艺性分析

在选择并决定数控铣床加工零件及其加工内容后,零件的数控铣床加工工艺性,主要内容包括:

(1) 零件图工艺分析　首先应熟悉零件在产品中的作用、位置、装配关系和工作条件,搞清楚各项技术要求对零件装配质量和使用性能的影响,找出主要的和关键的技术要求,然后分析零件图样。

针对数控铣削加工的特点,下面列举出一些经常遇到的工艺性问题,作为工艺性分析的要点:

① 图样尺寸的标注方法是否方便编程? 构成工件轮廓图形的各种几何元素的条件是否充要? 各几何元素的相互关系(如相切、相交、垂直和平行等)是否明确? 有无引起矛盾的多余尺寸或影响工序安排的封闭尺寸? 等等。

② 零件尺寸所要求的加工精度、尺寸公差是否都可以得到保证? 不要以为数控机床加工精度高而放弃这种分析。特别要注意过薄的腹板与缘板的厚度公差,“铣工怕铣薄”,数控铣削也是一样,因为加工时产生的切削拉力及薄板的弹性退让,极易产生切削面的振动,使薄板厚度尺寸公差难以保证,其表面粗糙度也将恶化或变坏。根据实践经验,当面积较大的薄板厚度小于 3 mm 时就应充分重视这一问题。

③ 内槽及缘板之间的内转接圆弧是否过小?

④ 零件铣削面的槽底圆角或腹板与缘板相交处的圆角半径 r 是否太大?

⑤ 零件图中各加工面的凹圆弧(R 与 r)是否过于零乱,是否可以统一? 因为在数控铣床上多换一次刀要增加不少新问题,如增加铣刀规格、计划停车次数和对刀次数等,不但给编程带来许多麻烦,增加生产准备时间而降低生产效率,而且也会因频繁换刀增加了工件加工面上的接刀阶差而降低了表面质量。所以,在一个零件上的这种凹圆弧半径在数值上的一致性问题对数控铣削的工艺性显得相当重要。一般来说,即使不能寻求完全统一,也要力

求将数值相近的圆弧半径分组靠拢,达到局部统一,以尽量减少铣刀规格与换刀次数。

⑥ 零件上有无统一基准以保证两次装夹加工后其相对位置的正确性? 有些工件需要在铣完一面后再重新安装铣削另一面。由于数控铣削时不能使用通用铣床加工时常用的试切削方法来接刀,往往会因为工件的重新安装而接不好刀(即与上道工序加工的面接不齐或造成本来要求一致的两对应面上的轮廓错位)。为了避免上述问题的产生,减小两次装夹误差,最好采用统一基准定位,因此零件上最好有合适的孔作为定位基准孔。如果零件上没有基准孔。也可以专门设置工艺孔作为定位基准(如在毛坯上增加工艺凸耳或在后续工序要铣去的余量上设基准孔)。如实在无法制出基准孔,起码也要用经过精加工的面作为统一基准。如果连这也办不到,则最好只加工其中一个最复杂的面,另一面放弃数控铣削而改由通用铣床加工。

⑦ 分析零件的形状及原材料的热处理状态,会不会在加工过程中变形? 哪些部位最容易变形? 因为数控铣削最忌讳工件在加工时变形,这种变形不但无法保证加工的质量,而且经常造成加工不能继续进行下去,中途而废,这时就应当考虑采取一些必要的工艺措施,如对钢件进行调质处理,对铸铝件进行退火处理,对不能用热处理方法解决的,也可考虑粗、精加工及对称去余量等常规方法。此外,还要分析加工后的变形问题,采取什么工艺措施来解决。

(2) 零件的结构工艺性分析　零件的结构工艺性是指所设计的零件在满足使用要求的前提下制造的可行性和经济性。良好的结构工艺性,可以使零件加工容易,节省工时和材料。而较差的零件结构工艺性,会使加工困难,浪费工时和材料,有时甚至无法加工。因此,零件各加工部位的结构工艺性应符合数控加工的特点。

① 零件的内腔和外表最好采用统一的几何类型和尺寸,这样可以减少刀具规格和换刀次数,使编程方便,提高生产效率。

② 内圆角的大小决定着刀具直径的大小,所以内槽圆角半径不应太小。如图 3 - 11 所示,其结构工艺性的好坏与被加工轮廓的高低、转角圆弧半径的大小等因素有关。图(b)与图(a)相比,转角圆弧半径大,可以采用较大直径的立铣刀来加工;加工平面时,进给次数也

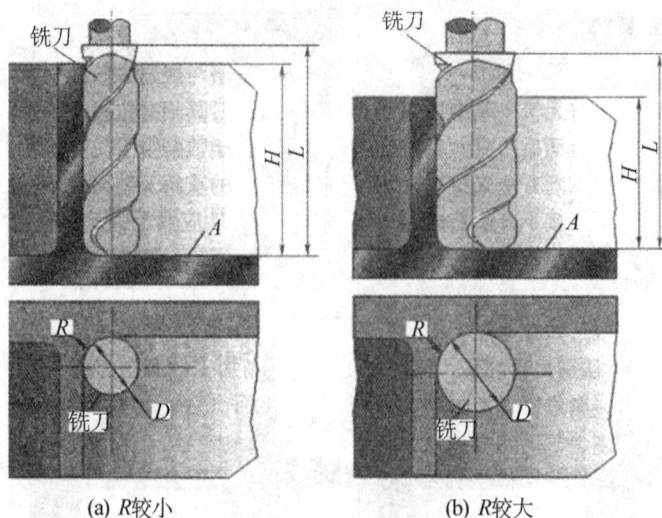

(a) R较小　　　　　　　　(b) R较大

图 3 - 11　内槽结构工艺性对比

相应减少,表面加工质量也会好一些,因而工艺性较好。通常 $R<0.2H$ 时,作为判定零件该部位的工艺性好坏标准。

③ 零件铣槽底平面时,槽底圆角半径,不要过大。如图 3-12 所示,铣刀端面刃与铣削平面的最大接触 $d=D-2r$(D 为铣刀直径),当 D 一定时,r 越大,铣刀端面刃铣削平面的面积越小,加工平面的能力就越差,效率越低,工艺性也越差。当 r 大到一定程度时,甚至必须用球头铣刀加工,这是应该尽量避免的。

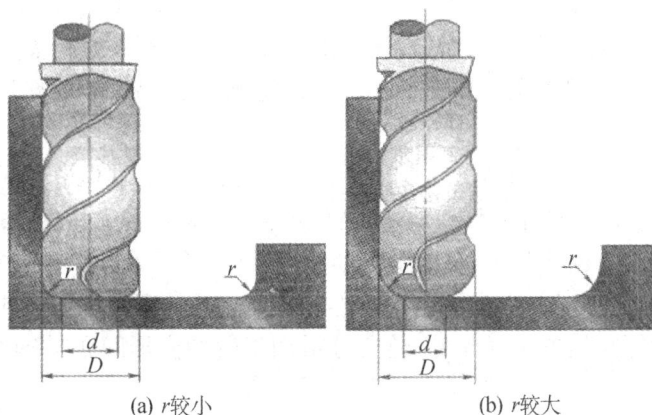

(a) r 较小   (b) r 较大

图 3-12 零件槽底平面圆弧对铣削工艺的影响

④ 应采用统一的定位基准。在数控加工中没有统一的定位基准,则会因工件的二次装夹而造成加工后两个面上的轮廓位置及尺寸不协调现象。

有关的铣削件的结构工艺性实例见表 3-1。

表 3-1 改进零件结构工艺实例

提高工艺性方法	结构		结果
	改进前	改进后	
改进内壁形状	$R_2<(\frac{1}{5}\sim\frac{1}{6}H)$	$R_2>(\frac{1}{5}\sim\frac{1}{6}H)$	可采用较高刚性刀具
统一圆弧尺寸			减少刀具数和更换刀具次数,减少辅助时间

提高工艺性方法	结构		结果
	改进前	改进后	
选择合适的圆弧半径 R 和 r			改进后结构，R 大，r 小，铣刀端刃铣削面积大，提高生产率
用两面对称结构			减少编程时间，简化编程
合理改进凸台分布			减小加工劳动量
改进结构形状			减小加工劳动量

续　表

提高工艺性方法	结构		结果
	改进前	改进后	
改进尺寸比例	$\frac{H}{b}>10$	$\frac{H}{b}\leqslant10$	可用较高刚度刀具加工,提高生产率
在加工和不加工表面间加入过渡		0.5~1.5　0.5~1.5	减少加工劳动量
改进零件几何形状			斜面筋代替阶梯筋,节约材料

（3）零件毛坯的工艺性分析　零件在进行数控铣削加工时,加工过程的自动化,余量的大小、如何装夹等问题在设计毛坯时就要仔细考虑好。否则,如果毛坯不适合数控铣削,加工将很难。根据经验,下列几方面应作为毛坯工艺性分析的要点：

① 毛坯应有充分、稳定的加工余量。毛坯主要指锻件、铸件。模锻时的欠压量与允许的错模量会造成余量不均;铸造也会因砂型误差、收缩量及金属液体的流动性差不能充满型腔,造成余量的不均。此外,锻造、铸造后,毛坯的挠曲与扭曲变形量的不同也会造成加工余量不充分、不稳定。因此,除板料外,不论是锻件、铸件还是型材,采用数控铣削加工的零件,其加工面均应有较充分的余量。经验表明,数控铣削中最难保证的是加工面与非加工面之间的尺寸精度,这一点应该引起特别重视。在这种情况下,采用数控铣削加工时,应事先对毛坯的设计进行必要的更改或在设计时就加以充分考虑,即在零件图样注明的非加工面处也增加适当的余量。

② 分析毛坯的装夹适应性。主要考虑毛坯在加工时定位和夹紧的可靠性与方便性,以便在一次安装中加工出较多表面。对不便于装夹的毛坯,可考虑在毛坯上另外增加装夹余量或工艺凸台、工艺凸耳等辅助基准。如图 3-13 所示,该工件缺少合适的定位基准,在毛坯上铸出两个工艺凸耳,在凸耳上制出定位基准孔。

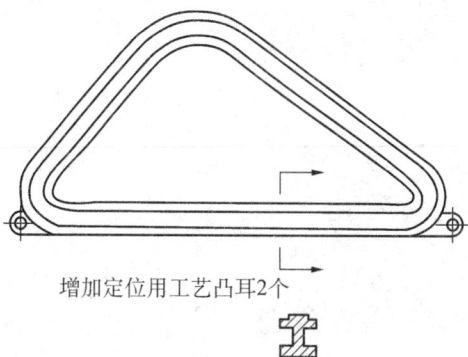

增加定位用工艺凸耳2个

图 3-13　增加辅助基准示例

③ 分析毛坯的变形、余量大小及均匀性。分析毛坯加工中与加工后的变形程度,主要是考虑在加工时要不要分层切削,分几层切削。也要分析加工中与加工后的变形程度,考虑是否应采取预防性措施与补救措施。如对于热轧件,厚铝板,经淬火时效后很容易在加工中与加工后变形,这时最好采用经预拉伸处理的淬火板坯。

3.1.3　数控铣床加工工艺路线的拟定

铣削加工工艺路线的拟订是制定铣削工艺规程的重要内容之一,其主要内容包括选择各加工表面的加工方法、划分加工阶段、划分工序以及安排工序的先后顺序等。设计者应根据从生产实践中总结出来的一些综合性工艺原则,结合本厂的实际生产条件,提出几种方案,通过对比分析,从中选择最佳方案。

1. 加工方法的选择

对于数控铣床,应重点考虑几个方面:能保证零件的加工精度和表面粗糙度的要求;使走刀路线最短,既可简化程序段,又可减少刀具空行程时间,提高加工效率;应使数值计算简单,程序段数量少,以减少编程工作量。

(1) 内孔表面加工方法的选择　在数控铣床上加工内孔表面加工方法主要有钻孔、扩孔、铰孔、镗孔和攻螺纹等,应根据被加工孔的加工要求、尺寸、具体生产条件、批量的大小及毛坯上有无预制孔等情况合理选用。

① 加工精度为 IT9 级的孔,当孔径小于 10 mm 时,可采用钻—铰方案;当孔径小于 30 mm 时,可采用钻—扩方案;当孔径大于 30 mm 时,可采用钻—镗方案。工件材料为淬火钢以外的各种金属。

② 加工精度为 IT8 级的孔,当孔径小于 20 mm 时,可采用钻—铰方案;当孔径大于 20 mm 时,可采用钻—扩—铰方案,此方案适用于加工淬火钢以外的各种金属。孔径应在 20～80 mm,也可采用最终工序为精镗的方案。

③ 加工精度为 IT7 级的孔,当孔径小于 12 mm 时,可采用钻—粗铰—精铰方案;当孔径在 12～60 mm 范围时,可采用钻—扩—粗铰—精铰方案。当毛坯上已铸出或锻出孔时,可采用粗镗—半精镗—精镗方案。最终工序为铰孔适用于未淬火钢、铸铁和有色金属。

④ 加工精度为 IT6 级的孔,最终工序可采用精细镗,工件材料为非淬火钢。

(2) 平面加工方法的选择　在数控铣床上加工平面主要采用端铣刀和立铣刀加工。粗铣的尺寸精度和表面粗糙度一般可达 IT11～IT13,$Ra6.3～25$;精铣的尺寸精度和表面粗糙度一般可达 IT8～IT10,$Ra1.6～6.3$。需要注意的是,当零件表面粗糙度要求较高时,应采用顺铣方式。

(3) 平面轮廓加工方法的选择　平面轮廓多由直线和圆弧或各种曲线构成,通常采用三坐标数控铣床进行两轴半坐标加工。图 3-14 所示为由直线和圆弧构成的零件平面轮廓 $ABCDEA$,采用半径为 R 的立铣刀沿周向加工,虚线 $A'B'C'D'E'A'$ 为刀具中心的运动轨迹。为保证加工面光滑,刀具沿 PA' 切入,沿 $A'K$ 切出。

(4) 固定斜角平面加工方法的选择　固定斜角平面是与水平成一固定夹角的斜面,常用的加工方法如下:

① 当零件尺寸不大时,可用斜垫板垫平后加工;如果机床主轴可以摆角,则可以摆成适当的定角,用不同的刀具来加工,如图 3-15 所示。当零件尺寸很大,斜面斜度又较小时,常

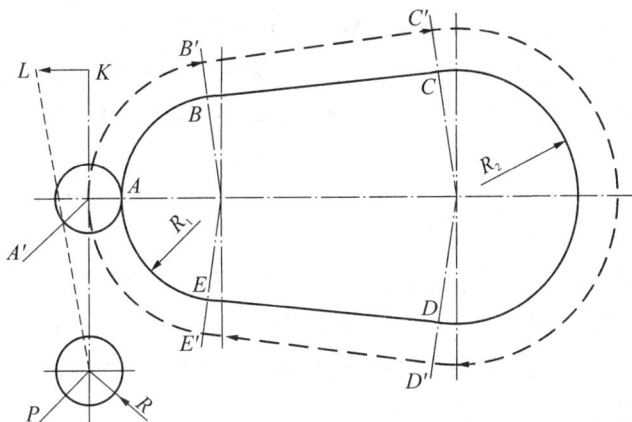

图 3‑14 平面轮廓铣削

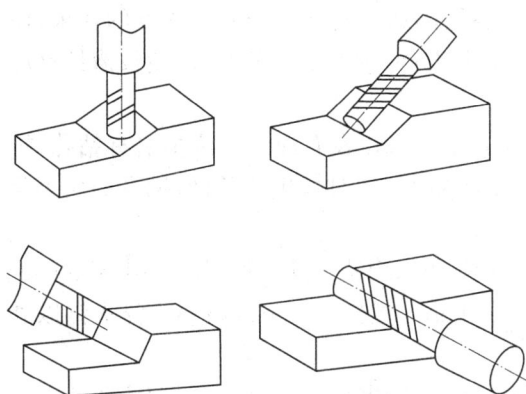

图 3‑15 主轴摆角加工固定斜面

用行切法加工,但加工后,会在加工面上留下残留面积。需要用钳修方法加以清除,用三坐标数控立铣加工飞机整体壁板零件时常用此法。当然,加工斜面的最佳方法是采用五坐标数控铣床,主轴摆角后加工,可以不留残留面积。

② 正圆台和斜盘表面一般可用专用的角度成形铣刀加工,其效果比采用五坐标数控铣床摆角加工好。

(5)变斜角面加工方法的选择

① 对曲率变化较小的变斜角面,选用 X、Y、Z 和 A 4 坐标联动的数控铣床,采用立铣刀(但当零件斜角过大,超过机床主轴摆角范围时,可用角度成形铣刀加以弥补)以插补方式摆角加工,如图 3‑16(a)所示。加工时,为保证刀具与零件型面在全长上始终贴合,刀具绕 A 轴摆角度 α。

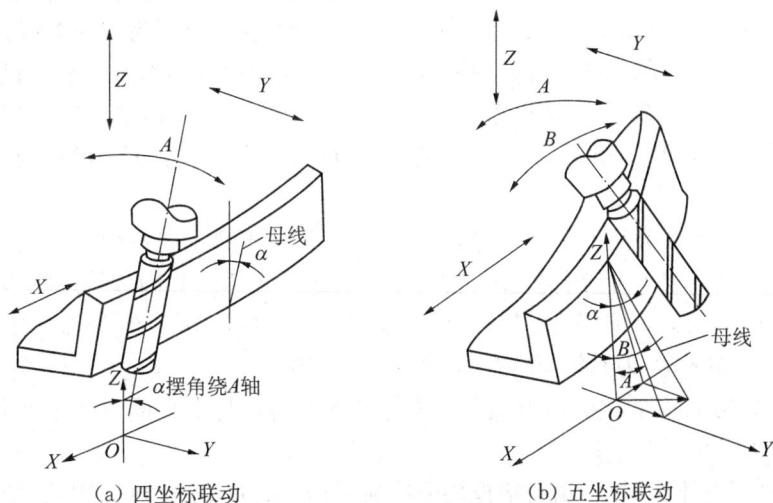

(a)四坐标联动   (b)五坐标联动

图 3‑16 四轴、五轴数控铣床加工零件变斜角面

② 对曲率变化较大的变斜角面,用四坐标联动加工难以满足加工要求,最好用 X、Y、Z、A 和 B(或 C 转轴)的五坐标联动数控铣床,以圆弧插补方式摆角加工,如图 3 - 16(b)所示。图中夹角 A 和 B 分别是零件斜面母线与 Z 坐标轴夹角 α 在 ZOY 平面上和 XOY 平面上的分夹角。

③ 采用三坐标数控铣床两坐标联动,利用球头铣刀和鼓形铣刀,以直线或圆弧插补方式进行分层铣削加工,加工后的残留面积用钳修方法清除,图 3 - 17 所示是用鼓形铣刀铣削变斜角面的情形。由于鼓形铣刀的鼓径可以做得比球头铣刀的球径大,所以加工后的残留面积高度小,加工效果比球头刀好。

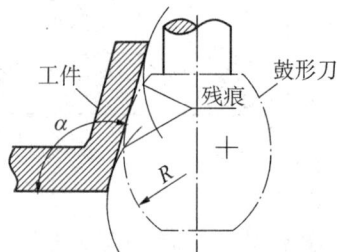

图 3 - 17　用鼓形铣刀分层铣削变斜角面

(6) 曲面轮廓加工方法的选择　立体曲面的加工应根据曲面形状、刀具形状及精度要求采用不同的铣削加工方法,如两轴半、三轴、四轴及五轴等联动加工。

① 对曲率变化不大和精度要求不高的曲面的粗加工,常用两轴半坐标的行切法加工,即 X、Y、Z 3 轴中任意两轴作联动插补,第三轴作单独的周期进给。如图 3 - 18 所示,将 X 向分成若干段,球头铣刀沿 YOZ 面所截的曲线进行铣削,每一段加工完后进给 ΔX 再加工另一相邻曲线,如此依次切削即可加工出整个曲面。在行切法中要根据轮廓表面粗糙程度的要求及刀头不干涉相邻表面的原则选取 ΔX。球头铣刀的刀头半径应选得大一些,有利于散热,但刀头半径应小于内凹曲面的最小曲率半径。

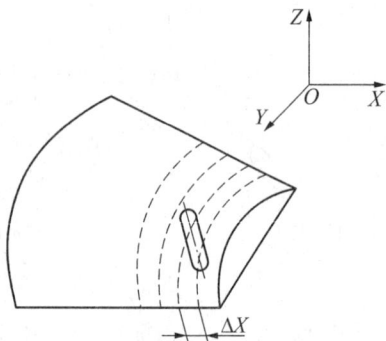

图 3 - 18　两轴半坐标行切法加工曲面

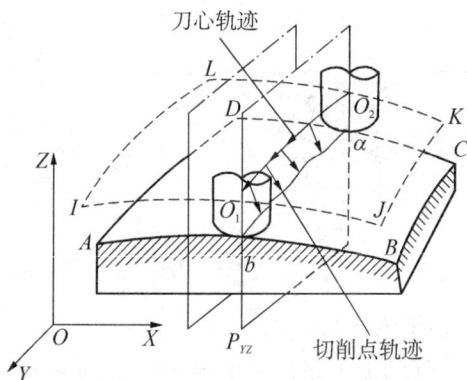

图 3 - 19　两轴半坐标行切法加工切削点的轨迹

两轴半坐标加工曲面的刀心轨迹 O_1O_2 和切削点轨迹 ab 如图 3 - 19 所示。图中 $ABCD$ 为被加工曲面,P_{YZ} 为平行于 YZ 坐标平面的一个行切面,刀心轨迹 O_1O_2 为曲面 $ABCD$ 的等距面 $IJKL$ 与行切面 P_{YZ} 交线,显然 O_1O_2 是一条平面曲线。由于曲面的曲率变化,改变了球头刀与曲面切削点的位置,使切削点的连线成为一条空间曲线,从而在曲面上形成扭曲的残留沟纹。

② 对曲率变化较大和精度要求较高的曲面的精加工,常用 X、Y、Z 3 坐标联动插补的行切法加工。如图 3 - 20 所示,P_{YZ} 平面为平行于坐标平面的一个行切面,它与曲面的交线为 ab。由于是三坐标联动,球头刀与曲面的切削点始终处在平面曲线 ab 上,可获得较规则

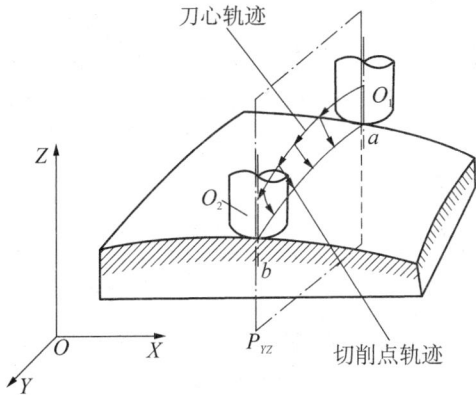

图 3-20 三轴联动行切法加工曲面切削点的轨迹

的残留沟纹。但这时的刀心轨迹 O_1O_2 不在 P_{YZ} 平面上,而是一条空间曲线。

③ 对叶轮、螺旋桨这样的零件,因其叶片形状复杂,刀具容易与相邻表面干涉,常用五坐标联动加工,加工原理如图 3-21 所示。半径为 R_i 的圆柱面与叶面的交线 AB 为螺旋线的一部分,螺旋角为 ψ_i,叶片的径向叶形线(轴向割线)EF 的倾角 α 为后倾角,螺旋线 AB 用极坐标加工方法,并且以折线段逼近。逼近段 mn 是由 C 坐标旋转 $\Delta\theta$ 与 Z 坐标位移 ΔZ 的合成。当 AB 加工完后,刀具径向位移 ΔX(改变 R_i),再加工相邻的另一条叶形线,依次加工即可形成整个叶面。

由于叶面的曲率半径较大,所以常采用立铣刀加工,以提高生产率并简化程序。为保证铣刀端面始终与曲面贴合,铣刀还应作由坐标 A 和坐标 B 形成的 θ_1 和 α_1 的摆角运动。在摆角的同时,还应作直角坐标的附加运动,以保证铣刀端面中心始终位于编程值所规定的位置上,所以需要五坐标加工。这种加工的编程计算相当复杂,一般采用自动编程。

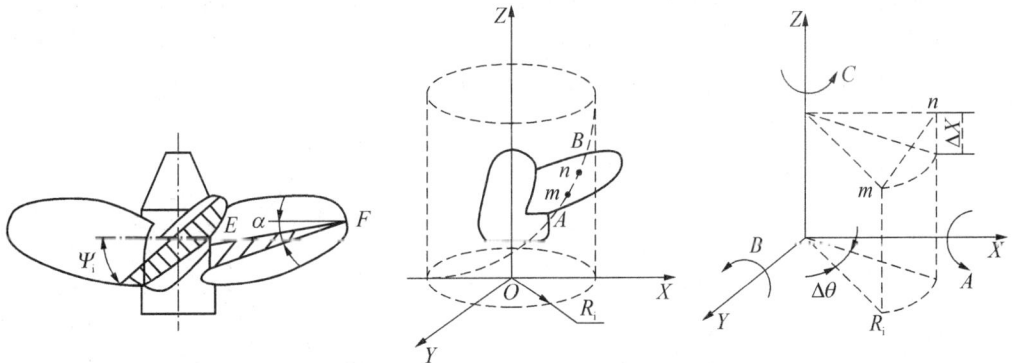

图 3-21 曲面的五坐标联动加工

2. 加工阶段的划分

当零件的加工质量要求较高时,往往不可能用一道工序来满足要求,而要用几道工序逐步达到所要求的加工质量。为保证加工质量和合理地使用设备、人力,零件的加工过程通常按工序性质不同,可分为粗加工、半精加工、精加工和光整加工 4 个阶段。

(1)粗加工阶段 任务是切除毛坯上大部分多余的金属,使毛坯在形状和尺寸上接近零件成品,因此,主要目标是提高生产率。

(2)半精加工阶段 其任务是使主要表面达到一定的精度,留有一定的精加工余量,为主要表面的精加工(如精车、精磨)做好准备。并可完成一些次要表面加工,如扩孔、攻螺纹、铣键槽等。

(3)精加工阶段 其任务是保证各主要表面达到规定的尺寸精度和表面粗糙度要求。主要目标是全面保证加工质量。

(4)光整加工阶段 对零件上精度和表面粗糙程度要求很高(IT6 级以上,表面粗糙度

为 $Ra0.2$ 以下)的表面,需进行光整加工,其主要目标是提高尺寸精度、减小表面粗糙度。一般不用来提高位置精度。

划分加工阶段的目的如下:

① 保证加工质量。工件在粗加工时,切除的金属层较厚,切削力和夹紧力都比较大,切削温度也比较高,将会引起较大的变形。如果不划分加工阶段,粗、精加工混在一起,就无法避免上述原因引起的加工误差。按加工阶段加工,粗加工造成的加工误差可以通过半精加工和精加工来纠正,从而保证零件的加工质量。

② 合理使用设备。粗加工余量大,切削用量大,可采用功率大、刚度好、效率高而精度低的机床。精加工切削力小,对机床破坏小,采用高精度机床。这样发挥了设备的各自特点,既能提高生产率,又能延长精密设备的使用寿命。

③ 便于及时发现毛坯缺陷。对毛坯的各种缺陷,如铸件的气孔、夹砂和余量不足等,在粗加工后即可发现,便于及时修补或决定报废,以免继续加工下去,造成浪费。

④ 便于安排热处理工序。如粗加工后,一般要安排去应力热处理,以消除内应力。精加工前要安排淬火等最终热处理,其变形可以通过精加工予以消除。

加工阶段的划分也不应绝对化,应根据零件的质量要求、结构特点和生产纲领灵活掌握。对加工质量要求不高、工件刚性好、毛坯精度高、加工余量小、生产纲领不大时,可不必划分加工阶段。对刚性好的重型工件,由于装夹及运输很费时,也常在一次装夹下完成全部粗、精加工。对于不划分加工阶段的工件,为减少粗加工中产生的各种变形对加工质量的影响,在粗加工后,松开夹紧机构,停留一段时间,让工件充分变形,然后再用较小的夹紧力重新夹紧,进行精加工。

3. 工序的划分

工序的划分可以采用两种不同原则,即工序集中原则和工序分散原则。

(1) 工序集中原则　工序集中原则是指每道工序包括尽可能多的加工内容,从而使工序的总数减少。采用工序集中原则的优点是:有利于采用高效的专用设备和数控机床,提高生产效率;减少工序数目,缩短工艺路线,简化生产计划和生产组织工作;减少机床数量、操作工人数和占地面积;减少工件装夹次数,不仅保证了各加工表面间的相互位置精度,而且减少了夹具数量和装夹具数量和装夹工件的辅助时间。但专用设备和工艺装备投资大、调整维修比较麻烦、生产准备周期较长,不利于转产。

(2) 工序分散原则　工序分散就是将工件的加工分散在较多的工序内进行,每道工序的加工内容很少。采用工序分散原则的优点是:加工设备和工艺装备结构简单,调整和维修方便,操作简单,转产容易;有利于选择合理的切削用量,减少机动时间。但工艺路线较长,所需设备及工人人数多,占地面积大。

(3) 工序划分方法　工序划分主要考虑生产纲领、所用设备及零件本身的结构和技术要求等。大批量生产时,若使用多轴、多刀的高效加工中心,可按工序集中原则组织生产;若在由组合机床组成的自动线上加工,工序一般按分散原则划分。随着现代数控技术的发展,特别是加工中心的应用,工艺路线的安排更多地趋向于工序集中。单件小批生产时,通常采用工序集中原则。成批生产时,可按工序集中原则划分,也可按工序分散原则划分,应视具体情况而定。对于结构尺寸和重量都很大的重型零件,应采用工序集中原则,以减少装夹次数和运输量。对于刚性差、精度高的零件,应按工序分散原则划分工序。

在数控铣床上加工的零件,一般按工序集中原则划分工序,划分方法如下:

① 按所用刀具划分。以同一把刀具完成的那一部分工艺过程为一道工序,这种方法适用于工件的待加工表面较多,机床连续工作时间过长,加工程序的编制和检查难度较大等情况。加工中心常用这种方法划分。

② 按安装次数划分。以一次安装完成的那一部分工艺过程为一道工序。这种方法适用于工件的加工内容不多的工件,加工完成后就能达到待检状态。

③ 按粗、精加工划分。即精加工中完成的那一部分工艺过程为一道工序,粗加工中完成的那一部分工艺过程为一道工序。这种划分方法适用于加工后变形较大,需粗、精加工分开的零件,如毛坯为铸件、焊接件或锻件。

④ 按加工部位划分。即以完成相同型面的那一部分工艺过程为一道工序,对于加工表面多而复杂的零件,可按其结构特点(如内形、外形、曲面和平面等)划分多道工序。

4. 加工顺序的安排

在选定加工方法、划分工序后,工艺路线拟定的主要内容就是合理安排这些加工方法和加工工序的顺序。零件的加工工序通常包括切削加工工序、热处理工序和辅助工序(包括表面处理、清洗和检验等),这些工序的顺序直接影响到零件的加工质量、生产效率和加工成本。因此,在设计工艺路线时,应合理安排好切削加工、热处理和辅助工序的顺序,并解决好工序间的衔接问题。

(1) 切削加工工序的安排 切削加工工序通常按下列原则安排顺序:

① 基面先行原则。用作精基准的表面应优先加工出来,因为定位基准的表面越精确,装夹误差就越小。例如轴类零件加工时,总是先加工中心孔,再以中心孔为精基准加工外圆表面和端面。又如箱体类零件总是先加工定位用的平面和两个定位孔,再以平面和定位孔为精基准加工孔系和其他平面。

② 先粗后精原则。各个表面的加工顺序按照粗加工—半精加工—精加工—光整加工的顺序依次进行,逐步提高表面的加工精度和减小表面粗糙度。

③ 先主后次原则。零件的主要工作表面、装配基面应先加工,从而能及早发现毛坯中主要表面可能出现的缺陷。次要表面可穿插进行,放在主要加工表面加工到一定程度后、最终精加工之前进行。

④ 先面后孔原则。对箱体、支架类零件,平面轮廓尺寸较大,一般先加工平面,再加工孔和其他尺寸。这样安排加工顺序,一方面用加工过的平面定位,稳定可靠;另一方面在加工过的平面上加工孔,比较容易,并能提高孔的加工精度,特别是钻孔,孔的轴线不易偏斜。

(2) 热处理工序的安排 为提高材料的力学性能、改善材料的切削加工性能和消除工件的内应力,在工艺过程中要适当安排一些热处理工序。热处理工序在工艺路线中的安排主要取决于零件的材料和热处理的目的。

① 预备热处理。预备热处理的目的是改善材料的切削性能,消除毛坯制造时的残余应力,改善组织。其工序位置多在机械加工之前,常用的有退火、正火等。

② 消除残余应力热处理。由于毛坯在制造和机械加工过程中产生的内应力,会引起工件变形,影响加工质量,因此,要安排消除残余应力热处理。消除残余应力热处理最好在安排粗加工之后精加工之前,对精度要求不高的零件,一般将消除残余应力的人工时效和退火安排在毛坯进入机加工车间之前进行。对精度要求较高的复杂铸件,在机加工过程中通常

安排两次时效处理:铸造—粗加工—时效—半精加工—时效—精加工。对高精度零件,如精密丝杠、精密主轴等,应安排多次消除残余应力热处理,甚至采用冰冷处理以稳定尺寸。

③最终热处理。最终热处理的目的是提高零件的强度、表面硬度和耐磨性,常安排在精加工工序(磨削加工)之前。常用的有淬火、渗碳、渗氮和碳氮共渗等。

(3)辅助工序的安排　辅助工序主要包括检验、清洗、去毛刺、去磁、倒棱边、涂防锈油和平衡检验等。其中检验工序是主要的辅助工序,是保证产品质量的主要措施之一,一般安排在粗加工全部结束精加工之前、重要工序之后、工件在不同车间之间转移前和工件全部加工结束后。

(4)数控加工工序与普通工序的衔接　数控工序前后一般都穿插有其他普通工序,衔接不好就容易产生矛盾,因此要解决好数控工序与非数控工序之间的衔接问题。最好的办法是建立相互状态要求,例如,是否为后道工序留加工余量、留多少;定位面与孔的精度要求及形位公差等。其目的是达到相互能满足加工需要,且质量目标与技术要求明确、交接验收有依据。关于手续问题,如果是在同一个车间,可由编程人员与主管该零件的工艺员协商确定,在制定工序工艺文件中互审会签,共同负责;如果不是在同一个车间,则应用交接状态表进行规定,共同会签,然后反映在工艺规程中。

5.加工路线的确定

在确定走刀路线时,针对数控铣床的特点,应重点考虑以下几个方面:

(1)保证零件的加工精度和表面粗糙度　如图3-22所示,当铣削平面零件外轮廓时,一般采用立铣刀侧刃切削。刀具切入工件时,应避免沿零件外廓的法向切入,而应沿外廓曲线延长线的切向切入,以避免在切入处产生刀具的刻痕而影响表面质量,保证零件外轮廓曲线平滑过渡。同理,在切离工件时,也应避免在工件的轮廓处直接退刀,而应该沿零件轮廓延长线的切向逐渐切离工件。

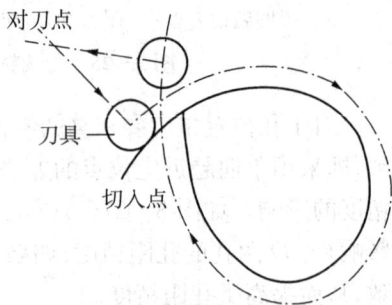

图3-22　外轮廓加工刀具的切入和切出

铣削封闭的内轮廓表面时,若内轮廓曲线允许外延,则应沿切线方向切入切出。如内轮廓曲线不允许外延,如图3-23所示,则刀具只能沿内轮廓曲线的法向切入切出,此时刀具的切入切出点应尽量选在内轮廓曲线两极和元素的交点处。当内部几何元素相切无交点时,

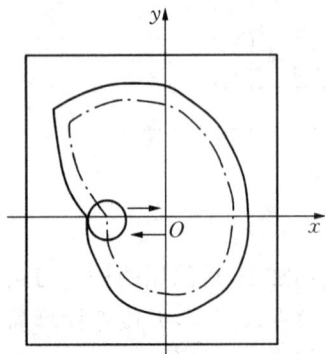

图3-23　内轮廓加工刀具的切入和切出

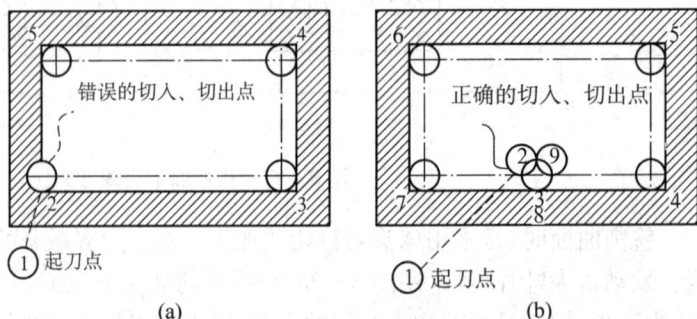

(a)　　　　(b)

图3-24　无交点内轮廓加工刀具的切入和切出

如图 3-24(a)所示取消刀补会在轮廓拐角处留下凹口,应使刀具切入切出点远离拐角,如图 3-24(b)所示。

图 3-25 所示为圆弧插补方式铣削外整圆时的走刀路线。当整圆加工完毕时,不在切点处直接退刀,而应让刀具沿切线方向多运动一段距离,以免取消刀补时,刀具与工件表面相碰,造成工件报废。铣削内圆弧时也要遵循从切向切入的原则,最好安排从圆弧过渡到圆弧的加工路线,如图 3-26 所示,这样可以提高内孔表面的加工精度和加工质量。

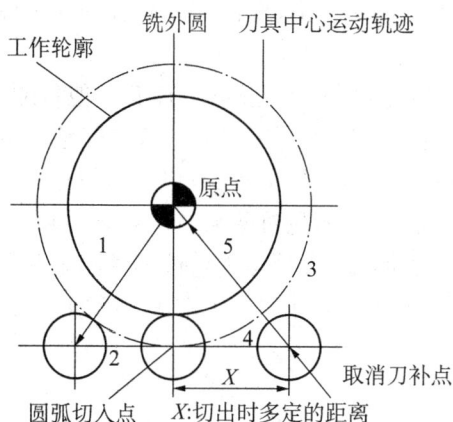

图 3-25 外圆铣削

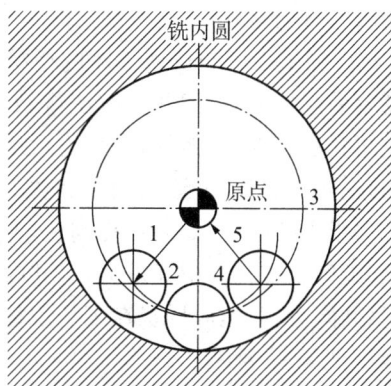

图 3-26 内圆铣削

对于孔位置精度要求高的零件,在精镗孔系时,镗孔路线一定要注意各孔的定位方向一致,即采用单向趋近定位点的方法,以避免传动系统反向间隙误差或测量系统的误差对定位精度的影响。如图 3-27(a)所示的孔系加工路线,在加工孔 D 时,X 方向的反向间隙将会影响 C、D 两孔的孔距精度;如果改为图 3-27(b)所示的加工路线,可使各孔的定位方向一致,从而提高了孔距精度。

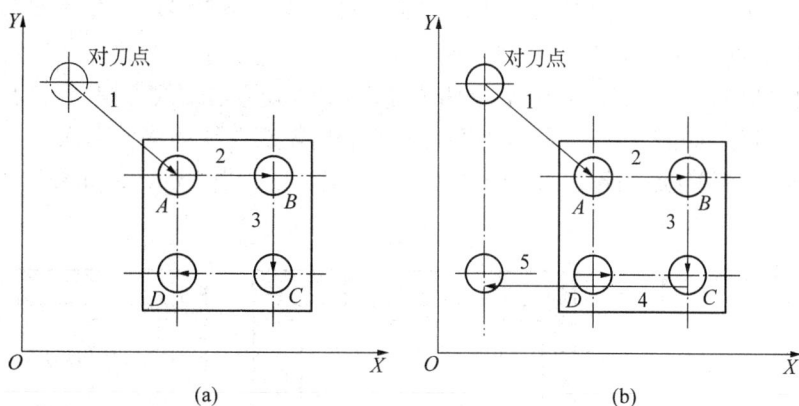

(a)

(b)

图 3-27 孔系加工路线方案比较

铣削曲面时,常采用球头刀行切法加工。对于边界敞开的曲面加工,可采用两种走刀路线。发动机大叶片,当采用图 3-28(a)所示的加工方案时,每次沿直线加工,刀位点计算简单,程序少,加工过程符合直纹面的形成,可以准确保证母线的直线度;当采用图 3-28(b)所示的加工方案时,符合这类零件数据给出情况,便于加工后检验,叶形的准确度较高,但程序

较多。由于曲面零件的边界是敞开的，没有其他表面限制，所以边界曲面可以延伸，球头刀应由边界外开始加工。

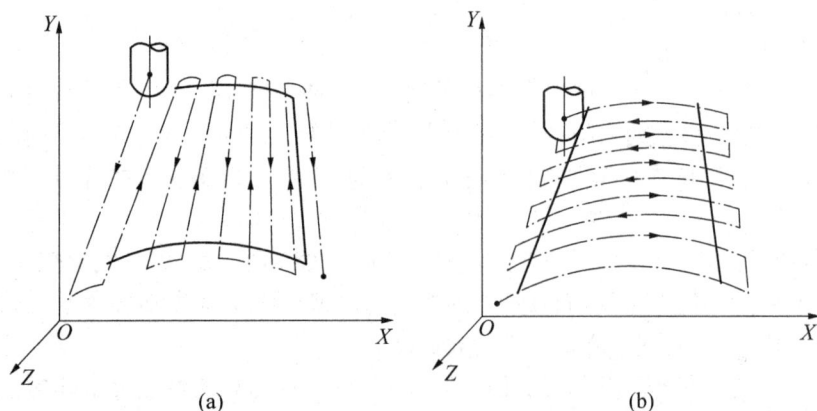

图 3-28   曲面加工有走刀路线

此外，轮廓加工中应避免进给停顿。因为加工过程中的切削力会使工艺系统产生弹性变形并处于相对平衡状态，进给停顿时，切削力突然减小，会改变系统的平衡状态，刀具会在进给停顿处的零件轮廓上留下刻痕。

为提高工件表面的精度和减小粗糙度，可以采用多次走刀的方法，精加工余量一般以 0.2～0.5 mm 为宜。而且精铣时宜采用顺铣，以减小零件被加工表面粗糙度的值。

(2) 走刀路线最短   减少刀具空行程时间，提高加工效率。如图 3-29 所示，在工件上加工孔，按照一般习惯，总是先加工均布于同一圆周上的八个孔，再加工另一圆周上的孔。但是对点位控制的数控机床而言，要求定位精度高，定位过程尽可能快，因此这类机床应按空程最短来安排走刀路线如图 3-29(b)所示，以节省加工时间。

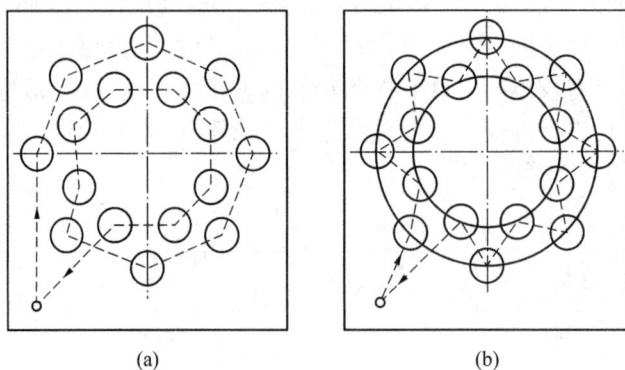

图 3-29   最短加工路线选择

3.1.4   数控铣削加工工序设计

1. 夹具的选择

数控铣床可以加工形状复杂的零件，但数控铣床上的工件装夹方法与普通铣床一样，所使用的夹具往往并不很复杂，只要求有简单的定位、夹紧机构就可以了。但要将加工部位敞

开,不能因装夹工件而影响进给和切削加工。选择夹具时,应注意减少装夹次数,尽量做到在一次安装中能把零件上所有要加工的表面都加工出来。

2. 刀具的选择

对刀具的基本要求是:

(1) 铣刀刚性要好　　要求铣刀刚性好的目的,一是满足为提高生产效率而采用大切削用量的需要,二是为适应数控铣床加工过程中难以调整切削用量的特点。在数控铣削中,因铣刀刚性较差而断刀并造成零件损伤的事例是经常有的,所以解决数控铣刀的刚性问题是至关重要的。

(2) 铣刀的耐用度要高　　当一把铣刀加工的内容很多时,如果刀具磨损较快,不仅会影响零件的表面质量和加工精度,而且会增加换刀与对刀次数,从而导致零件加工表面留下因对刀误差而形成的接刀台阶,降低零件的表面质量。

除上述两点之外,铣刀切削刃的几何角度参数的选择与排屑性能等也非常重要。切屑粘刀形成积屑瘤在数控铣削中是十分忌讳的。总之,根据被加工工件材料的热处理状态、切削性能及加工余量,选择刚性好,耐用度高的铣刀,是充分发挥数控铣床的生产效率并获得满意加工质量的前提条件。

3. 切削用量的选择

影响切削用量的因素有:

(1) 机床　　切削用量的选择,必须在机床主传动功率、进给传动功率以及主轴转速范围、进给速度范围之内。机床-刀具-工件系统的刚性是限制切削用量的重要因素。切削用量的选择应使机床-刀具-工件系统不发生较大的振颤。如果机床的热稳定性好,热变形小,可适当加大切削用量。

(2) 刀具　　刀具材料是影响切削用量的重要因素,表3-2是常用刀具材料的性能比较。

数控机床多采用可转位刀片(机夹刀片)并具有一定的寿命。机夹刀片的材料和形状尺寸必须与程序中的切削速度和进给量相适应并存入刀具参数中。不同的工件材料要采用与之适应的刀具材料、刀片类型,要注意可切削性。可切削性良好的标志是:在高速切削下有效地形成切屑,同时具有较小的刀具磨损和较好的表面加工质量;较高的切削速度、较小的背吃刀量和进给量,可以获得较好的表面粗糙度。合理的恒切削速度、较小的背吃刀量和进给量可以得到较高的加工精度。

表3-2　常用刀具材料的性能比较

刀具材料	切削速度	耐磨性	硬度	硬度随温度变化
高速钢	最低	最差	最低	最大
硬质合金	低	差	低	大
陶瓷刀片	中	中	中	中
金刚石	高	好	高	小

(3) 冷却液　　在冷却的同时,还具有润滑作用。带走切削过程产生的切削热,降低工件、刀具、夹具和机床的温升,减少刀具与工件的摩擦和磨损,提高刀具寿命和工件表面加工质量。使用冷却液后,通常可以提高切削用量。冷却液必须定期更换,以防因其老化而腐蚀

机床导轨或其他零件,特别是水溶性冷却液。

铣削加工的切削用量包括切削速度、进给速度、背吃刀量和侧吃刀量。从刀具耐用度出发,切削用量的选择方法是:先选择背吃刀量或侧吃刀量,其次选择进给速度,最后确定切削速度。

(4) 背吃刀量 a_P 或侧吃刀量 a_e　背吃刀量 a_P 为平行于铣刀轴线测量的切削层尺寸,单位为 mm。端铣时,a_P 为切削层深度;而圆周铣削时,为被加工表面的宽度。侧吃刀量 a_e 为垂直于铣刀轴线测量的切削层尺寸,单位为 mm。端铣时,a_e 为被加工表面宽度;而圆周铣削时,a_e 为切削层深度,如图 3-30 所示。

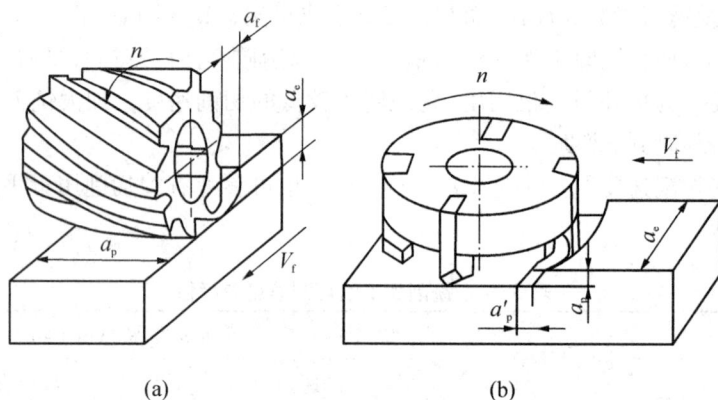

图 3-30　铣削加工的切削用量

背吃刀量或侧吃刀量的选取主要由加工余量和对表面质量的要求决定:

① 当工件表面粗糙度值要求为 $Ra12.5 \sim Ra25 \ \mu m$ 时,如果圆周铣削加工余量小于 5 mm,端面铣削加工余量小于 6 mm,粗铣一次进给就可以达到要求。但是在余量较大,工艺系统刚性较差或机床动力不足时,可分为两次进给完成。

② 当工件表面粗糙度值要求为 $Ra3.2 \sim Ra12.5 \ \mu m$ 时,应分为粗铣和半精铣两步进行。粗铣时背吃刀量或侧吃刀量选取同前。粗铣后留 $0.5 \sim 1.0$ mm 余量,在半精铣时切除。

③ 当工件表面粗糙度值要求为 $Ra0.8 \sim Ra3.2 \ \mu m$ 时,应分为粗铣、半精铣、精铣 3 步进行。半精铣时背吃刀量或侧吃刀量取 $1.5 \sim 2$ mm;精铣时,圆周铣侧吃刀量取 $0.3 \sim 0.5$ mm,面铣刀背吃刀量取 $0.5 \sim 1$ mm。

(2) 进给量 f 与进给速度 V_f 的选择　铣削加工的进给量(mm/r)是指刀具转一周,工件与刀具沿进给运动方向的相对位移量;进给速度 V_f(mm/min)是单位时间内工件与铣刀沿进给方向的相对位移量。进给速度与进给量的关系为 $V_f = nf$(n 为铣刀转速,单位 r/min)。进给量与进给速度是数控铣床加工切削用量中的重要参数,根据零件的表面粗糙度、加工精度要求、刀具及工件材料等因素,参考切削用量手册选取,或通过选取每齿进给量 f_z,再根据公式 $f = Zf_z$,(Z 为铣刀齿数)计算。每齿进给量 f_z 的选取主要依据工件材料的力学性能、刀具材料、工件表面粗糙度等因素。工件材料强度和硬度越高,f_z 越小;反之则越大。硬质合金铣刀的每齿进给量高于同类高速钢铣刀。工件表面粗糙度要求越高,f_z 就越小。每齿进给量的确定可参考表 3-3 选取。工件刚性差或刀具强度低时,应取较小值。

表 3-3　铣刀每齿进给量参考值

工件材料	每齿进给量 f_z/mm			
	粗铣		精铣	
	高速钢铣刀	硬质合金铣刀	高速钢铣刀	硬质合金铣刀
钢	0.1~0.15	0.1~0.25	0.02~0.05	0.10~0.15
铸铁	0.12~0.20	0.15~0.30		

（3）切削速度 V_c(m/min)　铣削的切削速度 V_c 与刀具的耐用度、每齿进给量、背吃刀量、侧吃刀量以及铣刀齿数成反比，而与铣刀直径成正比。其原因是当 f_z、a_p、a_e 和 Z 增大时，刀刃负荷增加，而且同时工作的齿数也增多，使切削热增加，刀具磨损加快，从而限制了切削速度的提高。为提高刀具耐用度，允许使用较低的切削速度。加大铣刀直径则可改善散热条件，可以提高切削速度。

铣削加工的切削速度 V_c，可参考表 3-4 选取，也可参考有关切削用量手册中的经验公式通过计算选取。

表 3-4　铣削加工的切削速度参考值

工件材料	硬度（HBS）	铣削速度 V_c/(m/min)	
		高速钢铣刀	硬质合金铣刀
钢	<225	18~42	66~150
	225~325	12~36	54~120
	325~425	6~21	36~75
铸铁	<190	21~36	66~150
	190~260	9~18	45~90
	260~320	4.5~10	21~30

3.1.5　数控铣削加工中的装刀与对刀

对刀点与换刀点的选择主要根据加工操作的实际情况，考虑如何在保证加工精度的同时，使操作简便。

1. 对刀点的选择

工件在机床加工尺寸范围内的安装位置是任意的，要正确执行加工程序，必须确定工件在机床坐标系中的确切位置。对刀点是工件在机床上定位装夹后，设置在工件坐标系中，用于确定工件坐标系与机床坐标系空间位置关系的参考点。在工艺设计和程序编制时，应以操作简单、对刀误差小为原则，合理设置对刀点。

对刀点可以设置在工件上，也可以设置在夹具上，但都必须在编程坐标系中有确定的位置，如图 3-31 中的 X_1 和 Y_1。对刀点既可以与编程原点重合，也可以不重合，这主要取决于加工精度和对刀的方便性。当对刀点与编程原点重合时，$X_1 = 0$，$Y_1 = 0$。

为了保证零件的加工精度要求，对刀点应尽可能选在零件的设计基准或工艺基准上。

如以零件上孔的中心点或两条相互垂直的轮廓边的交点作为对刀点较为合适，但应根据加工精度对这些孔或轮廓面提出相应的精度要求，并在对刀点之前准备好。有时零件上没有合适的部位，也可以加工出工艺孔用来对刀。

　2. 对刀工具

　（1）寻边器　主要用于确定工件坐标系原点在机床坐标系中的 X、Y 值，也可以测量工件的简单尺寸。

　寻边器有偏心式（见图 3 - 32）和光电式（见图 3 - 33）等类型，其中光电式较为常用。光电式寻边器的测头一般为 $\phi10$ mm 的钢球，用弹簧拉紧在光电式寻边器的测杆上，碰到工件时可以退让，并将电路导通，发出光信号，通过光电式寻边器的指示和机床坐标位置即可得到被测表面的坐标位置，具体使用方法见下述对刀实例。

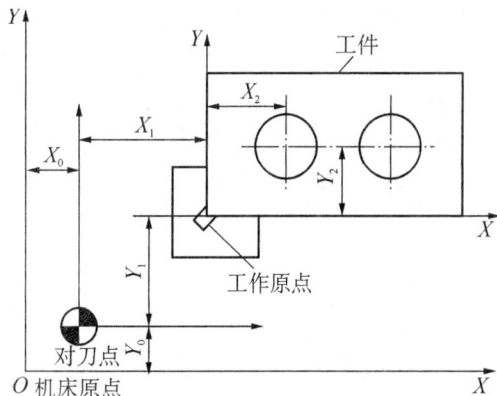

图 3 - 31　对刀点的选择

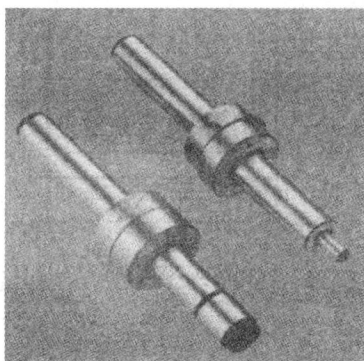

图 3 - 32　偏心式寻边器

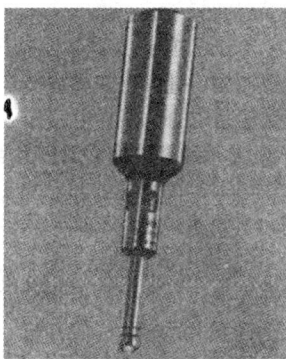

图 3 - 33　光电式寻边器

　（2）Z 轴设定器　Z 轴设定器主要用于确定工件坐标系原点在机床坐标系的 Z 轴坐标，即确定刀具在机床坐标系中的高度。

　Z 轴设定器有光电式和指针式等类型，通过光电指示或指针判断刀具与对刀器是否接触，对刀精度一般可达 0.005 mm。Z 轴设定器带有磁性表座，可以牢固地附着在工件或夹具上，其高度一般为 50 mm 或 100 mm，如图 3 - 34 所示。

图 3 - 34　Z 轴设定器

　无论采用哪种工具，都是使数控铣床主轴中心与对刀点重合，利用机床的坐标显示确定对刀点在机床坐标系中的位置，从而确定工件坐标系在机床坐标系中的位置。简单说，对刀就是告诉机床工件装夹在机床工作台的什么地方。

　例 3 - 1　如图 3 - 35 所示零件，采用寻边器对刀，其详细步骤如下：

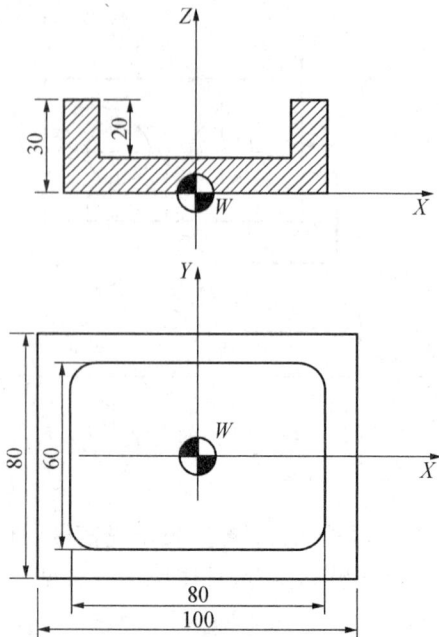

图 3-35 内轮廓型腔零件图

（1）X、Y 向对刀

① 将工件通过夹具装在机床工作台上，装夹时，工件的 4 个侧面都应留出寻边器的测量位置。

② 快速移动工作台和主轴，让寻边器测头靠近工件的左侧。

③ 改用微调操作，让测头慢慢接触到工件左侧，直到寻边器发光，记下此时机床坐标系中的 X 坐标值，如 -310.300。

④ 抬起寻边器至工件上表面之上，快速移动工作台和主轴，让测头靠近工件右侧。

⑤ 改用微调操作，让测头慢慢接触到工件右侧，直到寻边器发光，记下此时机械坐标系中的 x 坐标值，如 -200.300。

⑥ 若测头直径为 $\phi 10$ mm，则工件长度为 $-200.300 - (-310.300) - 10 = 100$，据此可得工件坐标系原点 W 在机床坐标系中的 X 坐标值为 $-310.300 + 100/2 + 5 = -255.300$。

⑦ 同理可测得工件坐标系原点 W 在机械坐标系中的 Y 坐标值。

（2）Z 向对刀

① 卸下寻边器，将加工所用刀具装上主轴。

② 将 Z 轴设定器（或固定高度的对刀块，以下同）放置在工件上平面上。

③ 快速移动主轴，让刀具端面靠近 Z 轴设定器上表面。

④ 改用微调操作，让刀具端面慢慢接触到 Z 轴设定器上表面，直到其指针指示到零位。

⑤ 记下此时机床坐标系中的 Z 值，如 -250.800。

⑥ 若 Z 轴设定器的高度为 50 mm，则工件坐标系原点 W 在机械坐标系中的 Z 坐标值为 $-250.800 - 50 - (30 - 20) = -310.800$。

（3）输入坐标值　将测得的 X、Y、Z 值输入到机床工件坐标系存储地址中（一般使用 G54~G59 代码存储对刀参数）。

（4）注意事项

在对刀操作过程中需注意以下问题：

① 根据加工要求采用正确的对刀工具，控制对刀误差。

② 在对刀过程中，可通过改变微调进给量来提高对刀精度。

③ 对刀时需小心谨慎操作，尤其要注意移动方向，避免发生碰撞危险。

④ 对刀数据一定要存入与程序对应的存储地址，防止因调用错误而产生严重后果。

（5）换刀点的选择　由于数控铣床采用手动换刀，换刀时操作人员的主动性较高，换刀点只要设在零件外面，不发生换刀阻碍即可。

案　例

1. 平面凸轮的数控铣削工艺分析

图 3-36 所示为槽形凸轮零件,在铣削加工前,该零件是一个经过加工的圆盘,圆盘直径为 $\phi280$ mm,带有两个基准孔 $\phi35$ mm 及 $\phi12$ mm。$\phi35$ mm 及 $\phi12$ mm 两个定位孔,X 面已在前面加工完毕,本工序是在数控铣床上加工槽。该零件的材料为 HT200,试分析其数控铣削加工工艺。

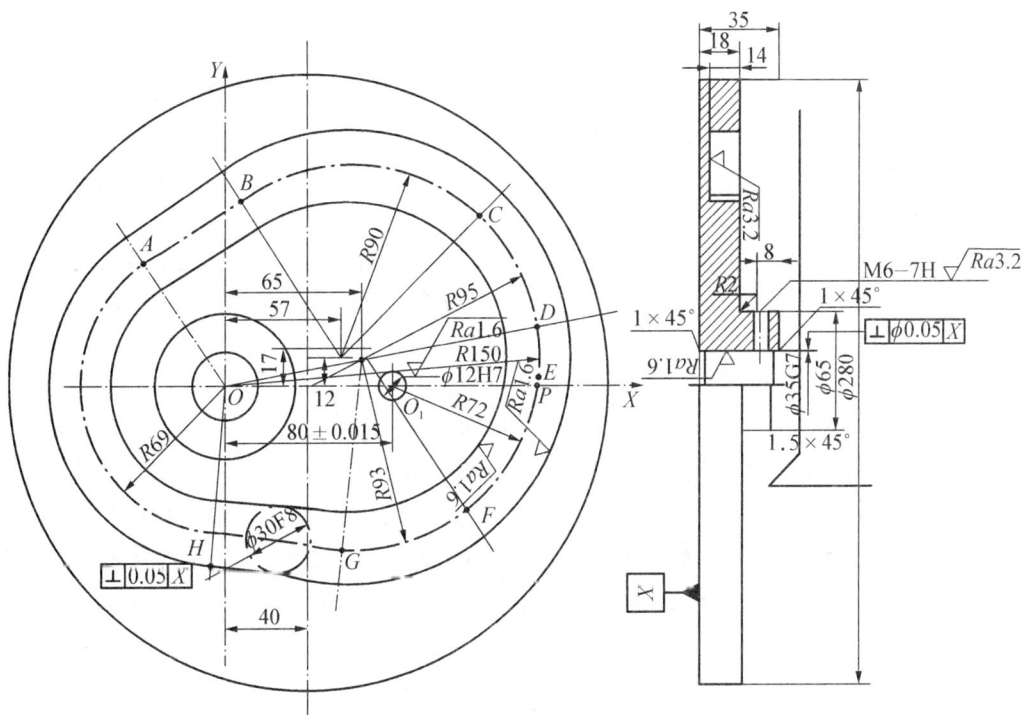

图 3-36　槽形凸轮零件

(1) 零件图工艺分析　该零件凸轮轮廓由 HA、BC、DE、FG 和直线 AB、HG 以及过渡圆弧 CD、EF 组成。组成轮廓的各几何元素关系清楚,条件充分,所需要基点坐标容易求得。凸轮内外轮廓面对 X 面有垂直度要求。材料为铸铁,切削工艺性较好。

根据分析,采取以下工艺措施:凸轮内外轮廓面对 X 面有垂直度要求,只要提高装夹精度,使 X 面与铣刀轴线垂直,即可保证。

(2) 选择设备　加工平面凸轮的数控铣削,一般采用两轴以上联动的数控铣床,因此首先要考虑的是零件的外形尺寸和重量,使其在机床的允许范围以内。其次考虑数控机床的精度是否能满足凸轮的设计要求。第三,看凸轮的最大圆弧半径是否在数控系统允许的范围之内。根据以上 3 条即可确定所要使用的数控机床为两轴以上联动的数控铣床。

(3) 确定零件的定位基准和装夹方式　定位基准采用"一面两孔"定位,即用圆盘 X 面和两个基准孔作为定位基准。

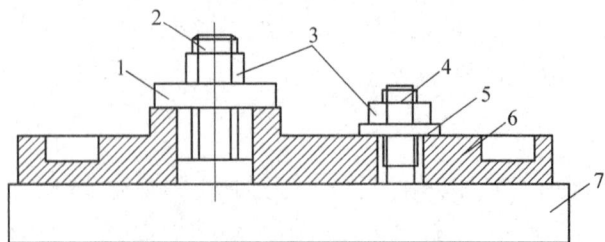

1—开口垫圈 2—带螺纹圆柱销 3—压紧螺母 4—带螺纹削
边销 5—垫圈 6—工件 7—垫块

图 3-37 凸轮加工装夹示意图

根据工件特点,用一块 320 mm × 320 mm × 40 mm 的垫块,在垫块上分别精镗 ϕ35 mm 及 ϕ12 mm 两个定位孔(配圆柱定位销和菱形定位销),孔距离(80±0.015)mm,垫板平面度为 0.05 mm,该零件在加工前,先固定夹具的平面,使两定位销孔的中心连线与机床 x 轴平行,夹具平面要保证与工作台面平行,并用百分表检查,如图 3-37 所示。

(4)确定加工顺序及走刀路线 整个零件的加工顺序的拟订按照基面先行、先粗后精的原则确定。因此应先加工用作定位基准的 ϕ35 mm 及 ϕ12 mm 两个定位孔、X 面,然后再加工凸轮槽内外轮廓表面。由于该零件的 ϕ35 mm 及 ϕ12 mm 两个定位孔、X 面已在前面工序加工完毕,在这里只分析加工槽的走刀路线,走刀路线包括平面内进给走刀和深度进给走刀两部分路线。平面内的进给走刀,对外轮廓是从切线方向切入;对内轮廓是从过渡圆弧切入。在数控铣床上加工时,对铣削平面槽形凸轮,深度进给有两种方法:一种是在 XZ(或 YZ)平面内来回铣削逐渐进刀到既定深度;另一种是先打一个工艺孔,然后从工艺孔进刀到既定深度。

进刀点选在 P(150,0)点,刀具来回铣削,逐渐加深到铣削深度,当达到既定深度后,刀具在 XY 平面内运动,铣削凸轮轮廓。为了保证凸轮的轮廓表面有较高的表面质量,采用顺铣方式,即从 P 点开始,对外轮廓按顺时针方向铣削,对内轮廓按逆时针方向铣削。

(5)刀具的选择 根据零件结构特点,铣削凸轮槽内、外轮廓(即凸轮槽两侧面)时,铣刀直径受槽宽限制,同时考虑铸铁属于一般材料,加工性能较好,选用 ϕ18 mm 硬质合金立铣刀,见表 3-5。

表 3-5 数控加工刀具卡

产品名称或代号	×××	零件名称	槽形凸轮	零件图号		×××
序号	刀具号	刀具规格名称/mm	数量	加工表面/mm		刀长/mm	备注
1	T01	ϕ18 硬质合金立铣刀	1	粗铣凸轮槽内外轮廓		实测	
2	T02	ϕ18 硬质合金立铣刀	1	精铣凸轮槽内外轮廓		实测	
编制	××××	审核	×××	批准	×××	共 页	第 页

(6)切削用量的选择 凸轮槽内、外轮廓精加工时留 0.2 mm 铣削用量,确定主轴转速与进给速度时,先查切削用量手册,确定切削速度与每齿进给量,然后利用公式 $V_c = \pi dn/1\,000$ 计算主轴转速 n,利用 $V_f = nZf_z$ 计算进给速度。

(7)填写数控加工工序卡片(见表 3-6)

表 3-6　槽形凸轮数控加工工序卡

单位名称	×××	产品名称或代号	零件名称	材料	零件图号	
		×××	典型轴	45 钢	×××	
工序号	程序编号	夹具名称	夹具编号	使用设备	车间	
×××	×××	螺旋压板	×××	XK5025	×××	
工步号	工步内容	刀具号	刀具规格 /mm	轴转速 /(r/min)	给速度 /(mm/min)	吃刀量 /mm	备注
1	来回铣削逐渐加深铣削深度	T01	ϕ18	800	60		分两层铣削
2	粗铣凸轮槽内轮廓	T01	ϕ18	700	60		
3	粗铣凸轮槽外轮廓	T01	ϕ18	700	60		
4	精铣凸轮槽内轮廓	T02	ϕ18	1 000	100		
5	精铣凸轮槽外轮廓	T02	ϕ18	1 000	100		
编制	××××	审核	×××	批准	×××	共　页	第　页

任务小结

1. 本次任务的主要内容
(1) 数控铣床加工工艺概述。
(2) 数控铣床加工工艺分析。
(3) 数控铣床加工工艺路线的拟定。
(4) 数控铣削加工工序设计。
(5) 数控铣削加工中的装刀与对刀。
2. 本次任务完成后达到目的
(1) 通过本任务的学习,掌握数控铣削工艺的特点及应用。
(2) 初步学会数控铣削工艺文件的编制方法。

任务后的思考

1. 数控铣床的分类及用途有哪些?
2. 数控铣床的主要加工对象有哪些?
3. 如何对数控铣削加工零件的零件图进行工艺分析?
4. 工序是如何划分的?
5. 试述数控铣削加工工序的加工顺序安排原则。
6. 如何选用数控铣削刀具?
7. 如何进行数控铣床的对刀及刀具补偿?
8. 制订数控铣削加工工艺的过程中如何分析零件图?

9. 如何进行数控铣床加工零件结构工艺性分析？

10. 铣削进给路线如何确定？

11. 如何进行数控铣削切削用量的确定？

12. 试分析图 3-38 所示的槽加工零件的数控铣削加工工艺。

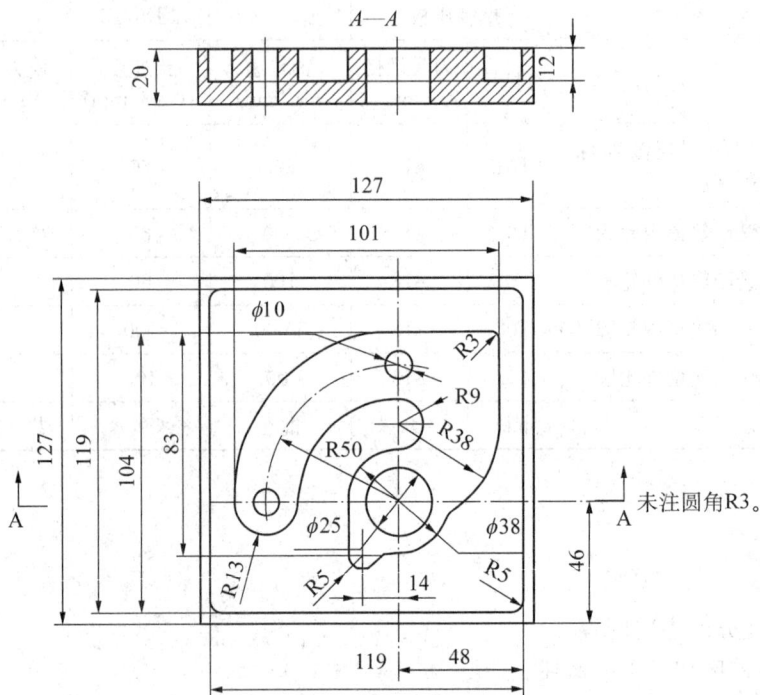

图 3-38　槽加工零件

任务 2　典型零件的铣削加工工艺分析

异形件的数控铣削工艺分析

例 3-1　图 3-39 所示为某机床变速箱体中操纵机构上的拨动杆，用以把旋转运动转变为直线拨动，实现操纵机构的变速功能。材料为 HT200，该零件的生产类型为中批量生产。分析其数控加工工艺。

（1）零件图工艺分析　先对拨动杆零件进行精度分析。对于形状和尺寸（包括形状公差、位置公差）较复杂的零件，一般采用化整体为部分的分析方法，即把一个零件看作由若干组表面及相应的若干组尺寸组成。然后分别分析每组表面的结构及其尺寸、精度要求，最后再分析这几组表面之间的位置关系。

（2）设备的选择　该零件加工表面较多，用普通机床加工，工序分散，工序数目多。采用镗铣类加工中心可以将普通机床加工的多个工序在一个工序完成，提高生产率，降低生产成本。

（3）确定零件的定位基准

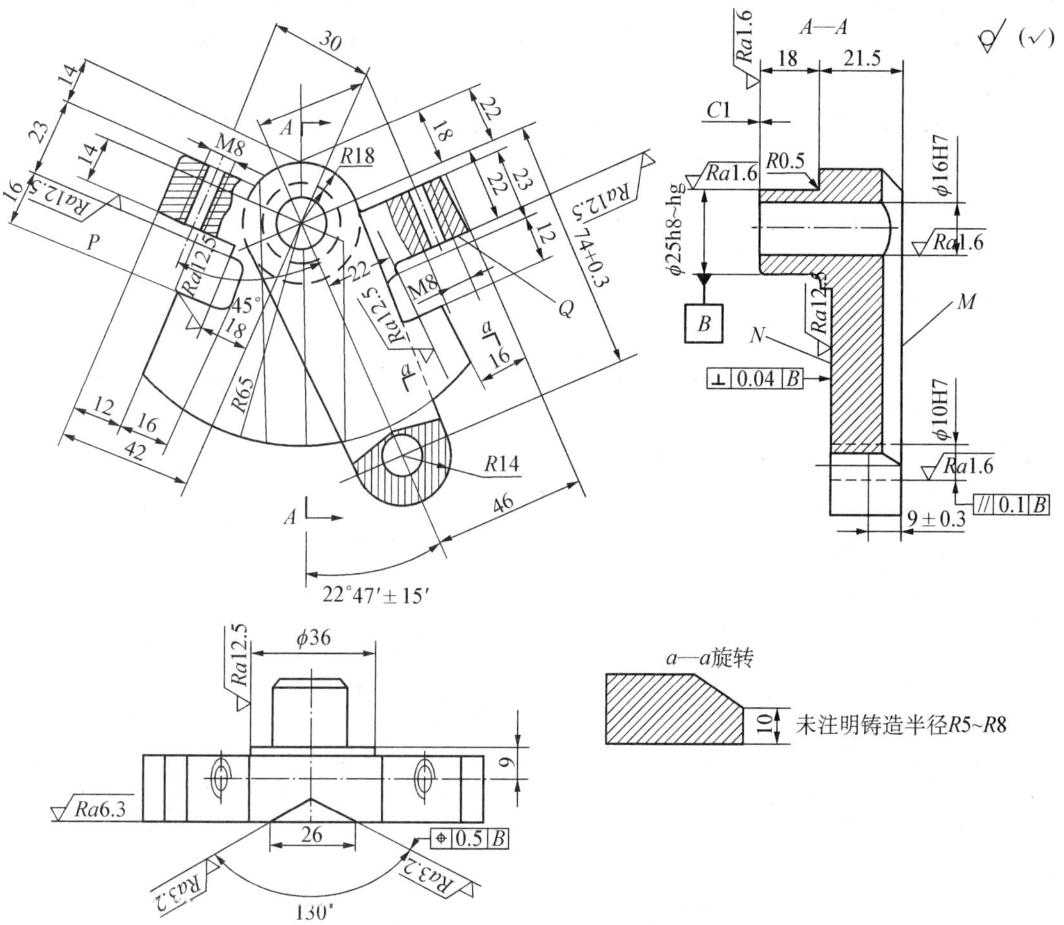

图 3 - 39　拨动杆零件

① 精基准的选择。精基准选择思路是,首先考虑以什么表面为精基准定位加工工件的主要表面,然后考虑以什么面为粗基准定位加工出精基准表面,即先确定精基准,然后选出粗基准。由零件的工艺分析可知道,此零件的设计基准是 M 平面、$\phi16$ mm 和 $\phi10$ mm 两孔中心的连线,根据基准重合原则,应选设计基准为精基准,即以 M 平面和两孔为精基准。由于多数工序的定位基准都是一面两孔,因此上述的选择也符合基准统一原则。

② 粗基准的选择根据粗基准选择应合理分配加工余量的原则,应选 $\phi25$ mm 外圆的毛坯面为粗基准(限制 4 个自由度),以保证其加工余量均匀;选平面 N 为粗基准(限制一个自由度),以保证其有足够的余量;根据要保证零件上加工表面与不加工表面相互位置的原则,应选 R14 圆弧面为粗基准(限制一个自由度),以保证 $\phi10$ mm 孔轴线在 R14 圆心上,使 R14 处壁厚均匀。

(4) 工艺路线的拟定　加工工艺路线安排如下:

① 工序 1:以 $\phi25$ mm 外圆(4 个自由度)、N 面(一个自由度)、R14(一个自由度)为粗基准定位,采用立式加工中心加工,工步内容为:铣 M 面,粗铣—精铣尺寸为 130°的槽,铣 P、Q 面到尺寸,钻—扩—铰加工 $\phi16$H7、$\phi10$H7 两孔。为消除粗加工(钻孔)所产生的力变形及热变形对精加工的影响,在钻孔后,插入铣 P、Q 面的工步,以使钻孔后的表面有短暂的散

热时间,最后安排孔的半精加工(扩孔)、精加工(铰孔)工步,以保证加工精度。

② 工序2:以 M 面、$\phi16H7$ 和 $\phi10H7$(一面两孔)定位,车 $\phi25$ mm 外圆到尺寸,车 N 面到尺寸。

③ 工序3:以 M 面、$\phi16H7$ 和 $\phi10H7$(一面两孔)定位,钻—攻螺纹加工 $2\times M8$ 螺孔。

由以上分析可以看到,只需要3道工序就可以完成零件的加工,工序集中,极大提高了生产率,充分地反映了采用数控加工的优越性、先进性。下面针对工序1的数控加工工艺进行分析。工序2、3分析省略。

(5)刀具选择　见表3-7。

表3-7　刀具卡

产品名称或代号	×××	零件名称	拨动杆	零件图号	×××		
序号	刀具号	刀具规格名称/mm	数量	加工表面/mm	刀长/mm	备注	
1	T01	面铣刀 $\phi120$	1	铣 M 平面	实测		
2	T02	成形铣刀	1	粗、精铣130°槽	实测		
3	T03	中心钻134～4	1	钻 $\phi10$、$\phi16$ 中心孔	实测		
4	T04	麻花钻 $\phi15$	1	钻 $\phi16$ 孔至尺寸 $\phi15$	实测		
5	T05	麻花钻 $\phi9$	1	钻 $\phi10$ 孔至尺寸 $\phi9$	实测		
6	T06	立铣刀 $\phi15$	1	铣 P、Q 面到尺寸	实测		
7	T07	扩孔钻 $\phi15.85$	1	扩 $\phi16$ 孔至尺寸 $\phi15.85$	实测		
8	T08	扩孔钻 $\phi9.8$	1	扩 $\phi10$ 孔至尺寸 $\phi9.8$	实测		
9	T09	铰刀 $\phi16H7$	1	铰 $\phi16H7$ 孔	实测		
10	T10	铰刀 $\phi10H7$	1	铰 $\phi10H7$ 孔	实测		
编制		审核		批准		年　月　日	共　页　第　页

(6)确定切削用量　略。

(7)数控加工工序卡片　见表3-8(工序1)。

表3-8　数控加工工序卡

单位名称	×××	产品名称或代号		零件名称	零件图号
		×××		拨动杆	×××
工序号	程序编号	夹具名称		使用设备	车间
×××	×××	组合夹具			数控中心
工步号	工步内容 (尺寸单位 mm)	刀具号	刀具规格 /mm	主轴转速 /(r/min)	进给速度 /(mm/min)	背吃刀量 /mm	备注
1	铣 M 平面	T01	面铣刀 $\phi120$	600	60	2	
2	粗铣130°槽留余量0.5	T02	成形铣刀	600	60		

工步号	工步内容 （尺寸单位 mm）	刀具号	刀具规格 /mm	主轴转速 /(r/min)	进给速度 /(mm/min)	背吃刀量 /mm	备注
3	精铣130°槽	T02	成形铣刀	800	50		
4	钻 ϕ16 中心孔	T03	中心钻 134-4	1 000	80		
5	钻 ϕ10 中心孔	T03	中心钻 134-4	1 000	80		
6	钻 ϕ16 孔至尺寸 ϕ15	T04	麻花钻 ϕ15	500	60		
7	钻 ϕ10 孔至尺寸 ϕ9	T05	麻花钻 ϕ9	800	60		
8	铣 P 面到尺寸	T06	立铣刀 ϕ15	800	60		
9	铣 Q 面到尺寸	T06	立铣刀 ϕ15	800	60		
10	扩 ϕ16 孔至尺寸 ϕ15.85	T07	扩孔钻 ϕ15.85	800	60		
11	扩 ϕ10 孔至尺寸 ϕ9.8	T08	扩孔钻 ϕ9.8	800	60		
12	铰 ϕ16H7 孔	T09	铰刀 ϕ16H7	100	50		
13	铰 ϕ10H7 孔	T10	铰刀 ϕ10H7	100	50		
编制		审核		批准		年　月　日 共　页	

任务小结

1. 本次任务的主要内容

典型零件的数控铣削加工工艺分析。

2. 本次任务完成后达到目的

通过本任务的学习,初步掌握典型零件的数控铣削加工工艺分析方法,学会编制相应的工艺文件。

任务后的思考

试编写图 3-40 支承块的工艺卡文件。

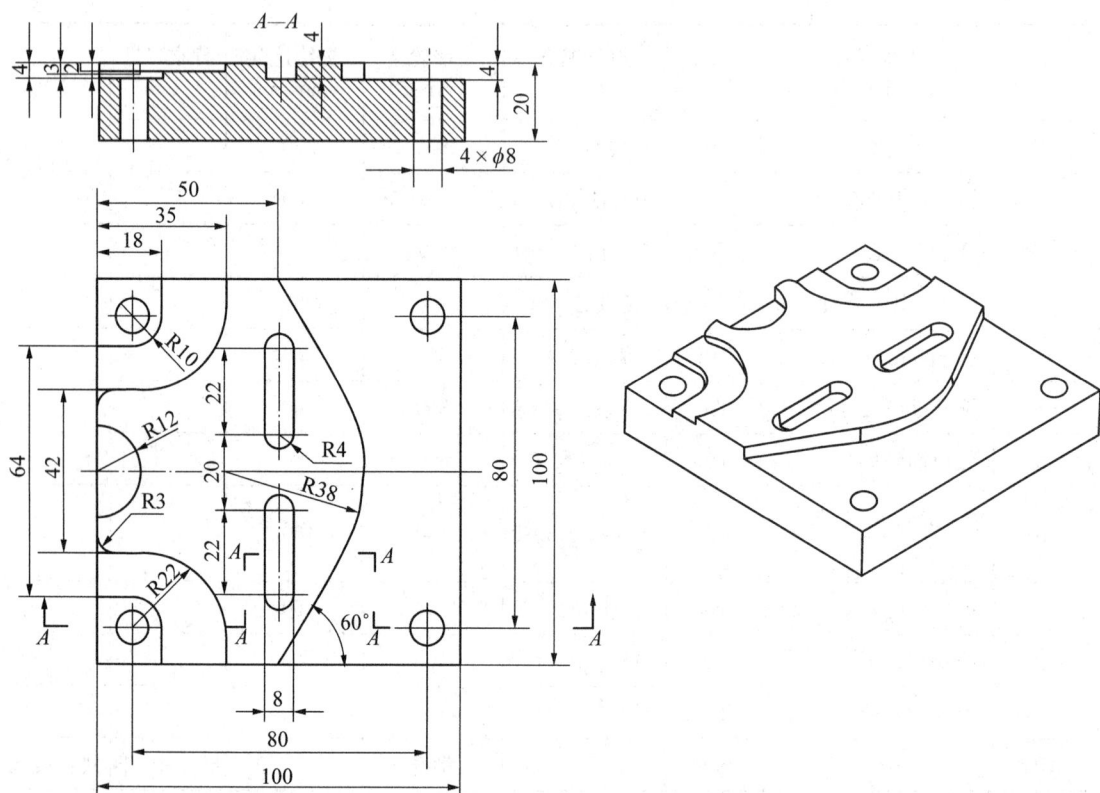

图 3-40   支承块

模 块 二   数控铣削加工编程

任务 1   数控铣削编程基础

必备知识

铣削加工是机械加工中最常用的加工方法之一,可以进行平面铣削和内、外轮廓铣削,也可以对零件进行钻、扩、铰、镗、锪加工及螺纹加工等。数控铣削除了能完成普通铣床能铣削的各种零件表面外,还能铣削需要二～五坐标联动的各种平面轮廓和三维空间轮廓。

飞机、涡轮机、水轮机和各类模具中具有复杂形状零部件,以前大都采用多道工序和多台机床进行加工。这样不仅加工周期长,而且还因多次装夹而难以保证高精度。有了数控加工中心之后,在一次装夹中可以对坯料的五个面进行平面、曲面、孔和螺纹等多种工序加工,从而大大缩短加工周期并提高加工精度。

通常数控铣床和加工中心在结构、工艺和编程等方面类似。数控铣床与加工中心相比,区别主要在于数控铣床没有自动刀具交换装置(ATC，Automatic Tools Changer)及刀具库，只能用手动方式换刀，而加工中心因具备 ATC 及刀具库，故可将使用的刀具预先安排存放于刀具库内，可在程序中通过换刀指令，实现自动换刀。

本任务主要以立式数控铣床为对象，介绍数控铣削加工编程技术，在此基础上，通过实例说明数控铣削编程的特点及应用。

3.1.1　工件坐标系的建立(G92、G54～G59、G52)

1. 用 G92 建立工件坐标系

(1) 编程格式　G92X_Y_Z_;

(2) 说明　该指令的作用是将工件坐标系原点设定在相对于刀具起始点的某一空间点上，X、Y、Z 指令后的坐标值实质上就是当前刀具在所设定的工件坐标系中的坐标值。即通过给定刀具起始点在工件坐标系中的坐标值，来反求工件坐标原点的位置。刀具并不产生任何运动，系统只是将这个坐标值寄存在数控装置的存储器内，从而建立起工件坐标系。例如，欲将坐标系设置为如图 3-41 所示位置，则程序指令为"G92X30.Y30.Z20.;"。

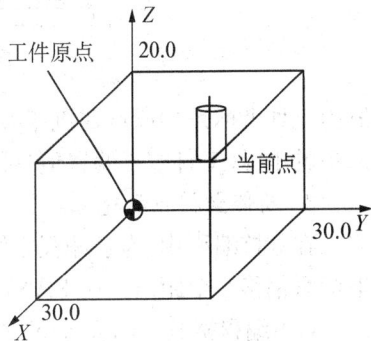

图 3-41　坐标系设定

值得注意的是，该指令与车床坐标系设定指令 G50 相同，工件坐标系原点的位置与刀具起始点的位置具有相对关联关系，当刀具起始点的位置发生变化时，工件坐标系原点的位置也会随之发生变化。

用 G92 指令建立工件坐标系时应注意：

① 由于 G92 指令为非模态指令，一般放在一个零件程序的第一段。程序段中的 X、Y、Z 的坐标值为刀具在工件坐标系中的坐标，执行此程序段只建立工件坐标系，刀具并不产生运动。工件坐标系建立后，刀具和工件坐标原点的相对位置已被系统记忆，工件坐标系的原点与机床零点(参考点)的实际距离无关。

② 工件坐标系建立后，一般不能将机床锁定后测试运行程序，因为机床锁定后刀具和工件的实际相对位置不会发生变化，而程序运行后，系统记忆的坐标位置可能发生了变化。如果必须要将机床锁定后测试运行程序，则需确认工件坐标系是否发生了变化。若发生变化，则必须重新对刀、建立工件坐标系。

③ 用 G92 的方式建立工件坐标系后，如果关机，建立的工件坐标系将丢失，重新开机后必须再对刀以建立工件坐标系。

2. 用 G54～G59 指令建立工件坐标系

批量加工的工件，即使依靠夹具在工作台上准确定位，用 G92 指令来对刀和建立工件坐标系不太方便。这时，经常使用与机床参考点位置固定的绝对工件坐标系，分别通过坐标系偏置 G54～G59 这 6 个指令来选择调用对应的工件坐标系。这 6 个工件坐标系是通过运行程序前，输入每个工件坐标系的原点到机床参考点的偏置值而建立的。

工件坐标系原点 W 与机床原点(参考点)$M(R)$的关系如图 3-42 所示。用 G54～G59 指令建立工件坐标系，即通过对刀操作获得工件坐标系原点在机床坐标系中的坐标值，此数

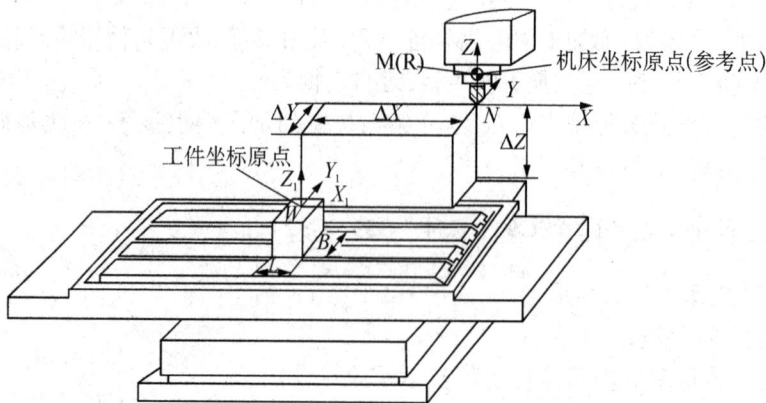

图 3 - 42 G54～G59 设定坐标系

值为工件坐标系的原点到机床参考点的偏置值。这 6 个预定工件坐标系的原点在机床坐标系中的坐标(工件零点偏置值)可用 MDI 方式输入,系统可自动记忆。

3. 局部坐标系的建立

在数控编程中,为了编程方便,有时要给程序选择一个新的参考坐标系,通常是将工件坐标系偏移一个距离。在 FANUC 系统中,通过用 G52 指令来实现这个功能。

(1) 编程格式 G52 X_Y_Z_;

例如 G52 X0. Y0. Z0. 。

(2) 说明

① G52 设定的局部坐标系,其参考基准是当前设定的有效工件坐标系原点,即使用 G54～G59 设定的工件坐标系。

② X、Y、Z 是指局部坐标系的原点在原工作坐标系中的位置,该值用绝对坐标值加以指定。

③ "G52X0. Y0. Z0. ;"表示取消局部坐标系,其实质是将局部坐标系原点设定在原工件坐标系原点处。

3.1.2 常用的功能指令(G90、G91、G17～G19、G27～G29、G02、G03)

1. 绝对与相对坐标(G90、G91)

编程格式 G90;(绝对坐标)

　　　　　G91;(相对坐标)

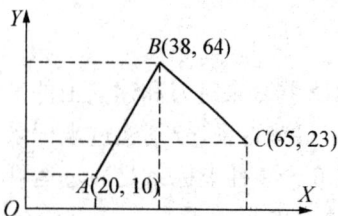

图 3 - 43 坐标编程

例 3 - 2 如图 3 - 43 所示,刀具按轨迹 $A→B→C$ 运行,试分别用绝对坐标与相对坐标编程(假设刀具起始点为 A)。

(1) 绝对坐标编程程序为

G90 G01X38. Y64. F300;(A→B)

X65. Y23. ;(B→C)

(2) 相对坐标编程程序为

G91 G01X18. Y54. F300;(A→B)

X27. Y—41. ;(B→C)

2. 坐标平面设定

在圆弧插补、刀具半径补偿及刀具长度补偿时必须首先确定一个平面,即确定一个由两个坐标轴构成的坐标平面。

(1) G17　选择 XY 平面。

(2) G18　选择 XZ 平面。

(3) G19　选择 YZ 平面。

(4) G17、G18、G19 指令　模态指令,G17 是系统默认指令。

3. 返回参考点指令

参考点的返回有两种方式:手动返回参考点和自动返回参考点。其中,自动返回参考点是用于机床开机后已进行手动返回参考点后,在程序中需要返回参考点进行换刀时使用的功能。

(1) 返回参考点检查(G27)　G27 用于检查刀具是否按程序正确地返回到参考点。数控机床通常是长时间连续工作的,为了提高加工的可靠性及保证零件的加工精度,可用 G27 指令来检查工件原点的正确性。

① 编程格式　G27 X(U)_Y(V)_Z(W)_;

式中,X、Y、Z 为参考点在工件坐标系中的绝对坐标值;U、V、W 为机床参考点相对刀具当前点的增量坐标值。

② 说明

a. 执行该指令时,各轴按指令中给定的坐标值快速定位,且系统内部检测参考点的行程开关信号。如果定位结束时,检测到开关信号发令正确,则操作面板上参考点返回指示灯会亮,说明主轴正确回到了参考点位置;否则,机床会发出报警提示(NO.092),说明程序中指定的参考点位置不对或机床定位误差过大。

b. 执行 G27 指令的前提是机床开机后返回过参考点(手动返回或用 G28 指令返回)。若先前用过刀具补偿指令(G41、G42 或 G43、G44),则必须取消补偿(用 G40 或 G49),才能使用 G27 指令。

(2) 返回参考点(G28)　G28 指令是使刀具从当前点位置以快速定位方式经过中间点回到参考点。

编程格式　G28 X(U)_Y(V)_Z(W)_;

式中,X(U)_、Y(V)_、Z(W)_为中间点的坐标值。指定中间点的目的是使刀具沿着一条安全的路径返回参考点。

(3) 从参考点返回(G29)　G29 指令是使刀具从参考点以快速定位方式经过中间点返回。

编程格式　G29 X(U)_Y(V)_Z(W)_;

4. 圆弧插补指令

用 G02、G03 指定圆弧插补,其中,G02 为顺时针圆弧插补,G03 为逆时针圆弧插补。顺时针、逆时针方向判别:从垂直所在平面的第三坐标轴正方向往负方向看,顺时针用 G02,逆时针用 G03,如图 3-44 所示。

圆弧插补指令编程,有圆心编程和半径编程两种格式。

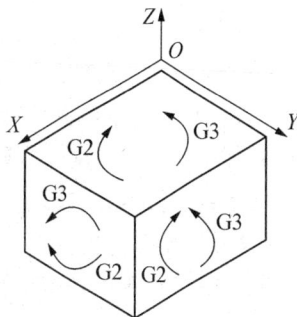

图 3-44　圆弧的顺逆规定

（1）圆心编程格式　编程格式为

G17 G02/G03 X_Y_I_J_F_；

G18 G02/G03 X_Z_I_K_F_；

G19 G02/G03 Y_Z_J_K_F_；

式中，X_、Y_、Z_为圆弧终点坐标值，在 G90 绝对坐标方式下，圆弧终点坐标是在工件坐标系上的绝对坐标值；在 G91 增量坐标方式下，圆弧终点坐标是相对于圆弧起点的增量；I、J、K_圆弧圆心的坐标值。它是圆弧圆心相对圆弧起点在 X、Y、Z 轴方向上的增量值，无论在 G90 或 G91 时，其定义相同。I、J、K 的值为零时可以省略。

例 3-3　图 3-45 所示为用圆弧插补轨迹。

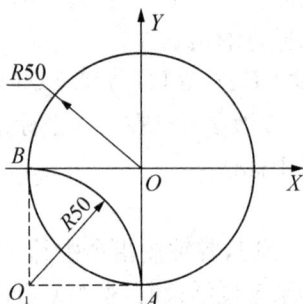

G90(G17)　G03　X10.　Y48.　I-30.　J-12.　F100；（绝对坐标编程）

G91(G17)　G03　X-40.　Y24.I-30.　J-12.　F100；（增量坐标编程）

注：( )内容可以省略。

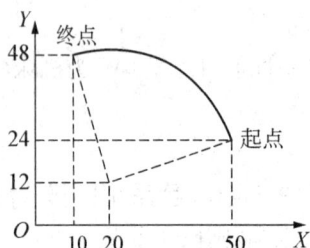

图 3-45　圆弧插补轨迹　　　　图 3-46　圆弧插补指令对整圆编程

例 3-4　如图 3-46 所示，用圆弧插补指令对整圆编程。

（1）从 A 点顺时针一周

G90 G02(X0.)　(Y-50)　(I0.)　J50.　F100；（绝对坐标编程）

G91 G02(Xo.Yo.)(I0.)　J50.　F100；（增量坐标编程）

（2）从 B 点逆时针一周

G90 G03　X-50.　(Y0.)　I50.　(J0.)F100；（绝对坐标编程）.

G91 G03(X0.Y0.)　I50.　(J0.)　F100；（增量坐标编程）

（2）半径编程格式　编程格式为

G17 G02/G03 X_Y_R_F_；

G18 G02/G03 X_Z_R_F_；

G19 G02/G03 Y_Z_R_F_；

式中，R 表示圆弧半径参数。当圆弧圆心角小于 180°时，R 后的半径值用正数表示；当圆弧圆心角大于 180°时，R 后的半径值用负数表示；当圆弧圆心角等于 180°时，R 后的半径值用正或负数表示均可。插补整圆时，不可以用 R 编程，只能用 I、J、K。

例 3-5　如图 3-6 所示，用半径编程对圆弧 AB 进行编程（起点 A，终点 B）。

G90 G03 X0 Y-50 R50 F100；（逆时针小圆弧插补，圆心为 01）

G90 G03 X0 Y-50 R-50 F100；（逆时针大圆弧插补，圆心为 0）

例3-6 试根据图3-47所示尺寸要求,在96 mm×48 mm硬铝板上加工出"POS"字样。

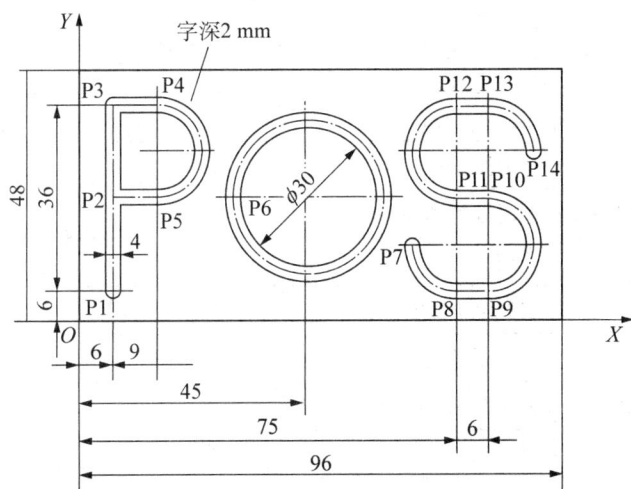

图3-47 POS零件图

(1) 加工工艺分析

① 工件采用机床用平口虎钳装夹,其下表面用垫铁支承。

② 加工尺寸精度要求不高,工件材料为硬铝。故刀具T01选择与图形槽宽度相同的 $\phi 4$ mm的键槽铣刀,刀具材料为高速钢,加工中垂直下刀至2 mm深。

③ 加工工艺路线:分别从P1、P6、P7点下刀,依各基点顺序加工出图样。

④ 切削用量选择:选择主轴转速为1 200 r/min(实际主轴转速、进给速度可以根据加工情况,通过操作面板上倍率开关调节);进给速度,垂直下刀时取100 mm/min,切削进给时取200 mm/min。

⑤ 选择工件上表面及左下角点O为工件坐标原点。

⑥ P1～P15各个基点的坐标值计算比较简单,此处省略。

(2) 加工程序编制 立式铣床,见表3-9。

表3-9 加工程序

O0001;		主程序名
N2	G90 G54 G00 Z100;	绝对坐标编程,调用工件坐标系G54,刀具垂直快移至Z100
N4	X6 Y6 M03 S1200;	定位至P1点上方,主轴正转1 200 r/min
N6	Z10;	快速下刀至Z10
N8	G01 Z-2 F100;	直线插补至槽底,进给速度100 mm/min
N10	Y42 F200;	P1→P3,进给速度200 mm/min
N12	X15;	P3→P4
N14	G02 (X15) Y24 R9;	顺时针圆弧插补,P4→P5

O0001；		主程序名
N16	G01 X6；	P5→P2
N16	G00 Z5；	抬刀至 Z5
N18	X30 Y24；	定位至 P6 点上方
N20	G01 Z−2 F100；	下刀至槽底
N22	G02 (X30 Y24) I15 J0 F200；	顺时针整圆插补
N24	G00 Z5；	抬刀
N26	X66 Y15；	定位至 P7 点上方
N28	G01 Z−2 F100；	下刀至槽底
N30	G03 X75 Y6 R9 F200；	逆时针圆弧插补，P7→P8
N32	G01 X81；	P8→P9
N34	G03 Y24 J9；	P9→P10
N36	G01 X75；	P10→P11
N38	G02 Y42 R9；	顺时针圆弧插补，P11→P12
N40	G01 X81；	P12→P13
N42	G02 X90 Y33 R9；	P13→P14
N44	G00 Z100；	抬刀
N46	X−100 Y0；	刀具移开，以便装卸工件
N48	M05；	主轴停止
N50	M30；	程序结束

5. 螺旋线插补指令（G02/G03）

（1）指令格式

$$G17 \begin{Bmatrix} G02 \\ G03 \end{Bmatrix} X\_\ Y\_\ \begin{Bmatrix} I\_\ J\_ \\ R\_ \end{Bmatrix} Z\_\ F\_$$

$$G18 \begin{Bmatrix} G02 \\ G03 \end{Bmatrix} X\_\ Z\_\ \begin{Bmatrix} I\_\ K\_ \\ R\_ \end{Bmatrix} Y\_\ F\_$$

$$G19 \begin{Bmatrix} G02 \\ G03 \end{Bmatrix} Y\_\ Z\_\ \begin{Bmatrix} J\_\ K\_ \\ R\_ \end{Bmatrix} X\_\ F\_$$

（2）说明　X、Y、Z 中由 G17、G18、G19 平面选定的 2 伞坐标为螺旋线投影圆弧的终点，意义同圆弧进给。该指令对另一个不在圆弧平面上的第 3 坐标轴施加移动指令。

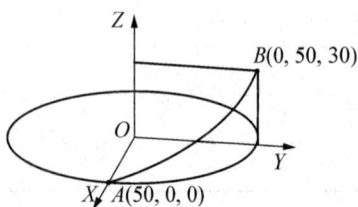

图 3－48　螺旋线编程

例 3－7　使用 G03 指令对图 3－48 所示的螺旋线编程。

螺旋线起点 A,终点 B,圆弧投影所在平面为 XY,程序如下:

G90 G17 G03 X0. Y50. R50. Z30. F200;

或　　G91 G17 G03 X−50. Y50. R50. Z30. F200;

3.1.3 刀具半径补偿功能(G41、G42、G40)

1. 刀具半径补偿的概念

在数控铣床上进行轮廓铣削时,由于刀具半径的存在,刀具中心轨迹与工件轮廓不重合。若人工计算刀具中心轨迹,计算过程相当复杂,且刀具直径变化时必须重新计算,修改程序。当数控系统具备刀具半径补偿功能时,操作者只需按工件轮廓进行数控编程,数控系统能够根据操作者预先输入的刀具半径值(或欲偏置值)自动计算刀具中心轨迹,从而得到正确的工件轮廓。这就是刀具半径补偿。

(1) 编程格式

(G17)G00/G01 G41 X_Y_D_(/F_);(刀具半径左补偿)

(G17)G00/G01 G42 X_Y_D_(/F_);(刀具半径右补偿)

(G17)G00/G01 G40 X_Y_(/F_);(取消刀补)

式中,X、Y 为建立补偿直线段的终点坐标值;D 为补偿号,即存储刀补值的存储器地址号,用 D00~D99 指定,用它调用已设定的刀具半径补偿值。刀补号和对应的补偿值可用 MDI 方式输入。

说明:

① G40、G41、G42 指令均为同组模态指令,可互相注销。

② 刀具半径补偿平面的切换必须在补偿取消的方式下进行。

G41 与 G42 的判别如图 3-49 所示,沿着刀具移动的方向看,当刀具中心在被加工轮廓的左侧时,为刀具半径左补偿;当刀具中心在被加工轮廓的右侧时,为刀具半径右补偿。

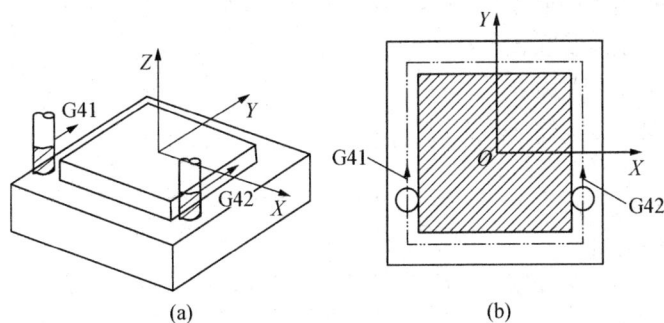

图 3-49　G41 与 G42 的判别　　　　图 3-50　半径补偿的过程

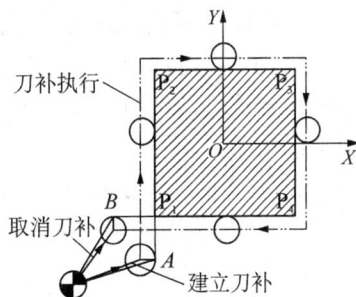

(2) 半径补偿的过程　刀具半径补偿是让刀具中心相对于编程轨迹产生偏移的过程。G41、G42 及 G40 本身并不能使刀具直接产生运动,而是在 G00 或 G01 运动的过程中,逐渐使刀具偏移的。刀具半径补偿的过程可分为 3 步,如图 3-50 所示。A 为工件切入点,B 为切出点,P1~P4 为工件轮廓基点。编程轨迹为起点→A→P2→P3→P4→B→起点。

① 刀补的建立。在刀具从起点接近工件到达 A 点时,刀心点从与编程轨迹重合过渡到与编程轨迹偏离一个偏置量的过程。

② 刀补执行。在切削过程中,刀具中心始终与编程轮廓相距一个偏置量。

③ 刀补的取消。刀具在离开工件至切出点 B,在回到起点的过程中,刀心点逐渐过渡到与编程轨迹重合。

(3) 刀具半径补偿注意事项

① 刀具半径补偿的建立与取消必须与 G00 或 G01 同时使用,且在半径补偿平面内至少一个坐标的移动距离不为零。

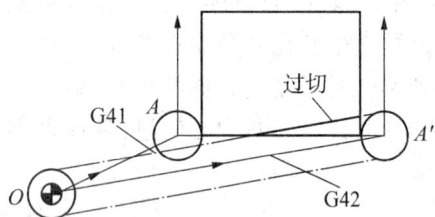

图 3 - 51   过切现象

② 刀具半径补偿在建立与取消时,起始点与终止点位置最好与补偿方向在同一侧,以防止过切,如图 3 - 51 所示。

③ 在刀具半径补偿的建立与取消的程序段后,一般不允许存在连续两段以上的非补偿平面内移动指令,否则将会出现过切现象或出错。

④ 一般情况下,刀具半径补偿量应为正值。如果补偿为负,则效果正好是 G41 和 G42 相互替换。

⑤ 在刀具正转的情况下,采用左刀补铣削为顺铣,而采用右刀补则为逆铣,如图 3 - 52 所示。注意,刀具与工件的进给运动是相对的,两者方向相反。

逆铣时,切削刃沿已加工表面切入工件,刀齿存在"滑行"和挤压,使已加工表面质量差,刀齿易磨损,但由于丝杠螺母传动时没有窜动现象,可以选择较大的切削用量,加工效率高,一般用于粗加工。

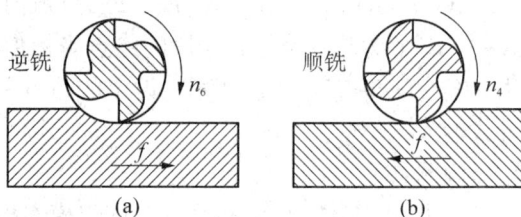

图 3 - 52   顺铣与逆铣

顺铣时,铣刀刀齿切入工件时的切削厚度由最大逐渐减小到零。刃齿切入容易,且铣刀后面与已加工表面的挤压、摩擦小,切削刃磨损慢,加工出的零件表面质量高;但当工件表面有硬皮和杂质时,容易产生崩刃而损坏刀具,故一般用于精加工。

2. 刀具半径补偿指令在加工中的应用

(1) 自动计算刀具中心轨迹,简化编程。

(2) 用同一程序、同一尺寸的刀具,通过改变刀具半径补偿值的大小,可进行粗、精加工。

(3) 通过半径补偿值的调整,来控制零件轮廓尺寸加工精度,以修正由于刀具磨损、系统刚性不足及零件弹性变形回复等原因所造成的尺寸误差。

例 3 - 8   如图 3 - 53 所示,精铣零件拱形凸台轮廓。设定工件材料为硬铝,刀具为 $\phi12$ mm 的立铣刀,刀具材料为高速钢。

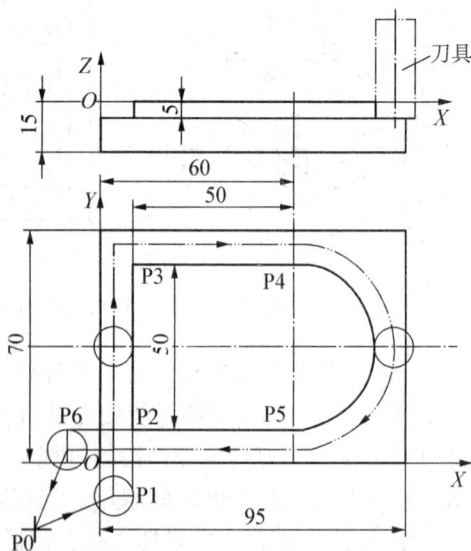

图 3 - 53   凸台轮廓加工

（1）加工工艺分析

① 工件采用机床用平口虎钳装夹，其下表面用垫铁支承，用百分表找正。

② 零件拱形凸台轮廓已完成粗加工，留有余量，只需沿零件轮廓完成精加工。设定刀具半径补偿号为 D01，$R=6$ mm。加工时刀具在零件轮廓外（P0 点）垂直下刀至 5 mm 深。

③ 加工工艺路线：按照 P0→P1→P3→P4→P5→P6→P0 各基点顺序加工编程。

④ 切削用量选择：选择主轴转速为 1 200 r/min（实际主轴转速、进给速度可以根据加工情况，通过操作面板上倍率开关调节）；选择进给速度为 200 mm/min。

⑤ 选择工件上表面及左下角点 O 为工件坐标原点。

⑥ 切入、切出点 P1、P6 通常选择在零件轮廓的延长线或切线上，与工件外轮廓距离应大于刀具半径（本题为 10 mm）。各个基点的水平面内坐标：P0（－30，－30）、P1（10，－10）、P3（10，60）、P4（60，60）、P5（60，10）、P6（－10，10）。

（2）加工程序编制　立式铣床，见表 3-10。

表 3-10　加工程序

O0001；		主程序名
N10	G90 G54 G00 Z100；	绝对坐标编程，调用工件坐标系 G54，刀具垂直快移至 Z100
N20	X－30 Y－30 M03 S1200；	定位至 P0 点上方，主轴正转 1 200 r/min
N30	Z－5；	快速下刀至 Z－5
N40	G41 G00 X10 Y－10 D01；	P0→P1，建立刀补
N50	G01 Y60 F200；	P1→P3，进给速度 200 mm/min
N60	X60；	P3→P4
N70	G02 (X60) Y10 R25；	顺时针圆弧插补，P4→P5
N80	G01 X－10；	P5→P6
N90	G00 G40 X－30 Y－30；	P6→P0，取消刀补
N100	Z100；	抬刀
N110	M05；	主轴停止
N120	M30；	程序结束

例 3-9　图 3-54 所示零件图与例 3-8 相同，而工件毛坯为 95 mm×70 mm×15 mm 的硬铝板，拱形凸台轮廓侧面要求表面粗糙度为 $Ra1.6$ μm，刀具同前，试完成零件的加工编程。

（1）加工工艺分析

① 工艺分析与例 3-8 相同，此处略。

② 根据题意，零件拱形凸台轮廓需要通过粗、精加工来完成，如图 3-54（a）所示。此例可以不改变加工程序，通过改变刀具半径补偿值的方式实现粗加工和精加工。

③ 刀具半径补偿值的计算，如图 3-54（b）所示。

a. 找出零件上加工余量最大值。最大值为 $L=AB=24.5$ mm。

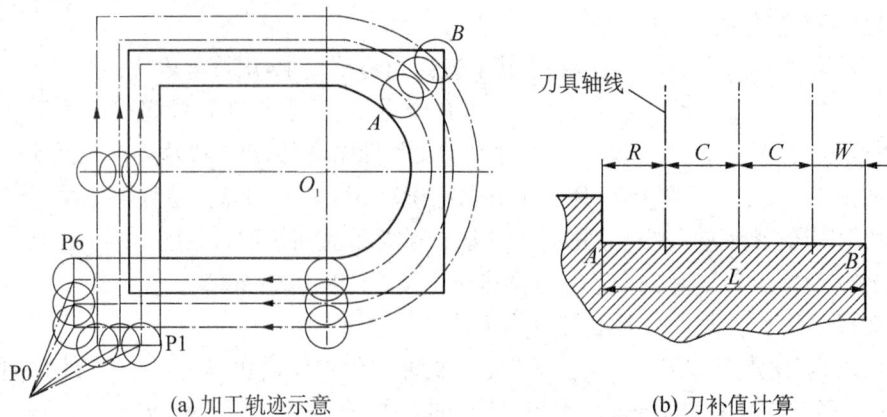

(a) 加工轨迹示意　　　　　　　　(b) 刀补值计算

图 3－54　加工轨迹

b. 计算粗加工进给次数。已知刀具直径 $d=12\,\text{mm}$，则进给次数 $N=L_d=24.5/12\approx 2.04$，则取 $N=3$ 次（当小数部分 $\leqslant 0.5$ 时，向整数进 1；当小数部分 >0.5 时，向整数部分进 2）。

c. 确定粗加工轨迹行距值。图 3－54(b)中 R 为刀具半径，故 $R=d/2=6\,\text{mm}$。W 为第一刀进给量，其值等于刀具半径 R 减去刀具覆盖零件轮廓最外点（B 点）超出量 Δ，本题取 $\Delta=3\,\text{mm}$。所以，$W=R-\Delta=6\,\text{mm}-3\,\text{mm}=3\,\text{mm}$。最后得到行距 $C=[L-(R+W)]/(N-1)=15.5/2\,\text{mm}=7.7\,\text{mm}$。

d. 确定刀具半径补偿值：

第 1 刀 D01：$R1=L-W=24.5\,\text{mm}-3\,\text{mm}=21.5\,\text{mm}$。

第 2 刀 D02：$R2=L-W-C=13.8\,\text{mm}$。

第 3 刀 D03：理论值 $R3=R=6\,\text{mm}$，但考虑给精加工（第 4 刀）留出余量 0.5 mm，故实际取 $R3=6\,\text{mm}+0.5\,\text{mm}=6.5\,\text{mm}$。

第 4 刀 D04（精加工）：$R4=6\,\text{mm}$。

④ 为简化编程，将例 3－8 中拱形凸台轮廓精加工程序作为子程序，4 次调用。

（2）编制　立式铣床，见表 3－11。

表 3－11　加工程序

	O1000；	主程序名
N10	G90 G54 G00 Z100；	绝对坐标编程，调用工件坐标系 G54，刀具快移至 Z100
N20	X－30 Y－30 M03 S1200；	定位至 P0 点上方，主轴正转 1 200 r/min
N30	Z－5.；	快速下刀至 Z－5
N130	G41 G00 X10 Y－10 D04；	P0→P1，建立刀补，刀补地址 D04，$R=6$
N140	M98 P1；	调用子程序，精加工凸台侧面，第四刀
N160	Z100；	抬刀
N170	M05；	主轴停止
N180	M30；	程序结束

续　表

O0002；		子程序名
N40	G41 G00 X10 Y－10 D01；	P0→P1,建立刀补,刀补地址 D01,R＝21.5
N50	M98 P1；	调用子程序,粗加工第一刀
N70	G41 G00 X10 Y－10 D02；	P0→P1,建立刀补,刀补地址 D02,R＝13.8
N80	M98 P1；	调用子程序,粗加工第二刀
N100	G41G00X10Y－10D03；	P0→P1,建立刀补,刀补地址 D03,R＝6.5
N60	G00 G40 X－30 Y－30；	P6→P0 取消刀补
N90	G00 G40 X－30 Y－30；	P6→P0 取消刀补
N120	G00 G40 X－30 Y－30；	P6→P0 取消刀补
N150	G00 G40 X－30 Y－30；	P6→P0 取消刀补
N110	M98 P1；	调用子程序,粗加工第三刀

O0001；		子程序名
N2	G01 Y60 F200；	P1→P3,进给速度 200 mm/min
N4	X60；	P3→P4
N6	G02 (X60) Y10 R25；	顺时针圆弧插补,P4→P5
N8	G01 X－10；	P5→P6
N10	G00 G40 X－30 Y－30；	P6→P0,取消刀补
N12	M99；	子程序结束返回

3.1.4　刀具长度补偿功能(G43、G44、G49)

在数控机床上加工零件时,不同工序,往往需要使用不同的刀具,这就使刀具的直径、长度发生变化,或者由于刀具的磨损,也会造成刀具长度的变化。为此,在数控机床系统中设置了刀具长度补偿的功能,以简化编程,提高工作效率。

所谓刀具长度补偿功能,是指当使用不同规格的刀具或刃具磨损后,可通过刀具长度补偿指令补偿刀具长度尺寸的变化,而不必修改程序或重新对刀,达到加工要求。

(1)编程格式

G01 G43 H_Z_;(刀具长度正补偿)

G01 G44 H_Z_;(刀具长度负补偿)

G01 G49 Z_;(刀具长度补偿取消)

(2)说明

① 在 G17 的情况下,刀具补偿 G43 和 G44 是指用于 Z 轴的补偿。同理,在 G18 的情况下,对 Y 轴补偿。在 G19 的情况下,对 X 轴补偿。

② H_表示长度补偿值地址字,后面带两位数字表示补偿号。

③ 一把基准刀,使用 G43 指令时,将 H 代码指定的刀具长度补偿值加在程序中由运

动指令指定的 Z 轴终点位置坐标上,即:

Z 轴的实际坐标值＝Z 轴的指令坐标＋长度补偿值。

使用 G44 指令时,公式为:

Z 轴的实际坐标值＝Z 轴的指令坐标－长度补偿值。

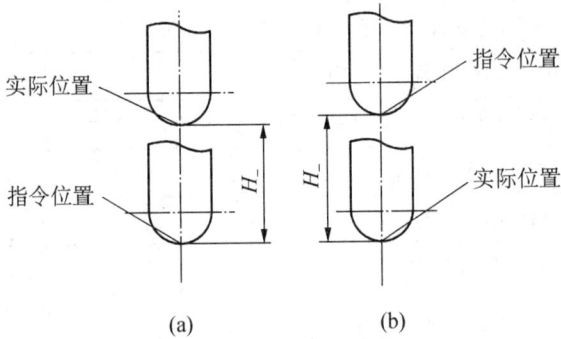

图 3-55　长度补偿

如果设定长度补偿值 H_为正值,则 G43、G44 的补偿效果如图 3-55 所示。如果设定长度补偿值 H_为负值,则 G43、G44 的补偿效果相当于两者互换。

④ 补偿值的确定一般有两种情况:一是有机外对刀仪时,以主轴轴端中心作为对刀基准点,则以刀具伸出轴端的长度作为 H 中的偏置量。另一种常见于无对刀仪时,如果以标准刀的刀位点作为对刀基准,则刀具与标准刀的长度差值作为其偏置量。该值可以为正,也可以为负。为了不混淆 G43、G44 的用法,通常都采用 G43 指令,规定如果刀具长度＞标准刀长度,H_取正值;如果刀具长度＜标准刀长度,H_取负值。从而达到补偿的目的。

⑤ G43、G44、G49 为模态指令。

⑥ G43、G44、G49 指令本身不能产生运动,长度补偿的建立与取消必须与 G00(或 G01)指令同时使用,且在 Z 轴方向上的位移量不为零。

⑦ 在刀具长度补偿的建立与补偿取消的程序段后,一般不允许存在连续两段以上的非补偿平面第 3 轴移动指令(G17 时出现 Z 轴),否则系统将会出错。

例 3-10　如图 3-56 所示,在立式加工中心上以标准刀对刀并建立工件坐标系 G54,设输入值 H01 为－30 mm,H02 为 10 mm。试问:

(1) 如何编程使刀具 T01 到达坐标 Z100.?

(2) 如何编程使刀具 T02 到达坐标 Z100.?

(3) 如何编程使刀具 T01 到达坐标 Z5.?

(4) 如果刀具 T01 执行程序"G90 G54 G00 Z5.;"后 Z 轴坐标的实际位置为多少,为什么?

(5) 如果刀具 T01 执行程序"G90 G54 G44 G00 Z5.置为多少,为什么?

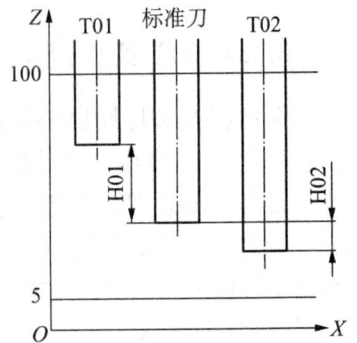

图 3-56　长度补偿设定

(1) G90 G54 G43 G00 Z100. H01;

(2) G90 G54 G43 G00 Z100. H02;

(3) G90 G54 G43 G00 Z5. H01;

(4) Z35;因为 T01 比标准刀具短 30 mm。

(5) Z65;因为补偿方向反了。

案　例

1. 平面轮廓加工应用实例

对图 3‑57 所示零件,试编写其凸台轮廓的加工程序。已知零件毛坯为 80 mm×80 mm×30 mm 的硬铝板,且毛坯各个表面已经加工完成,刀具为 ϕ10 mm 的高速钢立铣刀。

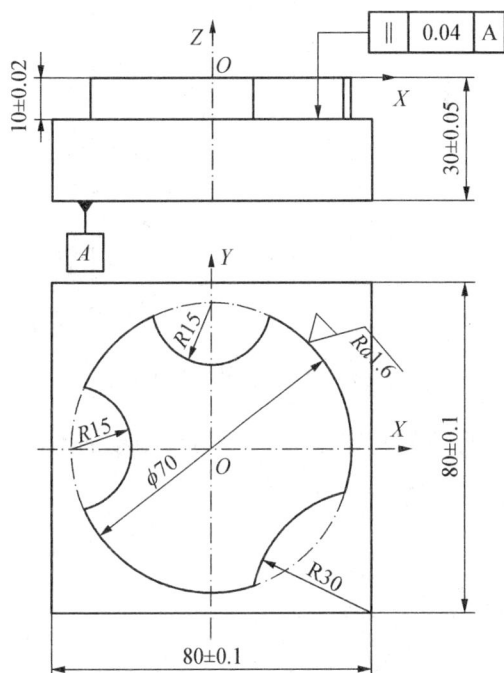

（a）零件图

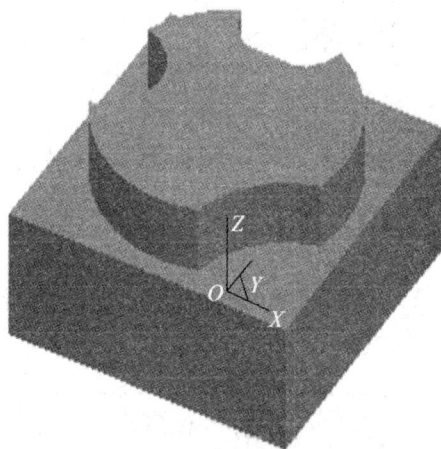

（b）三维效果图

图 3‑57　平面轮廓加工

（1）加工工艺分析

① 工件采用机床用平口虎钳装夹,其下表面用垫铁支承,用百分表找正。

② 零件凸台轮廓侧面及底面均有较高的表面粗糙度要求。因此,选择粗铣、精铣来达到技术要求。此凸台形状可以看成是在圆形凸台上切去 3 个弧形缺口而形成,因此,可以分成三个工序来完成,即首先粗铣、精铣 ϕ70 mm 的圆柱凸台,其次,铣削两个 R15 mm 的圆弧缺口,最后加工 R30 mm 的圆弧缺口。刀具轨迹路线如图 3‑58、图 3‑59 所示。

③ 起点、切入点及切出点的坐标分别为 $A(0,-70)$、$B(60,-35)$、$C(-60,-35)$、$A_1(0,50)$、$B_1(-15,35)$、$C_1(15,35)$、$A_2(50,-50)$、$B_2(40,-10)$、$C_2(10,-40)$。刀具半径补偿值:铣削 ϕ70 mm 凸台分 4 刀,D01=19.5 mm、D02=12 mm、D03=5.5 mm、D04=5 mm;铣削 R15 mm 缺口分 3 刀,D11=12 mm,D12=5.5 mm、D13=5 mm;铣削 R30 mm 缺口分 3 刀,D21=7 mm、D22=5.5 mm、D23=5 mm(精加工余量取 0.5 mm)。

④ Z 向分层切削。切削深度分别为 4 mm、3 mm、2.5 mm、0.5 mm。

⑤ 选择切削用量。粗加工主轴转速为 800 r/min;精加工时为 1 200 r/min。粗加工进

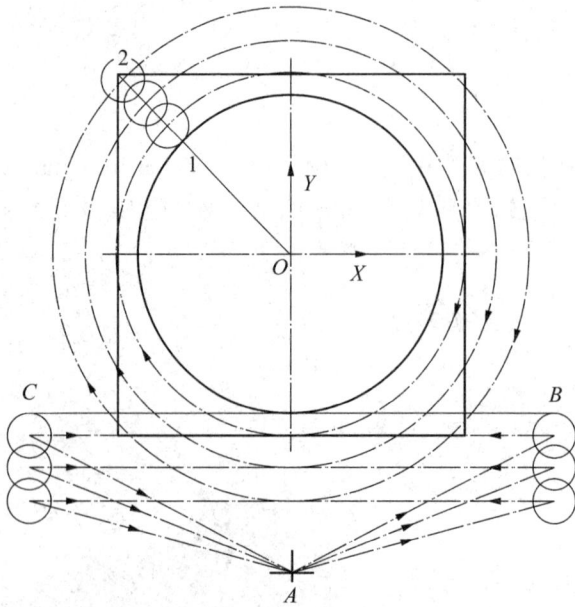

图 3 - 58　圆台加工轨迹

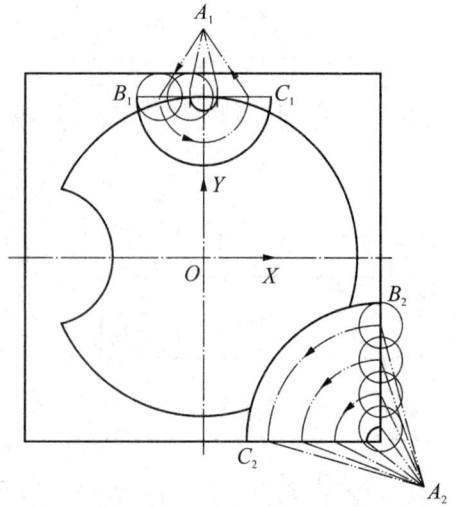

图 3 - 59　圆弧缺口加工轨迹

给速度为 200 mm/min,精加工时为 120 mm/min(实际主轴转速、进给速度可以根据加工情况,通过操作面板上倍率开关调节)。

　　(2) 加工程序的编制　见表 3 - 12。

表 3 - 12　加工程序

	O0010;	主程序名
N10	G90 G17 G54 G00 Z100. ;	调用 G54 直角坐标系,刀具定位 Z100
N20	M03 S800;	
N30	X0 Y−70. ;	移动至 A 点上方,加工 φ70 圆台
N40	G01 Z−4.0 F200;	下刀
N50	M98 P0011;	第一层铣削
N60	Z−7. S800 F200;	下刀
N70	M98 P0011;	第二层铣削
N80	Z−9.5 S800 F200;	下刀
N90	M98 P0011;	第三层铣削
N100	Z−10. S800 F200;	下刀
N110	M98 P0011;	第四层铣削
N160	Z20;	抬刀
N170	G00 X0. Y50. ;	移动至 A 点上方,加工 R15 圆弧缺口
N180	G01 Z−4.0 F200;	下刀

	O0010；	主程序名
N190	M98 P0021；	第一层铣削
N200	Z−7. S800 F200；	下刀
N210	M98 P0021；	第二层铣削
N220	Z−9.5 S800 F200；	下刀
N230	M98 P0021；	第三层铣削
N240	Z−10. S800 F200；	下刀
N250	M98 P0021；	第四层铣削
N260	Z20；	抬刀
N270	G00 X−50. Y0；	定位,加工第二个 R15 圆弧缺口
N280	G01 Z−4.0 F200；	下刀
N290	G68 X0 Y0 R90；	坐标系旋转 90 度
N300	M98 P0021；	第一层铣削
N310	Z−7. S800 F200；	下刀
N320	M98 P0021；	第二层铣削
N330	Z−9.5 S800 F200；	下刀
N340	M98 P0021；	第三层铣削
N350	Z−10. S800 F200；	下刀
N360	M98 P0021；	第四层铣削
N370	G69；	取消旋转
N380	Z20；	抬刀
N390	G00 X50. Y−50.；	移动至 A2 点上方,加工 R30 圆弧缺口
N400	G01 Z−4.0 F200；	下刀
N410	M98 P0031；	第一层铣削
N420	Z−7. S800 F200；	下刀
N430	M98 P0031；	第二层铣削
N440	Z−9.5 S800 F200；	下刀
N450	M98 P0031；	第三层铣削
N460	Z−10. S800 F200；	下刀
N470	M98 P0031；	第四层铣削
N480	Z100.；	抬刀
N490	M05；	

O0011；		子程序名
N2	G41 X60 Y－35 D01；	$A \rightarrow B$，建立刀具半径补偿，粗铣1
N4	G01 X0. Y－35.；	直线切入
N6	G02 I0. J35.；	顺时针圆弧插补加工整圆
N8	G01 X－60. Y－35.；	直线插补至切出点 C
N10	X0. Y－70.；	$C \rightarrow A$，取消刀补
N12	G41 X60. Y－35. D02；	粗铣2
N14	X0；	
N16	G02 I0 J35.；	顺时针圆弧插补加工整圆
N18	G01 X－60. Y－35.；	直线插补至切出点 C
N20	X0. Y－70.；	$C \rightarrow A$，取消刀补
N22	G41 X60. Y－35. D03；	粗铣3
N24	X0；	
N26	G02 I0 J35.；	顺时针圆弧插补加工整圆
N28	G01 X－60. Y－35.；	直线插补至切出点 C
N30	X0. Y－70.；	$C \rightarrow A$，取消刀补
N32	G41 X60. Y－35. D04 S1200；	精铣
N34	X0 F120.；	
N36	G02 I0. J35.；	顺时针圆弧插补加工整圆
N38	G01 X－60. Y－35.；	直线插补至切出点 C
N40	X0. Y－70.；	$C \rightarrow A$，取消刀补
N42	M99；	子程序结束返回
O0021；		**子程序名**
N2	G41 X－15. Y35 D11；	$A_1 \rightarrow B_1$，建立刀具半径补偿，粗铣1
N6	G03 X15. Y35. R15.；	逆时针圆弧插补加工至 C_1
N8	G01 X0. Y50.；	$C_1 \rightarrow A_1$，取消刀补
N10	G41 X－15. Y35 D12；	$A_1 \rightarrow B_1$，建立刀具半径补偿，粗铣2
N12	G03 X15. Y35. R15.；	逆时针圆弧插补加工至 C_1
N14	G01 X0. Y50.；	$C_1 \rightarrow A_1$，取消刀补
N16	G41 X－15. Y35 D13；	$A_1 \rightarrow B_1$，建立刀具半径补偿，粗铣3
N18	G03 X15. Y35. R15.；	逆时针圆弧插补加工至 C_1
N20	G01 X0. Y50.；	$C_1 \rightarrow A_1$，取消刀补
N22	M99；	子程序结束返回

O0031;	子程序名
N2	G41 G01 X40. Y10. D21;	$A_2 \to B_2$,建立刀具半径补偿,粗铣 1
N4	G03 X10. Y−40. R30.;	逆时针圆弧插补加工至 C_2
N6	G40 G01 X50. Y−50.;	$C_2 \to A_2$,取消刀补
N8	G41 X40. Y10. D22;	$A_2 \to B_2$,建立刀具半径补偿,粗铣 2
N10	G03 X10. Y−40. R30.;	逆时针圆弧插补加工至 C_2
N12	G40 G01 X50. Y−50.;	$C_2 \to A_2$,取消刀补
N14	G41 X40. Y10. D23;	$A_2 \to B_2$,建立刀具半径补偿,粗铣 3
N16	G03 X10. Y−40. R30.;	逆时针圆弧插补加工至 C_2
N18	G40 G01 X50. Y−50.;	$C_2 \to A_2$,取消刀补
N20	M99;	子程序结束返回

任务小结

1. 本次任务的主要内容

(1) 工件坐标系的建立。

(2) 常用的功能指令。

(3) 刀具半径补偿功能。

(4) 刀具长度补偿功能。

2. 本次任务完成后达到目的

(1) 通过本任务的学习,掌握数控铣削常用编程指令。

(2) 理解刀具补偿的原理与补偿编程的方法。

任务后的思考

1. 数控铣床可加工哪类零件? 与普通机床铣削相比,数控机床铣削零件其有哪些特点?

2. 简述对力的概念及数控铣床上的对刀基本过程。

3. 数控铣床加工中,刀具补偿包括哪些内容? 分别用什么指令实现? 简述刀具补偿建立的过程。

4. 在立式铣床上加工图 3-60 所示零件,零件材料为 45 钢,毛坯为 50 mm×50 mm×12 mm 的板材,且顶面、底面与 4 个侧面已经加工到位(以零件上表面

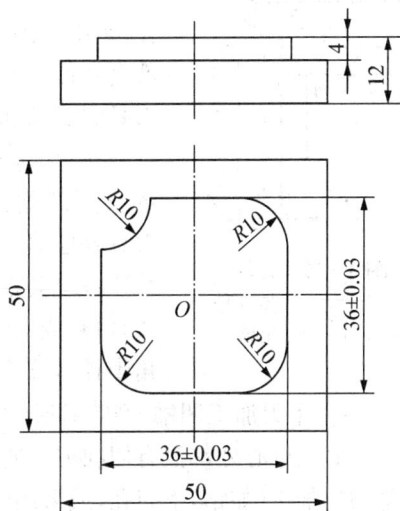

图 3-60　轮廓铣零件

为 Z 轴零点），加工深度为 $2\,\mathrm{mm}$，立铣刀直径为 $\phi 6\,\mathrm{mm}$。

任务 2　典型零件的数控铣削编程

1. 平面内轮廓的加工实例

加工如图 3-61 所示的拱形型腔，试编写加工程序。已知零件毛坯为 $90\,\mathrm{mm}\times 60\,\mathrm{mm}\times 15\,\mathrm{mm}$ 硬铝板，且已加工到尺寸要求。

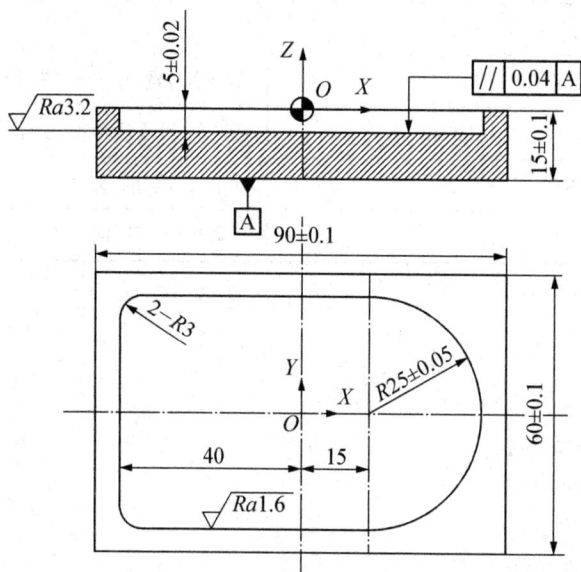

图 3-61　拱形型腔零件

（1）相关知识

① 刀具的选择。内腔加工时，刀具直径应不大于内腔最小曲率半径，否则会因少切而出现残留余量。但是，刀具直径若太小，切削效率就会降低。所以，可以使用多把刀具，大直径刀具完成粗加工，小直径刀具完成精加工。

② 刀具半径补偿与加工平面外轮廓一样，为了简化编程，去除余量，实现轮廓的粗、精加工，也常采用刀具半径补偿功能。但要注意：当刀具补偿值大于零件内腔圆角半径时（图 3-62 中，$R'' > R'$），一般的数控系统会报警显示出错。解决的办法是粗加工时忽略轮廓内圆角，按直角（或尖角）编程加工。精加工时选择刀具半径 $r \leqslant R$（型腔内圆角半径），按刀具实际半径值补偿，完成加工。

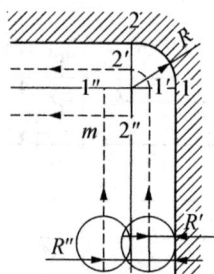

图 3-62　刀具半径补偿出错

③ 下刀加工凹槽、型腔时通常使用键槽刀、立铣刀或面铣刀等，这些刀具除键槽刀外，刀具底面中心处都没有切削刃。所以，不能垂直下刀，否则将会折断刀具。通常的解决办法是预先加工（如钻）下刀孔，或采用螺旋线、斜线下刀方式。

（2）工艺分析

① 工件采用机床用平口虎钳装夹,其下表面用垫铁支承,用百分表找正。工件坐标系的建立如图3-61所示。

② 由于型腔内角半径$R3$ mm 比较小,而型腔底面积较大,为提高切削效率,故选两把刀具,分别为$\phi12$ mm、$\phi4$ mm立铣刀,分粗加工、精加工两道工序完成。Z向深度采用分3层加工,背吃刀量分别为 3 mm、1.5 mm、0.5 mm。

③ 粗加工轨迹如图3-63所示。内角按直角编程加工,采用$\phi12$ mm立铣刀,螺旋线方式下刀,螺旋线中心选择为O_1,旋转半径为5 mm。粗加工3刀完成,刀具半径补偿值为D01=21 mm、D02=13 mm、D03=6.5 mm,留精加工余量为 0.5 mm。各个基点坐标为01(15,0)、1(15,25)、2(−40,25)、3(−40,−25)、4(15,−25)。

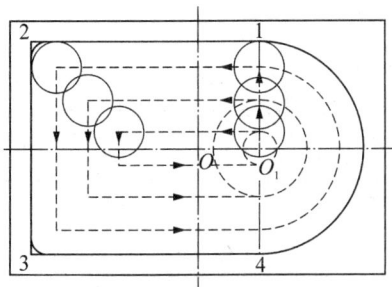

图3-63　粗加工轨迹路线

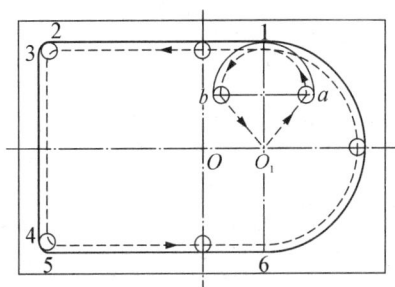

图3-64　精加工轨迹路线

④ 精加工轨迹如图3-64所示。选择O_1为起点,切入点a(27,13)、切出点b(3,13),圆弧ab的半径为12 mm;各个基点的坐标为1(15,25)、2(−37,25)、3(−40,−22)、4(−40,−22)、5(−37,−25)、6(15,−25)。刀具半径补偿值为D04=2 mm。

⑤ 切削用量选择。粗加工主轴转速为1 000 r/min;精加工时为1 500 r/min。粗加工进给速度为200 mm/min,精加工时为150 mm/min(实际主轴转速、进给速度可以根据加工情况,通过操作面板上倍率开关调节)。

⑥ 本例选用立式加工中心加工,以说明加工中心自动换刀功能的应用,设刀具 T01 为$\phi12$ mm立铣刀,长度补偿号为 H01;$\phi4$ mm立铣刀,长度补偿号为 H02。

(3) 加工程序的编制　立式加工中心加工程序,见表3-13。

表3-13　加工程序

O50;	主程序名
N10	G90 G40 G49 G80 G17;	初始化
N20	T01;	选1号刀
N30	M06;	装1号刀
N40	G54 G43 G00 Z100. H01;	调用G54直角坐标系,刀具定位Z100,加刀具长度补偿
N50	M03 S1000 T02;	主轴正转,转速1 000 r/min,选2号刀备用
N60	X20. Y0. Z20.;	移动至螺旋线起点上方
N70	G01 Z0 F100;	下刀至工件表面

O50；		主程序名
N80	G03 Z−4.5 I−5. J0；	螺旋线下刀值 Z−4.5,底面留 0.5 mm 精加工余量
N90	G03 I−5. J0；	铣平下刀孔底面,下刀孔直径 $\phi 22$ mm
N100	Z−3.；	抬刀至第一层铣削深度,粗加工
N110	G41 X15. Y25. D01；	→1,建立刀具半径补偿
N120	M98 P1；	第一层铣削
N130	Z−4.5.；	下刀至第二层铣削深度
N140	G41 X15. Y25. D02；	→1,建立刀具半径补偿
N160	M98 P1；	第二层铣削
N170	Z−5.；	下刀至第三层铣削深度,底面精加工
N180	G41 X15. Y25. D01；	→1,建立刀具半径补偿
N190	M98 P1；	第三层铣削
N200	G00 Z100 G49；	抬刀至 Z100,取消刀具长度补偿
N210	G28；	回参考点
N220	M06；	交换安装 2 号刀具
N230	G00 G43 X15. Y0. Z20. H02；	移动至 01 点上方,加刀具长度补偿
N240	G01 Z−4.5 F100；	下刀至 Z−4.5
N250	M98 P2；	第一层精铣内腔
N260	Z−5.；	下刀至 Z−5
N270	M98 P2；	第二层精铣内腔
N280	G00 G49 Z100；	抬刀并取消刀具长度补偿
N290	M05；	
N300	M30；	
O1；		子程序名
N4	G01 X−40.；	1→2
N6	Y−25.；	2→3
N8	X15.；	3→4
N10	G03 X15. Y25. R25；	4→1
N12	G40 Y0；	1→O_1,取消刀具半径补偿
N14	M99；	
O2；		子程序名
N2	G41 X27. Y13. D04；	O_1→a,建立刀具半径补偿

O2;		子程序名
N6	G03 X15. Y25. R12.；	$a \rightarrow 1$
N8	G01 X−37.；	$1 \rightarrow 2$
N10	G03 X−40. Y22. R3.；	$2 \rightarrow 3$
N12	G01 Y−22.；	$3 \rightarrow 4$
N14	G03 X−37. Y−25.；	$4 \rightarrow 5$
N16	G01 X15.；	$5 \rightarrow 6$
N18	G03 X15. Y25. R25.；	$6 \rightarrow 1$
N20	X3. Y13. R12.；	$1 \rightarrow b$
N22	G01 G40 X15. Y0；	$b \rightarrow O_1$，取消刀补
N24	M99；	子程序结束返回

2. 凹槽的加工实例

如图 3-65 所示,零件上有 3 条 $R25$ 圆弧槽和一条 $\phi88$ mm 的圆环槽,试按照尺寸和技术要求编制加工程序。已知零件毛坯尺寸 80 mm×80 mm×20 mm,材料为硬铝。

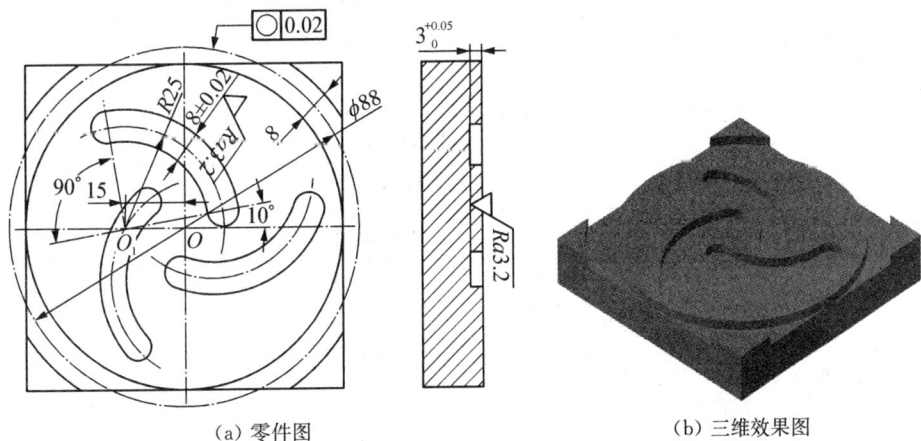

(a) 零件图　　　　　　　　　　　　(b) 三维效果图

图 3-65　凹槽的加工实例

(1) 工艺分析

① 工件采用机床用平口虎钳装夹,其下表面用垫铁支承,用百分表找正。工件坐标系原点设置为工件对称中心及工件上表面 O 点处。

② 零件的 3 条 $R25$ mm 的圆弧槽有较高的槽宽、槽深尺寸精度和表面粗糙度要求。因此,选择粗铣、精铣来达到技术要求。刀具选择为 $\phi6$ mm 的键槽铣刀,通过改变刀具半径补偿值来实现粗、精加工。这 3 条槽实际上是将一个槽,以原点 O 为中心,旋转阵列均布得到。所以,只需要编写出一个槽的加工程序,并作为子程序 3 次调用,使用坐标系旋转功能,便可以完成 3 个槽的加工。为了使基点坐标计算简单、精准,宜采用极坐标编程,O_1 为极点,需要设立局部坐标系。各个基点坐标为 1(29, 10)、2(29, 100)、3(21, 100)、4(21, 10)。由

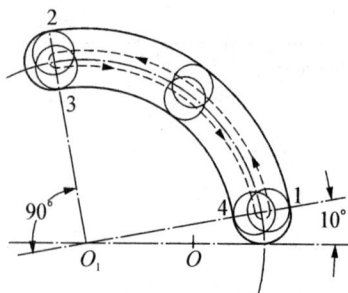

图 3-66 圆弧槽加工轨迹

于槽宽尺寸小,采用法向切入,加工轨迹如图 3-66 所示。粗加工 D01=3.5 mm,精加工 D02=3 mm。

③ 对 $\phi88$ mm 的圆槽没有尺寸精度和表面粗糙度要求,但有较高的形状精度要求,即中心线圆度公差要求为 0.02 mm。由于此槽不封闭处刀具侧刃受背向力不对称,刀具易产生弯曲而影响形状精度。因此,可以选用 $\phi8$ mm 的立铣刀,直接保证槽宽。采用螺旋线逐层向下铣削,刀具每转一圈 Z 向下刀 1 mm,这样既减小了刀具的背吃刀量,也减少了刀具侧刃的背向力,使圆槽的圆度公差得到保证。

(2)加工程序的编制　使用立式铣床。

① 加工 R25 mm 圆弧槽的程序。见表 3-14。

表 3-14　R25 mm 圆弧槽加工程序

O123；		主程序名
N10	G90 G17 G54 G00 Z100.；	初始化,调用 G54 坐标系,快速定位 Z100
N20	M03 S1500；	
N30	X0 Y0 Z20.；	下刀至 O 点上方 Z20 处
N40	M98 P100；	加工圆弧槽 1
N50	G68 X0 Y0 R120.；	坐标系旋转 120°
N60	M98 P100；	加工圆弧槽 2
N70	G69；	取消坐标旋转
N80	G68 X0 Y0 R240.；	坐标系旋转 240°
N90	M98 P100；	加工圆弧槽 3
N100	G69；	取消坐标旋转
N110	G00 Z100；	
N120	M05；	
N130	M30；	
O100；		子程序名
N4	G52 X-15. Y0 Z0；	建立局部坐标系,原点为 O_1
N6	G16；	极坐标编程
N8	G41 X29. Y10. D01；	0→1,加刀具半径补偿
N10	G01 Z-2.5 F100；	垂直下刀
N12	G03 X29. Y100. R29.；	1→2
N14	G03 X21. Y100. I-4. J0；	2→3
N16	G02 X21. Y10. R21.；	3→4

续　表

O100；		子程序名
N18	G03 X29. Y10. R4. ；	4→1
N20	G01 G40 X25. Y10. ；	1→O_1,取消刀具半径补偿
N22	Z－3. ；	垂直下刀
N24	G41 X29. Y10. D02；	0→1,加刀具半径补偿
N26	G03 X29. Y100. R29. ；	1→2
N28	G03 X21. Y100. I－4. J0；	2→3
N30	G02 X21. Y10. R21. ；	3→4
N32	G03 X29. Y10. R4. ；	4→1
N34	G00 Z20. ；	快速抬刀至 Z20
N36	G40 X0. Y0. ；	1→O_1,取消刀具半径补偿
N38	G15；	取消极坐标,直角坐标编程
N40	G52 X0 Y0 Z0；	取消局部坐标系,启用 G54 坐标
N42	M99；	子程序结束返回

② 加工 ϕ88 mm 圆环槽加工程序。见表 3－15。

表 3－15　ϕ88 mm 圆环槽加工程序

O222；		主程序名
N10	G90 G17 G54 G00 Z100. ；	初始化,调用 G54 坐标系,快速定位 Z100
N20	M03 S1500；	
N30	X44. Y0 Z20. ；	至起点上方 Z20 处
N40	G01 Z0 F200；	下刀到工件上表面
N50	G03 I－44. J0 Z－1. ；	逆时针螺旋线插补
N60	G03 I－44. J0 Z－2. ；	
N70	G03 I－44. J0 Z－3. ；	
N80	G03 I－44. J0；	再在 Z－3 深度逆时针圆弧插补一圈,铣平底面
N90	G00 Z100；	
N100	M05；	
N110	M30；	

任务小结

1. 本次任务的主要内容

典型零件的铣削程序编制。

2. 本次任务完成后达到目的

通过本任务的学习,掌握数控铣削加工编程的方法。

任务后的思考

1. 试编写如题图 3-67 所示平底 U 形槽的数控加工程序,工件材料为 45 钢,刀具选用 $\phi8$ mm 立铣刀。

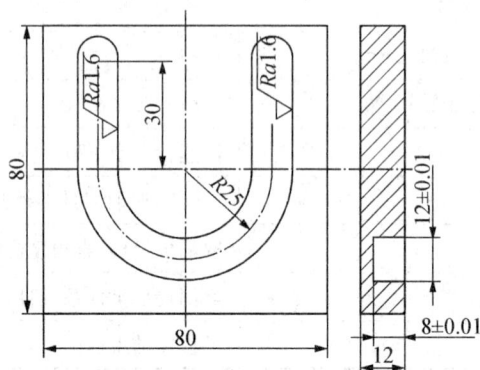

图 3-67　平底 U 形槽零件

2. 试编写如题图 3-68 所示六边形凸台零件的数控加工程序。

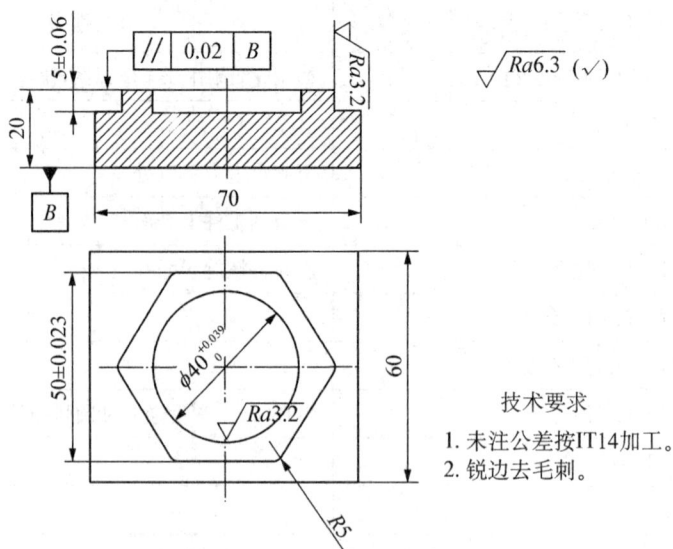

技术要求

1. 未注公差按 IT14 加工。
2. 锐边去毛刺。

图 3-68　六边形凸台零件

学习情境 ④

【数控加工工艺与编程】

加工中心加工岗位

模块一　加工中心加工工艺

任务1　加工工艺规程设计

必备知识

4.1.1　加工中心概述

1. 加工中心的类型

加工中心是在数控铣床的基础上发展起来的。它和数控铣床有很多相似之处,但主要区别在于增加刀库和自动换刀装置,是一种备有刀库并能自动更换刀具对工件进行多工序加工的数控机床。在刀库上安装不同用途的刀具,加工中心可在一次装夹中实现零件的铣、钻、镗、铰、攻螺纹等多工序加工。随着工业的发展,加工中心将逐渐取代数控铣床,成为一种主要的加工机床。加工中心的分类有多种方法,具体分类如下。

(1) 按照机床主轴布局形式分类

① 立式加工中心。指主轴轴心线为垂直状态设置的加工中心。其结构形式多为固定立柱式,工作台为长方形,无分度回转功能,适合加工只进行单面加工的零件。在工作台上安装一个水平轴的数控转台后还可加工螺旋线类零件。图4-1所示为一种立式加工中心外形图。立式加工中心的结构简单、占地面积小、价格低。

② 卧式加工中心。指主轴轴线为水平状态设置的加工中心。通常都带有可进行分度回转运动的正方形分度工作台。卧式加工中心一般具有3～5个运动坐标,常见的是三个直线运动坐标(沿 X、Y、Z 轴方向)加一个回转运动坐标(回转工作台)。卧式加工中心有多种形式,如固定立柱式或固定工作台式。它能够使工件在一次装夹后完成除安装面和顶面以外的其余四个面的加工。图4-2所示为一种卧式加工中心外形图。卧式加工中心与立式加工中心相比,一般具有刀库容量大,整体结构复杂,体积和占地面积大,价格较高等特点。卧式加工中心比立式加工中心更适合加工复杂的箱体类零件。

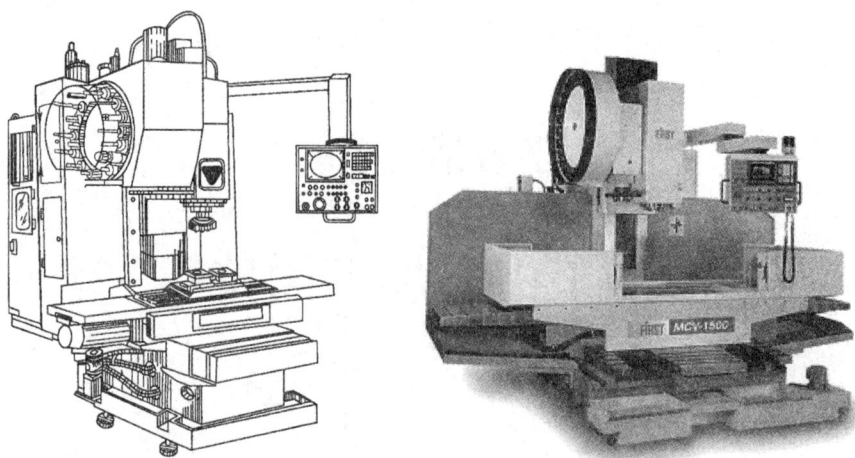

图 4-1 立式加工中心

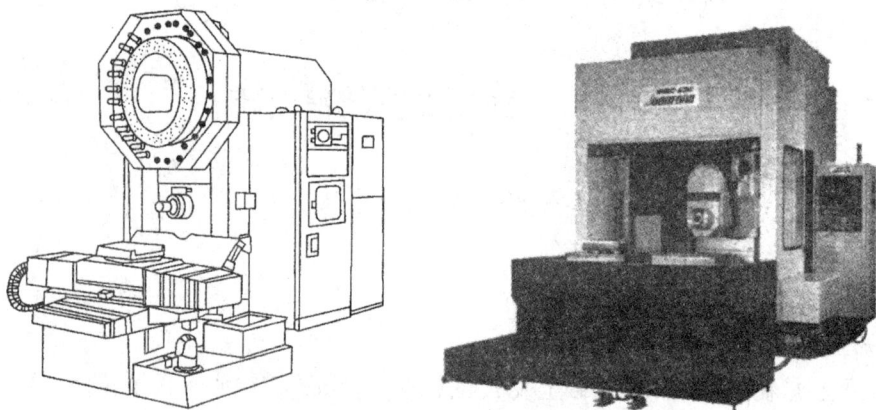

图 4-2 卧式加工中心

③ 龙门式加工中心。龙门式加工中心形状与龙门铣床相似,主轴多为垂直设置,带有自动换刀装置,带有可更换的主轴头附件,数控装置的软件功能也较齐全,能够一机多用,尤其适用于大型或形状复杂的工件,如航天工业及大型汽轮机上的某些零件的加工。图 4-3 所示为一种龙门式加工中心。

图 4-3 龙门式加工中心

④ 复合式加工中心。复合式加工中心指立、卧两用加工中心，既有立式加工中心功能又有卧式加工中心的功能。这种加工中心通常有两类：一类是靠主轴旋转 90°，实现立、卧加工模式的切换；另一类靠数控回转台绕 X 轴旋转 90°，实现两种加工功能。复合加工中心能在工件一次装夹后，完成除安装面外其他五个面的加工，降低了工件二次安装引起的形位误差，大大提高了加工精度和生产效率，但是由于复合加工中心存在着结构复杂、造价高、占地面积大等缺点，所以它的使用和生产在数量上远不如其他类型的加工中心。

（2）按换刀形式分类

① 带刀库、机械手的加工中心。加工中心的换刀装置（ATC）由刀库和机械手组成，换刀机械手完成换刀工作。这是加工中心普遍采用的形式。

② 无机械手的加工中心。这种加工中心的换刀是通过刀库和主轴箱的配合动作来完成。一般是采用把刀库放在主轴可以运动到的位置，或整个刀库或某一刀位能移动到主轴箱可以达到的位置。刀库中刀的存放位置方向与主轴装刀方向一致。换刀时，主轴运动到刀位上的换刀位置，由主轴直接取走或放回刀具。多用于采用 40 号以下刀柄的小型加工中心。

③ 转塔刀库式加工中心，一般在小型立式加工中心上采用转塔刀库形式，主要以孔加工为主。

2. 加工中心的组成和主要技术参数

台湾龙昌公司生产的 MCV1500 型加工中心的主要技术参数如下：

工作台外形尺寸　1 700 mm×700 mm

工作台 T 形槽数×槽宽×槽距　5 mm×18 mm×100 mm

主轴端面刀工作台廊距离　125～825 mm

工作台最大行程　纵向 1 500 mm 横向 760 mm

主轴箱上下行程 Z 向　700 mm

主轴锥孔　BT-50

主轴转速　40～4 000 r/min

主轴电动机　11/15 kW

快速移动速度　X、Y 轴 12 m/min　z 轴 10 m/min

进给速度（X、Y、Z 轴）　1～5 000 mm/min

进给驱动电动机（X、Y、Z 轴）　X:2.1 kW，Y、Z:3.8 kW

刀库容量　24

选刀方式　最近距离，双方向任意回转选刀

最大刀具尺寸　ϕ110×300

最大刀具质量　18 kg

工作台允许负载　1 500 kg

机床质量　12 500 kg

占地面积　4 620 mm×3 520 mm

机械总高度　3 200 mm

3. 加工中心的工艺特点

加工中心是一种功能较全的数控机床，它集铣削、钻削、铰削、镗削、攻螺纹和切螺纹于一身，使其具有多种工艺手段，综合加工能力较强。与普通机床加工相比，加工中心具有许多显著的工艺特点。

（1）可减少工件的装夹次数,消除因多次装夹带来的定位误差,提高加工精度。当零件各加工部位的位置精度要求较高时,采用加工中心加工能在一次装夹中将各个部位加工出来,避免了工件多次装夹所带来的定位误差,有利于保证各加工部位的位置精度要求。同时,加工中心多采用半闭环,甚至全闭环的位置补偿功能,有较高的定位精度和重复定位精度,在加工过程中产生的尺寸误差能及时得到补偿,与普通机床相比,能获得较高的尺寸精度。另外,采用加工中心加工,还可减少装卸工件的辅助时间,节省大量的专用和通用工艺装备,降低生产成本。

（2）可减少机床数量,并相应减少操作工人,节省占用的车间面积。

（3）可减少周转次数和运输工作量,缩短生产周期。

（4）在制品数量少,简化生产调度和管理。

（5）使用各种刀具进行多工序集中加工,在进行工艺设计时要处理好刀具在换刀及加工时与工件、夹具甚至机床相关部位的干涉问题。

（6）若在加工中心上连续进行粗加工和精加工,夹具既要能适应粗加工时切削力大、高刚度、夹紧力大的要求,又须适应精加工时定位精度高,零件夹紧变形尽可能小的要求。

（7）由于采用自动换刀和自动回转工作台进行多工位加工,决定了卧式加工中心只能进行悬臂加工。由于不能在加工中设置支架等辅助装置,应尽量使用刚性好的刀具,并解决刀具的振动和稳定性问题。另外,由于加工中心是通过自动换刀来实现工序或工步集中的,因此受刀库、机械手的限制,刀具的直径、长度、重量一般都不允许超过机床说明书所规定的范围。

（8）多工序的集中加工,要及时处理切屑。

（9）在将毛坯加工为成品的过程中,零件不能进行时效,内应力难以消除。

（10）技术复杂,对使用、维修、管理要求较高,要求操作者具有较高的技术水平。

（11）加工中心一次性投资大,还需配置其他辅助装置,如刀具预调设备、数控工具系统或三坐标测量机等,机床的加工工时费用高,如果零件选择不当,会增加加工成本。

4. 加工中心的主要加工对象

鉴于加工中心的上述工艺特点,加工中心适用于复杂、工序多、精度要求较高、需用多种类型普通机床和众多刀具、工装,经过多次装夹和调整才能完成加工的零件,其主要加工对象有以下几类:

（1）即有平面又有孔系的零件　加工中心具有自动换刀装置,在一次安装中,可以完成零件上平面的铣削、孔系的钻削、镗削、铰削、铣削及攻螺纹等多工步加工。加工的部位可以在一个平面上,也可以不在一个平面上。五面体加工中心一次装夹可以完成除安装基面以外的五个面的加工。因此,加工中心的首选加工对象是既有平面又有孔系的零件,如箱体类零件和盘、套、板类零件。

① 箱体类零件。如图 4 - 4 所示,这类零件在机床、汽车、飞机等行业用得较多,如汽车的发动机缸体、变速箱体、机床的床头箱、主轴箱、柴油机缸体以及齿轮泵壳体等。

图 4 - 4　箱体类零件

箱体类零件一般都需要进行多工位孔系、轮廓及平面加工,公差要求较高,特别是形位公差要求较为严格,通常要经过铣、钻、扩、镗、铰、锪、攻螺纹等工序加工,需要刀具数量较多,在普通机床上加工难度大,工装多,费用高,加工周期长,需多次装夹、找正,手工测量次数多,加工时必须频繁地更换刀具,工艺制定难度大,更重要的是精度难保证。这类零件在镗铣类加工中心上加工,一次装夹可完成普通机床 60%～95% 的工序内容,零件各项精度一致性好,质量稳定,同时节省费用,缩短生产周期。

加工箱体类零件的镗铣类加工中心,当加工工位较多,需工作台多次旋转角度才能完成的零件,一般选卧式镗铣类加工中心。当加工的工位较少,且跨距不大时,可选立式镗铣类加工中心,从一端进行加工。

箱体类零件的加工方法,主要有以下几种:

a. 当既有面又有孔时,应先铣面,后加工孔。

b. 孔系加工时,先完成全部孔的粗加工,再进行孔的精加工。

c. 一般情况下,直径＞$\phi 30$ 的孔都应铸造出毛坯孔。在普通机床上先完成毛坯的粗加工,给镗铣类加工中心加工工序留余量 4～6 mm(直径),再在镗铣类加工中心上进行面和孔的粗、精加工。通常分粗镗—半精镗—孔端倒角—精镗 4 个工步完成。

d. 直径＜$\phi 30$ 的孔可以不铸出毛坯孔,孔和孔的端面的全部加工都在加工中心上完成。可分为"锪平端面—(打中心孔)—钻—扩—孔端倒角—铰"等工步进行加工。有同轴度要求的小孔(＜$\phi 30$),须采用锪平端面—(打中心孔)—钻—半精镗—孔端倒角—精镗(或铰)工步来完成加工,其中打中心孔需视具体情况而定。

e. 在孔系加工时,先加工大孔,再加工小孔,特别是在大小孔相距很近的情况下,更要采取这一措施。

f. 对于跨距较大的箱体的同轴孔加工,尽量采取调头加工的方法,以缩短刀辅具的长径比,增加刀具刚性,提高加工质量。

g. 螺纹加工。一般情况下,M6 以上、M20 以下的螺纹孔可在加工中心上完成。M6 以下、M20 以上的螺纹可在加工中心上完成底孔加工,攻螺纹可通过其他手段加工。因加工中心的自动加工方式在攻小螺纹时,不能随机控制加工状态,小丝锥容易折断,从而产生废品,由于刀具、辅具等因素影响,在加工中心上攻 M20 以上大螺纹有一定困难。但这也不是绝对的,可视具体情况而定,在某些机床上可用镗刀片完成螺纹切削。

② 盘、套、板类零件。指带有键槽或径向孔,或端面有分布孔系以及有曲面的盘套或轴类零件,如图 4-5 所示,如带法兰的轴套、带有键槽或方头的轴类零件等;具有较多孔加工的板类零件,如各种电机盖等。

端面有分布孔系,曲面的盘、套、板类零件宜选用立式加工中心,有径向孔的可选用卧式加工中心。

(2) 复杂曲面类零件　对于由复杂曲线、曲面组成的零件,如凸轮类、叶轮类和模具类等零件,加工中心是加工这类零件的最有效的设备。

① 凸轮类。这类零件有各种曲线的盘形凸轮(见图 4-6)、圆柱凸轮、圆锥凸轮和端面凸轮等,加工时,

图 4-5　盘、套、板类零件

图 4-6 凸轮

可根据凸轮表面的复杂程度,选用三轴、四轴或五轴联动的加工中心。

②整体叶轮类。整体叶轮常见于航空发动机的压气机、空气压缩机、船舶水下推进器等,它除具有一般曲面加工的特点外,还存在许多特殊的加工难点,如通道狭窄,刀具很容易与加工表面和邻近曲面发生干涉。如图3-10所示,叶轮的叶面是一个典型的三维空间曲面,加工这样的型面,可采用四轴以上联动的加工中心。

③模具类。常见的模具有锻压模具、铸造模具,注射模具及橡胶模具等。图4-7所示为连杆凹模,采用加工中心加工模具,由于工序高度集中、动模、静模等关键件的精加工基本上是在一次安装中完成全部机加工内容,尺寸累积误差及修配工作量小。同时,模具的可复制性强,互换性好。

对于复杂曲面类零件,就加工的可能性而言,在不出现加工过切或加工盲区时,复杂曲面一般可以采用球头铣刀进行三坐标联动加工,加工精度较高,但效率较低。如果工件存在加工过切或加工盲区(如整体叶轮等),就必须考虑采用四坐标或五坐标联动的机床。仅仅加工复杂曲面时并不能发挥加工中心自动换刀的优势,因为复杂曲面的加工一般经过粗铣、(半)精铣、清根等步骤,所用的刀具较少,特别是像模具一类的单件加工。

图 4-7 连杆凹模

图 4-8 外形不规则零件

(3)外形不规则零件 异形件是外形不规则的零件,大多数需要进行点、线、面多工位混合加工,如支架、基座、样板、靠模支架等(见图4-8)。由于异形件的外形不规则,刚性一般较差,夹紧及切削变形难以控制,加工精度难以保证,因此在普通机床上只能采取工序分散的原则加工,需要用较多的工装,周期较长。这时可充分发挥加工中心工序集中,多工位点、线、面混合加工的特点,采用合理的工艺措施,一次或二次装夹,完成大部分甚至全部加工内容。

(4)周期性投产的零件 用加工中心加工零件时,所需工时主要包括基本时间和准备时间,其中准备时间占很大比例。例如工艺准备、程序编制、零件首件试切等,这些时间往往是单件基本时间的几十倍,采用加工中心可以将这些准备时间的内容储存起来,供以后反复使用。这样对周期性投产的零件,生产周期就可以大大缩短。

(5)加工精度要求较高的中小批量零件 针对加工中心加工精度高、尺寸稳定的特点,对加工精度要求较高的中小批量零件,选择加工中心加工,容易获得所要求的尺寸精度和形状位置精度,并可得到很好的互换性。

(6)新产品试制中的零件　在新产品定型之前,需经反复试验和改进。选择加工中心试制,可省去许多通用机床加工所需的试制工装。当零件被修改时,只需修改相应的程序及适当地调整夹具、刀具即可,节省了费用,缩短了试制周期。

4.1.2　加工中心加工工件的安装、对刀与换刀

1. 加工中心加工工件的安装

(1)定位基准选择　加工中心加工选择定位基准的基本要求同普通机床一样,在加工中心上加工时,零件的装夹仍然遵循六点定位原则。在选择定位基准时,要全面考虑各个工位的加工情况,满足三个要求。

① 所选基准应能保证工件定位准确,装卸方便、迅速,夹压可靠,夹具结构简单。

② 所选基准与各加工部位间的各个尺寸计算简单。

③ 保证各项加工精度。

(2)选择定位基准应遵循的原则

① 尽量选择零件上的设计基准作为定位基准。当加工中心不带自动测定工件坐标系的功能,刀具又不能每件每次安装都重新对刀,加工面与其设计基准不在一次安装中同时加工出来时,则设计基准与定位基准不重合会存在基准不重合误差。选择设计基准作为定位基准定位,不仅可以避免因基准不重合而引起的定位误差,保证加工精度,且可简化程序编制。在制定零件的加工方案时,首先要按基准重合原则选择最佳的精基准来安排零件的加工路线。这就要求在最初加工时,就要考虑以哪些面为粗基准把作为精基准的各面先加工出来,即在加工中心加工时使用的工件上各个定位基准面应先在前面普通机床或其他数控加工工序中加工完成,这样容易保证各个工序加工表面相互之间的精度要求。

② 当零件的定位基准与设计基准不能重合且加工面与其设计基准又不能在一次安装内同时加工时,应认真分析装配图样,确定该零件设计基准的设计功能,通过尺寸链的计算,严格规定定位基准与设计基准间的公差范围,确保加工精度。对于带有自动测量功能的加工中心,可在工艺中安排坐标系测量检查工步,即每个零件加工前由程序自动控制测头检测设计基准,系统自动计算并修正坐标系,从而确保各加工部位与设计基准间的几何关系。此时,原定位基准已不起作用,已转化为用设计基准为测量基准直接确定工件的位置。

③ 当在加工中心上无法同时完成包括设计基准在内的全部表面加工时,要考虑用所选基准定位后,通过一次装夹,完成全部关键精度部位的加工。

④ 定位基准的选择要保证完成尽可能多的加工内容。为此,需考虑便于各个表面都能被加工的定位方式。对非回转类工件,最好采用一面两孔的定位方案,以便刀具对其他表面进行加工。当工件上没有合适的孔,可增加工艺孔进行定位。

⑤ 批量加工时,零件定位基准应尽可能与建立工件坐标系的对刀基准(对刀后,工件坐标系原点与定位基准间的尺寸为定值)重合。批量加工时,工件采用夹具定位安装,刀具一次对刀建立工件坐标系后加工一批工件,建立工件坐标系的对刀基准与零件定位基准重合可直接按定位基准对刀,减少对刀误差。但在单件加工时(每加工一件对一次刀)或带有自

动测量功能的加工中心,工件坐标系原点和对刀基准的选择应主要考虑便于编程和测量,可不与定位基准重合。

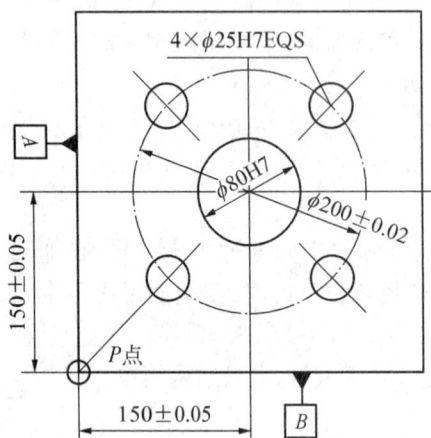

图 4-9　编程原点选择

如图 4-9 所示零件,在加工中心上单件加工 ϕ80H7 孔、4 × ϕ25H7 孔。4 × ϕ25H7 孔都以 ϕ80H7 孔为设计基准,编程原点应选在 ϕ80H7 孔中心上,加工时以 ϕ80H7 孔中心为对刀基准建立工件坐标系,而定位基准为 A、B 两面,定位基准与对刀基准和编程原点不重合,这样的加工方案同样能保证各项精度。如将编程原点选在 A、B 面上,则编程时计算很繁琐,还存在不必要的尺寸链计算误差。但批量加工时,工件采用 A、B 面为定位基准,即使将编程原点选在 ϕ80H7 孔中心上并按 ϕ80H7 孔中心对刀,仍会产生基准不重合误差。因为再安装的工件的 ϕ80H7 孔中心的位置是变动的。

⑥ 必须多次安装时应遵从基准统一原则。如图 4-10 所示的铣头体,其中 ϕ80H7、ϕ80K6、ϕ90K6、ϕ95H7、ϕ140H7 孔及 ϕ80K6、ϕ90K6 孔两端面要在卧式加工中心上加工。完成上述加工须两次装夹:第一次装夹加工 ϕ80H7、ϕ80K6、ϕ90K6 孔及孔口两端面;第二次装夹加工 ϕ95H7、ϕ140H7 孔。为保证孔与孔之间、孔与面之间的相互位置精度,应选用同一定位基准。根据该零件的具体结构及技术要求,显然应选 A 面和 A 面上两孔为定位基准。为此,在前面工序中加工出 A 面及两个定位用的工艺孔 2×ϕ16H6,两次装夹都以 A 面和 2×ϕ16H6 孔定位。可减少因定位基准转换而引起的定位误差。

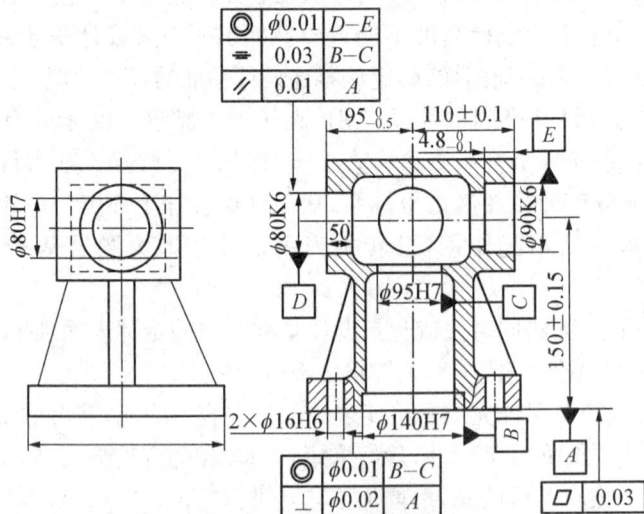

图 4-10　铣头体

2. 加工中心夹具的确定

(1) 加工中心对夹具的基本要求　对夹具的基本要求加工中心加工时实际上一般只要

求有简单的定位、夹紧机构,其设计原理与通用镗、铣床夹具是相同的。

① 夹紧机构或其他元件不得干涉进给运动,加工部位要敞开。为保持工件在本工序中所有需要完成的待加工面充分暴露在外,夹具要做到尽可能开敞,因此要求夹紧工件后夹具上一些组成件(如定位块、压块和螺栓等)不能与刀具运动轨迹发生干涉。夹紧机构元件与加工面之间应保持一定的安全距离,夹紧机构元件能低则低,以防止与加工中心主轴套筒或刀套、刃具在加工过程中发生干涉,如图 4-11 所示。

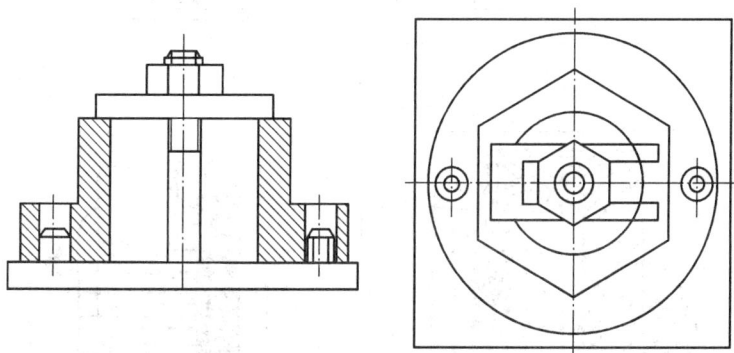

图 4-11 不影响进给的装夹示例

当在卧式加工中心上对工件的四周进行加工时,若很难安排夹具的定位和夹紧装置,则可以通过减少加工表面来留出定位夹紧元件的空间。图 4-12 所示为一箱体零件,可利用其内部空间来安排夹紧机构,将其加工表面敞开。

② 为保持零件安装方位与机床坐标系及编程坐标系方向的一致性,夹具应能保证在机床上实现定向安装,还要求能使零件定位面与机床之间保持一定的坐标联系。

③ 夹具的刚性和稳定性要好:

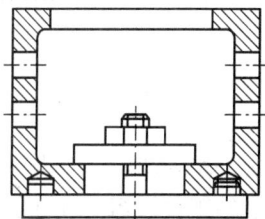

图 4-12 敞开表面加工装夹示例

a. 在考虑夹紧方案时,夹紧力应力求靠近主要支撑点,或在支撑点所组成的三角形内,并靠近切削部位及刚性好的地方,尽量不要在被加工孔的上方。

零件在粗加工时,切削力大,需要夹紧力大,但又不能使零件发生变形,因此,必须慎重选择夹紧力的作用点。避免将夹紧力加在零件无支撑的区域。如采用这些措施后仍不能控制零件变形,只能将粗、精加工工序分开,或者在粗加工后编一个任选停止指令,松开压板,使工件消除变形后重新夹紧再继续进行精加工。

b. 尽量不采用在加工过程中更换夹紧点的设计。当非要在加工过程中更换夹紧点不可时,要特别注意不能因更换夹紧点而破坏夹具或工件定位精度。即使采用刚度较高的机床进行加工,如果加工的工件及其夹具没有足够的刚性,也很难获得较高的加工精度。

④ 装卸方便,辅助时间尽量短。由于加工中心效率高,装夹工件的辅助时间对加工效率影响较大,所以要求配套夹具在使用中也要装卸快捷、方便。

⑤ 对小型零件或工序不长的零件,可以考虑多件同时加工,以提高加工效率。例如在加工中心工作台上安装一块与工作台大小一样的图 4-13(a)所示平板,该平板既可作为大工件的基础板,也可作为多个小工件的公共基础板。又如在卧式加工中心分度工作台上安

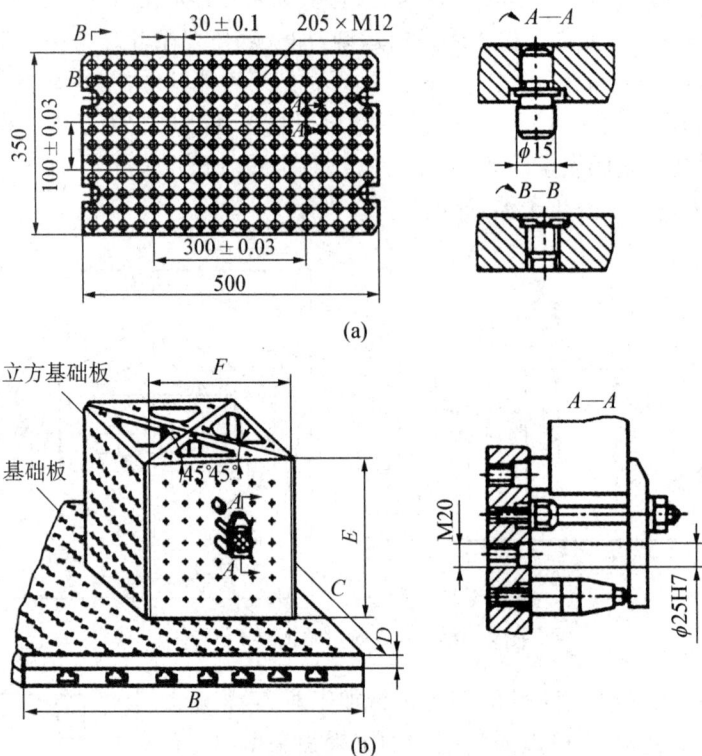

图 4-13 新型数控夹具元件

装一块如图 4-13(b)所示的四周都可装夹多件工件的立方基础板,可依次加工装夹在各面上的工件。当一面在加工位置进行加工的同时,另 3 面都可装卸工件,因此能显著减少停机时间和换刀次数。

⑥ 夹具结构应力求简单。由于零件在加工中心上加工大都采用工序集中原则,加工的部位较多,同时批量较小,零件更换周期短,夹具的标准化、通用化和自动化对加工效率的提高及加工费用的降低有很大影响。

⑦ 减少更换夹具的准备时间。夹具应便于与机床工作台面的定位连接。加工中心工作台面上一般都有基准 T 形槽、定位孔;转台中心有定位孔;台面侧面有基准挡板等定位元件。可先在机床上设置与夹具配合的定位元件,在组合夹具的基座上精确设计定位孔,以便与机床台面定位孔或槽对准来保证编程原点的位置。对于夹具定位件在机床上的安装方式,由于加工中心主要是加工批量不大的中、小批量零件,在机床工作台上会经常更换夹具,这样易磨损机床台面上的定位槽,且在槽中装卸定位件,也会占用较长的停机时间。为此,在机床上用槽定位的夹具,其定位元件常常不固定在夹具体上而固定在机床的工作台上,当夹具在机床上安装时,夹具体上有引导棱边的淬火套导向。固定方式一般用 T 形螺栓压板压紧。夹具上用于紧固的孔和槽的位置必须与工作台上的 T 形槽和孔的位置相一致。

(2) 加工中心夹具选用的原则 加工中心夹具的选择要根据零件精度等级、结构特点、产品批量及机床精度等情况综合考虑。

① 在单件生产或产品研制时,应广泛采用通用夹具、组合夹具和可调整夹具,只有在通用夹具、组合夹具和可调整夹具无法解决工件装夹时才考虑采用其他夹具。

② 小批量或成批生产时可考虑采用简单专用夹具。

③ 在生产批量较大时可考虑采用多工位夹具和高效气动、液压等专用夹具。

④ 采用成组工艺时应使用成组夹具。

（3）确定零件在机床工作台上装夹时的最佳位置　在卧式加工中心上加工零件时，一般要多工位加工，这时要确定零件（包括夹具）在机床工作台上的最佳位置，该位置是考虑机床行程中各种干涉情况，优化匹配各部位刀具长度而确定的。如果考虑不周，将会造成机床超程，频繁更换刀具，影响加工精度，或反复试切而费工费时。

加工中心具有的自动换刀（ATC）功能决定了其最大的弱点为刀具悬臂式加工，因此，在进行多工位零件的加工时，应综合计算各加工表面到机床主轴端面的距离以选择最佳的刀辅具长度，提高工艺系统的刚性，从而保证加工精度。

当某一工位的加工部位距工作台回转中心的距离 Z 向为 L_{zi}（工作台移动式机床，向主轴移动 L_{zi} 为正、背离主轴移动 L_{zi} 为负）；机床主轴端面到工作台回转中心的最小距离为 Z_{min}，最大距离为 Z_{max}；加工该部位的刀辅具长度（主轴端面与刀具端部之间的距离，即刀具长度补偿）为 H_i，则确定刀辅具长度时，应满足：

$$H_i > Z_{min} - L_{zi}, \tag{4-1}$$

$$H_i < Z_{max} - L_{zi}。 \tag{4-2}$$

满足式（4-1）可以避免机床负向超程，满足式（4-2）可以避免机床正向超程。

在满足上述两式的情况下，多工位加工时工件应尽量居工作台中间部位；单工位加工（如图4-14所示件1加工 A 面下孔）或相邻两工位加工时（如图4-14中件2上 B、C 面加工）则将零件靠工作台一侧或一角安置，以减小刀具长度，提高系统刚性。此外，还应能方便准确地测量各工位工件坐标系原点的位置。

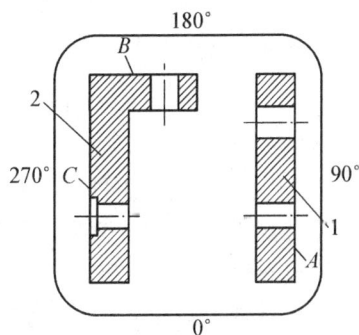

图 4-14　工件在工作台上的位置

3. 加工中心加工的对刀与换刀

（1）对刀点与换刀点的确定

① 对刀点的确定机床坐标系是机床出厂后已经确定的，工件在机床加工尺寸范围内的安装位置却是任意的，若确定工件在机床坐标系中的位置，就要靠对刀。简单地说，对刀就是告诉机床工件装夹在工作台的什么地方，这要通过确定对刀点在机床坐标系中的位置来实现。对刀点是工件在机床上定位（或找正）装夹后，用于确定工件坐标系在机床坐标系中位置的基准点。为保证正确加工，在编制程序时，应合理设置对刀点。有关加工中心对刀点选择的原则与数控车削对刀点选择的原则相同，读者可参考数控车削对刀点的选择。一般来说，加工中心对刀点应选在工件坐标系原点上，或至少与 X、Y 方向重合，这样有利于保证对刀精度，减少对刀误差。也可以将对刀点或对刀基准设在夹具定位元件上，这样可直接以定位元件为对刀基准对刀，有利于批量加工时工件坐标系位置的准确定位。

② 换刀点的确定在加工中心等使用多种刀具加工的机床上，加工过程中需要经常更换刀具，在编制程序时，就要考虑设置换刀点。换刀点的位置应按照换刀时刀具不碰到工件、夹具和机床的原则确定。一般加工中心的换刀点往往是固定的点。

（2）对刀方法　对刀的准确程度将直接影响加工精度，因此，对刀操作一定要仔细，对刀精度一定要同零件加工精度要求相适应。当零件加工精度要求高时，可采用千分表找正对刀，使刀位点与对刀点一致。用这种方法找正效率较低，采用光学或电子对刀装置提高找正精度和找正效率。加工中心对刀时一般以机床主轴轴线与端面的交点（主轴中心点）为刀位点，无论采用哪种对刀方法，结果都是使机床主轴中心点与对刀点重合，利用机床的坐标显示确定对刀点在机床坐标系中的位置，从而确定工件坐标系在机床坐标系中的位置。下面介绍几种具体的对刀方法：

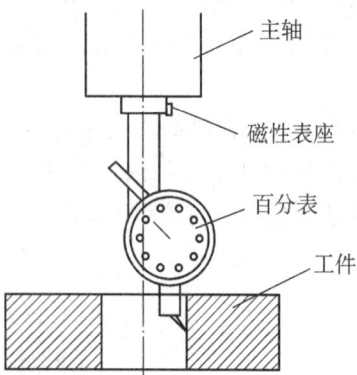

图4-15　采用杠杆百分表对刀

① 工件坐标系原点（对刀点）为圆柱孔（或圆柱面）的中心线。采用杠杆百分表（或千分表）对刀，如图4-15所示，操作步骤如下：

a. 用磁性表座将杠杆百分表吸在机床主轴端面上并利用手动输入"M03 S5"指令，使主轴低速正转。

b. 手动操作使旋转的表头依 X、Y、Z 的顺序逐渐靠近孔壁（或圆柱面）。

c. 移动 Z 轴，使表头压住被测表面，指针转动约 0.1 mm。

d. 逐步降低手动脉冲发生器的 X、Y 移动量，使表头旋转一周时，其指针的跳动量在允许的对刀误差内，如 0.02 mm，此时可认为主轴的旋转中心与被测孔中心重合。

e. 记下此时机床坐标系中的 X、Y 坐标值。此 X、Y 坐标值即为G54指令建立工件坐标系时的 X、Y 偏置值。

若用G92建立工件坐标系，保持 X、Y 坐标不变，刀具沿 Z 轴移动到某一位置（该位置为程序起点，即对刀点），则指令形式为"G92 $X\gamma$ $Y\gamma$ $Z\gamma$."γ 值由 Z 向对刀保证。

这种操作方法比较麻烦，效率较低，但对刀精度较高，对被测孔的精度要求也较高，最好是经过铰或镗加工的孔，低精度孔不宜采用。

采用寻边器对刀寻边器的工作原理如图4-16所示。光电式寻边器一般由柄部和触头组成，它们之间有一个固定的电位差。触头装在机床主轴上时，工作台上的工件（金属材料）与触头电位相同，当触头与工件表面接触时就形成回路电流，使内部电路产生光、电信号。这就是光电式寻边器的工作原理。其操作步骤为：

a. 取出寻边器装在主轴上并依 X、Y、Z 的顺序手动操作将寻边器测头靠近被测孔，使其大致位于被测孔的中心上方。

b. 将测头下降至球心超过被测孔上表面的位置。

c. 沿 X（或 Y）方向缓慢移动测头直到测头接触到孔壁，指示灯亮，然后反向移动至指示灯灭。

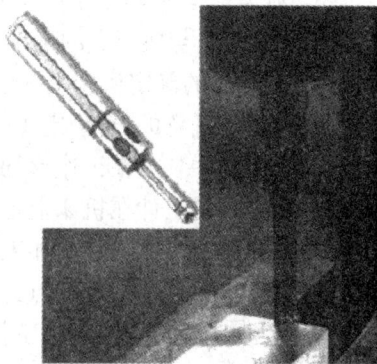

图4-16　寻边器的工作原理

d. 逐级降低移动量（0.1 mm→0.01 mm→0.001 mm），移动测头直至指示灯亮，再反向移动至指示灯灭，最后使指示灯稳定发亮（此项操作的目的是获得准确的对刀精度）。

e. 把机床相对坐标 X(或 Y)置零,用最大移动量将测头向另一边孔壁移动,指示灯亮,然后反向移动至指示灯灭。

f. 重复操作第 4 项。

g. 记下此时机床相对坐标的 X(或 Y)值。

h. 将测头向孔中心方向移动到前一步骤记下 X(或 Y)坐标的一半处,即得被测孔中心的 X(或 Y)坐标。

i. 沿 Y(或 X)方向,重复以上操作,可得被测孔中心的 Y(或 X)坐标。这种方法操作简便、直观,对刀精度高,应用广泛,但被测孔应有较高的精度。

② 工件坐标系原点(对刀点)为两相互垂直线的交点。采用碰刀(或试切)方式对刀,如果对刀精度要求不高,为方便操作,可以采用加工时所使用的刀具直接进行碰刀(或试切)对刀,如图 4 - 17 所示。其操作步骤如下:

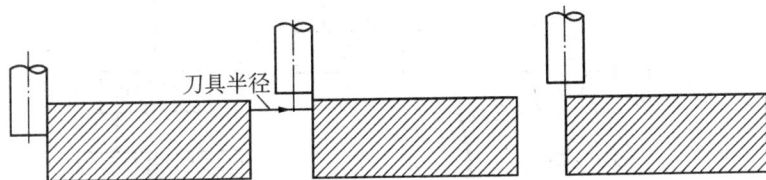

图 4 - 17　试切对刀

a. 将使用铣刀装到主轴上并使主轴中速旋转。

b. 手动移动铣刀沿 X(或 Y)方向靠近被测边,直到铣刀周刃轻微接触到工件表面,即听到刀刃与工件的摩擦声但没有切屑。

c. 持 x、y 坐标不变,将铣刀沿 $+z$ 向退离工件。

d. 将机床相对坐标 X(或 Y)置零,并沿 X(或 Y)向工件方向移动刀具半径距离。

e. 将此时机床坐标系下的 X(或 Y)值输入系统偏置寄存器中,该值就是被测边的 X(或 Y)偏置值。

f. 沿 Y(或 X)方向重复以上操作,可得被测边 Y(或 X)的偏置值。这种方法比较简单,但会在工件表面留下痕迹,且对刀精度不高。为避免损伤工件表面,可以在工件和刀具之间加入塞尺进行对刀,这时应将塞尺的厚度减去。以此类推,还可以采用标准心轴和块规来对刀,如图 4 - 18 所示。

图 4 - 18　采用标准心轴和块规对刀　　　图 4 - 19　采用寻边器对刀

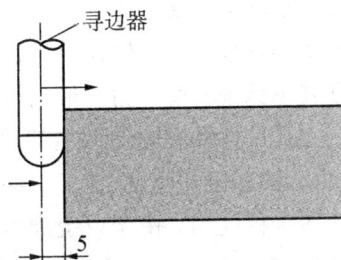

③ 采用寻边器对刀。　如图 4 - 19 所示,其操作步骤与采用刀具对刀相似,只是将刀具换成了寻边器,移动距离时寻边器触头的半径。因此,这种方法简单,对刀精度较高。

④ 机外对刀仪对刀。加工中心机外对刀仪示意图如图 4-20 所示。机外对刀仪用来测量刀具的长度、直径和刀具形状、角度。刀库中存放的刀具其主要参数都要有准确的值,这些参数值在编制加工程序时都要加以考虑。使用中因刀具损坏需要更换新刀具时,用机外对刀仪可以测出新刀具的主要参数值,以便掌握与原刀具的偏差,然后通过修改刀补值确保其正常加工。此外,用机外对刀仪还可测量刀具切削刃的角度和形状等参数,有利于提高加工质量。

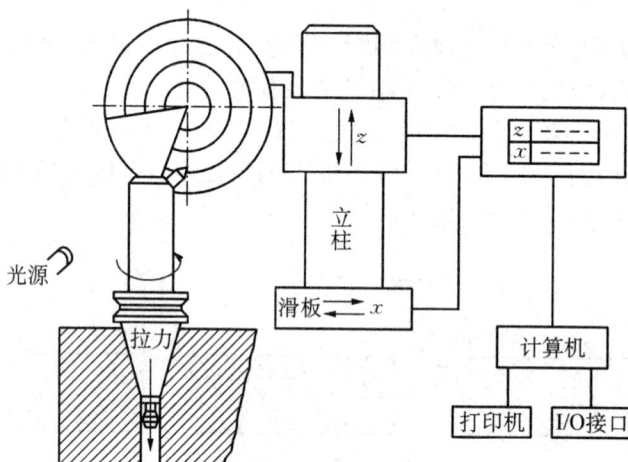

图 4-20 对刀仪示意图

对刀仪由下列 3 部分组成。

① 刀柄定位机构对刀仪的刀柄定位机构与标准刀柄相对应,它是测量的基准,所以要有很高的精度,并与加工中心的定位基准要求一样,以保证测量与使用的一致性。定位机构包括回转精度很高的主轴、使主轴回转的传动机构、使主轴与刀具之间拉紧的预紧机构。

② 测头与测量机构测头有接触式和非接触式两种。接触式测头直接接触刀刃的主要测量点(最高点和最大外径点);非接触式主要用光学的方法,把刀尖投影到光屏上进行测量。测量机构提供刀刃的切削点处的 Z 轴和 X 轴(半径)尺寸值,即刀具的轴向尺寸和径向尺寸。测量的读数有机械式(如游标刻线尺),也有数显或光学的。

③ 测量数据处理装置该装置的可以把刀具的测量值自动打印出来,或与上一级管理计算机联网,进行柔性加工,实现自动修正和补偿。

(3) 使用对刀仪应注意的问题

①使用前要用标准对刀心轴进行校准。每台对刀仪都随机带有一件标准的对刀心轴。要妥善保护使其不锈蚀和受外力变形。每次使用前要对 Z 轴和 X 轴尺寸进行校准和标定。

②静态测量的刀具尺寸和实际加工出的尺寸之间有一差值。影响这一差值的因素很多,主要有:刀具和机床的精度和刚度;加工工件的材料和状况;冷却状况和冷却介质的性质;使用对刀仪的技巧熟练程度等。由于以上原因,静态测量的刀具尺寸应大于加工后孔的实际尺寸,因此对刀时要考虑一个修正量,这要由操作者的经验来预选,一般要偏大 0.01~0.05 mm。

(4) 刀具 Z 向对刀　刀具 Z 向对刀数据与刀具在刀柄上的装夹长度及工件坐标系的 Z 向零点位置有关,它确定工件坐标系的零点在机床坐标系中的位置。可以采用刀具直接碰刀对刀,也可利用如图4-21所示的Z向设定器进行精确对刀,其工作原理与寻边器相同。对刀时也是将刀具的端刃与工件表面或Z向设定器的测头接触,利用机床坐标的显示来确定对刀值。当使用Z向设定器对刀时,要将Z向设定器的高度考虑进去。

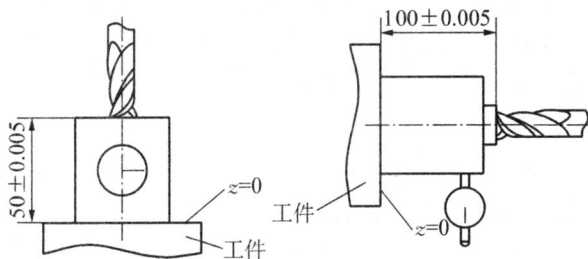

图4-21　z向设定器

另外,由于加工中心刀具较多,每把刀具到Z坐标零点的距离都不相同,这些距离的差值就是刀具的长度补偿值,因此需要在机床上或专用对刀仪上测量每把刀具的长度(即刀具预调),并记录在刀具明细表中,供机床操作人员使用。加工中心的Z向对刀一般有两种方法:

① 机上对刀这种方法是采用Z向设定器依次确定每把刀具与工件在机床坐标系中的相互位置关系,其操作步骤如下:

a. 依次将刀具装在主轴上,利用Z向设定器确定每把刀具到工件坐标系Z向零点的距离,如图4-22所示的A、B、C,并记录下来;

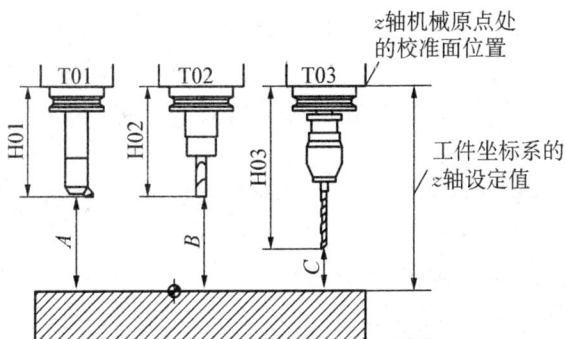

图4-22　刀具长度补偿

b. 找出其中最长(或最短)、到工件距离最小(或最大)的刀具,如图中的T03(或T01),将其对刀值C(或A)作为工件坐标系的Z值,此时T03:0;

c. 确定其他刀具的长度补偿值,即T01$=\pm|C-A|$,T02$=\pm|C-B|$,正负号由程序中的G43或G44来确定。

这种方法对刀效率和精度较高,投资少;但工艺文件编写不便,对生产组织有一定影响。

② 机外刀具预调+机上对刀这种方法是先在机床外利用刀具预调仪精确测量每把刀具的轴向和径向尺寸,确定每把刀具的长度补偿值,然后在机床上以主轴轴线与主轴前端面的交点(主轴中心)进行Z向对刀,确定工件坐标系。这种方法对刀精度和效率高,便于工艺文件的编写及生产组织,但投资较大。

4.1.3　加工中心加工工艺制定

1. 零件的工艺分析

零件的工艺分析是制定加工中心加工工艺的首要工作。其任务是分析零件技术要求，检查零件图的完整性和正确性；分析零件的结构工艺性；选择加工中心加工内容等。

（1）分析零件技术要求　与常规的零件工艺分析一样，分析零件技术要求时主要考虑：

① 各加工表面的尺寸精度要求。

② 各加工表面的几何形状精度要求。

③ 各加工表面之间的相互位置精度要求。

④ 各加工表面粗糙度要求以及表面质量方面的其他要求。

⑤ 热处理要求以及其他要求。

首先，要根据零件在产品中的功能，研究分析零件与部件或产品的关系，从而认识零件的加工质量对整个产品质量的影响，并确定零件的关键加工部位和精度要求较高的加工表面等。认真分析上述各精度和技术要求是否合理，其次要考虑在加上中心上加工能否保证零件的各项精度和技术要求，进而具体考虑在哪一种加工中心加工最为合理。

（2）检查零件图的完整性和正确性　一方面要检查零件图是否正确。尺寸、公差和技术要求是否标注齐全；另一方面要特别注意准备在加工中心上加工的零件，其各个方向上的尺寸是否有一个统一的设计基准，从而简化编程，保证零件图的设计精度要求。当工件已确定在加工中心上加工后，如发现零件图中没有统一的设计基准，则应向设计部门提出，要求修改图样或考虑选择统一的工艺基准，计算转化各尺寸，并标注在工艺附图上。

（3）分析零件结构的工艺性　在加工中心上加工的零件，其结构工艺性应具备以下几点要求：

① 零件的切削加工余量要小，以便减少加工中心的切削加工时间，降低零件的加工成本。

② 零件上光孔和螺纹的尺寸规格尽可能少，减少加工时钻头、绞刀及丝锥等刀具的数量，以防刀库容量不够。

③ 零件尺寸规格尽量标准化，以便采用标准刀具。

④ 零件加工表面应具有加工的可能性和方便性。

⑤ 零件结构应具有足够的刚性，以减少夹紧变形和切削变形。零件的孔加工工艺性对比实例可参考铣削加工。

（4）加工中心加工内容的选择　这里的加工内容选择是指在选定零件在加工中心上加工之后，选择零件上适合加工中心加工的表面。

① 用数学模型描述的复杂曲线或曲面。

② 难测量、难控制进给、难控制尺寸的不开敞内腔的表面。

③ 尺寸精度要求较高的表面。

④ 零件上不同类型表面之间有较高的位置精度要求，更换机床加工时很难保证位置精度要求，必须在一次装夹中集中完成铣、镗、锪、铰或攻螺纹等多工序的表面。

⑤ 镜像对称加工的表面等。对于上述表面，我们可以先不要过多地去考虑生产率与经济上是否合理，而首先应考虑能不能把它们加工出来，要着重考虑可能性问题。只要有可

能,都应把加工中心加工作为优选方案。

　　由于加工中心的工时费用高,在考虑工序负荷时,不仅要考虑机床加工的可能性,还要考虑加工的经济性。例如,用加工中心可以进行复杂的曲面加工,但如果企业数控机床类型较多,有多坐标联动的数控铣床,则在加工复杂的成型表面时,应优先选择数控铣床。因有些成型表面加工时间很长,刀具单一,在加工中心上加工并不是最佳选择,这要视企业拥有的数控设备类型、功能及加工能力,具体分析决定。

　　2. 加工中心的选用

　　一般来说,规格相近的加工中心,卧式加工中心的价格要比立式加工中心贵 50%～100%。因此,从经济性角度考虑,完成同样工艺内容,宜选用立式加工中心;当立式加工中心不能满足加工要求时才选卧式加工中心。

　　(1) 加工中心类型的选用

　　① 立式加工中心适用于只需单工位加工的零件,如各种平面凸轮、端盖、箱盖等板类零件和跨距较小的箱体等。

　　② 卧式加工中心适用于加工两工位以上的工件或在四周呈径向辐射状排列的孔系、面等。

　　③ 当工件的位置精度要求较高,如箱体、阀体、泵体等宜采用卧式加工中心,若采用卧式加工中心在一次装夹中不能完成多工位加工以保证位置精度要求时,则可选择五轴加工中心。

　　④ 当工件尺寸较大,一般立柱式加工中心的工作范围不足时,应选用龙门式加工中心如机床床身、立柱等。

　　当然,上述各点也不是绝对的。如果企业不具备各种类型的加工中心,则应从如何保证工件的加工质量出发,灵活地选用设备类型。

　　(2) 加工中心规格的选择　选择加工中心的规格主要考虑工作台大小、坐标行程、坐标数量和主电动机功率等。

　　① 工作台规格的选择所选工作台台面应比零件稍大一些,以便安装夹具。例如,零件外形尺寸是 450 mm×450 mm×450 mm 的箱体,选取尺寸为 500 mm×500 mm 的工作台即可。如小工件选大工作台且进行单件多工位加工,会造成刀具过长而影响加工质量,甚至无法加工。大工作台加工小工件可以考虑多件加工,以提高加工效率。

　　② 加工范围选择应考虑加工中心各坐标行程。以卧式加工中心为例,主轴端面到工作台中心距离的最大值为 Z_{max},最小值为 Z_{min};主轴中心至工作台台面距离的最大值为 Y_{max},最小值为 Y_{min}。在加工中心上加工的零件,其各加工部位必须在机床各向行程的最大值与最小值之间,即零件通过夹具安装在工作台上后,在各加工部位,刀具的轴向中心线距工作台面的距离不得小于 Y_{min},也不得大于 Y_{max}。否则将引起 Y 向超程。其他方向也一样。

　　加工中心工作台台面尺寸与 X、Y、Z 3 坐标行程有一定的比例,如工作台台面为 500 mm×500 mm,则 X、Y、Z 坐标行程分别为 700～800 mm、550～700 mm、500～600 mm。若工件尺寸大于坐标行程,则加工区域必须在坐标行程以内。另外,工件和夹具的总重量不能大于工作台的额定负载,工件移动轨迹不能与机床防护罩干涉,更换刀具时,不得与工件相碰等。

　　③ 机床主轴功率及扭矩选择主轴电动机功率反映了机床的切削效率和切削刚性。加工中心一般都配置功率较大的交流或直流调速电动机,调速范围比较宽,可满足高速切削的

要求。但在用大直径盘铣刀铣削平面和粗镗大孔时,转速较低,输出功率较小,扭矩受限制。因此,必须对低速转矩进行校核。

(3)加工中心精度的选择 根据零件关键部位的加工精度选择加工中心的精度等级。国产加工中心按精度分为普通型和精密型两种。

一般来说,加工两个孔的孔距误差是定位精度的1.5~2倍。在普通型加工中心上加工,孔距精度可达IT8级,在精密型加工中心上加工,孔距精度可达IT6~IT7级。据经验值,一般应选择加工中心的各项精度为零件最小误差的0.5~0.65较为合理。

(4)加工中心功能的选择 选择加工中心的功能主要考虑以下几项功能:

① 数控系统功能。每种数控系统都备有许多功能,如随机编程、图形显示、人机对话、故障诊断等功能。有些功能属基本功能,有些功能属选择功能。在基本功能的基础上,每增加一项功能,费用要增加几千元到几万元。因此,应根据实际需要选择数控系统的功能。

② 坐标轴控制功能。主要从零件本身的加工要求来选择,如平面凸轮需两轴联动,复杂曲面的叶轮、模具等需三轴或四轴以上联动。目前,国内生产的加工中心,一般可实两轴联动、三轴联动,部分也可实现四轴联动,某些进口机床,可实现五轴联动。

③ 工作台自动分度功能选择普通型的卧式加工中心多采用鼠齿盘(又称鼠牙盘)定位的工作台自动分度。这种工作台的分度定位间距有一定的限制,而且工作台只起分度与定位作用,在回转过程中不能参与切削。当配备能实现任意分度和定位的数控转台(作为B轴),实现同其他轴联动控制,则这种工作台在回转过程中可以参与切削。鼠齿盘定位的工作台一般分度定位精度较高,其分度定位间距有:0.5°×720;1°×360;3°×120;5°×72等不同种类,因此,须根据具体工件的加工要求选择相应的工作台分度定位功能。立式加工中心也可配置数控分度头。

(5)刀库容量的选择 通常根据零件的工艺分析,算出工件一次安装所需刀具数,来确定刀库容量。刀库容量需留有余地,但不宜太大。因为大容量刀库成本和故障率高、刀库管理复杂。一般说来,在立式加工中心上选用20把左右刀具容量的刀库,在卧式加工中心上选用40把左右刀具容量的刀库即可满足使用要求。

(6)刀柄的选择 有关刀柄选择的问题详见学习情境3。

(7)刀具预调仪(对刀仪)的选择 刀具预调仪是用来调整或测量刀具尺寸的,如图4-23所示。仪结构有许多种,其对刀精度有:轴向0.01~0.1 mm,径向0.005~0.01 mm。

从结构上来讲,有直接接触式测量和光屏投影放大测量两种。读数方法也各不相同,有的用圆盘刻度或游标读数,有的则用光学读数头或数字显示器等。

选择刀具预调仪必须根据零件加工精度来考虑。预调仪测得的刀具尺寸是在没有承受切削力的静态下测得的,与加工后的实际尺寸不一定相同。例如国产镗刀刀柄加工之后的孔径要比预调仪上尺寸小0.01~0.02 mm。加工过程中要经过试切后现场调整刀具。为了提高刀具预调仪的利用率,

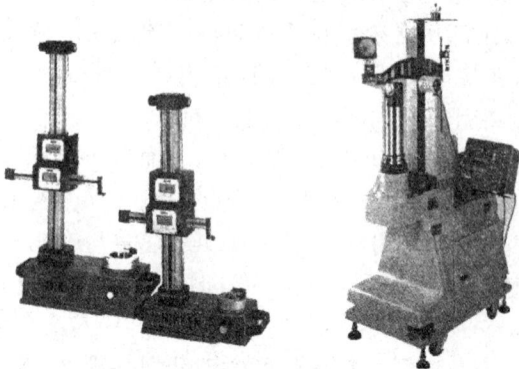

图4-23 刀具预调

多台机床可共用一台刀具预调仪。

(8) 冷却功能选择　各种类型的加工中心都配有冷却装置。有一部分带有全防护罩的加工中心配有大流量的淋浴式冷却装置,还有的配有刀具内冷装置(通过主轴的刀具内冷方式或外接刀具内冷方式),也有部分加工中心上述多种冷却方式均配置,甚至有的还配有气雾冷却等。此外,经过冷却处理的切削液,通过主轴套筒由主轴套筒端部喷射出来,使主轴减少热变形。一般应根据工件和刀具的实际情况选择。有些精度较高的零件,特殊材料或加工余量较大的零件,在加工过程中,必须充分冷却,因此,具有良好冷却系统的机床有其优势,否则,加工热量所引起的热变形,将影响加工精度和生产效率。

总之,在选择具体加工中心时,工艺人员应对机床性能、主要参数等有较为详尽的了解。

4.1.4　零件加工工艺路线的拟定

1. 加工方法的选择

在加工中心上可以采用铣削、钻削、扩削、铰削、镗削和攻螺纹等加工方法,完成平面、平面轮廓、曲面、曲面轮廓、孔和螺纹等加工,所选加工方法要与零件的表面特征、所要达到的精度及表面粗糙度相适应。

平面、平面轮廓及曲面在镗铣类加工中心上只能采用铣削方式加工。粗铣平面,其尺寸精度可达 IT12～IT14 级,表面粗糙度 Ra 值可达 $12.5～50\ \mu m$。粗、精铣平面,其尺寸精度可达 IT7～IT9 级,表面粗糙度 Ra 值可达 $1.6～3.2\ \mu m$。

孔加工方法比较多,有钻削、扩削、铰削和镗削等。大直径孔还可采用圆弧插补方式进行铣削加工。对于直径大于 $\phi30\ mm$ 的已铸出或锻出毛坯孔的孔加工,一般采用粗镗—半精镗—孔口倒角—精镗加工方案;孔径较大时可采用立铣刀粗铣—精铣加工方案。有空刀槽时可用锯片铣刀在半精镗之后、精镗之前铣削完成,也可用镗刀进行单刀锪削,但镗削效率低。

对于直径小于 $\phi30\ mm$ 的无毛坯孔的孔加工,通常采用锪平端面—打中心孔—钻—扩—孔口倒角—铰孔加工方案;有同轴度要求的小孔,须采用锪平端面—打中心孔—钻—半精镗—孔口倒角—精镗(或铰)加工方案。为提高孔的位置精度,在钻孔工步前需安排锪平端面和打中心孔工步。孔口倒角安排在半精加工之后、精加工之前,以防孔内产生毛刺。螺纹加工根据孔径大小,一般情况下,直径在 M6～M20 之间的螺纹,通常采用攻螺纹方法加工。直径在 M6 以下的螺纹,在加工中心上完成底孔加工,通过其他手段攻螺纹。因为在加工中心上攻螺纹不能随机控制加工状态,小直径丝锥容易折断。直径在 M20 以上的螺纹,可采用镗刀片和镗削加工。

2. 加工阶段的划分

一般情况下,在加工中心上加工的零件已在其他机床上经过粗加工,加工中心只是完成最后的精加工,所以不必划分加工阶段。但对加工质量要求较高的零件,若其主要表面在上加工中心加工之前没有经过粗加工,则应尽量将粗、精加工分开进行。使零件在粗加工后有一段自然时效过程,以消除残余应力和恢复切削力、夹紧力引起的弹性变形,切削热引起的热变形,必要时还可以进行人工时效处理,最后通过精加工消除各种变形。

对加工精度要求不高,而毛坯质量较高、加工余量不大、生产批量很小的零件或新产品试制中的零件,利用加工中心良好的冷却系统,可把粗、精加工合并进行。但粗、精加工应划分成两道工序分别完成。粗加工用较大的夹紧力,精加工用较小的夹紧力。

3. 加工工序的划分

加工中心通常按工序集中原则划分加工工序,主要从精度和效率两方面考虑,工序划分方法参考学习情境3内容。

4. 加工顺序的安排

理想的加工工艺不仅应保证加工出图样要求的合格工件,同时应能使加工中心机床的功能得到合理应用与充分发挥。安排加工顺序时,主要遵循以下几方面原则:

(1) 同一加工表面按粗加工、半精加工、精加工次序完成,或全部加工表面按先粗加工,然后半精加工、精加工分开进行。加工尺寸公差要求较高时,考虑零件尺寸、精度、零件刚性和变形等因素,可采用前者;加工位置公差要求较高时,采用后者。

(2) 对于既要铣面又要镗孔的零件,如各种发动机箱体,可以先铣面后镗孔,这样可以提高孔的加工精度。铣削时,切削力较大,工件易发生变形。先铣面后镗孔,使其有一段时间的恢复,可减少变形对孔的精度的影响。反之,如果先镗孔后铣面,则铣削时,必然在孔口产生飞边、毛刺,从而破坏孔的精度。

(3) 相同工位集中加工,应尽量按就近位置加工,以缩短刀具移动距离,减少空运行时间。

(4) 某些机床工作台回转时间比换刀时间短,在不影响精度的前提下,为了减少换刀次数,减少空行程,减少不必要的定位误差,可以采取刀具集中工序。也就是用同一把刀把零件上相同的部位都加工完,再换第二把刀。

(5) 考虑到加工中存在着重复定位误差,对于同轴度要求很高的孔系,就不能采取刀具集中原则,应该在一次定位后,通过顺序连续换刀,顺序连续加工完该同轴孔系的全部孔后,再加工其他坐标位置孔,以提高孔系同轴度。

(6) 在一次定位装夹中,尽可能完成所有能够加工的表面。

实际生产中,应根据具体情况,综合运用以上原则,从而制定出较完善,合理的加工顺序。

5. 加工路线的确定

加工中心上刀具的进给路线包括孔加工进给路线和铣削加工进给路线。

(1) 孔加工进给路线的确定孔加工时,一般是先将刀具在 XOY 平面内快速定位到孔中心线的位置上,然后再沿 Z 向(轴向)运动进行加工。

(2) 刀具在 XOY 平面内的运动为点位运动,确定其进给路线时重点考虑:

① 定位迅速,空行程路线要短;

② 定位准确,避免机械进给系统反向间隙对孔位置精度的影响;

③ 当定位迅速与定位准确不能同时满足时,若按最短进给路线进给能保证定位精度,则取最短路线。反之,应取能保证定位准确的路线。

(3) 刀具在 Z 向的进给路线分为快速移动进给路线和工作进给路线。如图 4-24 所示,刀具先从初始平面快速移动到 R 平面(距工件加工表面一切入距离的平面)上,然后按工作进给速度加工。图 4-24(a)所示为单孔加工时的进给路线。对多孔加工,为减少刀具空行程进给时间,加工后续孔时,刀具只要退回到 R 平面即可,如图 4-24(b)所示。

R 平面距工件表面的距离称为切入距离。加工通孔时,为保证全部孔深都加工到,应使

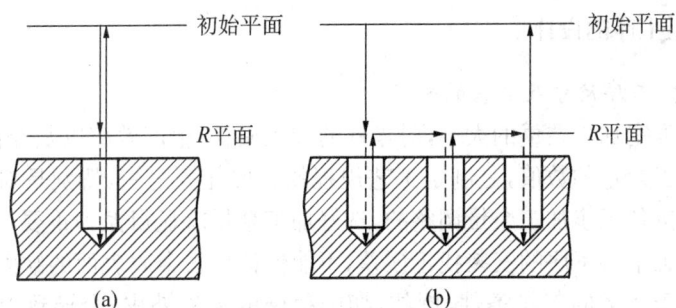

图 4 - 24 孔加工时刀具 Z 向进给路线示例

刀具伸出工件底面一段距离(切出距离)。切入切出距离的大小与工件表面状况和加工方式有关,可参考表 4 - 1 选取,一般可取 2～5 mm。

表 4 - 1 刀具切入切出距离参考值 mm

加工方式 \ 表面状态	已加工表面	毛坯表面	加工方式 \ 表面状态	已加工表面	毛坯表面
钻孔	2～3	5～8	钻孔	3～5	5～8
扩孔	3～5	5～8	扩孔	3～5	5～10
镗孔	3～5	5～8	镗孔	5～10	5～10

(4) 铣削加工进给路线的确定铣削加工进给路线包括切削进给和 Z 向快速移动进给两种进给路线。加工中心是在数控铣床的基础上发展起来的,其加工工艺仍以数控铣削加工为基础,因此铣削加工进给路线的选择原则对加工中心同样适用,此处不再重复。Z 向快速移动进给常采用下列进给路线:

① 铣削开口不通槽时,铣刀在 Z 向可直接快速移动到位,不需工作进给,如图 4 - 25(a)所示。

② 铣削封闭槽(如键槽)时,铣刀需要有一切入距离 Z_0,先快速移动到距工件加工表面切入距离 Z_0 的位置上(R 平面),然后以工作进给速度进给至铣削深度 H,如图 4 - 25(b)所示。

③ 铣削轮廓及通槽时,铣刀应有一段切出距离 Z_0,可直接快速移动到距工件表面 Z_0 处,如图 4 - 25(c)所示。

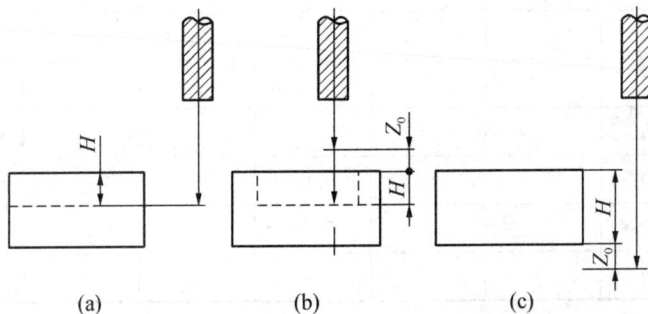

图 4 - 25 铣削加工时刀具 Z 向进给路线

4.1.5　加工工序的设计

1. 加工余量、工序尺寸及公差的确定

加工余量的确定加工余量的大小,对零件的加工质量、生产效率以及经济性均有较大影响。正确规定加工余量的数值,是制定工艺规程的重要任务之一,特别是对加工中心,所有刀具的尺寸都是按各工步加工余量调整的,选好加工余量就显得尤为重要。余量过小,会由于上道工序与加工中心工序的安装找正误差,不能保证切去金属表面的缺陷层而产生废品,有时会使刀具处于恶劣的工作条件,例如,切削很硬的夹砂外皮,会导致刀具迅速磨损等。如果加工余量过大,则浪费工时,增加工具损耗,浪费金属材料。

确定加工余量的基本原则是在保证加工质量的前提下,尽量减少加工余量。小加工余量的数值,应保证能将具有各种缺陷和误差的金属层切去,从而提高加工边面的质量和精度。一般,最小加工余量的大小决定与下列因素:

① 表面粗糙度(Ra)。

② 表面缺陷深度(Ta)。

③ 空间偏差(ρ_a)。

④ 表面几何形状误差。

⑤ 装夹误差(ΔZ_j)。

在具体确定工序间的加工余量时应根据下列条件选择大小:

① 对最后的工序,加工余量应能保证得到图样上规定的表面粗糙度和精度要求。

② 考虑加工方法、设备的刚性以及工件可能发生的变性。

③ 考虑零件热处理引起的变形。

④ 考虑被加工零件的大小,零件愈大,由于切削力、内应力引起的变性也会增加,因此要求加工余量也相应大一些。

确定工序间加工余量的原则、数据等在有关出版物中已刊出很多,读者尽可查阅。这里需要指出的是,国内外一切推荐数据,都要结合本单位工艺条件先试用,后得出结论。因为这些数据常常是在机床刚性、刀具、工件材质等理想状况下确定的。

表4-2、4-3列出了IT7、IT8级孔的加工方式及其工序间的加工余量,供参考。

表4-2　实体材料上的孔的加工方式及其工序间的加工余量　　　　　mm

加工孔的直径	钻		粗加工		半精加工		精加工(H7、H8)	
	第1次	第2次	粗镗	扩孔	粗铰	半精镗	精铰	精镗
3	2.9						3	
4	3.9						4	
5	4.8						5	
6	5.0			5.85			6	
8	7.0			7.85			8	
10	9.0			9.85			10	

续　表

加工孔的直径	钻		粗加工		半精加工		精加工（H7、H8）	
	第1次	第2次	粗镗	扩孔	粗铰	半精镗	精铰	精镗
12	11.0			11.85	11.95		12	
13	12.0			12.85	12.95		13	
14	13.0			13.85	13.95		14	
15	14.0			14.85	14.95		15	
16	15.0			15.85	15.95		16	
18	17.0			17.85	17.95		18	
20	18.0		19.8	19.8	19.95	19.90	20	20
22	20.0		21.8	21.8	21.95	21.90	22	22
24	22.0		23.8	23.8	23.95	23.90	24	24
25	23.0		24.8	24.8	24.95	24.90	25	25
26	24.0		25.8	25.8	25.95	35.90	26	26
28	26.0		27.8	27.8	27.95	27.90	28	28
30	28.0		29.8	29.8	29.95	39.90	30	30
32	30.0		31.7	31.75	31.93	31.90	32	32
35	33.0		34.7	34.75	34.93	34.90	35	35
38	36.0		37.7	37.75	37.93	37.90	38	38
40	38.0		39.7	39.75	39.93	39.90	40	40
42	40.0		41.7	41.75	41.93	41.90	42	42
45	43.0		44.7	44.75	44.93	44.90	45	45
48	46.0		47.7	47.75	47.93	47.90	48	48
50	48.0		49.7	49.75	49.93	49.90	50	50

表 4-3　已预先铸出或热冲出孔的工序间的加工余量　　　　　mm

加工孔的直径	直径					加工孔的直径	直径				
	粗镗		半精镗	精铰或二次半精镗	精铰精镗成 H7、H8		粗镗		半精镗	粗铰或二次半精镗	精铰精镗成 H7、H8
	第一次	第二次					第一次	第二次			
30		28.0	29.8	29.93	30	58	54	56.0	57.5	57.92	58
32		30.0	31.7	31.93	32	60	56	58.0	59.5	59.92	60
35		33.0	34.7	34.93	35	62	58	60.0	61.5	61.92	62
38		36.0	37.7	37.93	38	65	61	63.0	64.5	64.92	65
40		38.0	39.7	39.93	40	68	64	66.0	67.5	67.90	68

加工孔的直径	直径					加工孔的直径	直径				
	粗镗		半精镗	精铰或二次半精镗	精铰精镗成H7、H8		粗镗		半精镗	粗铰或二次半精镗	精铰精镗成H7、H8
	第一次	第二次					第一次	第二次			
42		40.0	41.7	41.93	42	70	66	68.0	69.5	69.90	70
45		43.0	44.7	44.93	45	72	68	70.0	71.5	71.90	72
48		46.0	47.7	47.93	48	75	71	73.0	74.5	74.90	75
50	45	48.0	49.7	49.93	50	78	74	76.0	77.5	77.90	78
52	47	50.0	51.5	51.93	52	80	75	78.0	79.5	79.90	80
55	51	53.0	54.5	54.93	55	82	77	80.0	81.3	81.85	82
85	80	83.0	84.3	84.85	85	155	150	153.0	154.3	154.8	155
88	83	86.0	87.3	87.85	88	160	155	158.0	159.3	159.8	160
90	85	88.0	89.3	89.85	90	165	160	163.0	164.3	164.8	165
92	87	90.0	91.3	91.85	92	170	165	168.0	169.3	169.8	170
95	90	93.0	94.3	94.85	95	175	170	173.0	174.3	174.8	175
98	93	96.0	97.3	97.85	98	180	175	178.0	179.3	179.8	180
100	95	98.0	99.3	99.85	100	185	180	183.0	184.3	184.8	185
105	100	103.0	104.3	104.8	105	190	185	188.0	189.3	189.8	190
110	105	108.0	109.3	109.8	110	195	190	193.0	194.3	194.8	195
115	110	113.0	114.3	114.8	115	200	194	197.0	199.3	199.8	200
120	115	118.0	119.3	119.8	120	210	204	207.0	209.3	509.8	510
125	120	123.0	124.3	124.8	125	220	214	217.0	219.3	219.8	220
130	125	128.0	129.3	129.8	130	250	244	247.0	249.3	249.8	250
135	130	133.0	134.3	134.8	135	280	274	277.0	279.3	279.8	280
140	135	138.0	139.3	139.8	140	300	294	297.0	299.36	299.8	300
145	140	143.0	144.3	144.8	145	320	314	317.0	319.3	319.8	320
150	145	148.0	149.3	149.8	150	350	342	347.0	349.3	349.8	350

工序尺寸及公差的确定　加工中心加工时也存在定位基准与设计基准不重合时工序尺寸及公差的确定问题。

如图 4-26(a)所示,零件 105±0.1 尺寸的 $Ra0.8\ \mu m$ 两面均已在前面工序中加工完毕,在加工中心上只进行所有孔的加工。以 A 面定位时,由于高度方向没有统一基准, $\phi 48H7$ 孔和上面两个 $\phi 25H7$ 孔与 B 面的尺寸是间接保证的,欲保证 32.5 ± 0.1($\phi 25H7$ 与 B 面)和 52.5 ± 0.04 尺寸,需在上工序中对 105 ± 0.1 尺寸公差进行缩减。若改为图 4-26 (b)所示方式标注尺寸,各孔位置尺寸都以定位面 A 为基准,基准统一,而且定位基准与设

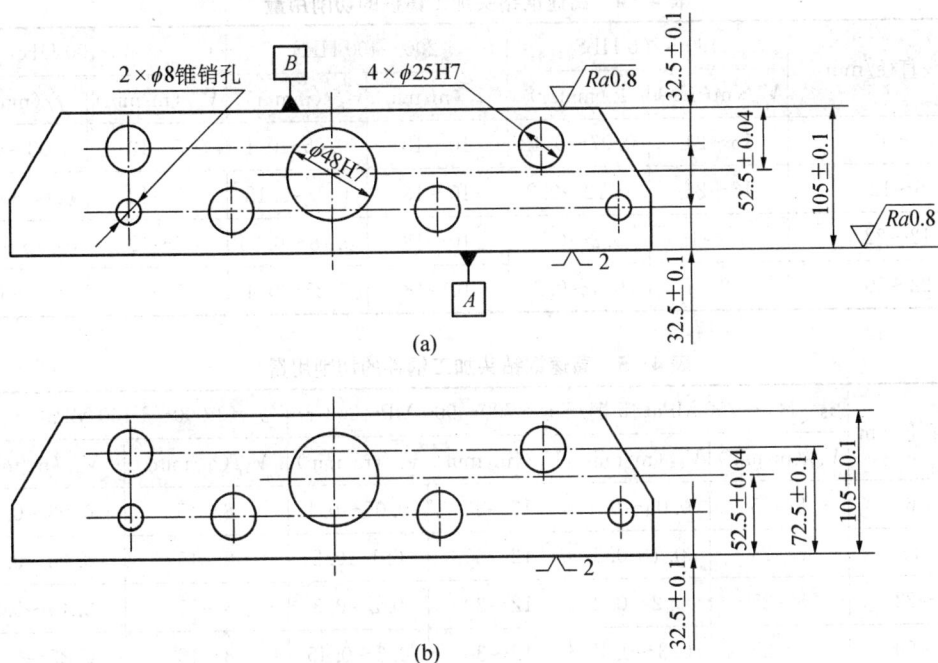

图 4-26　零件工序尺寸的确定

计基准重合，各个尺寸都容易保证（具体计算过程省略）。

　　2. **加工中心加工切削用量的选择**

　　铣削加工切削用量的确定见学习情境 3。表 4-4～表 4-8 中列出了部分孔加工切削用量，供选择时参考。孔加工主轴转速 S(r/min)根据选定的切削速度 V_c(m/min)和工件加工直径 d 或刀具直径按式(4-1)来计算。

$$S = \frac{1\,000V_c}{\pi d}, \tag{4-1}$$

式中，V_c 为切削速度，m/min；d 为切削刃选定点处所对应的工件或刀具的回转直径，mm；S 为工件或刀具的转速，r/mm。

　　攻螺纹时按下式计算：

$$S \leqslant (1\,200/p) - k, \tag{4-2}$$

式中，p 为工件螺纹的螺距或导程；k 为保险系数，一般取 80；S 为主轴转速，r/mm。

　　孔加工工作进给速度根据选择的进给量和主轴转速按下式计算：

$$F = Sf, \tag{4-3}$$

式中，F 为进给速度，mm/min；f 为进给量，mm；S 为工件或刀具的转速，r/mm。

　　攻螺纹时进给量的选择决定于螺纹导程，由于使用了带有浮动功能的攻螺纹夹头，攻螺纹时工作进给速度 F(mm/min)可略小于理论计算值，即

$$F \leqslant PS, \tag{4-4}$$

式中，P 为加工螺纹的导程，mm；S 为加工螺纹时主轴转速，r/min。

表 4-4　高速钢钻头加工铸铁的切削用量

钻头直径/mm	160~200 HBS		200~400 HBS		300~400 HBS	
	V_c/(m/min)	f/(mm/r)	V_c/(m/min)	f/(mm/r)	V_c/(m/min)	f/(mm/r)
1~6	16~24	0.07~0.12	10~18	0.05~0.1	5~12	0.03~0.08
6~12	16~24	0.12~0.2	10~18	0.1~0.18	5~12	0.08~0.15
12~22	16~4	0.2~0.4	10~18	0.18~0.25	5~12	0.15~0.2
22~50	162~4	0.4~0.6	10~18	0.25~0.4	5~12	0.2~0.3

表 4-5　高速钢钻头加工钢件的切削用量

钻头直径/mm	σ_b=520~700 MPa(45 钢)		σ_b=700~900 MPa(20 Cr)		(σ_b=1 000~1 100 MPa(合金钢)	
	V_c/(m/min)	V_c/(m/min)	V_c/(m/min)	V_c/(m/min)	V_c/(m/min)	V_c/(m/min)
1~6	8~25	0.05~0.1	12~30	0.05~0.1	8~15	0.03~0.08
6~12	8~25	0.1~0.2	12~30	0.1~0.2	8~15	0.08~0.15
12~22	8~25	0.2~0.3	12~30	0.2~0.3	8~15	0.15~0.25
22~50	8~25	0.3~0.45	12~30	0.3~0.45	8~15	0.25~0.35

表 4-6　高速钢铰刀铰孔的切削用量

铰刀直径/mm	铸铁		钢及合金钢		铝铜及其合金	
	V_c/(m/min)	V_c/(m/min)	V_c/(m/min)	V_c/(m/min)	V_c/(m/min)	V_c/(m/min)
6~10	2~6	0.3~0.5	1.2~5	0.3~0.4	8~12	0.3~0.5
10~15	2~6	0.5~1	1.2~5	0.4~0.5	8~12	0.5~1
15~25	2~6	0.8~1.5	1.2~5	0.5~0.6	8~12	0.8~1.5
25~40	2~6	0.8~1.5	1.2~5	0.4~0.6	8~12	0.8~1.5
40~60	2~6	1.5~2	1.2~5	0.5~0.6	8~12	1.5~2

表 4-7　镗孔的切削用量

		铸铁		钢		铝铜及其合金	
		V_c/(m/min)	V_c/(m/min)	V_c/(m/min)	V_c/(m/min)	V_c/(m/min)	V_c/(m/min)
粗镗	高速钢硬质合金	20~25 35~50	0.4~1.5	15~30 50~70	0.35~0.7	100~150 100~250	0.5~1.5
半精镗	高速钢硬质合金	20~35 50~70	0.15~0.45	15~50 95~135	0.15~0.45	100~200	0.2~0.5
精镗	高速钢硬质合金	70~90	<0.08 0.12~0.15	100~35	0.12~0.15	150~400	0.06~0.1

表4-8 攻螺纹的切削用量

加工材料	铸铁	钢及合金钢	铝铜及其合金
V_c/(m/min)	2.5~5	1.5~5	5~15

任务小结

1. 本次任务的主要内容
（1）加工中心概述。
（2）加工中心加工工件的安装、对刀与换刀。
（3）加工中心加工工艺制定。
（4）零件加工工艺路线的拟定。
（5）加工工序的设计。
2. 本次任务完成后达到目的
（1）掌握加工中心的工艺特点。
（2）了解加工中心的基本结构。
（3）了解加工中心加工工件的安装、对刀及换刀过程。
（4）掌握加工中心工艺制定的方法。
（5）初步学会加工中心工艺路线的拟定方法。
（6）初步学会加工中心的工序设计方法。

任务后的思考

1. 加工中心与数控铣床有什么异同？
2. 加工中心的类型有哪些？
3. 加工中心适合加工什么样的零件？
4. 加工中心加工选择定位基准的要求有哪些？应遵循的原则是什么？
5. 加工中心加工对夹具的要求有哪些？
6. 常用的夹具种类有哪些？这些不同种类的夹具适宜装夹什么样的工件？
7. 加工中心的对刀方法有哪些？
8. 使用对刀仪对刀应注意那些问题？
9. 在加工中心上加工的零件，其结构工艺性应具备哪些要求？
10. 适合在加工中心上加工的零件表面通常有哪些？
11. 加工中心上孔的加工方案如何确定？进给路线应如何考虑？
12. 质量要求高的零件在加工中心上加工时，为什么应尽量将粗精加工分两阶段进行？
13. 确定加工中心加工零件的余量时，其大小应如何考虑？
14. 箱体类零件和模具成形零件有什么特点？
15. 箱体类零件和模具成形零件加工工艺卡包括哪些主要内容？

16. 典型零件：盖板、支承套和异形支架有什么共同的特点？

17. 制定这些典型零件的加工工艺应考虑哪些内容？过程和步骤如何？

任务 2 典型零件的加工中心工艺分析

1. 盖板零件的加工工艺

盖板是机械加工中常见的零件，加工表面有平面和孔，通常需经铣平面、钻孔、扩孔、镗孔、铰孔及攻螺纹等工步才能完成。下面以图 4-27 所示盖板为例介绍其加工中心加工工艺。

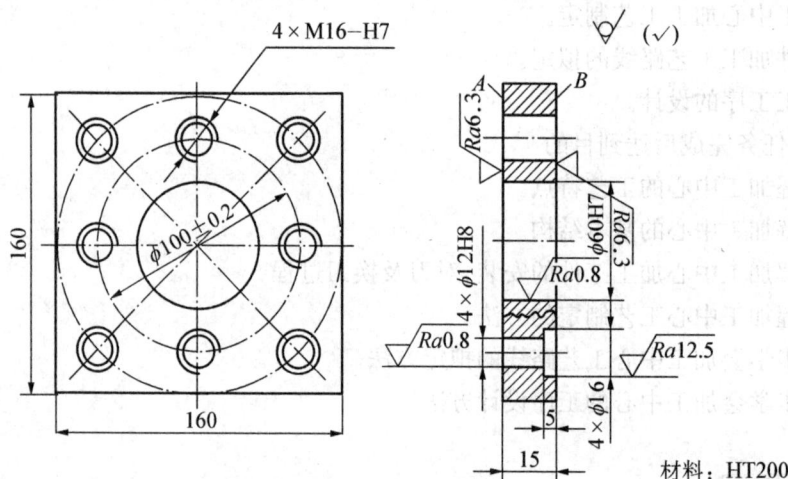

图 4-27 盖板

（1）分析零件图样，选择加工内容 该盖板的材料为铸铁，故毛坯为铸件。由零件图可知，盖板的 4 个侧面为不加工表面，全部加工表面都集中在 A、B 面上。最高精度为 IT7 级。从工序集中和便于定位两个方面考虑，选择 B 面及位于 B 面上的全部孔在加工中心上加工，将 A 面作为主要定位基准，并在前道工序中先加工好。

（2）选择加工中心 由于 B 面及位于 B 面上的全部孔，只需单工位加工即可完成，故选择立式加工中心。加工表面不多，只有粗铣、精铣、粗镗、半精镗、精镗、钻、扩、锪、铰及攻螺纹等工步，所需刀具不超过 20 把。选用国产 XH714 型立式加工中心即可满足上述要求。该机床工作台尺寸为 400 mm×800 mm，若 X 轴行程为 600 mm，Y 轴行程为 400 mm，Z 轴行程为 400 mm，主轴端面至工作台台面距离为 125～525 mm，定位精度和重复定位精度分别为 0.02 mm 和 0.01 mm，刀库容量为 18 把，工件一次装夹后可自动完成铣、钻、镗、铰及攻螺纹等工步的加工。

（3）设计工艺

① 选择加工方法 B 平面用铣削方法加工，因其表面粗糙度为 Ra6.3 μm，故采用粗铣—精铣方案；ϕ60H7 孔为已铸出毛坯孔，为达到 IT7 级精度和 Ra0.8 μm 的表面粗糙度，需经 3 次镗削，即采用粗镗—半精镗—精镗方案；对 ϕ12H8 孔，为防止钻偏和达到 IT8 级精度，按

钻中心孔—钻孔—扩孔—铰孔方案；$\phi16$ mm 孔在 $\phi12$ mm 孔基础上镗至尺寸即可；M16 螺纹孔采用先钻底孔后攻螺纹的加工方法，即按钻中心孔—钻底孔—倒角—攻螺纹方案加工。

② 确定加工顺序按照先面后孔、先粗后精的原则确定。具体加工顺序为粗、精铣 B 面—粗、半精、精镗 $\phi60$H7 孔—钻各光孔和螺纹孔的中心孔—钻、扩、镗、铰 $\phi12$H8 及 $\phi16$ mm 孔—M16 螺孔钻底孔、倒角和攻螺纹，详见表 4-10。

③ 确定装夹方案。该盖板零件形状简单，4 个侧面较光整，加工面与不加工面之间的位置精度要求不高，故可选用通用台钳，以盖板底面 A 和两个侧面定位，用台钳钳口从侧面夹紧。

④ 选择刀具。根据加工内容，所需刀具有面铣刀、镗刀、中心钻、麻花钻、铰刀、立铣刀（镗 $\phi16$ mm 孔）及丝锥等，其规格根据加工尺寸选择。B 面粗铣铣刀直径应选小一些，以减小切削力矩，但也不能太小，以免影响加工效率；B 面精铣铣刀直径应选大一些，以减少接刀痕迹，但要考虑到刀库允许装刀直径（XH714 型加工中心的允许装刀直径：无相邻刀具为 $\phi150$ mm，有相邻刀具为 $\phi80$ mm）也不能太大。刀柄柄部根据主轴锥孔和拉紧机构选择。XH714 型加工中心主轴锥孔为 ISO 40，适用刀柄为 BT40（日本标准 JISB6339），故刀柄柄部应选择 BT40 型式。具体所选刀具及刀柄见表 4-9。

表 4-9　刀具卡

产品名称或代号		×××零件名称		盖板		零件图号×××	
序号	刀具号	刀具规格名称/mm	数量	加工表面/mm		刀长/mm	备注
1	T01	$\phi100$ 可转位面铣刀		铣 A、B 表面			
2	T02	$\phi3$ 中心钻		钻中心孔			
3	T03	$\phi58$ 镗刀		粗镗 $\phi60$H7 孔			
4	T04	$\phi59.9$ 镗刀		半精镗 $\phi60$H7 孔			
5	T05	$\phi60$H7 镗刀		精镗 $\phi60$H7 孔			
6	T06	$\phi11.9$ 麻花钻		钻 $4\times\phi12$H8 底孔			
7	T07	$\phi16$ 阶梯铣刀		镗 $4\times\phi16$ 阶梯孔			
8	T08	$\phi12$H8 铰刀		铰 $4\times\phi12$H8 孔			
9	T09	$\phi14$ 麻花钻		钻 $4\times$M16 螺纹底孔			
10	T10	90°$\phi16$ 铣刀		$4\times$M16 螺纹孔倒角			
11	T11	机用丝锥 M16		攻 $4-$M16 螺纹孔			
编制×××		审核×××		批准	×××	共　页	第　页

⑤ 确定进给路线。B 面的粗、精铣削加工进给路线根据铣刀直径确定，因所选铣刀直径为 $\phi100$ mm，故安排沿 Z 方向两次进给，如图 4-28 所示。因为孔的位置精度要求不高，机床的定位精度完全能保证，所有孔加工进给路线均按最短路线确定，图 4-28～图 4-33 所示即为各孔加工工步的进给路线。

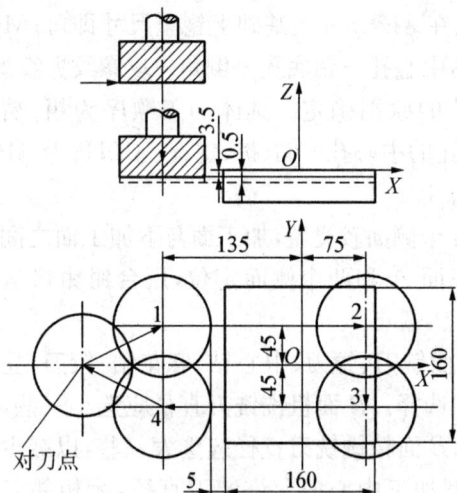

图 4-28 铣削 B 面进给路线

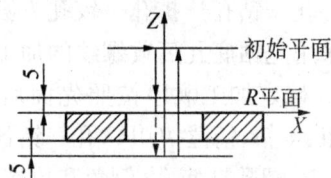

图 4-29 镗 $\phi60H7$ 孔进给路线

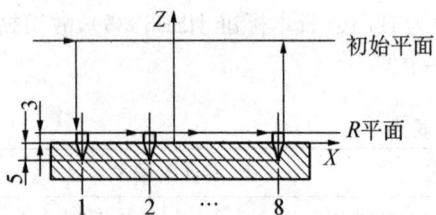

图 4-30 钻中心孔进给路线

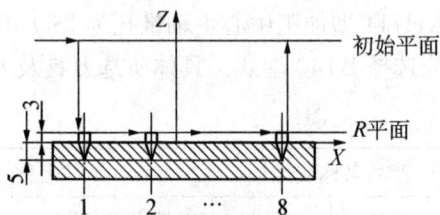

图 4-31 钻、扩、铰 $\phi12H8$ 孔进给路线

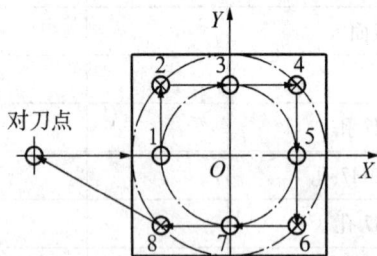

图 4-32 锪 $\phi16$ 孔进给路线

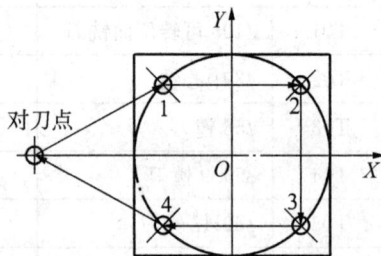

图 4-33 钻螺纹底孔、攻螺纹进给路线

⑥ 选择切削用量。查表 4-10 确定切削速度和进给量,然后计算出机床主轴转速和机床进给速度。

表 4-10　数控加工工序卡片

单位名称	×××	产品名称或代号	零件名称		材料		零件图号	
		×××	盖板				×××	
工序号	程序编号	夹具名称	夹具编号		使用设备		车间	
×××	×××	平口虎钳	×××		TH5660A		×××	
工步号	工步内容	刀具号	刀具规格/mm	主轴转速/(r/min)	进给速度/(mm/min)	背吃刀量/mm	备注	
1	粗铣 4 面	T01	$\phi100$	250	80	3.8	自动	
2	精铣 4 面	T01	$\phi100$	320	40	0.2	自动	
3	粗铣 B 面	T01	$\phi100$	250	80	3.8	自动	
4	精铣 B 面,保证尺寸 15	T01	$\phi100$	320	40	0.2	自动	
5	钻各光孔和螺纹孔的中心孔	T02	$\phi3$	1 000	40		自动	
6	粗镗 $\phi60H7$ 孔至 $\phi58$	T03	$\phi58$	400	60		自动	
7	半精镗 $\phi60H7$ 孔至 $\phi59.9$	T04	$\phi59.9$	460	50		自动	
8	精镗 $\phi60H7$ 孔	T05	$\phi60H7$	520	30		自动	
9	钻 $4\times\phi12H8$ 底孔至 $\phi11.9$	T06	$\phi11.9$	500	60		自动	
10	锪 $4\times\phi16$ 阶梯孔	T07	$\phi16$	200	30		自动	
11	铰 $4\times\phi12H8$ 孔	T08	$\phi12H8$	100	30		自动	
12	钻 $4\times M16$ 螺纹底孔至 $\phi14$	T09	$\phi14$	350	50		自动	
13	$4\times M16$ 螺纹孔倒角	T10	$\phi16$	300	40		自动	
14	攻 $4\times M16$ 螺纹孔	T11	M16	100	200		自动	
编制	×××	审核	×××	批准	×××		共1页	第　页

2. 异形支架的加工工艺

(1) 零件工艺分析　图 4-34 所示是异形支架的零件简图。该异形支架的材料为铸铁,毛坯为铸件。该工件结构复杂,精度要求较高,各加工表面之间有较严格的位置度和垂直度等要求,毛坯有较大的加工余量,零件的工艺刚性差,特别是加工 40h8 部分时,如用常规加工方法在普通机床上加工,很难达到图纸要求。原因是,假如先在车床上一次加工完成 $\phi75js6$ 外圆、端面和 $\phi62J7$ 孔、$2\times2.2^{+0.12}_{0}$ 槽,然后在镗床上加工 $\phi55H7$ 孔,要求保证对 $462J7$ 孔之间的对称度 0.06 mm 及垂直度 0.02 mm,就需要高精度机床和高水平操作工,一般是很难达到上述要求的。如果先在车床上加工 $\phi75js6$ 外圆及端面,再在镗床上加工 $\phi62J7$ 孔,$2\times2.2^{+0.12}_{0}$ 槽及 $\phi55H7$ 孔,这样虽然较易保证上述的对称度和垂直度,但却难以保证 $\phi62J7$ 孔与 $\phi75js6$ 外圆之间 $\phi0.03$ mm 的同轴度要求,而且需要特殊刀具切 $2\times2.2^{+0.12}_{0}$ 槽。

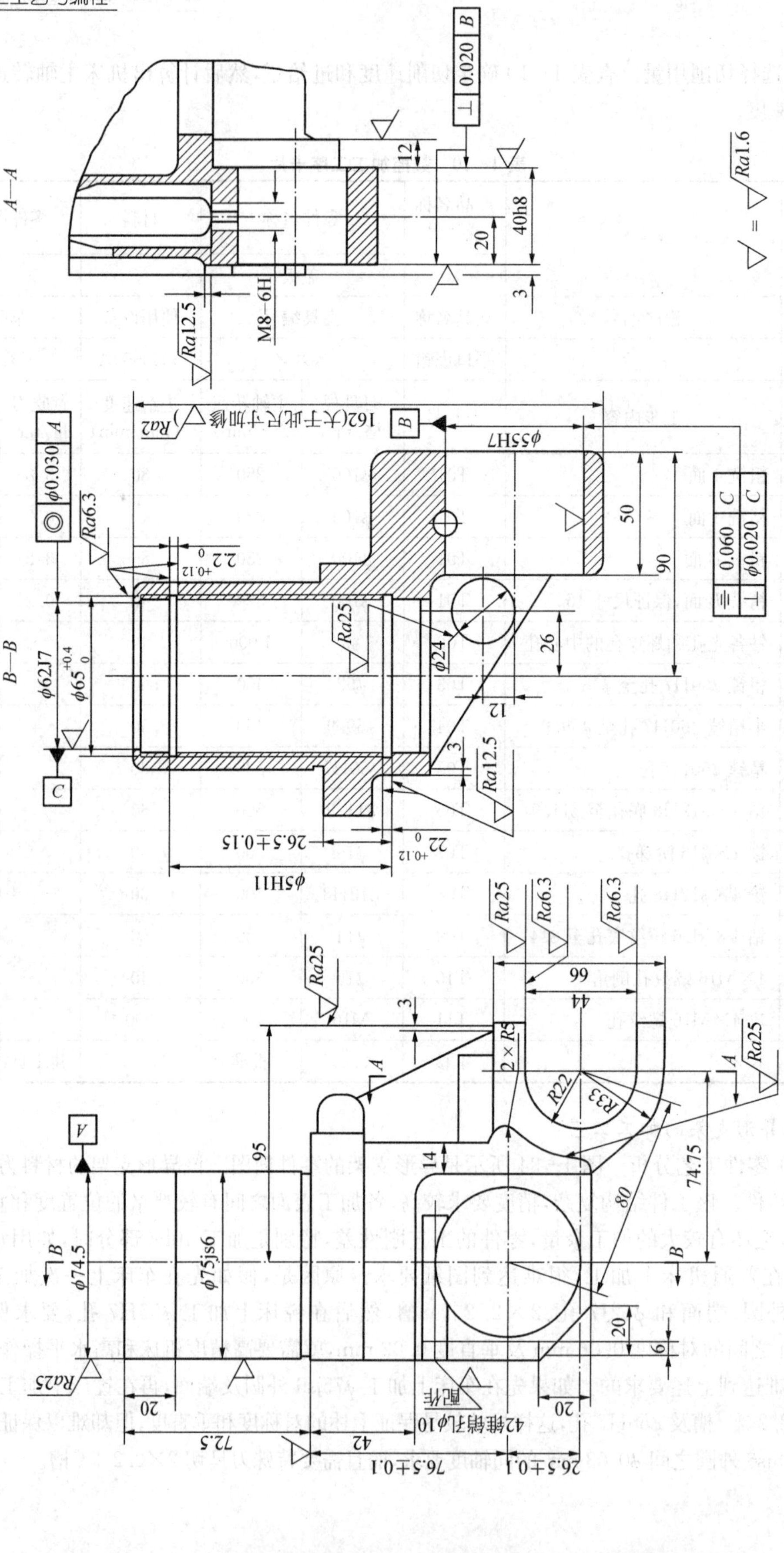

图 4—34 异形支架零件简图

另外，完成 40h8 尺寸需两次装卡，调头加工，难以达到要求，ϕ55H7 孔与 40h8 尺寸需分别在镗床和铣床上加工完成，同样难以保证其对 B 孔的 0.02 mm 垂直度要求。

（2）选择加工中心　通过零件的工艺分析，确定该零件在卧式加工中心上加工。根据零件外形尺寸及图纸要求，选定的仍是国产 XH754 型卧式加工中心。

（3）设计工艺：

① 选择在加工中心上加工的部位及加工方案

ϕ62J7 孔　粗镗—半精镗—孔两端倒角—铰

ϕ55H7 孔　粗镗—孔两端倒角—精镗

$2 \times 2.2^{+0.12}_{0}$ 空刀槽一次切成

44U 形槽　粗铣—精铣

R22 尺寸　一次镗

40h8 尺寸两面　粗铣左面—粗铣右面—精铣左面—精铣右面

② 确定加工顺序：

B0°：粗镗 R22 尺寸—粗铣 U 形槽—粗铣 40h8 尺寸左面—B180°：粗铣 40h8 尺寸右面—B270°：粗镗 ϕ62J7 孔—半精镗 ϕ62J7 孔—切 $2 \times \phi 65^{+0.4}_{0} \times 2.2^{+0.12}_{0}$ 空刀槽—ϕ62h7 孔两端倒角。B180°：粗镗 ϕ55H7 孔孔两端倒角—B0°：精铣 U 形槽—精铣 40h8 左端面—B180°：精铣 40h8 右端面—精镗 ϕ55H7 孔—B270°铰 ϕ62J7 孔。具体工艺过程见表 4‑11。

表 4‑11　工艺过程卡

（工厂）	数控加工工序卡片		产品名称或代号		零件名称		材料	零件图号	
					异形支架		铸铁		
工序号	程序编号	夹具名称	夹具编号		使用设备			车间	
		专用夹具			XH754				
工步号	工步内容		加工面	刀具号	刀具规格/ram	主轴转速/(r/min)	进给速度/(mm/min)	背吃刀量/mm	备注
	B0°								
1	粗镗 R22 尺寸			T01	ϕ42	300	45		
2	粗铣 U 形槽			T02	ϕ25	200	60		
3	粗铣 40h8 尺寸左面			T03	ϕ30	180	60		
	180°								
4	粗铣 40h8 尺寸右面			T03	ϕ30	180	60		
	B270°								
5	粗镗 ϕ62J7 孔至 ϕ61			T04	ϕ61	250	80		
6	半精镗 ϕ62J7 孔至 ϕ61.85			T05	ϕ61.85	350	60		
7	切 $2 \times \phi 65^{+0.5}_{0} \times 2.2^{+0.12}_{0}$ 槽			T06	ϕ50	200	20		
8	ϕ62J7 孔两端倒角			T07	ϕ66	100	40		
	B180°								

工步号	工步内容	加工面	刀具号	刀具规格/ram	主轴转速/(r/min)	进给速度/(mm/min)	背吃刀量/mm	备注
9	粗镗 φ55H7 孔至 φ54		T08	φ54	350	60		
10	φ55H7 孔两端倒角		T09	φ66	100	30		
	B0°							
11	精铣 U 形槽		T02	φ25	200	60		
12	精铣粗铣 40h8 尺寸左面		T10	φ66	250	30		
	B180°							
13	铣 40h8 尺寸右面		T10	φ66	250	30		
14	精镗 φ55H7 孔至尺寸		T11	φ55H7	450	20		
	B270°							
15	铰 φ62J7 孔至尺寸		T12	φ62J7	100	80		
编制		审核		批准			共1页	第1页

③ 确定装夹方案和选择夹具支架：以 φ75js6 外圆及 26.5±0.15 尺寸上面定位（两定位面均在前面车床工序中先加工完成）。工件安装简图如图 4-35 所示。

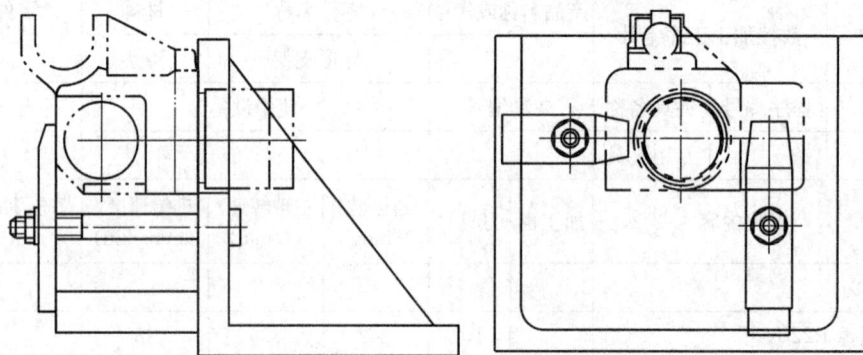

图 4-35 工件安装简图

④ 选择刀具各工步：刀具直径根据加工余量和加工表面尺寸确定,详见表 4-12 数控加工刀具卡片。

表 4-12 数控加工刀具卡片

产品名称或代号		零件名称	异形支架	零件图号		程序编号	
工步号	刀具号	刀具名称	刀柄型号	刀具		补偿值/mm	备注
				直径/mm	长度/mm		
1	T01	镗刀 φ42	JT40-TQC30-270	φ42			
2	T02	长刃铣刀 φ25	JT40-MW3-75	φ15			

续 表

工步号	刀具号	刀具名称	刀柄型号	刀具		补偿值 /mm	备注
				直径/mm	长度/mm		
3	T03	立铣刀 $\phi30$	JT40 - MW4 - 85	$\phi30$			
4	T03	立铣刀 $\phi30$	JT40 - MW4 - 85	$\phi30$			
5	T04	镗刀 $\phi61$	JT40 - TQC50 - 270	$\phi61$			
6	T05	镗刀 $\phi61.85$	JT40 - TZC50 - 270	61.85			
7	T06	切槽刀 $\phi50$	JT40 - M4 - 95	$\phi50$			
8	T07	倒角镗刀 $\phi66$	JT40 - TZC50 - 270	$\phi66$			
9	T08	镗刀 $\phi54$	JT40 - TZC40 - 240	$\phi54$			
10	T09	倒角刀 $\phi66$	JT40 - TZC50 - 270	$\phi66$			
11	T02	长刃铣刀 $\phi25$	JT40 - MW3 - 75	$\phi25$			
12	T10	镗刀 $\phi66$	JT40 - TZC40 - 180	$\phi66$			
13	T10	镗刀 $\phi66$	JT40 - TZC40 - 180	$\phi66$			
14	T11	镗刀 $\phi55$ H7	JT40 - TQC50 - 270	$\phi55H7$			
15	T12	铰刀 $\phi62J7$	JT40 - K27 - 180	$\phi62J7$			
编制		审核		批准		共1页	第页

任务小结

1. 本次任务的主要内容

(1) 板类零件的数控加工工艺设计。

(2) 异形支架的数控加工工艺设计。

2. 本次任务完成后达到目的

通过本任务的学习,掌握板类、支架类零件的数控加工工艺设计的方法。

任务后的思考

1. 试编写如题图 4 - 36 所示的模具型腔零件的加工工艺。

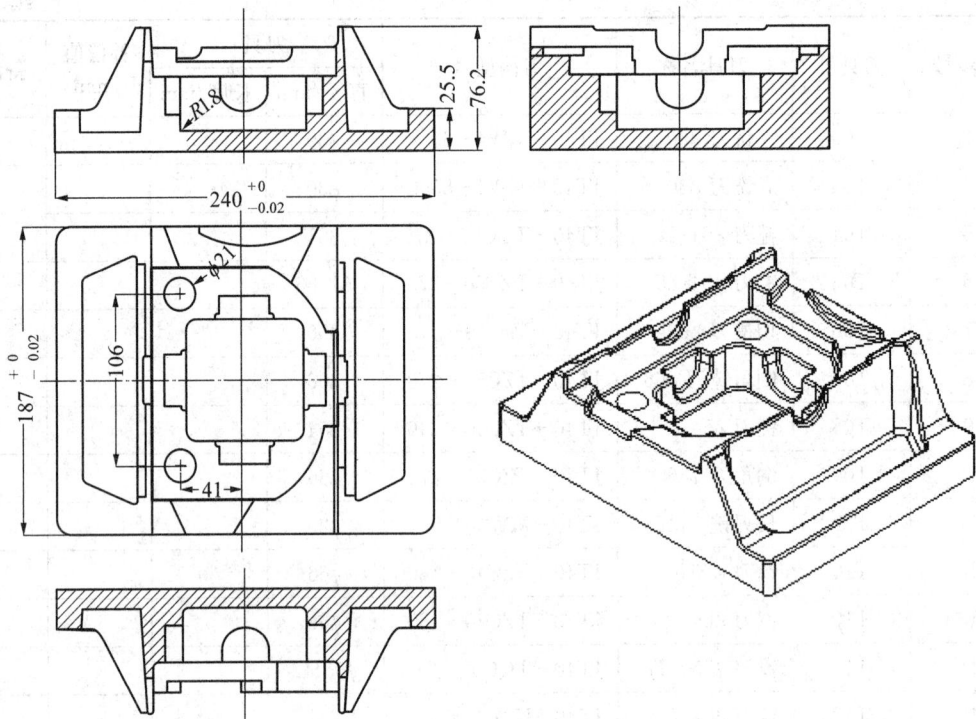

图 4 - 36　模具型腔零件

模块二　加工中心加工编程

任务 1　加工中心编程基础

必备知识

1. 比例缩放功能指令

比例缩放是在数控铣(加工中心)加工中,对某一加工图形轮廓按指定的比例进行缩放的一种简化编程指令。

① 编程格式一:G51　X_Y_Z_P_;

　　　　　　　　　M98 P_;

　　　　G50;

式中,G51 为建立缩放;G50 为取消缩放;M98 P_为子程序,一般为了简化编程,把需要比例缩放的程序体编写为子程序,进行调用。但也可以将需要比例缩放的程序体直接写在 G51 与 G50 程序段之间;X、Y、Z 为指定比例缩放中心的坐标。如果同时省略了 X、Y、Z,则 G51 默认刀具的当前位置作为缩放中心;P 为缩放的比例系数。该值规定不能用小数表示。

例如,P1500 表示缩放比例为 1.5 倍。

例如,程序"G51X20.　Y30.P2000;"表示以点(20,30)为缩放中心,缩放比例为 2 倍。

② 编程格式二:G51　X_Y_Z_I_J_K_;

　　　　　　　　　M98 P_;

　　　　　　G50;

式中,I、J、K 为不同坐标方向上的缩放比例,该值用带小数点数值指定。

例如,程序"G51X20.Y30.Z0.I1.5　J2.5;"表示以坐标点(20,30,0)为缩放中心,在 X 轴方向上的缩放比例为 1.5 倍,在 Y 轴方向上的缩放比例为 2.5 倍,在 Z 轴方向上保持原比例不变。

例 4-1　精加工如图 4-37 所示的两个凸台,大凸台的缩放比例为 2 倍。已知刀具为 $\phi 6$ mm 的立铣刀,凸台高度为 2 mm,工件材料为石蜡。

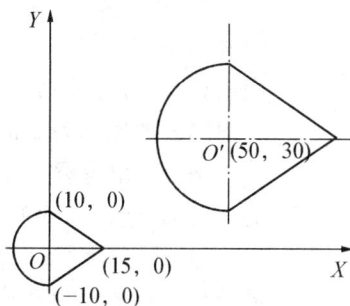

图 4-37　大小凸台零件

加工程序见表 4-13。

表 4-13　加工程序

O2000;		主程序名
N10	G90 G54 G00 Z100.;	调用 G54 坐标系,刀具定位 Z100
N20	M03 S800;	
N30	M98 P0100;	调用子程序加工小凸台
N40	G51 X50. Y30. P2000;	建立比例缩放,缩放中心(50,30),缩放比例为 2 倍
N50	M98 P2001;	调用缩放程序体(子程序),加工大凸台
N60	G50;	取消缩放
N70	Z100.;	抬刀
N80	M05;	主轴停
N90	M30;	程序结束
O2001;		子程序名
N2	X20. Y-10.;	定位至起点
N4	G01 Z-2. F200;	下刀至底面

续　表

O2001；		子程序名
N6	G41 X0 Y−10.0 D01；	刀具半径左补偿,到轮廓基点
N8	G02 X0. Y10. R10.；	顺时针圆弧插补
N10	G01 X15. Y0.；	直线插补
N12	X0. Y−10.；	直线插补
N14	G40 G00 X20. Y−10.；	取消刀补,回到起点
N16	Z10；	抬刀
N18	M99；	子程序结束返回

例 4 - 2　如图 4 - 38 所示,参照凸台外轮廓轨迹 $ABCD$,以$(-40,-20)$为缩放中心在 XY 平面内进行不等比例缩放,X 方向的缩放比例为 1.5 倍,Y 方向的缩放比例为 2 倍。

试加工出轮廓 $A'B'C'D'$凸台。已知刀具为 $\phi6$ mm 的立铣刀,凸台高度为 2 mm,工件材料为石蜡。

(1) 缩放比例分析　比例缩放功能实质上就是系统自动将图形轮廓的各个点到缩放中心的距离,按各坐标轴方向上的比例,得到新的点后,执行插补。以 C 点为例,X 轴方向缩放比例为 $b/a=1.5$,Y 轴方向缩放比例为 $d/c=2$,则 $b=90$,$d=60$,得到 C' 的坐标为$(50,40)$。

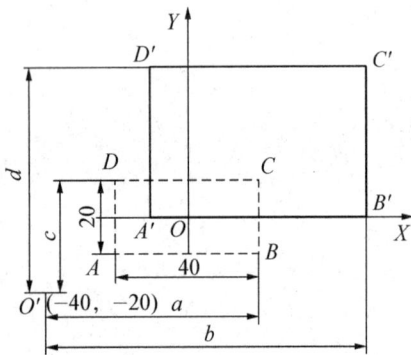

图 4 - 38　比例缩放加工凸台

(2) 加工程序　见表 4 - 14。

表 4 - 14　加工程序

O3000；		主程序名
N10	G90 G54 G00 Z100.0；	调用 G54 坐标系,刀具定位 Z100
N20	M03 S800；	
N30	X50.0 Y−50.0 Z20.0；	定位至起始点上方
N40	G01 Z−2.0 F200；	下刀至底面
N50	G51 X−40. Y−20.I1.5 J2.0；	建立比例缩放,缩放中心(−40,−20),不等比例缩放
N60	G42 G01 X20. Y−10. D01；	以原轮廓轨迹进行编程
N70	Y10.；	
N80	X−20.；	
N90	Y−10.；	
N100	X20.；	

O3000；		主程序名
N110	G40 X50. Y－50. ；	取消刀补
N120	G50；	取消缩放
NN130	M05；	主轴停
NN140	M30；	程序结束

（3）比例缩放编程注意事项

① 比例缩放中的刀具补偿。在编写比例缩放程序时，要特别注意建立刀补程序段的位置。通常，刀补程序段应写在缩放程序体以内。

② 比例缩放中的圆弧插补。在比例缩放中进行圆弧插补时，如果进行等比例缩放，则圆弧半径也相应缩放比例；如果指定不同的缩放比例，则刀具不会走出相应的椭圆轨迹，仍将进行圆弧插补，圆弧的半径根据 I、J 中的较大值进行缩放。

③ 如果程序中将比例缩放程序段简写成"G51；"，其他参数均省略，则表示缩放比例由机床系统参数决定，缩放中心则为刀具刀位点的当前位置。

④ 比例缩放对工件坐标系零点偏置值和刀具补偿值无效。

⑤ 在缩放有效状态下，不能指定返回参考点的 G 指令（G27～G30），也不能指定坐标系设定指令（G52～G59，G92）。若要指定，应在取消缩放功能后指定。

2. 镜像功能指令

使用镜像指令编程可以实现相对某一坐标轴或某一坐标点的对称加工。

（1）编程格式

G17 G51.1 X_Y_；

　　…

　　G50.1；

（2）说明　X、Y 值用于指定对称轴或对称点。当 G51.1 指令后有一个坐标字时，该镜像方式是指以某一坐标轴为镜像轴进行镜像。例如，"G51.1　X10.0；"是指该镜像轴与 Y 轴平行，且在 X 轴 10 mm 处相交。当 G51.1 指令后有两个坐标字时，该镜像方式是指以某一坐标点为对称点进行镜像。G50.1 为取消镜像命令。

例 4-3　编写加工图 4-39 所示凸台外轮廓的程序，已知凸台高度 2 mm，刀具为 ϕ10 mm 立铣刀。

（1）工艺分析　先加工图形①，O_1 点为起始点，并选择零件轮廓延长线上的点作为切入、切出点，加刀具半径补偿。为简化编程，将图形①的加工程序体编写为子程序。

（2）加工程序的编制　见表 4-15。

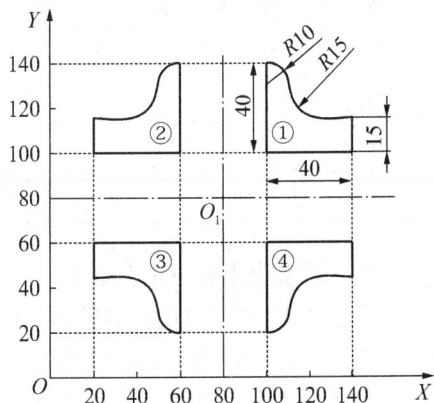

图 4-39　凸台外轮廓加工

表 4－15　加工程序

O3000；	主程序名
N10　G90 G54 G00 Z100．；	调用 G54 坐标系,刀具定位 Z100
N20　M03 S800；	
N30　X80. Y80. Z20.；	移动至 O_1 点上方
N40　G01 Z－2.0 F200；	下刀
N50　M98 P3001；	加工轮廓 1
N60　G51.1 X80.；	以 X80 为轴打开镜像
N70　M98 P3001；	加工轮廓 2
N80　G50.1；	取消镜像
N90　G51.1 X80. Y80.；	以点(80, 80)为对称中心打开镜像
N100　M98 P3001；	加工轮廓 3
N110　G50.1；	取消镜像
N120　G51.1 Y80.；	以 Y80 为轴打开镜像
N130　M98 P3001；	加工轮廓 4
N140　G50.1；	取消镜像
N150　G00 Z100；	抬刀
N160　M05；	主轴停
N170　M30；	程序结束
O3001；	子程序名
N2　G41 X100. Y90. D01；	建立刀补,移至切入点
N4　Y140.；	
N6　G02 X110. Y130. R10.；	
N8　G03 X125. Y115. R15；	
N10　G01 X140.；	
N12　Y100.；	
N14　X90.；	
N16　G40 X80. Y80.；	取消刀补,回到(80, 80)
N18　M99；	子程序结束返回

（3）镜像功能应用注意事项

① 在指定平面内执行镜像指令时,如果程序中有圆弧指令,则圆弧的旋转方向相反,即 G02 变为 G03,而 G03 变为 G02。

② 在指定平面内执行镜像指令时,如果程序中有刀具半径补偿指令,则刀具半径补偿

的偏置方向相反,即 G41 变为 G42,而 G42 变为 G41。

③ 在指定平面内镜像指令有效时,返回参考点指令(G27～G30)和改变坐标系指令(G54～G59,G92)不能指定。若需要指定,必须在取消镜像后指定。

④ 数控镗铣床 Z 轴安装有刀具,故 Z 轴一般都不进行镜像。

3. 旋转功能指令

旋转功能指令可使编程图形轮廓以指定旋转中心及旋转方向旋转一定的角度。

(1)编程格式

G17 G68 X_Y_R_;

　　　　 …

　　 G69;

(2)说明　G68 表示打开坐标系旋转,G69 表示撤销旋转功能。X、Y 用于指定坐标系旋转中心。R 用于指定坐标系旋转角度,该角度一般取 0°～360°,旋转角 0°边为第一坐标系的正方向,逆时针方向的旋转角度为正值。角度用十进制数表示,可以带小数,例如 20°30′用 20.5 表示。

例 4-4　如图 4-40 所示,试编程加工 5 个曲线轮廓凸台,已知凸台高度为 2 mm,刀具为 ϕ10 mm 立铣刀。

(1)工艺分析　将图形①的加工程序编写为子程序。选公切线上点 A(20,10)为切入、切出点。

(2)加工程序的编写　见表 4-16。

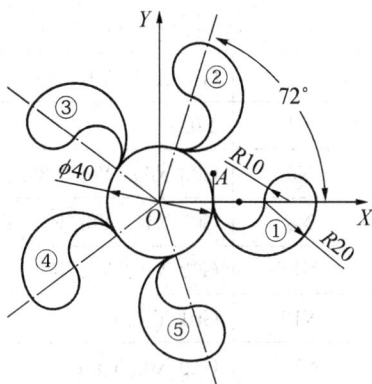

图 4-40　5 个曲线轮廓凸台加工

表 4-16　加工程序

	O4000;	主程序名
N10	G90 G54 G00 Z100.;	调用 G54 坐标系,刀具定位 Z100
N20	M03 S800;	
N30	X0 Y0 Z20.;	移动至 O 点上方
N40	G01 Z−2.0 F200;	下刀
N50	M98 P4001;	加工轮廓 1
N60	G68 X0 Y0 R72.;	以 O 为旋转中心,打开旋转,旋转角 72 度
N70	M98 P4001;	加工轮廓 2
N80	G69;	取消坐标旋转功能
N90	G68 X0 Y0 R144.;	
N100	M98 P4001;	加工轮廓 3
N110	G69;	
N120	G68 X0 Y0 R216.;	
N130	M98 P4001;	加工轮廓 4

O4000；		主程序名
N140	G69；	
N150	G68 X0 Y0 R288.；	
N160	M98 P4001；	加工轮廓5
N170	G69；	
N180	G00 Z100；	抬刀
N190	M05；	主轴停
N200	M30；	程序结束
O4001；		子程序名
N2	G42 X20. Y10. D01；	建立刀补，移至切入点
N4	Y0.；	
N6	G03 X60. Y0. R20.；	
N8	G03 X40. Y0. R10.；	
N10	G02 X20. Y0. R10.；	
N12	G01 Y10.；	
N14	G40 X0. Y0.；	取消刀补，回到 $O(0,0)$
N16	M99；	子程序结束返回

（3）坐标旋转功能应用注意事项

① 在坐标系旋转取消指令（G69）后的第一个移动指令必须用绝对值指定。采用增量值指定，则不能执行正确的移动。

② 在坐标系旋转编程过程中，若需采用刀具补偿指令编程，则需在指定坐标旋转指令后再加刀具补偿，而在取消坐标旋转之前要取消刀具补偿。

③ 在指定平面内旋转指令有效时，返回参考点指令（G27～G30）和改变坐标系指令（G54～G59，G92）不能指定。若需要指定，必须在取消旋转后指定。

4. 极坐标指令

在某个平面中，一个点的位置不仅可以用直角坐标系来描述，也可以用极坐标系来描述。如图 4-41 所示，A 点和 B 点的位置可以用极坐标半径（极径）和极坐标角度（极角）表示，即 $A(30,0)$，$B(30,50)$。这里 X 坐标轴称为极坐标轴（极轴），O 称为极坐标原点（极点）。

（1）极坐标编程格式

G17 G16；

　　...

　　G15；

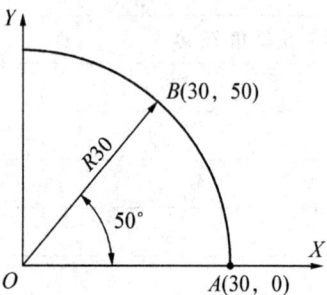

图 4-41　极坐标系中的点

（2）说明

① G16 表示在指定平面内使用极坐标编程,则在 G16 后的坐标字中,第一坐标值表示极径,第二坐标值表示极角。G15 表示取消极坐标而回到直角坐标编程方式。

② 极点的指定方式有两种。当用绝对值指令指定时,例如,"G90 G17 G16;则表示极点为工件坐标系原点 O。当用增量值指定时,例如,"G91　G17 G16;"表示以刀具当前刀位点作为极点。

例 4 - 5　如图 4 - 42 所示,试编程加工 4 个凸台外轮廓,已知刀具为 ϕ10 mm 立铣刀,凸台高度为 2 mm。

（1）工艺分析　将凸台①的加工程序体编写为子程序,多次调用以简化编程。凸台①的加工轨迹如图 4 - 42 所示。显然采用极坐标编程比较简单,设 1 点、2 点分别为切入点和切出点,基点坐标分别为 1(20, 0)、a(20, 20)、b(20, 70)、c(40, 70)、d(40, 20)、2(10, 20)。

（2）编写加工程序　见表 4 - 17。

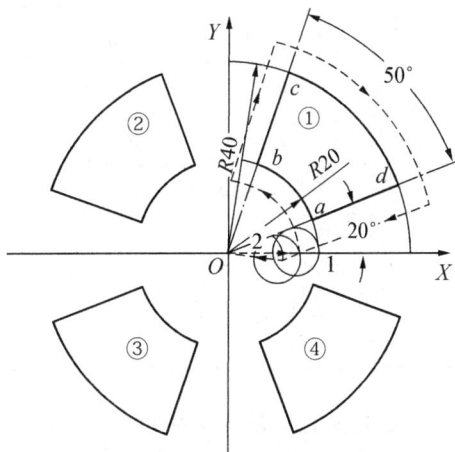

图 4 - 42　4 个凸台外轮廓加工

表 4 - 17　加工程序

	O5000;	主程序名
N10	G90 G17 G54 G00 Z100.;	调用 G54 直角坐标系,刀具定位 Z100
N20	M03 S800;	
N30	X0 Y0 Z20.;	移动至 O 点上方
N40	G01 Z－2.0 F200;	下刀
N50	M98 P5001;	加工轮廓 1
N60	G68 X0 Y0 R90.;	以 O 为旋转中心,打开旋转,旋转角 90°
N70	M98 P5001;	加工轮廓 2
N80	G69;	取消坐标旋转功能
N90	G68 X0 Y0 R180.;	
N100	M98 P5001;	加工轮廓 3
N110	G69;	
N120	G68 X0 Y0 R270.;	
N130	M98 P5001;	加工轮廓 4
N140	G69;	
N150	G00 Z100.;	抬刀
N160	M05;	主轴停
N170	M30;	程序结束

	O5001；	子程序名
N2	G16；	极坐标生效
N4	G41 X20. Y0. D01；	建立刀补,移至切入点 1
N6	G03 X20. Y70. R20.；	逆时针插补加工 ab
N8	G01 X40. Y70.；	直线插补加工 bc
N10	G02 X40. Y20. R40.；	顺时针圆弧插补加工 cd
N12	G01 X10. Y20.；	直线插补加工 da,到达切出点 2
N14	G15；	取消极坐标
N16	G40 X0 Y0；	取消刀补,回到 O(0,0)
N18	M99；	子程序结束返回

（3）极坐标编程注意事项

① 如果对极坐标的增量方式没有深刻理解,那么在实际编程中应尽量避免以刀具当前点作为极坐标原点。

② 极坐标仅适用于指定平面。例如,对于 G17 平面,仅在 XY 平面内使用极坐标,而 Z 坐标仍使用直角坐标进行编程。

③ 采用极坐标进行编程时,所有指令的模态方式不变。

5. 孔加工循环指令

常用的孔加工固定循环指令有 13 个：G73、G74、G76、G80~G89。其中,G80 为取消固定循环指令,其余均为执行孔加工的不同操作指令。其指令通用格式为

G90/G91　G98/G99　G_X_Y_Z_R_P_Q_L_F_；；

说明：

① G90/G91 为坐标的输入方式,G90 为绝对坐标方式输入,G91 为增量坐标方式输入。

② G98/G99 为孔加工完后,自动退刀时的抬刀高度,G98 表示自动抬高至初始平面高度,如图 4 - 43(a)所示;G99 表示自动抬高至安全平面高度,如图 4 - 43(b)所示。

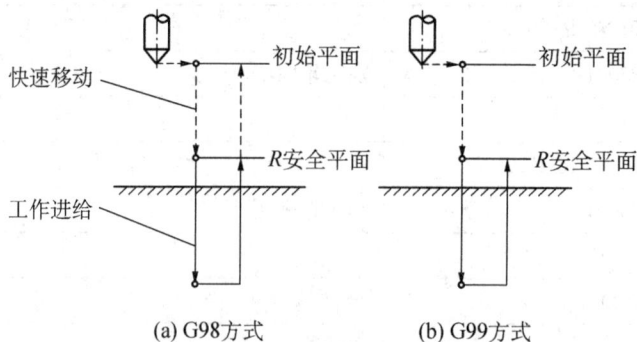

(a) G98方式　　(b) G99方式

图 4 - 43　浅孔加工的动作循环

③ G_为 G73、G74、G76、G81～G89 中的任一个代码。

④ X_Y_是孔中心位置坐标。

⑤ Z_是孔底位置或孔的深度。采用 G91 增量编程时,其值为相对 R 平面的增量。

⑥ R_是安全平面高度。采用 G91 增量编程时,其值为相对初始平面的增量。

⑦ P_为刀具在孔底停留时间。用于 G76、G82、G88、G89 等固定循环指令中,其余指令可略去此参数。例如,P1000 为 1 s(秒)。

⑧ Q_为深孔加工(G73、G83)时,每次下钻的进给深度;或镗孔(G76、G87)时,刀具的横向偏移量。Q 的值永远为正值。

⑨ L_为重复调用次数。L0 时,只记忆加工参数,不执行加工。只调用一次时,L1 可以省略。

⑩ F_为钻孔的进给速度。因 F 具有长效性,若前面定义过的进给速度仍适合孔加工,F 不必重复给出。

(1) 浅孔加工指令 浅孔加工一般包括用中心钻打定位孔、用钻头打浅孔、用锪刀锪沉头孔等,指令有 G81、G82 两个。

① 用于定位孔和一般浅孔加工(G81)。编程格式:

G81 X_Y_Z_R_F_;

加工过程如图 4-44 所示。刀具在当前初始平面高度快速定位至孔中心(X_,Y_);然后沿 Z 轴负向快速降至安全平面 R_的高度;再以进给速度 F_下钻,钻至孔深 Z_后,快速沿 Z 轴的正向退刀。其中,虚线表示刀具快速移动,实线表示刀具以进给速度移动。

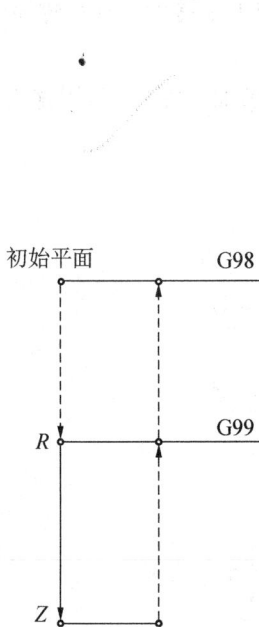

图 4-44 G81 孔加工过程

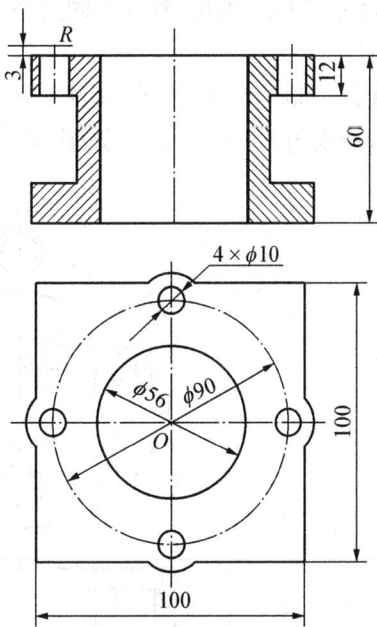

图 4-45 浅孔的加工

例 4-6 试编写如图 4-45 所示的 4 个 φ10 mm 浅孔的加工程序。工件坐标系原点定于工件上表面及 φ56 mm 孔中心线的交点处,选用 φ10 mm 的钻头,初始平面位置位于工件坐标系(0, 0, 50)处,R 平面距工件表面 3 mm。

加工程序见表4-18。

表4-18　加工程序

	O1234；	主程序名
N10	G90 G54 X0 Y0 Z100；	
N20	S500 M03 M08；	
N30	G00 Z50.；	
N40	G99 G81 X45. Y0 Z−14. R3. F100；	
N50	X0 Y45.；	
N60	X−45. Y0；	
N70	G98 X0 Y−45.；	
N80	G80 M09 Z100；	
N90	M05；	
N100	M30；	

② 用于锪孔(G82)所用刀具为锪刀或锪钻,是一种专用刀具,用于对已加工的孔锪平端面或切出圆柱形或锥形沉头孔。编程格式:

G82 X_Y_Z_ R_P_F_；

其加工过程与G81类似,唯一不同的是刀具在进给加工至深度 Z_后,暂停 P_s(秒),然后再快速退刀。

例 4-7　如图4-46所示,工件上 ϕ5 mm 的通孔已加工完毕,需用锪刀加工4个直径为 ϕ7 mm、深度为3 mm 的沉孔,试编写加工程序。

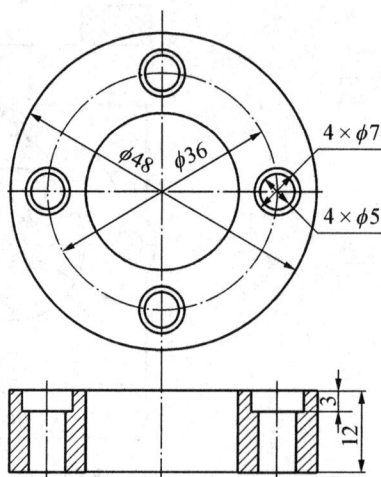

图4-46　沉孔加工

设工件坐标系原点在工件上表面的对称中心,锪刀的初始位置在(0,0,50)处,R 平面距孔口3 mm,加工程序见表4-19。

表 4－19　加工程序

O1111；		主程序名
N10	G90 G54 G00 Z100；	
N20	M03 S500 M08；	
N30	Z50.；	
N40	G99 G82 X18. Z－3. R3. P1000 F40；	孔底停留 1 秒
N50	Y18.；	
N60	X－18.；	
N70	G98 Y－18.；	
N80	G80 M09；	
N90	M05 G00 Z100.；	
N100	M30；	

　　(2) 深孔加工指令　深孔加工固定循环指令有两个,即 G73 和 G83,分别为高速深孔加工和一般深孔加工。

　　① 高速深孔加工指令(G73)。编程格式:

　　G73 X_Y_Z_R_Q_F_;

　　其固定循环指令动作如图 4－47(a)所示。高速深孔加工采用间断进给,有利于断屑、排屑。每次进给钻孔深度为 Q,一般取 3～10 mm,末次进刀深度≤Q,d 为间断进给时的抬刀量,由机床内部设定,一般为 0.2～1 mm(可通过人工设定加以改变)。

　　② 一般深孔加工指令(G83)。编程格式:

　　G83　X_Y_Z_R_Q_F_;

　　其中,固定循环动作如图 4－47(b)所示。

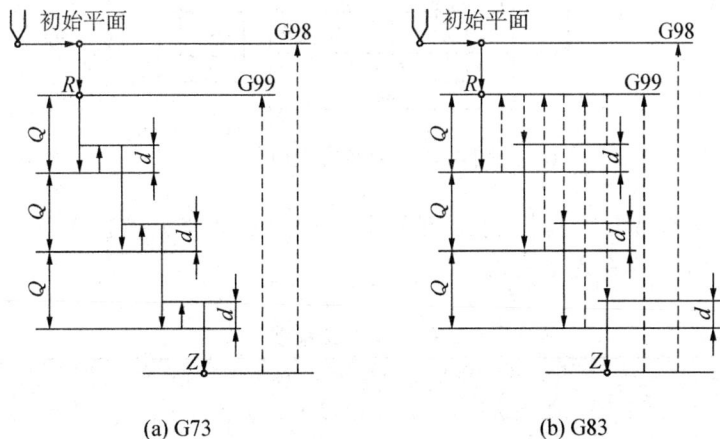

(a) G73　　　　　　　　　　　　　　　(b) G83

图 4－47　一般深孔加工指令 G83

　　G83 与 G73 的区别在于:G73 每次以进给速度钻出 Q 深度后,快速抬高 $Q+d$,再由此处以进给速度钻孔至第二个 Q 深度,依次重复,直至完成整个深孔的加工;而 G83 指令则是在每次进给钻进一个 Q 深度后,均快速退刀至安全平面高度,然后快速下降至前一个 Q 深度之上 d 处,再以进给速度钻孔至下一个 Q 深度。

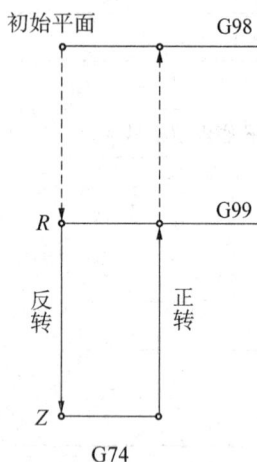

图 4 - 48 G74 固定循环动作

6. 螺纹加工循环指令

螺纹加工指令有两个:G74 和 G84,分别用于左旋螺纹加工和右旋螺纹加工。

(1) **左螺纹加工指令(G74)** 编程格式:

G74 X_Y_Z_R_F_;

其固定循环动作如图 4 - 48 所示,丝锥在初始平面高度快速平移至孔中心(X_,Y_)处,然后再快速下降至安全平面 R_高度,反转起动主轴,以进给速度(导程/转)F_切入至 Z_处,主轴停转,再正转起动主轴,并以进给速度退刀至 R_平面,主轴停转,然后快速抬刀至初始平面。

(2) **右螺纹加工指令(G84)** 编程格式:

G84 X_Y_Z_R_F_;

与 G74 不同的是,在快速降至安全平面 R 后,正转起动主轴,丝锥攻入孔底后停转,再反转退刀。

例 4 - 8 如图 4 - 49 所示,零件上的 5 个 M20×1.5 的螺纹底孔均已加工好,试编写右旋螺纹加工程序。

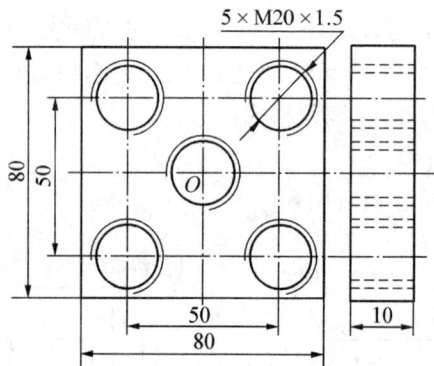

图 4 - 49 右旋螺纹加工

设工件坐标系原点位于零件上表面对称中心,丝锥初始平面位置在工件坐标系原点上方 50 mm 处。加工程序见表 4 - 20。

表 4 - 20 加工程序

	O100;	
N10	G90 G54 G95 G00 Z100;	
N20	M03 S500 M08;	
N30	Z50. ;	

	O100；	
N40	G84 X0. Y0. Z−20. R5. F1.5；	
N50	X25. Y25.；	
N60	X−25. Y25.；	
N70	X−25. Y−25.；	
N80	X25. Y−25.；	
N90	G80 G00 X0 Y0 Z100. M09；	
N100	M05；	
N110	M30；	

7. 镗孔加工循环指令

镗孔是用镗刀将工件上的孔(毛坯上铸成、锻成或事先钻出的底孔)扩大,用来提高孔的精度和表面粗糙度。镗孔加工分粗镗、精镗和背镗几种情况。

(1) 粗镗孔循环指令

① 用于粗镗孔、扩孔、铰孔的加工循环指令(G85)。编程格式为:

G85 X_Y_Z_R_F_；

其固定循环动作如图 4−50(a)所示。在初始高度,刀具快速定位至孔中心(X_, Y_),接着快速下降至安全平面 R_处,再以进给速度 F_镗孔至孔底 Z_),然后以进给速度退刀至安全平面,再快速抬至初始平面高度。

② 用于粗镗孔、扩孔、铰孔的加工循环指令(G86)。编程格式与 G85 相同,但与 G85 固定循环动作不同:当镗孔至孔底后,主轴停转,快速返回安全平面(G99 时)或初始平面(G98 时)后,主轴重新起动,如图 4−50(b)所示。

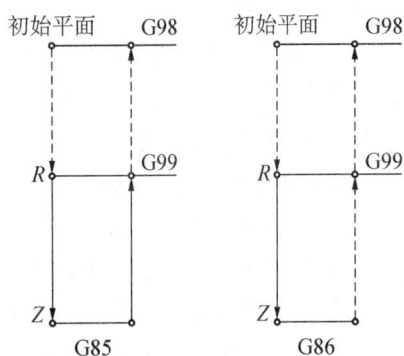

图 4−50　粗镗孔加工循环

③ 用于粗镗孔、扩孔、铰孔的加工循环指令(G88)。编程格式为:

G88　X_Y_Z_R_P_F_；

其固定循环动作与 G86 类似。不同的是:刀具在镗孔至孔底后,暂停 P_s(秒),然后主轴停止转动,而退刀是在手动方式下进行。

④ 用于粗镗孔、扩孔、铰孔的加工循环指令(G89)。编程格式为:

G89　X_Y_Z_R_P_F_；

其固定循环动作与 G85 类似,唯一差别是在镗孔至孔底时暂停 P_s(秒)。

(2) 精镗孔循环指令(G76)　精镗循环与粗镗循环的区别是:刀具镗至孔底后,主轴定向停止,并反刀尖方向偏移,使刀具在退出时刀尖不致划伤精加工孔的表面。编程格式:

G76 X_Y_Z_R_Q_P_F_；

其固定循环动作如图 4−51 所示,镗刀在初始平面高度快速移至孔中心(X_, Y_),再快

速降至安全平面 R，然后以进给速度 F_镗孔至孔底 Z_，暂停 P_s(秒)，然后刀具抬高一个回退量 d_，主轴定向停止转动，然后反刀尖方向快速偏移：Q_，再快速抬刀至安全平面(G99时)或初始平面(G98时)，再沿刀尖方向平移 Q_。

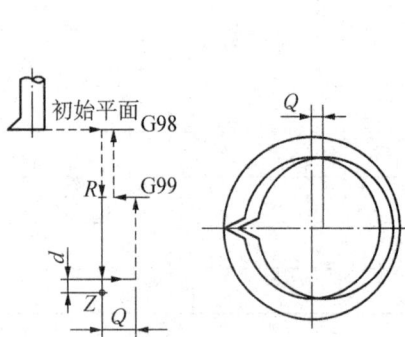

图 4-51 精镗固定循环

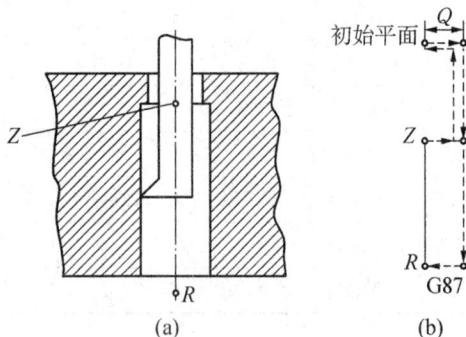

图 4-52 背镗孔固定循环

（3）背镗孔循环指令（G87） 背镗孔时的镗孔进给方向与一般孔加工方向相反。背镗加工时，刀具主轴沿 Z 轴正向向上加工进给，安全平面 R_在孔底 Z_的下方，如图 4-52(a)所示。编程格式：

G87 X_Y_Z_R_Q_P_F_；

其固定循环动作如图 4-52(b)所示。刀具在初始平面高度快速移至孔中心(X_，Y_)，主轴定向停转；然后快速沿反刀尖方向偏移 Q_值，再沿 Z 轴负向快速降至安全平面 R_；然后沿刀尖正向偏移 Q_值，主轴正转起动；再沿 Z 轴正向以进给速度向上反镗至孔底 Z_，暂停 P_s(秒)；然后沿 Z 轴负向回退 d，主轴定向停转，反刀尖方向偏移 Q_，并快速沿 Z 轴正向退刀至初始平面高度；再沿刀尖正向横移 Q_回到初始孔中心位置，主轴再次起动。

8. 孔加工循环功能的应用

使用孔加工固定循环指令的注意事项

① 固定循环指令的长效性 G73、G74、G76、G81～G89 等固定循环指令均具有长效延续性能，在未出现 G80(取消固定循环指令)及 G 组的准备功能代码 G00、G01、G02、G03 时，其固定循环指令一直有效；固定循环指令中的参数除 L_外也均具有长效延续性能。如果加工的是一组相同孔径、相同孔深的孔；仅需给出新孔位置 X_、Y_的变化值，而 Z_、R_、Q_、P_、F_均无需重复给出，一旦取消固定循环指令，其参数的有效性也随之结束。X_、Y_、Z_恢复至 3 轴联动的轮廓位置控制状态。

② 孔中心位置的确定在调用固定循环指令时，若其参数没有 X_、Y_，孔中心位置为调用固定循环指令时刀心所处的位置。如果在此位置不进行孔加工操作，可在指令中插入 L0，其功能是仅设置加工参数，不进行实际加工。若后续程序段给出孔中心位置，即用 L0 中设置的参数进行孔加工。

③ 固定循环指令的重复调用在固定循环指令格式中，L_是表示重复调用次数的参数。如果有孔间距相同的若干相同的孔需要加工时，在增量输入方式(G91)下，使用重复调用次数 L_来编程，可使程序大大简化。例如，程序"G91 G99 G81 X50. Z-20. R-10. L6 F50；"，刀具运行轨迹如图 4-53 所示。如果是在绝对值输入方式下使用该指令，则不能钻

出 6 个孔,仅在第一个孔处钻 6 次,结果还是一个孔。

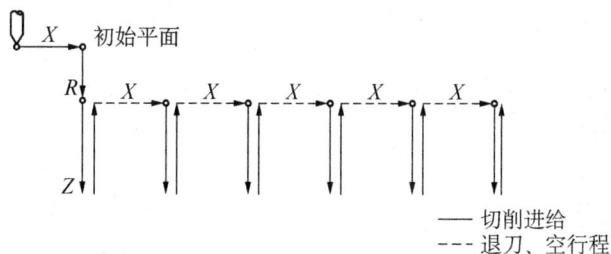

图 4 - 53 固定循环指令的重复调用运行轨迹

注意,L_参数不宜在加工螺纹的 G74 或 G84 循环指令中出现,因为在刀具回到安全平面 R 或初始平面时要反转,即需要一定的时间。如果用 L_来进行多孔操作,就要估计主轴的起动时间。如果时间估计不准确,就可能造成错误操作。

例4-9 用 φ10 mm 的钻头加工如图 4-54 所示的 4 个孔。若孔深为 10 mm,用 G81 指令;若孔深为 40 mm,用 G83 指令。试用循环指令编程。

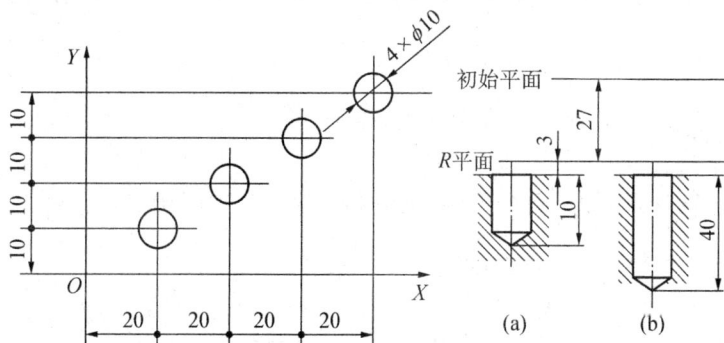

图 4 - 54 固定循环指令重复调用应用

设工件坐标系原点在工件上表面,刀具的初始平面位于工件坐标系的(0,0,30)处,安全平面距工件上表面 3 mm,程序清单见表 4 - 21。

表 4 - 21 程序清单

	O1111;	主程序名
N10	G90 G54 G00 Z100. ;	
N20	M03 S500 M08;	
N25	X0. Y0. ;	
N30	Z30. ;	
N40	G91 G99 G81 X20. Y10. Z−13. R−27. L4 F40; (G91 G99 G81 X20. Y10. Z−43. R−27. Q10. L4 F40;)	
N50	G90 G80 M09 X0 Y0 Z100. ;	
N60	M05;	
N70	M30;	

任务小结

1. 本次任务的主要内容

(1) 比例缩放功能指令。

(2) 镜像功能指令。

(3) 旋转功能指令。

(4) 极坐标指令。

(5) 孔加工循环指令。

(6) 螺纹加工循环指令。

(7) 键孔加工循环指令。

(8) 孔加工循环功能的应用。

2. 本次任务完成后达到目的

通过本任务的学习,掌握比例缩放功能指令;镜像功能指令;旋转功能指令;极坐标指令;孔加工循环指令;螺纹加工循环指令;键孔加工循环指令;能合理运用孔加工循环功能编程。

任务后思考

1. 如图 4-55 所示,加工两个工件,试编制程序。Z 轴开始点为工件上方 100 mm 处,切深 10 mm。

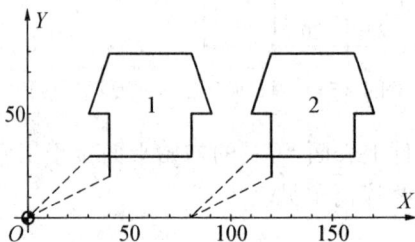

图 4-55 两个工件

2. 原图形是 60×35 长方形,按要求放大成 180×70,如图 4-56 所示。试编写程序。

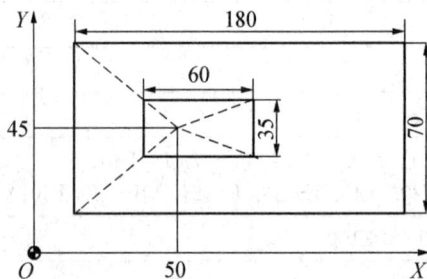

图 4-56 轮廓放大加工

3. 用固定循环指令,编写如图 4 - 57 所示钻 4 个孔的加工程序。

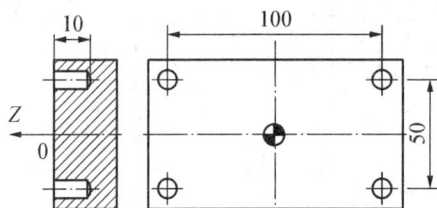

图 4 - 57　钻 4 个孔工件

4. 使用刀具长度补偿功能和固定循环功能加工如图 4 - 58 所示零件上的 12 个孔。

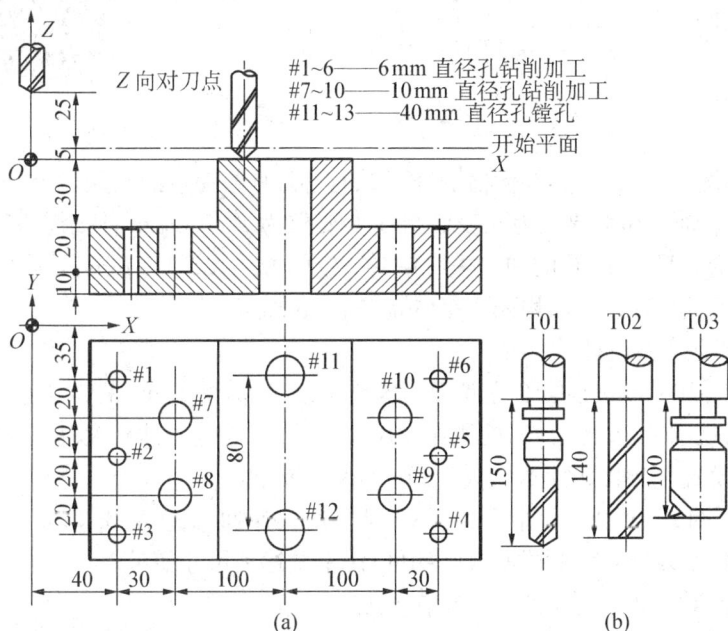

#1～6——6mm 直径孔钻削加工
#7～10——10mm 直径孔钻削加工
#11～13——40mm 直径孔镗孔

图 4 - 58　孔加工零件

任务 2　典型零件的加工中心编程

案　例

十字凸台零件加工实例

加工如图 4 - 59 所示零件,毛坯尺寸为 100 mm×100 mm×20 mm,材料为 45 钢,设备选用立式加工中心,试编写其加工程序。

(1) 零件分析

① 零件图上精度要求比较高的尺寸主要有:外圆直径 $\phi 92_{-0.03}^{0}$ mm、$\phi 60_{-0.03}^{0}$ mm;长度尺寸 $16_{-0.03}^{0}$ mm;深度尺寸 $8_{0}^{+0.03}$ mm;孔径尺寸 $\phi 35H8$ mm 等。操作者可以通过在精加工之

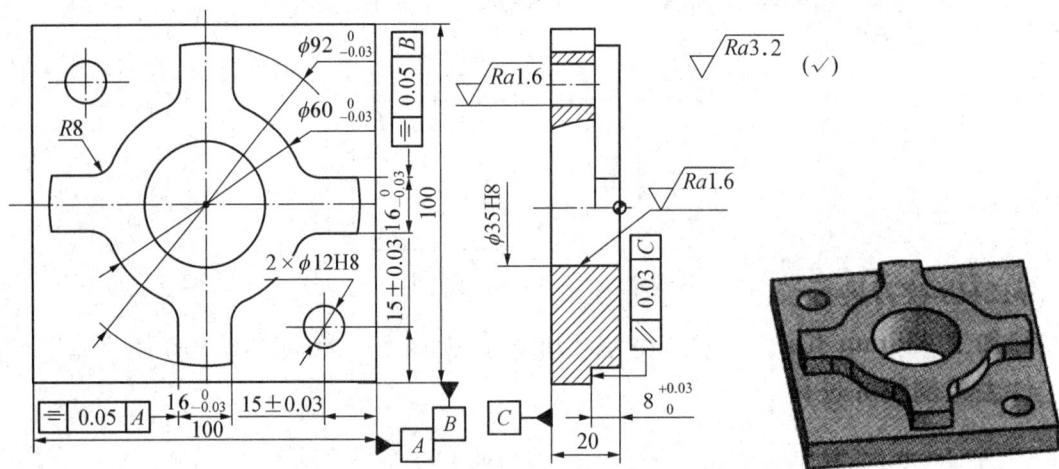

图 4-59 十字台零件

前,安排尺寸检测,并进行刀具补偿值的修正或通过刀具磨耗量的设置,达到尺寸精度要求。

② 零件的表面粗糙度要求为孔表面粗糙度要求为 $Ra1.6\ \mu m$,其余各表面粗糙度值均为 $Ra3.2\ \mu m$。$\phi12H8$ mm 孔的加工采甩钻、扩、铰的方法;$\phi35H8$ mm 孔则采用钻、粗铣、精铣的方式加工。其他轮廓表面均采用粗、精铣削方式加工。

(2) 加工工艺方案设计

① 选 T01($\phi16$ mm 硬质合金立铣刀),粗铣十字轮廓,留 1 mm 精加工余量,采用分层切削,在最后一层铣削前,安排暂停,检测深度尺寸实际值,通过刀具长度补偿值的修正或刀具长度磨耗量的设置,达到深度尺寸 $8^{+0.03}_{0}$ mm 的尺寸要求。

② 选 T02($\phi12$ mm 硬质合金立铣刀)半精铣后,留精加工余量 0.3 mm,安排尺寸检查,根据实际尺寸修改刀具半径补偿值或磨耗量;使精铣达到尺寸要求。

③ 选 T03(A3 中心孔钻)加工 3 个中心孔。

④ 选 T04($\phi10$ mm 钻头),钻 $\phi12H8$ mm、$\phi35H8$ mm 3 个孔。

⑤ 选 T05($\phi11.8$ mm 扩孔钻),扩孔。

⑥ 选 T06($\phi12H8$ mm 铰刀)铰削加工 $\phi12H8$ mm 两个孔。

⑦ 选 T02($\phi12$ mm 硬质合金立铣刀)对 $\phi35H8$ mm 进行粗铣和精铣。

(3) 加工轨迹路线

① 图 4-60、61 所示为轮廓粗加工轨迹。图 4-60 采用法向切入切出,$A(-70,0)$ 为起点,$B(-46,0)$ 为切入点和切出点;图 4-61 采用轮廓延长线切入切出,各点坐标为 $A_1(-65,65)$、$B_1(-65,8)$、$C_1(-28.914,8)$、$D_1(-8,28.914)$、$E_1(-8,65)$。

② 图 4-62 所示为轮廓精加工轨迹。起点 A_2,切入点 B_2,切出点 D_2,各点坐标分别为 $A_2(-76,0)$、$B_2(-76,-30)$、$C_2(-46,0)$、$1(-45.299,8)$、$2(-34.467,8)$、$3(-27.211,12.632)$、$4(-12.632,27.211)$、$5(8,34.467)$、$6(-8,45.299)$、$7(0,46)$。

其他加工轨迹略。

(4) 程序编制 使用立式加工中心,见表 4-22。

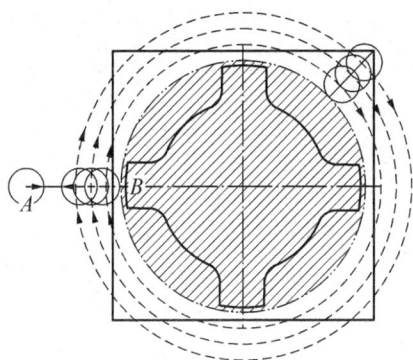

图 4 - 60 轮廓粗加工轨迹一

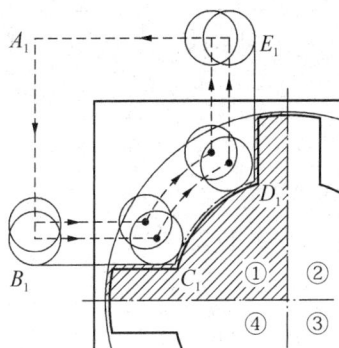

图 4 - 61 轮廓粗加工轨迹二

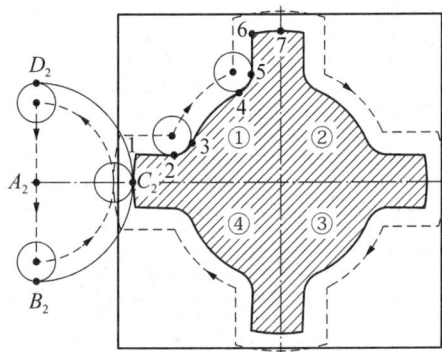

图 4 - 62 精加工轮廓轨迹

表 4 - 22 立式加工中心程序

	O1111;	主程序名
N1	G90 G49 G40 G54 G00 Z100.;	初始化,调用 G54 坐标系,快速定位 Z100
N2	M03 S1000;	选1号刀
N3	M06 T01;	换1号刀
N4	G43 X−70. Y0. Z20. H01 T02;	移动至 A 点上方,加刀具长度补偿,选2号刀准备
N5	Z1.;	
N6	G01 G41 X−46. Y0. D01 F200;	A→B,D01＝20
N7	G02 I46. J0 Z−3.;	螺旋铣削,第一圈切深3 mm,(粗铣轨迹一)
N8	G02 I46. J0 Z−5.;	
N9	G02 I46. J0 Z−7.;	
N10	G02 I46. J0 Z−8.;	
N11	G02 I46. J0;	底面重复一圈
N12	G01 Z1.;	抬刀
N13	G00 X−70. G40;	取消刀具半径补偿,回到 A 点

O1111；	主程序名
N15	G01 G41 X−46. Y0. D02 F200；	$A{\rightarrow}B$，D02＝14
N16	G02 I46. J0 Z−3.；	螺旋铣削，第一圈切深 3 mm，（粗铣轨迹一）
N17	G02 I46. J0 Z−5.；	
N18	G02 I46. J0 Z−7.；	
N19	G02 I46. J0 Z−8.；	
N20	G02 I46. J0；	底面重复一圈
N21	G01 Z1.；	抬刀
N22	G00 X−70. G40；	取消刀具半径补偿，回到 A 点
N23	G01 G41 X−46. Y0. D03 F200；	$A{\rightarrow}B$，D03＝9，留 1 mm 余量
N24	G02 I46. J0 Z−3.；	螺旋铣削，第一圈切深 3 mm，（粗铣轨迹一）
N25	G02 I46. J0 Z−5.；	
N26	G02 I46. J0 Z−7.；	
N27	G02 I46. J0 Z−8.；	
N28	G02 I46. J0；	底面重复一圈
N29	G01 Z1.；	抬刀
N30	G00 X−70. G40；	取消刀具半径补偿，回到 A 点
N31	Z20.；	
N32	X−65. Y65.；	移动至 A_1 上方，（粗加工轨迹二）
N39	Z−4.；	下刀，第一层加工
N40	M98 P10；	加工轮廓 1
N41	G00 Z20.；	抬刀
N42	X65. Y65.；	定位
N43	Z−4.；	
N44	G51.1 X0；	关于 Y 轴镜像
N45	M98 P10；	加工轮廓 2
N46	G50.1；	取消镜像
N47	G00 Z20.；	抬刀
N48	X65. Y−65.；	定位
N49	Z−4.；	
N50	G51.1 X0 Y0；	关于圆点 O 镜像
N51	M98 P10；	加工轮廓 3

O1111；		主程序名
N52	G50.1；	取消镜像
N53	G00 Z20.；	抬刀
N54	X−65. Y−65.；	定位
N55	Z−4.；	
N56	G51.1 Y0；	关于圆点 X 镜像
N57	M98 P10；	加工轮廓 4
N58	G50.1；	取消镜像
N59	G00 Z20.；	抬刀
N60	X−65. Y65.；	定位
N61	Z−7.；	下刀,第二层加工
N62	M98 P10；	加工轮廓 1
N63	G00 Z20.；	
N64	X65. Y65.；	
N65	Z−7.；	
N66	G51.1 X0；	
N67	M98 P10；	加工轮廓 2
N68	G50.1；	
N69	G00 Z20.；	
N70	X65. Y−65.；	
N71	Z−7.；	
N72	G51.1 X0 Y0；	
N73	M98 P10；	加工轮廓 3
N74	G50.1；	
N75	G00 Z20.；	
N76	X−65. Y65.；	
N77	Z−7.；	
N78	G51.1 X0 Y0；	
N79	M98 P10；	加工轮廓 4
N80	G50.1；	
N81	G00 Z20.；	
N82	X−65. Y65.；	

O1111；		主程序名
N83	Z－8.；	下刀,第三层加工
N84	M98 P10；	加工轮廓1
N85	G00 Z20.；	
N86	X65. Y65.；	
N87	Z－8.；	
N88	G51.1 X0；	
N89	M98 P10；	加工轮廓2
N90	G50.1；	
N91	G00 Z20.；	
N92	X65. Y－65.；	
N93	Z－8.；	
N94	G51.1 X0 Y0；	
N95	M98 P10；	加工轮廓3
N96	G50.1；	
N97	G00 Z20.；	
N98	Z－8.；	
N99	G51.1 X0 Y0；	
N100	M98 P10；	加工轮廓4
N101	G50.1；	
N102	G00 Z20.；	
N103	M05 G49 Z20.；	抬刀,主轴停,取消刀具长度补偿
N104	G28 Z100.；	经过点(0,0,100)回参考点
N105	M06；	换2号刀
N106	G43 G00 X－76. Y0 Z20. H02；	快移至A_2点上方,加刀具长度补偿
N107	M03 S1500；	
N108	Z－8.；	下刀至切深
N109	G41 Y－30. D21 F200；	$A_2 \rightarrow B_2$,D21=6.3,半精加工外轮廓,留余量0.3 mm
N110	M98 P20；	铣削轮廓1
N111	G68 X0 Y0 R－90.；	坐标系顺时针旋转90°
N112	M98 P20；	铣削轮廓2
N113	G69；	取消旋转

	O1111；	主程序名
N114	G68 X0 Y0 R－180.；	坐标系顺时针旋转180°
N115	M98 P20；	铣削轮廓3
N116	G69；	取消旋转
N117	G68 X0 Y0 R－270.；	坐标系顺时针旋转270°
N118	M98 P20；	铣削轮廓4
N119	G69；	取消旋转
N120	G03 X－76. Y30. R30.；	$C_2 \rightarrow D_2$
N121	G01 Y0 G40；	$D_2 \rightarrow A_2$，取消刀具半径补偿
N122	G41 Y－30. D22 F200；	$A_2 \rightarrow B_2$，D22＝6，精加工外轮廓
N123	M98 P20；	铣削轮廓1
N124	G68 X0 Y0 R－90.；	坐标系顺时针旋转90°
N125	M98 P20；	铣削轮廓2
N126	G69；	取消旋转
N127	G68 X0 Y0 R－180.；	坐标系顺时针旋转180°
N128	M98 P20；	铣削轮廓3
N129	G69；	取消旋转
N130	G68 X0 Y0 R－270.；	坐标系顺时针旋转270°
N131	M98 P20；	铣削轮廓4
N132	G69；	取消旋转
N133	G03 X－76. Y30. R30.；	$C_2 \rightarrow D_2$
N134	G01 Y0 G40；	$D_2 \rightarrow A_2$，取消刀具半径补偿
N135	G00 Z20. G49 T03 M05；	抬刀，取消刀具长度补偿，选3号刀准备
N136	G28；	回参考点
N137	M06；	换3号刀
N138	G43 Z100. H03；	
N139	Z30. M03 S1000；	初始平面高度
N140	G81 X－35. Y35. Z－9. R3. F50；	点中心孔
N141	X35. Y－35.；	
N142	X0 Y0 Z－1.；	
N143	G49 G80 G00 Z100. T04 M05；	取消刀具长度补偿，选4号刀准备
N144	G28；	回参

O1111；	主程序名
N145	M06；	换 4 号刀，钻孔
N146	G43 Z100. H04；	
N147	Z30. M03 S600；	
N148	G81 X－35. Y35. Z－25. R3 F50；	
N149	X35. Y－35.；	
N150	G83 X0 Y0 Z－25. R3. Q8. F50；	
N151	G49 G80 G00 Z100. T05 M05；	取消刀具长度补偿，选 5 号刀准备
N152	G28；	
N153	M06；	换 5 号刀，扩孔
N154	G43 Z100. H05；	
N155	Z30. M03 S800；	
N156	G81X－35. Y35. Z－25. R3 F50；	
N157	X0 Y0；	
N158	X35. Y－35.；	
N159	G49 G80 G00 Z100. T06 M05；	取消刀具长度补偿，选 6 号刀准备
N160	G28；	
N161	M06；	换 6 号刀，铰孔
N162	G43 Z100. H06；	
N163	Z30. M03 S1000；	
N164	G81 X－35. Y35. R3. F50；	
N165	X35. Y－35.；	
N166	G49 G80 G00 Z100. T02 M05；	取消刀具长度补偿，选 2 号刀准备
N167	G28；	
N168	M06 T02；	换 2 号刀，铣孔 ϕ35
N169	G43 Z100. H02；	
N170	Z30. M03 S1500；	
N171	G01 X0 Y0 Z1. F200；	粗铣孔
N172	G41 X17.5 D23；	D23＝6.5，留精加工余量 0.5 mm
N173	G03 I－17.5 J0 Z－3.；	螺旋铣削，每圈下刀 3 mm
N174	G03 I－17.5 J0 Z－6.；	
N175	G03 I－17.5 J0 Z－9.；	

续　表

O1111；		主程序名
N176	G03 I—17. 5 J0 Z—12. ；	
N177	G03 I—17. 5 J0 Z—15. ；	
N178	G03 I—17. 5 J0 Z—18. ；	
N179	G03 I—17. 5 J0 Z—21. ；	
N180	G03 I—17. 5 J0；	孔底重复铣一圈
N181	G01 Z1. ；	抬刀至孔口
N182	G40 X0 Y0；	定位圆心，取消刀补
N183	G41 X17. 5 D24；	D24＝6，精铣内孔 ϕ35H8 到尺寸
N184	G03 I—17. 5 J0 Z—3. ；	螺旋铣削，每圈下刀 3 mm
N185	G03 I—17. 5 J0 Z—6. ；	
N186	G03 I—17. 5 J0 Z—9. ；	
N187	G03 I—17. 5 J0 Z—12. ；	
N188	G03 I—17. 5 J0 Z—15. ；	
N189	G03 I—17. 5 J0 Z—18. ；	
N190	G03 I—17. 5 J0 Z—21. ；	
N191	G03 I—17. 5 J0；	
N192	G01 G40 X0 Y0；	
N193	G00 Z10. ；	
N194	G49 Z100. ；	
N195	M05；	
N196	M30；	
O10；		子程序名
N2	G41 Y8. D11；	$A_1 \rightarrow B_1$，D11＝12
N4	G01 X—28. 914 Y8. F200；	$B_1 \rightarrow C_1$
N6	G02 X—8. Y28. 914 R30. ；	$C_1 \rightarrow D_1$
N8	G01 X—8. Y65. ；	$D_1 \rightarrow E_1$
N10	G00 X—65 Y65. G40；	$E_1 \rightarrow A_1$
N12	G41 Y8. D12；	$A_1 \rightarrow B_1$，D12＝9，留余量 1 mm
N14	G01 X—28. 914 Y8. F200；	$B_1 \rightarrow C_1$
N16	G02 X—8. Y28. 914 R30. ；	$C_1 \rightarrow D_1$
N18	G01 X—8. Y65. ；	$D_1 \rightarrow E_1$

O10；	子程序名
N19	G00 X－65 Y65. G40；	$E_1 \rightarrow A_1$
N20	M99；	子程序结束返回

O20；	子程序名
N2	G03 X－46. Y0 R30. ；	$B_2 \rightarrow C_2$
N4	G02 X－45. 299 Y8. R46. ；	$C_2 \rightarrow 1$
N6	G01 X－34. 467；	$1 \rightarrow 2$
N8	G03 X－27. 211 Y12. 632 R8. ；	$2 \rightarrow 3$
N10	G02 X－12. 632 Y27. 211 R30. ；	$3 \rightarrow 4$
N12	G03 X8. Y34. 467 R8. ；	$4 \rightarrow 5$
N14	G01 X－8. Y45. 299；	$5 \rightarrow 6$
N16	G02 X0 Y46. R46. ；	$6 \rightarrow 7$
N18	M99；	

模块三　多轴手工编程技术

任务 1　四轴数控加工工艺及手工编程

必备知识

4.1.1　轴控制和运动方向

表 4－23 为控制轴和它们的运动方向,图 4－63 所示为机床坐标结构图。

表 4－23　轴控制和运动方向

控制轴	单位	＋方向
X	刀塔	加工直径增加的方向
Z	刀塔	切削刀具远离主轴移动的方向
C	主轴	逆时针方向旋转,从主轴观察工件

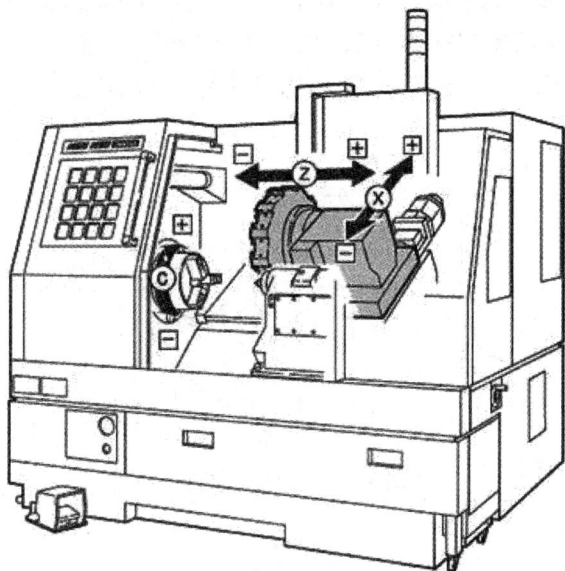

图 4 - 63　机床坐标结构图

4.1.2　G 功能指令

1. G07.1(G107)——圆柱插补

使用圆柱插补功能,通过将圆柱圆周展开成平面,圆柱圆周上的开槽编程可假定在一个平面上进行。即圆柱插补功能允许将圆柱圆周上的轮廓编程为平面上的轮廓。

(1)指令格式

G07.1　IPr　　(调用圆柱插补模式,指定凹槽底部工件的半径)

……　　　　　(轮廓描述)

G07.1 IP0　　(圆柱插补方式取消)

其中,IP 为回转轴地址,r 为回转半径。

(2)说明

① G07.1 必须在单独程序段中。

② 柱面插补模式中,不可再设定柱面插补模式;分度功能使用中,不可使用柱面插补指令。

③ 柱面插补可设定的旋转轴只有一个;柱面插补模式中不能进行复位。

④ 在圆柱插补模式中,不能使用 I 和 K 定义圆弧。必须使用 R 指定圆弧半径。R 指令的单位为 mm。如 G02 Z_C_R4.0;(半径为 4 mm)。

⑤ 在圆柱插补模式中,不能以快速进给速度执行定位。若要以快速进给速度执行定位,必须取消圆柱插补模式。

⑥ 在圆柱插补模式中不能指定工件坐标系(G50、G54~G59)、本地坐标系(G52)和机床坐标系(G53)。

⑦ 在圆柱插补模式中,不能指定孔加工封闭循环(G73、G74、G76、G81~G89)。

⑧ 若在圆柱插补模式中指定圆弧插补或刀具半径偏移,则需指定加工用的 ZC 平面。

⑨ 若要在圆柱插补模式中执行刀具半径偏移功能,则在调用圆柱插补模式前取消刀具半径偏移功能,且在调用圆柱插补模式后指定刀具半径偏移功能。

例 4 - 10 加工图 4 - 64 所示的零件,刀具 T0101 为 φ8 mm 的铣刀。

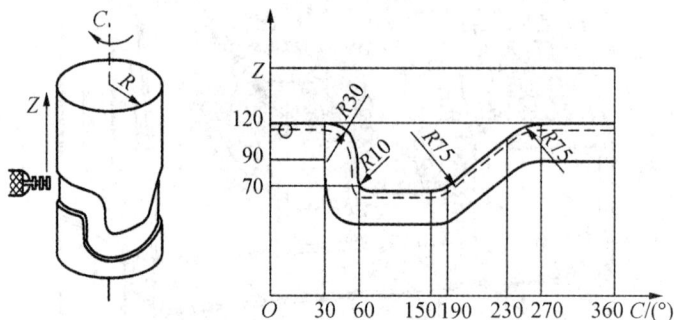

图 4 - 64 圆柱开槽加工

程序编写如下:

O0001;

N01 G00 Z100.0 C0 T0101;

N02 G01 G18 W0 H0;

N03 G07.1 C57.299;

N04 G01 G42 Z120.0 D01 F250;

N05 C30.0;

N06 G02 Z90.0 C60.0 R30.0;

N07 G01 Z70.0;

N08 G03 Z60.0 C70.0 R10.0;

N09 G01 C150.0;

N10 G03 Z70.0 C190.0 R75.0;

N11 G01 Z110.0 C230.0;

N12 G02 Z120.0 C270.0 R75.0;

N13 G01 C360.0;

N14 G40 Z100.0;

N15 G07.1 C0;

N16 M30;

2. G12.1(G112)/G13.1(G113)——极坐标插补

(1)指令格式

G12.1(G112) 极坐标插补(切口)

G13.1(G113) 极坐标插补取消

(2)指令功能 切口是指切削工件表面以形成一个轮廓形状。启动旋转刀具后,指定 G12.1(G112)指令选择极坐标插补模式。在极坐标插补模式中,可同步进行主轴旋转(低速)和旋转刀具的 X 轴进给。

说明:

① 使用 G12.1 指令前,必须先设定特定坐标系(或工件坐标系),使旋转轴的中心成为坐标原点。

② G12.1 指令前的平面(由 G17、G18、G19 选择的平面)取消,相当于使用 G13.1(极坐标插补取消)指令。

③ 在极坐标插补平面进行圆弧插补(G02、G03)时,圆弧半径的指定方法(使用 I、J、K 中哪两个)一由平面第一轴(直线轴)为基本坐标系的那一轴(参数 No.1022)而决定。

a. 直线轴为 X 轴或其平行轴,视作 XY 平面内编程,以 I、J 指定。

b. 直线轴为 Y 轴或其平行轴,视作 YZ 平面,以 J、K 指定。

c. 直线轴为 Z 轴或其平行轴,视作 ZX 平面,以 K、I 指定。

d. 也可用 R 指令圆弧半径。

④ G12.1 中可使用的 G 码指令有 G01、G65、G66、G67、G02、G03、G04、G98、G95、G40、G41、G42。

⑤ 在 G12.1 模式中,平面内其他轴的移动指令和极坐标无关。

⑥ 刀具半径补偿方式下,不能启动或取消极坐标插补方式,必须在刀尖圆弧半径补偿取消方式指令或取消极坐标插补方式后,才能使用 G12.1/G13.1。

⑦ G12.1 模式中的"现在位置"以实际坐标值显示,而"剩余移动量"的显示,则以在极坐标插补平面(直交坐标)的程序段的剩余移动量显示。

⑧ 对 G12.1 模式中的程序段,不可进行程序再开始。

⑨ 极坐标插补是将直角坐标系制作程序的形状,变换成旋转轴(C 轴)和直线轴(X 轴)的移动,越近工件中心,即 C 轴的变动越大。

例 4－11　加工图 4－65 所示的六方轴。

程序编写如下:

O0011;

G98 G40 G21 G97;

T0606;

G00 X38.0 Z5.0 M75;快速定位并把主切

削动力转换到动力头

S1500 M03;

C0.0;

G17 G12.1;极坐标插补有效

G01 G42 X30.0 Z2.5 F100;

Z－7.0 F90;

C8.66;

X0.0 C17.32;

X－30.0 C8.66;

C－8.66;

X0.0 C－17.32;

X30.0 C－8.66;

C0.0;

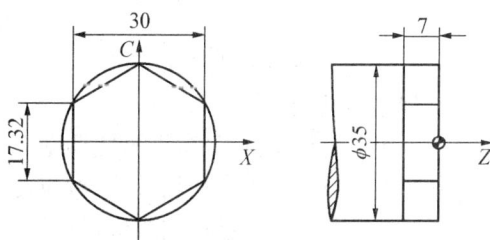

图 4－65　极坐标编程实例图

Z5.0 F500;

G40 U50.0;

G13.1;取消极坐标插补

G00 X120.0 Z50.0;

M05;

G99 M76;主切削动力转换到车床主轴

G30 U0 W0;

M30;

4.1.3 M功能指令

M代码也称为辅助功能。除了实现G代码调用的辅助功能,它们还控制程序流程,切削油排放打开/关闭等。

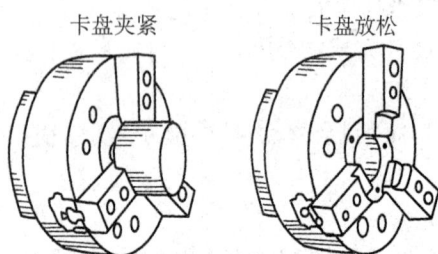

图4-66 卡盘夹紧/卡盘松开

（1）M10 卡盘夹紧,此指令能自动使卡盘夹紧。

（2）M11 卡盘松开,此指令能自动使卡盘松开,一般在装有棒料输送机,工件收集器,及上下料机械手时,如图4-66所示。

使用注意事项:

① 单件加工时请用手动方式夹持工件。

② 单段运行开关处于"ON"时,读到M11夹爪放松指令时机械手停止。

③ M10、M11为单独程序指令,下一程序使用G04暂停指令,可使夹爪停止动作时间延长,以增加其安全性。

④ 使用夹头夹持工件,夹爪应调整至适当位置。

⑤ 工件长度大于直径约7倍时,应使用尾座顶持。

⑥ 夹持大工件或重切削时应适度调大卡盘夹紧力,夹紧力不足易使工件脱落。

⑦ 不同材质工件,应使用不同夹紧压力。

（3）M12 尾座套筒前进。

（4）M13 尾座套筒返回,如图4-67所示。

（5）M19 主轴准停机能,用在形状复杂或容易脱落之场合,可使工件拿取较为方便,如图4-68所示。

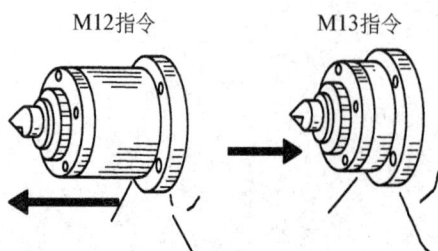

图4-67 尾座套筒前进与退回

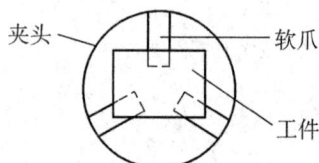

图4-68 主轴准停

（6）M20　卡盘吹气，此指令在有上下工件机械手，进行工件自动装卸时用。

（7）M21　尾座前进。

（8）M22　尾座后退，图4-69所示。

使用注意事项：

① 尾座上注油孔需适时加油以防卡死。

② 经常保养尾座内锥度孔，避免其生锈及存留污秽。

③ 使用顶尖工作，套筒不宜伸出太长。

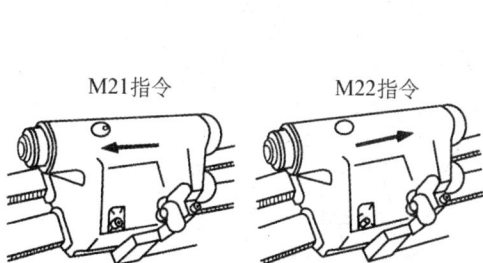

图4-69　尾座前进与后退

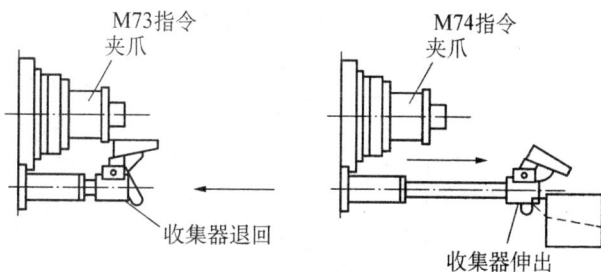

图4-70　工件收集器进与退

（9）M60　对刀仪吹屑，一般情况下在对刀时，当对刀仪摆出到位后，开始吹屑，延时一段时间以后便停止吹气，主要是吹掉粘附在刀具上的切屑，而在自动对刀时，可用指令M60，自动控制其吹气时间。

（10）M73　工件收集器前进，如图4-70所示。

（11）M74　工件收集器后退，如图4-70所示。

（12）M75　轮廓控制有效（C轴有效）。

C轴控制的M代码见表4-24所示。

表4-24　C轴控制的M代码

M代码	功　　能
M75	轮廓控制有效（C轴有效）
M76	轮廓控制无效（C轴无效）
M03	动力主轴逆时针旋转起动
M04	动力主轴顺时针旋转起动
M05	动力主轴停止
M65	C轴夹紧（一般在钻孔固定循环指令中使用）
M66	C轴松开
M67	C轴阻尼（一般在铣削加工中使用）

（13）M82　卡盘夹紧力。

（14）M83　卡盘夹紧力恢复。

案　例

典型车铣复合加工

应用车削中心编程,加工如图 4-71 所示右端轮廓。

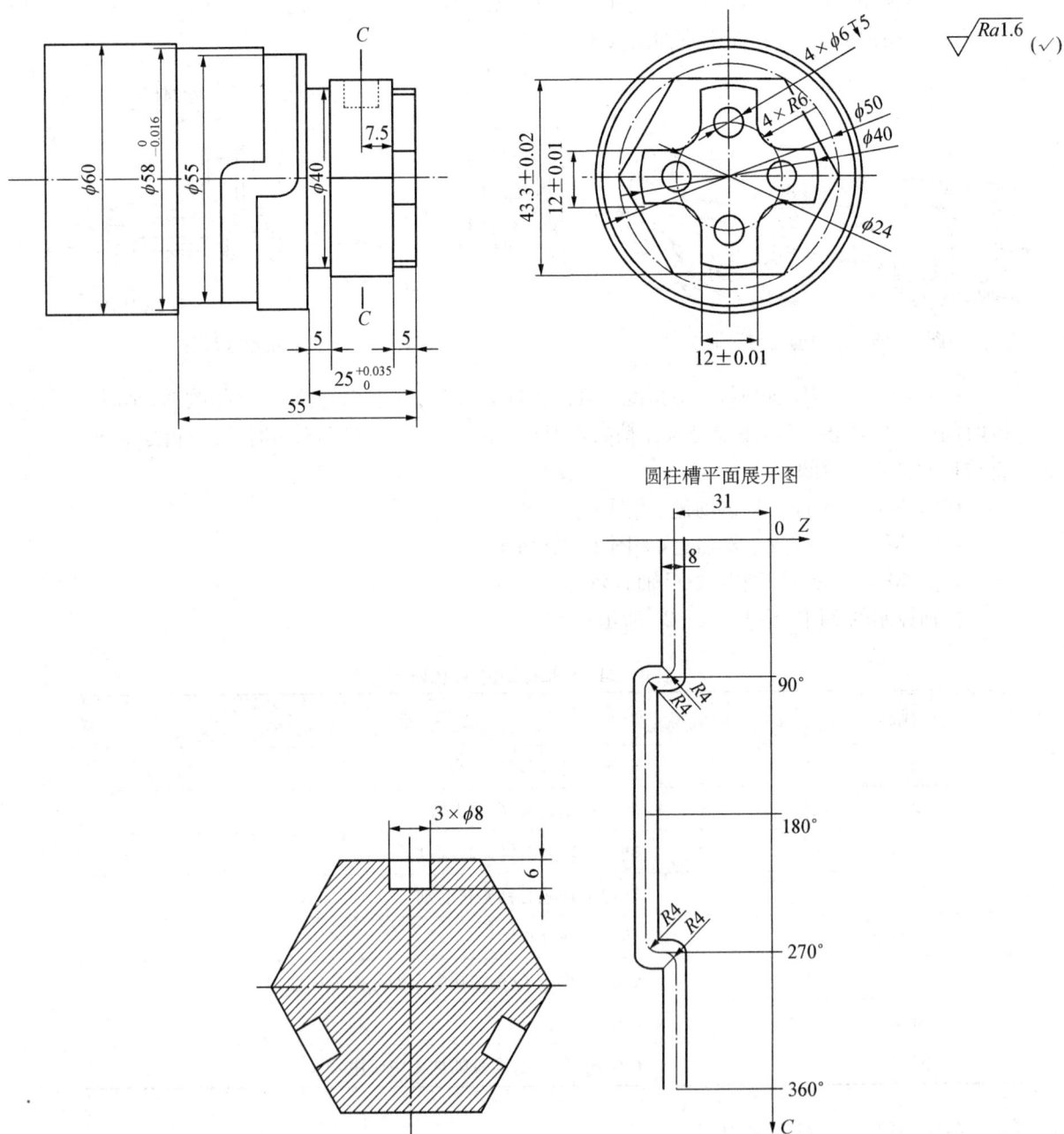

圆柱槽平面展开图

图 4-71　编程实例

1. 分析工艺

(1) 车端面;粗、精车外圆—T0404

(2) 切槽—T0101

(3) 端面钻孔—T0707

(4) 铣十字外形—T0909

(5) 铣六方—T0909

(6) 六方侧面钻孔—T1111

(7) 柱面铣槽—T1111

2. 编制程序

程序如下:

```
%
O6610; （加工主程序）
M98P0001;
M98P0002;
M98P0003;
M98P0004;
G10P09R0.1;
M98P0005;
G10P09R0;
M98P0005;
G10P09R0.1;
M98P0006;
G10P09R0;
M98P0061;
M98P0008;
M98P0009;
M30;
O1; （端面车削）
G53G0X－2.;
G53G0Z－50.;
G54;
T404;
M46;
G99;
G50S3000;
G96M4S200;
G0Z0.;
X65.;
G1X－0.8F0.1;
```

```
Z0.5;
G53G0X－2.;
G53G0Z－50.;
M05;
M99;

O2; （粗、精车外轮廓）
G53G0X－2.;
G53G0Z－50.;
G54;
T404;
G50S3000;
G99;
G96S200M4;
G0Z5.;
X65.;
G0X62.Z2.;
G71U2.R0.5;
G71P10Q20U0.3W0.F0.2;
N10G0X39.S300;
G1Z0.F0.08;
X40.W－0.5;
Z－5.2;
X49.;
X50.W－0.5;
Z－25.;
X57.;
X58.W－0.5;
Z－55.;
```

N20G1X62.F0.2；

G53G0X－2.；

G53G0Z－50.；

M5；

M0；

G50S3000；

G96M4S200；

T404；

G99；

G0X62.Z2.；

G70P10Q20；

G53G0X－2.；

G53G0Z－50.；

M05；

M99；

O3；（切槽）

G53G0X－2.；

G53G0Z－50.；

G54；

T101；

G99；

G97S2000M4；

G0Z－24.99；

X65.；

G1X51.F0.2；

G1X40.F0.1；

X52.F0.1；

W1.；

G1X40.F0.1；

Z－25.F0.1；

X62.F0.1；

G53G0X－2.；

G53G0Z－50.；

M05；

M00；

M99；

O4；（铣端面孔）

G53G0X－2.；

G53G0Z－50.；

G54；

M45；

G28H0.；

T707；

M13S4000；

G98；

G0Z5.；

X50.；

G83X24.Z－5.R－2.C0.Q2000P500F50；

C90.Q2000；

C180.Q2000；

C270.Q2000；

G80；

G4X0.5；

M5；

M46；

G53G0X－2.；

G53G0Z－50.；

M05；

M00；

M99；

O5；（铣端面十字外形）

G53G0X－2.；

G53G0Z－50.；

G54；

T909；

M45；

M13S4000；

G98；

G28H0.；

G0C0.；

G0Z5.；

X70.；

G1Z－5.F500；

G12.1；

G41G01X44.F200；

C—6. ;

X24. ;

G03X12. C—12. R6. ;

G1C—22. ;

G1X—12. ;

G1C—12. ;

G3X—24. C—6. R6. ;

G1X—44. ;

G1C6. ;

G1X—24. ;

G3X—12. C12. R6. ;

G1C22. ;

G1X12. ;

G1C12. ;

G3X24. C6. R6. ;

G1X44. ;

G1C—8. ;

X60. ;

G40G01X80. ;

G13. 1；

G04X0. 4；

M5；

M46；

G53G0X—2. ;

G53G0Z—50. ;

M05；

M00；

M99；

O6；（铣六边形主程序）

G0G53X—2. ;

G0G53Z—100. ;

T0909；

M45；

S4000M13；

G54；

G98；

G00Z5. ;

X100. ;

G28H0. ;

G0C0. ;

G1Z—10. F400. ;

M98P0007L1. ;

G1Z—15. F400. ;

M98P0007L1. ;

G1Z—21. F400. ;

M98P0007L1. ;

G53G0X—2. ;

G53G0Z—100. ;

M05；

G99；

M46；

M05；

M00；

M99；

O7；（铣六边形子程序）

G0C0. ;

X100. ;

G112；

G41G01C2. 6F500. ;

X62. ;

X53. ;

X25. C—21. 65；

X—25. ;

X—50. C0. ;

X—25. C21. 65；

X25. ;

X53. C—2. 6；

G40G01X82. ;

G113；

M99；

O8；（加工侧面孔）

G53G0X—2. ;

G53G0Z—50. ;

T1111；

G54；

M45；

M13S3000；

G98；

G0Z－12.5；

X65.；

G87X31.3C90.R－5.Q3000F50；

C210.Q3000；

C330.Q3000；

G80；

M5；

M46；

G53G0X－2.；

G53G0Z－50.；

M05；

M00；

M99；

O9；（加工圆柱面槽）

G53G0X－2.；

G53G0Z－100.；

T1111；

G54；

M45；

G97S2000M13；

G28H0.；

G0C0.；

G00Z30.；

X80.；

Z－31.；

G98G01X55.F200.；

G19W0.H0.；

G07.1C27.5；

C81.67；

G2Z－35.C90.R4.；

G1Z－37.；

G3Z－41.C98.335R4.；

G1C261.67；

G3Z－37.C270.R4.；

G1Z－35.；

G2Z－31.C278.34R4.；

G1C360.；

G07.1C0.；

X60.；

G53G0X－2.；

G53G0Z－100.；

M05；

M46；

G18；

G99；

M05；

M00；

M99；

O61；（精加工六边形）

G0G53X－2.；

G0G53Z－100.；

T0909；

M45；

S4000M13；

G54；

G98；

G00Z5.；

X100.；

G28H0.；

G0C0.；

G1Z－21.F400.；

M98P0007L1.；

G53G0X－2.；

G53G0Z－100.；

M05；

G99；

M46；

M05；

M00；

M99；

任务小结

1. 本次任务的主要内容

(1) G07.1(G107)圆柱插补指令。

(2) G12.1(G112)/G13.1(G113)极坐标插补指令。

(3) 常用 M 指令。

(4) 圆柱插补指令和极坐标插补指令的编程应用。

2. 本次任务完成后达到目的

(1) 能制定典型车削中心加工零件的加工工艺。

(2) 能编制车削中心数控加工程序。

任务后思考

1. 如图 4-72 所示圆柱开槽加工,应用 G07.1 编程加工该零件槽。

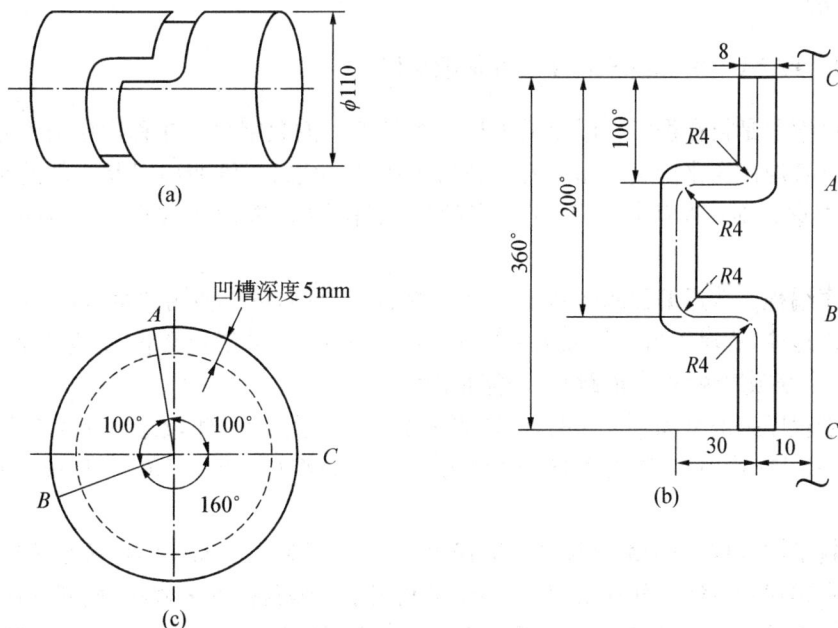

图 4-72　圆柱开槽加工图

2. 零件如图 4-73 所示。加工要求:铣 3 个互成 120°的平面和加工 3×M6 深 11 mm 的螺纹孔。

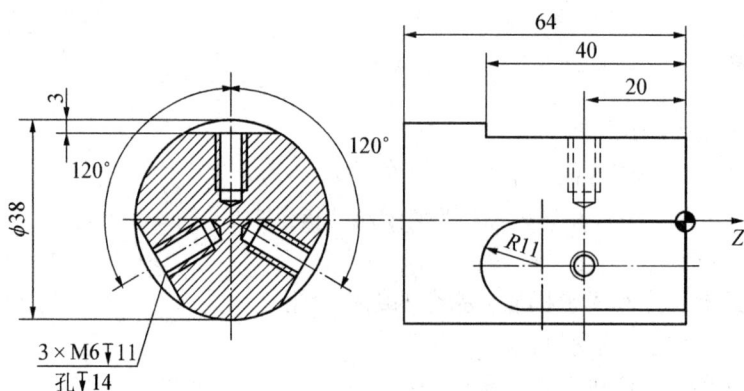

图 4-73 分度轴

任务 2 宏编程技术

必备知识

4.2.1 FANUC 0i 系统宏程序编程基础知识

宏程序编程是指在程序中用变量表述一个字地址的数字量。在程序中对变量赋值,来满足一些具有规律变化特点的加工需要,如非圆曲线轮廓、三维曲面以及零件的粗、精加工编程等。本章针对 FANUC 0i 系统的宏程序编程功能,讲述宏程序的基础理论及应用实例。

宏程序编程与普通编程的区别在于:在宏程序编程中,可以使用变量,可以给变量赋值,变量间可以运算,程序运行可以跳转;而在普通编程中,只可指定常量,常量之间不可以运算,程序只能按顺序执行,不能跳转,功能是固定的。

用户宏程序一般分为 A、B 两种,两者有较大的差别。一些较老的 FANUC 系统(如 FANUC - 0MD)采用 A 类宏程序,而较为先进的系统(如 FANUC - 0i)则采用 B 类宏程序。

随着技术的发展,自动编程逐渐会取代手工编程,但是手工编程毕竟还是编程工作的基础。并且在实践中,各种"疑难杂症"往往还要利用手工编程技术来解决,而宏程序的运用应该是手工编程应用中的亮点和较高的技术境界。宏程序具有灵活性、通用性和智能性等特点,在有些方面优于 CAD/CAM 软件。例如,对于规则曲面的编程来说,使用 CAD/CAM 软件编程一般都有工作量大,程序庞大,加工参数不易修改等缺点,只要任何一个加工参数发生任何变化,再智能的软件也要根据变化后的加工参数重新计算刀具轨迹,尽管软件计算刀具轨迹的计算速度非常快,但始终是个比较麻烦的过程。宏程序注重把机床功能参数与编程语言相结合,灵活的参数设置也使机床具有最佳的工作性能,同时也给予操作者极大的自由调整空间。另外,在诸如变螺距螺纹的加工、用螺旋插补进行锥度螺纹的加工和钻深可变式深孔钻加工等,宏程序具有它独特的优势。

1. 变量与赋值

(1) 变量表示　普通程序直接用数值指定 G 代码和移动距离,如 G01 和 X200。使用用户宏程序时,数值可以直接指定或用变量指定。变量由符号(♯)和变量字符组成,如♯100、♯1、♯500、♯1000 等。

将跟随在地址后面的数值用变量来代替,即引入变量。例如,"G01 X♯100 Y－♯101 F♯102;"当♯100＝100.,♯101＝50.,♯102＝60 时,实际程序是"G01 X100. Y－50. F60;"。

(2) 变量的类型　变量从功能上主要可归纳为两种,即系统变量(系统占用部分),用于系统内部运算时各种数据的存储;用户变量,包括局部变量和公共变量,用户可以单独使用,系统作为处理资料的一部分。FANUC 0i 系统的变量类型见表 4-25。

表 4-25　变量的类型及功能

变量	变量类型	功　能
♯0	空变量	该变量总是空,没有值赋给该变量
♯1～♯33	局部变量	局部变量只能用在宏程序中存储数据,如运算结果,当断电时,局部变量被初始化为空,调用宏程序时,自变量对局部变量赋值
♯100～♯199	公共变量	公共变量在不同的宏程序中的意义相同
♯500～♯999		当断电时,变量♯100～♯199 初始化为空。变量♯500～♯999 的数据,即使断电也不丢失
♯1000 以上	系统变量	系统变量用于读和写 CNC 的各种数据,如刀具的当前位置和补偿值等

局部变量和公共变量可以为零值,或下列范围中的值: $10^{47} \sim 10^{-29}$ 或 $10^{-29} \sim 10^{47}$。如果计算结果超出有效范围,则发出 P/S 报警 No.111。

(3) 变量的引用　在程序中使用变量值时,应指定后跟变量号的地址。当用表达式指定变量时,必须把表达式放在括号中,如"G01 X[♯11＋♯22] F♯3;"。B 类宏程序除可采用 A 类宏程序的变量表示方法外,还可以用表达式表示,但表达式必须封闭在方括号"[ ]"中,而程序中的圆括号"( )"用于注释。例如,♯[♯1＋♯2＋20],当♯1＝10,♯2＝100 时该变量表示♯130。

被引用变量的值根据地址的最小设定单位自动四舍五入。例如,"G00 X♯1;"中♯1 值为 27.301 8,CNC 最小分辨率 1/1 000 mm,则实际命令为"G00 X27.302;"。当在程序中定义变量值时,整数值的小数点可以省略。例如,定义♯11＝123,变量♯11 的实际值是123.000。变量值的符号放在♯的前面,如"G00 X－♯11;"。

当引用未定义的变量时,变量及地址都被忽略。例如,当变量♯11 的值是零,并且变量♯22 的值是空时,"G00 X♯11 Y♯22;"的执行结果为"G00 X0.;"。注意,从这个例子可以看出,所谓"变量的值是零"与"变量的值是空",是两个完全不同的概念。可以这样理解:"变量的值是零"相当于"变量的数值等于零",而"变量的值是空"则意味着"该变量所对应的地址根本就不存在"。

FANUC 系统规定,不能用变量代表的地址符有:程序号 O,顺序号 N,任选程序段跳转号"/"。例如,"O♯22;""/♯22 G00 X100.;""N♯33 Y200.;"中使用变量是错误的。

(4)变量赋值 变量赋值是指将一个数据赋予一个变量。例如,"♯1=0"表示变量♯1 的值是零。

赋值的规律有:

① 赋值号"="两边内容不能随意互换,左边只能是变量,右边可以是表达式、数值或变量。

② 一个赋值语句只能给一个变量赋值。

③ 可以多次给一个变量赋值,新变量值将取代原变量值(即最后赋的值生效)。

④ 赋值语句具有运算功能,它的一般形式为"变量=表达式"。在赋值运算中,表达式可以是变量自身与其他数据的运算结果。例如,"♯1=♯1+1"表示♯1 的值为♯1+1,这一点与数学运算是有所不同的。

⑤ 赋值表达式的运算顺序与数学运算顺序相同。

变量赋值有直接赋值和引数赋值两种方式:

① 直接赋值变量可以在操作面板上用 MDI 方式直接赋值,也可在程序中以等式方式赋值,但等号左边不能用表达式,如"♯100=100."和"♯100=30+20"。

② 引数赋值宏程序以子程序方式出现,所用的变量可在有宏调用时赋值,如"G65 P1000 X100. Y50. Z20. F100.;"。

此处的 X、Y、Z 不代表坐标字,F 也不代表进给字,而是对应于宏程序中的变量号,变量的具体数值由引数后的数值决定。引数宏程序体中的变量对应关系有两种,见表 4-26 及表 4-27。此两种方法可以混用,其中 G、L、N、O、P 不能作为引数替变量赋值。

表 4-26 变量赋值方法 I

引数	变量	引数	变量	引数	变量	引数	变量
A	♯1	I_3	♯10	I_6	♯19	I_9	♯28
B	♯2	J_3	♯11	J_6	♯20	J_9	♯29
C	♯3	K_3	♯12	K_6	♯21	K_9	♯30
I_1	♯4	I_4	♯13	I_7	♯22	I_{10}	♯31
J_1	♯5	J_4	♯14	J_7	♯23	J_{10}	♯32
K_1	♯6	K_4	♯15	K_7	♯24	K_{10}	♯33
I_2	♯7	I_5	♯16	I_8	♯25		
J_2	♯8	J_5	♯17	J_8	♯26		
K_2	♯9	K_5	♯18	K_8	♯27		

表 4-27 变量赋值方法 II

引数	变量	引数	变量	引数	变量	引数	变量
A	♯1	H	♯11	R	♯18	X	♯24
B	♯2	I	♯4	S	♯19	Y	♯25

引数	变量	引数	变量	引数	变量	引数	变量
C	♯3	J	♯5	T	♯20	Z	♯26
D	♯7	K	♯6	U	♯21		
E	♯8	M	♯13	V	♯22		
F	♯9	Q	♯17	W	♯23		

例 4-12 用变量赋值方法Ⅰ对"G65 P0030 A50. I40. J100. K0 I20. J10. K40. ;"赋值。

赋值后,♯1＝50.0,♯4＝40.0,♯5＝100.0,♯6＝0,♯7＝20.0,♯8＝10.0,♯9＝40.0。

例 4-13 用变量赋值方法Ⅱ对"G65 P0200 A50. X40. H100;"赋值。

赋值后,♯1＝50.0,♯24＝40.0,♯11＝100.0。

2. 运算指令

B类宏程序的运算指令类似于数学运算,用各种数学符号来表示。常用运算指令见表4-28。

表 4-28　FANUC 0i 算术和逻辑运算一览表

功能		格式	备注
定义、置换		♯i＝♯j	
算术运算	加法　减法 乘法　除法	♯i＝♯j＋♯k；♯i＝♯j－♯k； ♯i＝♯j * ♯k；♯i＝♯j/♯k	
	正弦	♯i＝SIN[♯j]	
	反正弦	♯i＝ASIN[♯j]	三角函数及反三角函数的数值均以度为单位来指定如 $90°30'$ 应表示为 $90.5°$
	余弦	♯i＝COS[♯j]	
	反余弦	♯i＝ACOS[♯j]	
	正切	♯i＝TAN[♯j]	
	反正切	♯i＝ATAN[♯j]/[♯k]	
	平方根	♯i＝SQRT[♯j]	
	绝对值	♯i＝ABS[♯j]	
	舍入	♯i＝ROUND[♯j]	
	指数函数	♯i＝EXP[♯j]	
	(自然)对数	♯i＝LN[♯j]	
	上取整	♯i＝FIX[♯j]	
	下取整	♯i＝FUP[♯j]	

续　表

功能		格式	备注
逻辑运算	与	#iAND#j	
	或	#iOR#j	
	异或	#iXOR#j	
从 BCD 转为 BIN		#i＝BIN[#j]	用于与 PMC 的信号交换
从 BIN 转为 BCD		#i＝BCD[#j]	

宏程序计算说明如下：

(1) 函数 SIN、COS 中的角度单位是度"°"、分"′"和秒"″"，要换算成带小数点的度。例如，90°30′表示为 90.5°，20°18′表示为 20.3°。

(2) 宏程序数学运算的次序依次为函数运算(SIN、COS、ATAN 等)、乘和除运算(* 、/、AND 等)、加减运算(＋、－、OR、XOR 等)。

例如，"#1＝#2＋#3 * SIN[#4]"运算次序为

① 函数 SIN[#4]。

② 乘和除运算#3 * SIN[#4]。

③ 加减运算#2＋#3×SIN[#4]。

(3) 函数中的括号。"[]"用于改变运算次序，最里层的"[]"优先运算。函数中的括号允许嵌套使用，但最多只允许嵌套 5 级。当超出 5 级时，出现错误 P/S 报警 No. 118。

3. 转移与循环指令

在程序中，可以使用控制指令来改变程序的流向。系统提供的控制指令有 3 种转移和循环操作。

(1) 无条件转移指令(GOTO 语句)　编程格式：

GOTO n；

说明：当执行该程序时，无条件转移到 Nn 程序段执行，n 为程序段顺序号(1～9 999)。例如，"GOTO 90；"即程序转移至 N90 段执行。

(2) 条件转移指令(IF 语句)　编程格式：

IF[条件表达式]GOTO n；

说明：当执行该程序对，如果条件成立，则转移到 Nn 程序段执行。如果条件不成立，则执行下一句程序。例如，"IF[#1GT#10] GOTO 100；"如果#1 大于#10 条件成立，则转移到 N100 程序段执行。若条件不成立，则执行下一段程序。

(3) 循环指令(WHILE 语句)　编程格式：

WHILE[条件表达式]DO m；(m＝1、2、3、…)

…

END m

说明：当执行该程序时，如果条件成立，就循环执行 WHILE 与 END 之间的程序段 m。当条件不成立时，就执行 END m 的下一段程序。WHILE 与 END 指令成对使用，两者之间的若干程序段为循环体内容。

注:条件式的种类如下:

＃j EQ ＃k 表示＃j＝＃k

＃j NE ＃k 表示＃j≠＃k

＃j GT ＃k 表示＃j＞＃k

＃j GE ＃k 表示＃j≥＃k

＃j LT ＃k 表示＃j＜＃k

＃j LE ＃k 表示＃j≤＃k

4. 用户宏程序调用指令

(1) 宏程序非模态调用(G65)　当指定 G65 时,调用以地址 P 指定的用户宏程序,数据(自变量)能传递到用户宏程序中,指令格式如下:

G65 P⟨p⟩ L⟨l⟩⟨自变量赋值⟩;

式中,⟨p⟩为要调用的程序号;

⟨l⟩为重复次数(默认值为 1);⟨自变量赋值⟩为传递到宏程序的数据。

例如:

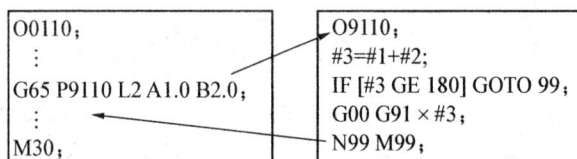

说明:

① 在 G65 之后,用地址 P 指定用户宏程序的程序号。

② 任何自变量前必须指定 G65。

③ 当要求重复时,在地址 L 后指定重复次数(1～9 999)。省略 L 值时,系统默认 L 值等于 1。

④ 使用自变量指定(赋值),其值被赋值给宏程序中相应的局部变量。

⑤ 自变量赋值Ⅰ、Ⅱ的混合使用,CNC 内部自动识别自变量赋值Ⅰ和Ⅱ。如果自变量赋值Ⅰ和Ⅱ混合赋值,较后赋值的自变量类型有效。

例 4—14

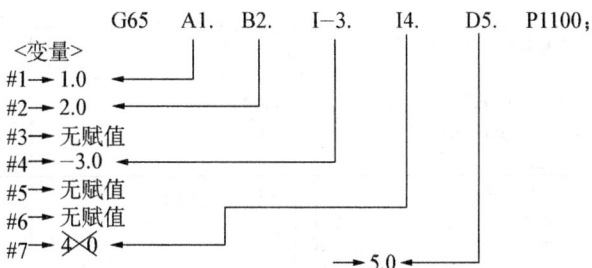

J4. 和 D5. 都给变量＃7 赋值,但后者 D5. 有效。

⑥ 小数点的问题。没有小数点的自变量数据的单位为各地址的最小设定单位。传递的没有小数点的自变量的值将根据机床实际的系统配置而定。因此,建议在宏程序调用中

一律使用小数点,既可避免无谓的差错,也可使程序对机床及系统的兼容性好。

⑦ 调用嵌套调用可以 4 级嵌套,包括非模态调用(G65)和模态调用(G66),但不包括子程序调用(M98)。

⑧ 局部变量的级别。局部变量嵌套从 0~4 级,主程序是 0 级。用 G65 或 G66 调用宏程序,每调用一次(2、3、4 级),局部变量级别加 1,而前一级的局部变量值保存在 CNC 中,即每级局部变量(1、2、3 级)被保存,下一级的局部变量(2、3、4 级)被准备,可以进行自变量赋值。

当宏程序中执行 M99 时,控制返回到调用的程序,此时,局部变量级别减 1,并恢复宏程序调用时保存的局部变量值,即上一级被存储的局部变量被恢复,如同它被存储一样,而下一级的局部变量被清除。例如:

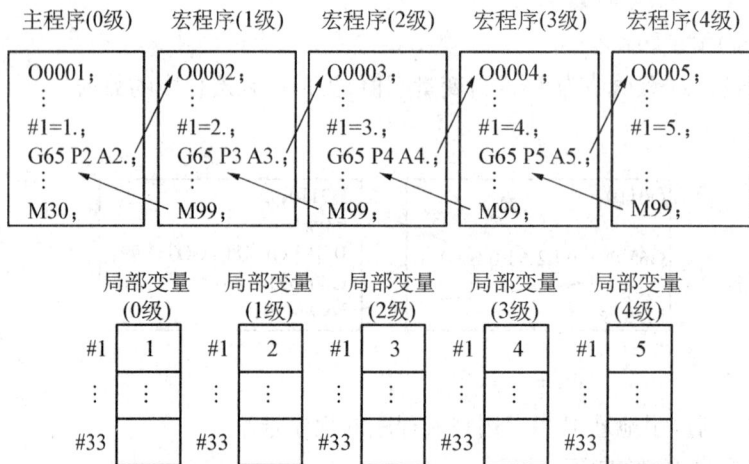

主程序(0级)	宏程序(1级)	宏程序(2级)	宏程序(3级)	宏程序(4级)
O0001; ⋮ #1=1.; G65 P2 A2.; ⋮ M30;	O0002; ⋮ #1=2.; G65 P3 A3.; ⋮ M99;	O0003; ⋮ #1=3.; G65 P4 A4.; ⋮ M99;	O0004; ⋮ #1=4.; G65 P5 A5.; ⋮ M99;	O0005; ⋮ #1=5.; ⋮ M99;

局部变量 (0级)		局部变量 (1级)		局部变量 (2级)		局部变量 (3级)		局部变量 (4级)	
#1	1	#1	2	#1	3	#1	4	#1	5
⋮	⋮	⋮	⋮	⋮	⋮	⋮	⋮	⋮	⋮
#33		#33		#33		#33		#33	

(2) 宏程序模态调用与取消(G66、G67) 当指定 G66 时,则指定宏程序模态调用。即指定沿移动轴移动的程序段后调用宏程序,G67 取消宏程序模态调用。指令格式与非模态调用(G65)相似。编程格式:

G66 P⟨p⟩ L⟨l⟩⟨自变量赋值⟩;

式中,⟨p⟩为要调用的程序号;⟨l⟩为重复次数(默认值为 1);⟨自变量赋值⟩为传递到宏程序的数据。例如:

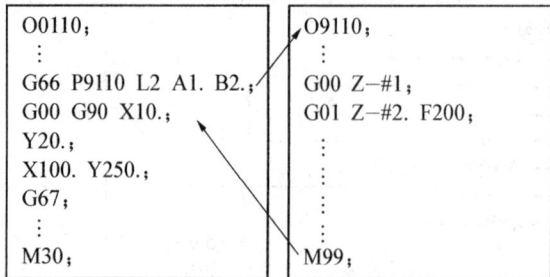

O0110; ⋮ G66 P9110 L2 A1. B2.; G00 G90 X10.; Y20.; X100. Y250.; G67; ⋮ M30;	O9110; ⋮ G00 Z−#1; G01 Z−#2. F200; ⋮ ⋮ M99;

说明:

① 在 G66 之后,用地址 P 指定用户宏程序的程序号。

② 任何自变量前必须指定 G66。

③ 当要求重复时,在地址 L 后指定重复次数(1～9 999)。省略 L 值时,系统默认 L 值等于 1。

④ 与非模态调用(G65)相同,使用自变量指定(赋值),其值被赋值给宏程序中相应的局部变量。

⑤ 指定 G67 时,取消 G66。即其后面的程序段不再执行宏程序模态调用。G66 和 G67 应该成对使用。

⑥ 可以调用 4 级嵌套,包括非模态调用(G65)和模态调用(G66)。但不包括子程序调用(M98)。

⑦ 在模态调用期间,指定另一个 G66 代码,可以嵌套模态调用。

⑧ 限制。第一,在 G66 程序段中,不能调用多个宏程序。第二,在只有诸如辅助功能(M 代码),但无移动指令的程序段中不能调用宏程序。第三,局部变量(自变量)只能在 G66 程序段中指定。注意,每次执行模态调用时,不再设定局部变量。

4.2.2　数控车床宏指令编程

1. 椭圆曲线轮廓轴的加工

例4-15　试编制如图 4-74 所示零件的加工程序。已知材料为 45 钢,毛坯为 ϕ32 mm×72 mm 的棒料。

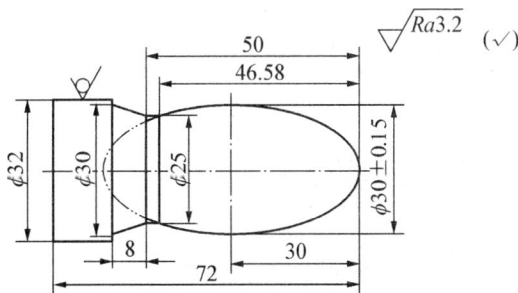

图4-74　椭圆曲线轮廓轴

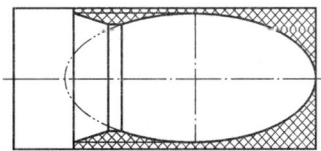

图4-75　粗、精加工余量示意

(1) 分析加工内容有端面、锥面和外圆等。采用三爪自定心卡盘进行装夹,椭圆中心的右边加工余量较大,需要先粗加工至 ϕ30 mm 去除余量,采用 95°外圆车刀;椭圆中心左侧部分余量不大,可一次加工完成。精加工采用 93°外圆车刀,副偏角大于 15°。

如图 4-75 所示,采用 G73 粗车循环指令,用二次曲线拟合的方式描述。设动点 $P(x, z)$,自变量为 z 坐标,如图 4-76 所示。精加工再沿全部曲线 $\dfrac{z^2}{a^2}+\dfrac{x^2}{b^2}=1$ 轮廓加工一遍。根据椭圆方程得到:

$$x=\pm\frac{b}{a}\times\sqrt{a\times a-z\times z}。$$

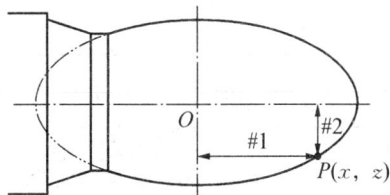

图4-76　动点 P 的坐标

已知,椭圆长半轴 $a=30$ mm,短半轴 $b=15$ mm。注意,采用直径编程,动点 P 的 x 坐标为 $2\times\#2$。

（2）加工程序　见表 4 – 29。

表 4 – 29　加工程序

O111；	主程序名
N10	G40 G99 G97；	初始化
N20	T0101；	选 01 号刀，采用 01 号刀偏
N30	M03 S1000；	主轴正转，转速 1 000 r/min
N40	G00 X50.0 Z50.0；	快速点定位
N50	G42 X35.0 Z32.0；	加刀具半径补偿，并移至循环起始点
N60	G73 U20. W0 R10；	粗车循环次数 10，X 向总退刀量 20 mm
N70	G73 P100 Q200 U1.0 W0.5 F0.2；	精加工余量 0.5
N100	G00 X0；	N100～N200 为精加工轮廓描述
	G01 Z30.0 F0.1；	G01 移动至椭圆顶点
	♯1＝30.0；	自变量♯1 赋初始值
	WHILE［♯1GE－16.6］D01；	如果♯1≥0，2 循环 1 继续，16.58 取 16.6
	♯2＝15/30＊SQRT［30＊30－♯1＊♯1］；	算得动点♯2
	G01 X［2＊♯2］Z♯1；	直线插补拟合椭圆曲线
	♯1＝♯1－0.2；	♯1 赋值更新
	END1；	循环体 1 结束
	G01 X25. Z－16.6；	
	Z－20.；	车柱面至 Z－20.0
	G01 X30. Z－28.；	车削锥面
N200	X35.；	
N210	G40 G00 X100. Z150.；	快速退刀至换刀点
N220	T0202；	
N230	M08G00 G42 X35. Z32.0；	定位至循环其始点
N240	G70 P100 Q200；	轮廓精加工
N250	G00 X100. Z150. M09；	退刀
N260	G40M05；	
N270	M02；	

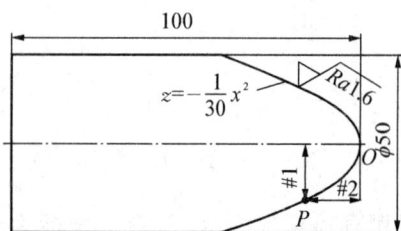

图 4 – 77　抛物线曲线轮廓轴零件

2. 其他非圆曲线轮廓轴的加工

例 4 – 16　根据如图 4 – 77 所示零件图，加工抛物线曲线轮廓轴。工件材料为 45 钢，毛坯尺寸为 φ50 mm×100 mm 的棒料。

（1）分析加工内容　由于抛物线轮廓曲面有表面粗糙度 Ra 1.6 μm 的技术要求，故采取粗车、精车两道工序完成。动点 $P(x, z)$，自变量设为 x，动点坐标函数关系为 $z = -\dfrac{1}{30}x^2$。

（2）加工程序　见表 4-30。

表 4-30　加工程序

O222；		主程序名
N10	G40 G99 G97 G21；	初始化
N20	T0101；	选 01 号刀,采用 01 号刀偏
N30	M03 S1000；	主轴正转,转速 1 000 r/min
N40	G42 X55.0 Z5.0；	加刀具半径补偿,并移至循环起点
N50	G71 U1.0 R0.5；	粗车循环,背吃刀量 1,退刀量 0.5
N60	G71 P100 Q200 U0.5 W0.2 F0.2；	循环体 N100～N200
N100	G00 X0；	快速进刀至 X0
	G01 Z0 F0.2；	G01 移动至抛物线顶点
	#1=0；	自变量 #1 赋初始值
	WHILE［#1LE25］DO1；	如果 #1≤25,循环 1 继续
	#2=-1/30*［#1*#1］；	算得函数 Z(#2)的值
	G01 X［2*#1］Z#2；	直线插补拟合抛物线
	#1=#1+0.5；	#1 赋值更新
	END1；	循环体 1 结束
N200	X55.0；	退刀
N210	G40 G00 X100.0 Z100.0；	取消刀补,回到换刀点
N220	T0202；	选 02 号刀,采用 02 号刀偏
N230	G42 X55.0 Z5.0；	加刀具半径补偿,并移至循环起点
N240	G70 P100 Q200；	精加工循环体 N100～N200
N250	G40 G00 X100.0 Z100.0；	取消刀补快速退刀
N260	M05；	
N270	M02；	

4.2.3　数控铣床及加工中心宏指令编程

1. 圆柱孔的轮廓加工（螺旋铣削）

例 4-17　零件如图 4-78 所示,铣削 $\phi30$ mm 圆孔,其深度为 20 mm。设圆心为 G54 原点,顶面为 Z0 面,加工过程全部采用顺铣方式。

（1）分析加工内容　为增强程序的适应性,主要研究不通孔加工,即需准确控制加工深度。若要加工通孔,则只需把加工深度设置得比通孔深度略大即可。如果要逆铣,只需把程

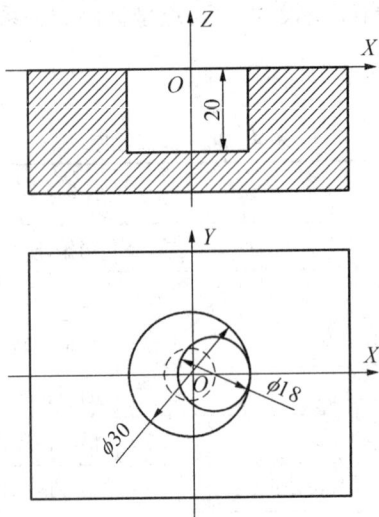

图 4-78 螺旋铣削零件

序中的"G03"改为"G02"即可,其余部分可完全不变。

(2)加工程序 见表 4-31。

表 4-31 加工程序

O333;	主程序名
N10	#1＝30.;	圆孔直径 Diameter
N20	#2＝20.;	圆孔深度 Depth
N30	#3＝18.;	(平底立铣刀)刀具直径
N40	#4＝0.;	Z 坐标(绝对值)设为自变量,赋初始值为 0
N50	#15＝1.;	Z 坐标(绝对值)每次递增量(每层切深即层间距 q)
N60	#5＝[#1－#3]/2;	螺旋加工时刀具中心的回转半径
N70	S1000 M03;	主轴正转
N80	G54 G90 G00 X0 Y0 Z30.;	程序开始,定位于 G54 原点上方安全高度
N90	G00 X#5;	G00 移动到起始点上方
N100	Z[#4＋1.];	G00 下降至 Z－#4 面以上 1.处(即 Z1.处)
N110	G01 Z－#4 F200;	Z 方向 G01 下降至当前开始加工深度(Z－#4)
N120	WHILE[#4LT#2]DO1;	如果加工深度#4＜圆孔深度#2,循环 1 继续
N130	#4＝#4＋#15;	Z 坐标(绝对值)依次递增#15(即层间距 q)
N140	G03 I－#5 Z－#4 F300;	G03 逆时针螺旋加工至下一层
N200	END1;	循环 1 结束
N210	G03 I－#5;	到达圆孔深度(此时#4＝#2)逆时针走一整圆

续　表

	O333；	主程序名
N220	G01 X［♯5－1.］；	G01 向中心回退 1.
N230	G00 Z30.；	G00 快速提刀至安全高度
N240	M05；	主轴停
N250	M30；	程序结束

注意：加工不通孔时，应对♯15 的赋值有所要求，即♯2 必须能被♯15 整除，否则孔底会有余量，或加工深度将超标。

2. 多个圆孔(或台阶圆孔)的轮廓加工(螺旋铣削)

例 4—18　在上述圆孔螺旋铣削加工的基础上进一步深化应用，并强调运用宏指令(宏程序调用的指令)，以及在主程序中对调用的宏程序进行相关的自变量赋值。如图 4—79 所示，试加工两组台阶孔。设 O 为 G54 原点，顶面为 ZO 面，加工过程全部采用顺铣。

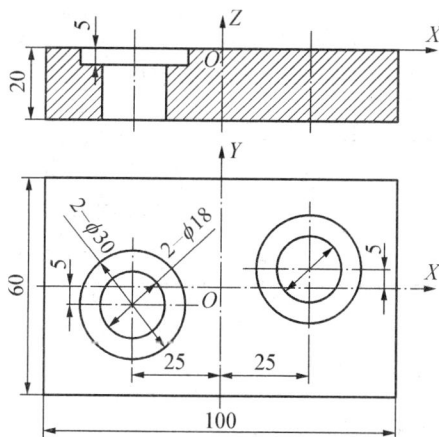

图 4—79　螺旋铣削

见表 4—32。

表 4—32　加工程序

	O0402；	主程序名
N10	G54 G90G00 X0 Y0 Z50.；	程序开始，定位于原点安全高度
N20	S1000 M03；	
N30	G52 X－25. Y－5.；	在 1 处建立局部坐标系
N40	G65 P1402 A18. B24. C12. I0 Q1. F300；	调用宏程序，在 1 处的 ϕ18 通孔加工
N50	G65 P1402 A30. B5. C12. I0 Q1. F300；	调用宏程序，在 1 处的 ϕ30 沉孔加工
N60	G52 X25. Y5.；	在 2 处建立局部坐标系
N70	G65 P1402 A28. B24 C12. I0 Q1. F300；	调用宏程序，在 2 处的 ϕ18 通孔加工

O0402；	主程序名
N80	G65 P1402 A30. B5. C12. I0 Q1. F300；	调用宏程序，在 2 处的 ϕ30 沉孔加工
N90	G52 X0 Y0；	取消局部坐标系
N100	M30；	程序结束

O1402；	子程序名
N10	#5＝[#1－#3]/2；	螺旋加工时刀具中心的回转半径
N20	G00 X#5；	G00 移动到起始点上方
N30	Z[－#4＋1.]；	G00 下降至 Z－#4 面以上 1 mm 处
N40	G01 Z－#4 F[#9＊0.2]；	Z 方向 G01 下降至当前开始加工深度（Z－#4）
N50	WHILE [#4LT#2] DO1；	如果加工深度#4＜圆孔深度#2，循环 1 继续
N60	#4＝#4＋#17；	Z 坐标（绝对值）依次递增#17
N70	G03 I－#5 Z－#4 F#9；	G03 逆时针螺旋加工至下一层
N80	END1；	循环 1 结束
N90	G03 I－#5；	到达圆孔深度（此时#4＝#2）逆时针走一整圆
N100	G01 X[#5－1.]；	G01 向中心回退 1. mm
N110	G00 Z30.；	G00 快速提刀至安全高度
N120	M99；	宏程序结束返回

赋值说明：

(1) #1＝(A)；　圆孔直径，

(2) #2＝(B)；　圆孔深度。

(3) #3＝(C)；　（平底立铣刀）刀具直径。

(4) #4＝(I)；　Z 坐标（绝对值）设为自变量。

(5) #9＝(F)　进给速度。

(6) #17＝(Q)　Z 坐标（绝对值）每次递增量（层间距 Q）。

注意：

① 如果需要精确控制圆孔直径尺寸，在合理选用和确定其他加工参数后，只需调整#1 即 A 的值即可。

② 如果需要精确控制圆孔深度尺寸，在合理选用和确定其他加工参数后，只需调整#2 即 B 的值即可。

3. 孔口倒圆角

例 4-19　如图 4-80 所示，要对工件 ϕ40 mm 孔口倒圆角 R5 mm，工件材质为 45 钢，选择 ϕ12 mm 的平底铣刀。试编写其加工程序。

(1) 分析加工内容　如图 4-81 所示，刀具沿圆角轮廓 R5 mm，绕轴线回转加工，从 Z0 直至 Z－5。

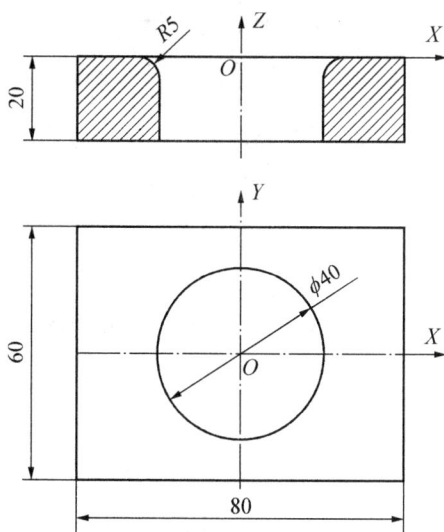

图 4-80 孔口倒圆角

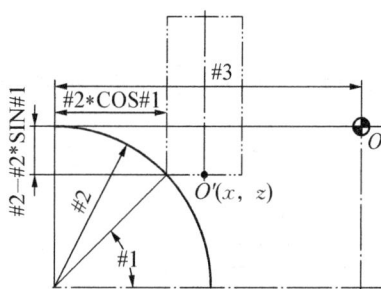

图 4-81 孔口倒圆角加工思路

（2）加工程序 见表 4-33。

表 4-33 加工程序

O0403；	主程序名
N10	G54 G90 G00 X0 Y0 Z30.；	程序开始,定位于安全高度
N20	S1000 M03；	
N30	#1＝90.；	刀具切削点加工起始角（90°→0°）
N40	#2＝5.；	倒圆角半径 $R5$
N50	#3＝25.；	圆角轮廓起始点回转半径（孔半径＋圆角半径）
N60	#4＝2.；	切削点角度增量
N70	#5＝－[#3－[#2]＊COS#1－6.]；	刀具中心点 O' 的 X 坐标值
N80	#6＝－[#2－[#2]＊SIN#1]；	刀具中心点 O' 的 Z 坐标值
N90	G00 Z1.；	垂直下刀至 Z1
N100	G01 X#5 Y0 F200；	刀具中心至起始点上方
N110	Z#6；	下刀至起始点 Z0
N120	G03 I#5 J0；	逆时针整圆铣削
N130	#1＝#1－#4；	角度赋值更新
N140	G01 X#5；	刀具至 X 新起始点
N150	Z#6；	刀具至 Z 新起始点
N160	IF[#1GE0]GOTO 120；	条件判断（若#1≥0,转至 N120 段执行）
N170	G01 X0 Y0；	刀具至孔中心

O0403；	主程序名
N180	G00 Z30.；	→抬刀至安全高度
N190	M05；	
N200	M30；	

4. 圆柱体倒角

例4-20　如图4-82所示，要对工件 $\phi60$ mm 的柱体倒角 $6\times60°$，工件材质为45钢，选择 $\phi12$ mm 平底铣刀。

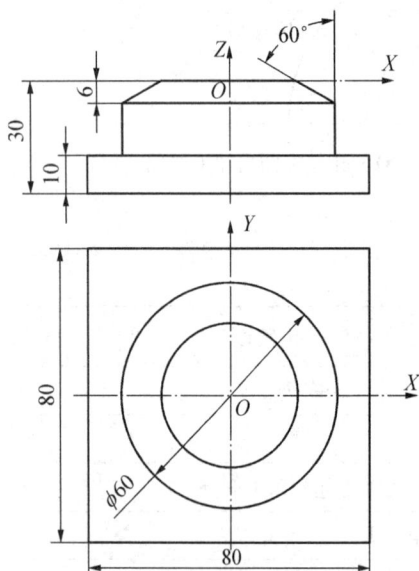

图4-82　柱体倒角

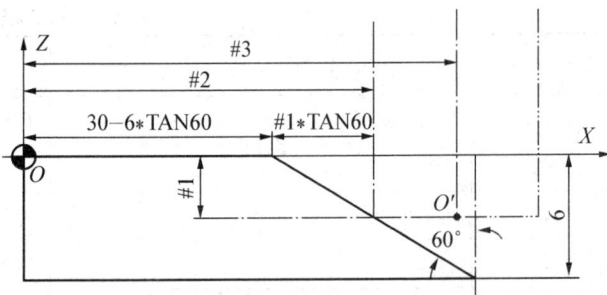

图4-83　柱体倒角加工思路

（1）分析加工内容　如图4-83所示，刀具沿倒角轮廓斜线自上而下，绕轴线回转加工，从 Z0 直至 Z-6。

（2）加工程序　见表4-34。

表4-34　加工程序

O0404；	主程序名
N10	G54 G90 G00 X0 Y0 Z30.；	程序开始，定位于安全高度
N20	S1000 M03；	
N30	#1=0；	刀具切削点 Z 坐标初始值（0→-6）
N40	#2=30-6 * TAN60+#1 * TAN60；	刀具切削点 X 坐标
N50	#3=#2+6.；	刀具中心点 O' 的 X 坐标值
N60	#4=0.2；	切削点切深增量

O0404；		主程序名
N70	G01 X♯3 Y0 F200；	刀具中心至起始点上方
N80	Z−［♯1+0.2］；	下刀至起始点上 Z0.2 处
N90	G03 I−♯3 J0；	逆时针整圆铣削
N100	♯1=♯1−♯4；	切深赋值更新
N110	G01 X♯3；	刀具至 X 新起始点
N120	Z−♯1；	刀具至 Z 新起始点
N130	IF［♯1GE−6］GOTO 90；	条件判断(若♯1≥−6,转至 N90 段执行)
N140	G00 Z30.；	抬刀至安全高度
N150	M05；	
N160	M30；	

5. 螺纹铣削加工

传统的螺纹加工方法主要是采用螺纹车刀车削螺纹或采用丝锥、板牙手工攻、套螺纹。螺纹铣削加工与传统螺纹加工方式相比,在加工精度、加工效率方面有极大的优势,且加工时不受螺纹结构和螺纹旋向的限制。例如,一把螺纹铣刀可以加工多种导程和不同旋向的内、外螺纹。

此外,螺纹铣刀的寿命是丝锥的十几倍甚至数十倍,而且在数控铣削螺纹的过程中,对螺纹直径尺寸的调整非常方便。鉴于螺纹铣削加工的诸多优点,目前发达国家的大批量螺纹生产已经广泛地采用了铣削加工工艺。

一般而言,机夹式螺纹铣刀的刀片从齿形上又可细分为两种:一种是单齿刀片,配用的刀杆通常为单刃结构,即在刀杆的单边装 1 个刀片,与车床上使用的螺纹车刀及镗刀非常相似;另一种是梳状多齿刀片,其配用的刀杆既有单刃结构,即在刀杆的单边装 1 个刀片,又有双刃结构,即在刀杆的两边对称安装 2 个刀片。

例 4 − 21　如图 4 - 84 所示,使用机夹式单刃(单齿)螺纹铣刀,配备单刀片,刃数 $Z=$ 1,加工右旋螺纹。为确保铣削方式为顺铣(推荐),主轴正转(M03),Z 轴走刀为自下而上逆

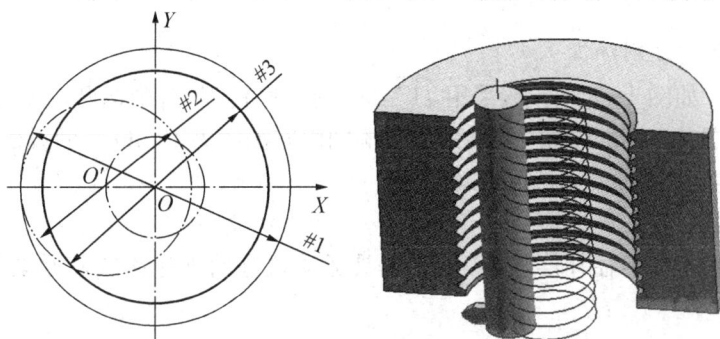

图 4 − 84　单齿刀片螺纹铣削加工

时针螺旋插补进给,ZO 为螺纹顶面,刀轴中心点为刀位控制点。已知加工螺纹 $M40 \times 2.5$,由 $D1 = 1.3P = 36.75$,选取铣刀直径为 $\#2 = 28 \, mm$。加工程序见表 4 - 35。

表 4 - 35　加工程序

O0405;		主程序名
N10	$\#1 = 40.$;	螺纹公称直径 D_0
N20	$\#2 = 19.$;	螺纹铣刀半径(刀尖点到刀轴轴线距离)
N30	$\#3 = \#1 - 1.1 * \#2$;	螺纹底孔直径 D_1,(式中系数 1.1 为经验值,与被加工材料等因素有关)
N40	$\#4 = 2.5$;	螺纹螺距 P
N50	$\#5 = 36.$;	螺纹深度 H(绝对值)
N60	$\#6 = ROUND[1000 * 150 / [\#2 * 3.14]]$;	主轴转速 n,(此处取 $V_C = 150 \, m/min$),并取整
N70	$\#7 = 0.1 * 1 * \#6$;	铣刀刀尖处进给量 F_1,由铣刀刃数($Z = 1$)与每刃进给量($F_Z = 0.1 \, mm/z$)计算
N80	$\#8 = ROUND[\#7 * [\#1 - \#2] / \#1]$;	由 F_1 计算出铣刀轴心点 O' 的进给速度 F_2
N90	$\#9 = [\#1 - \#2] / 2$;	铣刀中心的回转半径,即 OO' 长度
N100	G54 G90 G00 X0 Y0 Z30.;	定位与 G54 原点上方安全高度
N110	M03 S$\#6$;	主轴正转,转速 $\#6$
N120	Z[$- \#5 - \#4$];	快速降至孔底部(需要多降一个螺距 $\#4$)
N130	G01 X$- \#9$ F$\#8$;	刀具沿 $O \rightarrow O'$ 径向移动
N140	$\#10 = - \#5 - \#4$;	设 Z 坐标为自变量,初始值 $= - \#5 - \#4$
N150	WHILE[$\#10$LE$\#4$]DO1;	如果 $\#10 \leqslant \#4$,循环 1 继续
N160	G03 I$\#9$ Z$\#10$;	铣刀螺旋线插补一圈
N170	$\#10 = \#10 + \#4$;	刀具 Z 坐标更新赋值
N180	END1;	循环 1 结束
N190	G00 Z30.;	抬刀至安全高度
N200	M30;	程序结束

6. 椭圆内轮廓铣削加工

例 4 - 22　如图 4 - 85 所示,采用 $\phi16 \, mm$ 的平底铣刀,铣削椭圆内轮廓,椭圆长半轴为 40 mm,短半轴为 30 mm,椭圆旋转角 20°,椭圆内腔深度为 15 mm。假设椭圆内轮廓是中空的,椭圆中心为 G54 原点,顶面为 ZO 面。

(1)分析加工内容

① 必须使用刀具半径补偿功能,以使刀具运动轨迹的外包络线就是要加工的椭圆内轮廓。

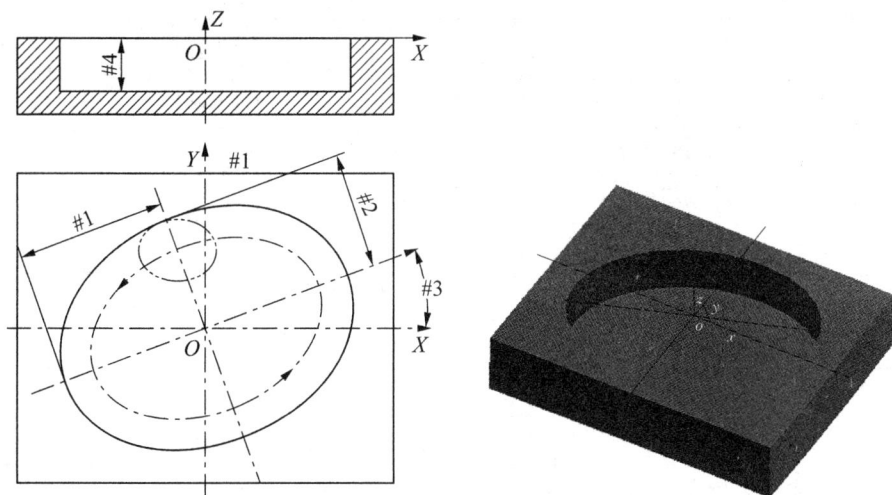

图 4-85　铣削椭圆内轮廓

② 一般情况下椭圆内轮廓之中多数是中空的。否则,可以在椭圆中心预先铣出圆孔(半径略小与椭圆的短半轴),以利于加工椭圆时在中心垂直下刀。在中心垂直下刀可以使刀具在进入和退出椭圆轮廓时不产生明显的接刀痕,表面加工质量相对容易保证。

③ 根据相关数学知识,椭圆的参数方程为 $X = a\cos\theta$, $Y = b\sin\theta$。

(2)加工程序　见表 4-36。

表 4-36　加工程序

	O0405;	主程序名
N10	G54 G90 G40 G00 X0 Y0 Z30.;	程序开始,定位于 G54 原点上方安全高度
N20	S1000 M03;	
N30	#1＝40.;	椭圆长半轴长
N40	#2＝30.;	椭圆短半轴长
N50	#3＝20.;	椭圆旋转角(长半轴轴线与 X 轴正方向夹角)
N60	#4＝15.;	椭圆内腔深度
N70	#5＝90.;	椭圆切削点角度,赋初值90°
N80	#10＝5.;	椭圆内腔当前切削深度,设首次为5
N90	#11＝2.;	椭圆切削点角度增量
N100	G68 X0 Y0 R#3;	坐标原点为中心进行坐标系旋转角度
N110	G00 Z2.;	G00 下刀至 Z2 处
N120	WHILE [#10LE#4] DO1;	如果#10≤#4,循环1继续
N130	G01 Z-#10;	G01 下刀至首次切削深度
N140	G41 D01 G01 X#1 Y0 F300;	加刀具半径左补偿,G01 至椭圆内轮廓切削起点

O0405；	主程序名
N150	WHILE［＃5LE460］DO2；	如果角度＃5≤（90＋360＋10），循环 2 继续
N160	＃5＝＃5＋＃11；	椭圆切削点角度增量
N170	＃7＝＃1＊COS［＃5］；	椭圆下一点的 x 坐标
N180	＃8＝＃2＊SIN［＃5］；	椭圆下一点的 y 坐标
N190	G01 X＃7 Y＃8 F500；	逆时针切削至椭圆下一点
N200	END 2；	循环 2 结束
N210	G00 Z30.；	G00 快速提刀至安全高度
N220	G40 X0 Y0；	取消刀具半径补偿,回到原点
N230	＃10＝＃10＋5.；	切削深度变量重新赋值
N240	＃5＝90.；	椭圆切削点角度初始化
N250	END 1；	循环 1 结束
N260	G69；	取消坐标系旋转
N270	M30；	

7. 球头铣刀加工四棱台斜面

例 4‑23　如图 4‑86 所示,矩形工件对称中心设为 G54 原点,顶面为 ZO。若假设 ＃1＝100 mm,＃2＝60 mm,斜面与垂直面夹角 ＃3＝＃4＝57°,＃5＝15 mm,使用 $R8$ mm 的球头铣刀加工周边外斜面,试编写加工程序。

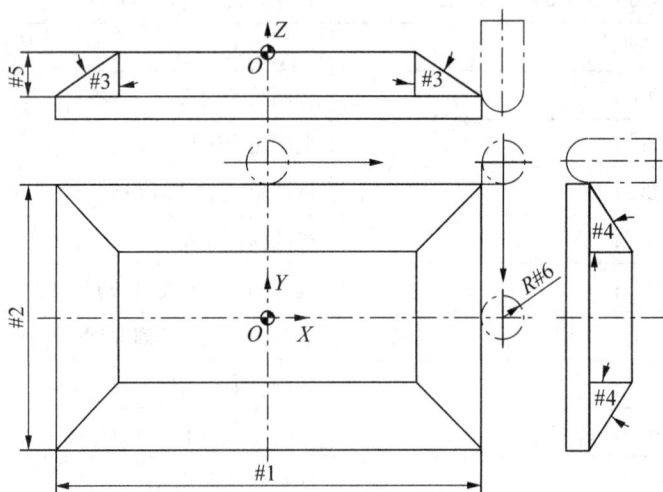

图 4‑86　加工周边外斜面

（1）分析加工内容　以顺时针方式单向走刀,由斜面自下而上逐层爬升,球头铣刀加工斜面时相关的数学推导见表 4‑37。

表 4-37　斜面自下而上逐层爬升数学推导

	已知	球头铣刀半径 r 斜面与垂直面夹角 α 斜面高度 h
	求解	初始刀位点 A 的 Z 坐标值 Z_A（球头铣刀刀尖）首尾间刀心需在 Z 向上移动的距离 KM（绝对值）

$\triangle ACF$ 中，$AF = AC/\cos\alpha = r/\cos\alpha$，$BF = AF - AB = r(1-\cos\alpha)/\cos\alpha$；

$\triangle BFH$ 中，$BH = BF/\tan\alpha = r(1-\cos\alpha)/\sin\alpha$。因为，$BH = CH$，$ME = h - r(1-\cos\alpha)/\sin\alpha$。所以，

$MK = KE + ME = r \cdot \sin\alpha - r(1-\cos\alpha)/\sin\alpha + r$。

（2）加工程序　见表 4-38。

表 4-38　加工程序

	O0406；	主程序名
N10	G54 G90 G40 G00 X0 Y0 Z30.；	定位于 G54 上方安全高度
N20	S1000 M03；	
N30	$\#1=100.$；	X 向大端尺寸
N40	$\#2=60.$；	Y 向大端尺寸
N50	$\#3=57.$；	斜面与垂直面夹角
N60	$\#5=15.$；	斜面高度
N70	$\#6=8.$；	球头铣刀刀具半径
N80	$\#7=0$；	切深自变量，赋初始值为 0
N90	$\#17=0.5$；	切深自变量每层增量 dZ
N100	$\#8=\#1/2+\#6$；	刀位点到原点距离（X）
N110	$\#9=\#2/2+\#6$；	刀位点到原点距离（Y）
N120	$\#21=\#6[1-\text{COS}[\#3]]/\text{SIN}[\#3]-\#5-\#6$；	刀尖初始点坐标 Z_A
N130	$\#22=\#5-\#6[1-\text{COS}[\#3]]/\text{SIN}[\#3]+\#6\text{SIN}[\#3]$；	即表 8-1 中 KM 的长度
N140	Z5.；	G00 下刀至 Z5 处
N150	WHILE $[\#7\text{LE}\#22]$ DO1；	如果 $\#7\leqslant\#22$，循环 1 继续
N160	$\#25=\#8-\#7*\text{TAN}[\#3]$；	刀位点到原点距离 X 变量
N170	$\#26=\#9-\#7*\text{TAN}[\#3]$；	刀位点到原点距离 Y 变量

O0406；		主程序名
N180	G00 X#25 Y#26；	G00 刀位点到起始点上方
N190	G01 Z[#21+#7] F300；	G01 下刀至首次切削深度
N200	Y－#26；	G01 顺时针加工矩形
N210	X－#25；	
N220	Y#26；	
N230	X#25；	
N240	#7＝#7＋#17；	切深变量赋值，每次 0.5
N250	END 1；	循环 2 结束
N260	G00 Z30.；	抬刀至安全高度
N270	M30；	程序结束

8. 内球面粗加工(平底立铣刀)

例 4-24　内球面粗加工如图 4-87 所示。假设待加工的毛坯为一实心长方体 100 mm×60 mm×40 mm，其粗加工方式使用平底立铣刀，每次从中心垂直下刀，向 X 正方向加工一段距离，然后逆时针加工整圆，全部采用顺铣，加工完最外圈后提刀返回中心，再进给至下一层继续加工，直至到达预定深度，自上而下以等高方式逐层去除余量。试编写其加工程序。

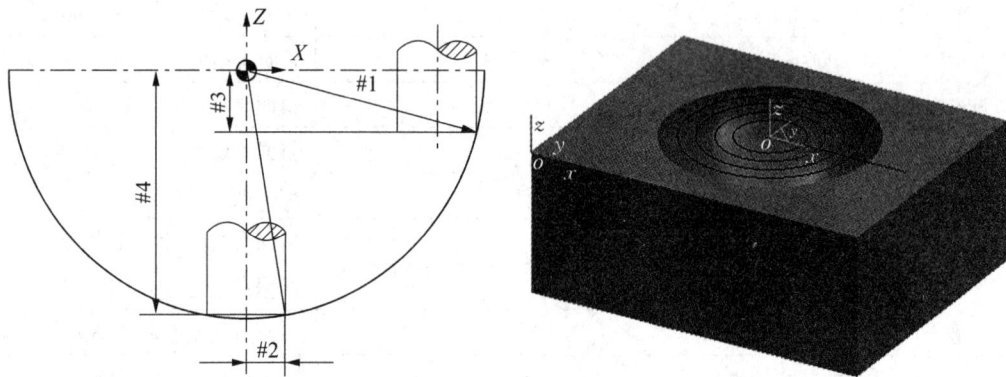

图 4-87　内球面粗加工

加工程序见表 4-39。

表 4-39　加工程序

O0407；		主程序名
N10	G54 G90 G00 X0 Y0 Z100；	快速定位在 G54 坐标系(0，0，100)处
N20	M03 S1000；	

O0407；	主程序名
N30	G65 P1406 X50. Y30. Z0. A30. B5. C0 I—29.58 Q1. ；	调用宏程序 O1406
N40	M30；	程序结束

O1406；	宏程序名
N10	G52 X#24 Y#25 Z#26；	在球心(50，30，0)处建立局部坐标系 G52
N20	G00 X0 Y0 Z30；	定位至球心上方安全高度
N30	#5＝1.6*#2；	行距设为刀具直径的 80%(经验值)
N40	#3＝#3—#17；	自变量#3,赋给第一刀深度值
N50	WHILE［#3GT#4］DO1；	如果#3＞#4,执行循环体 1
N60	Z［#3+3.］；	G00 下刀至#3 面以上 3 mm 处
N70	G01 Z#3 F150；	G01 下刀至当前加工深度 Z#3
N80	#7＝SQRT［#1*#1—#3*#3］—#2；	当前深度时刀具中心对应的 X 坐标最大值
N90	#8＝FIX［#7/#5］；	当前深度时刀具在内腔可走刀次数,上取整(无条件舍去小数部分)
N100	WHILE［#8GE0］DO2；	如果#8≥0,执行循环体 2
N110	#9＝#7—#8*#5；	每圈刀轨在 X 坐标上的目标值(绝对值)
N120	G01 X#9 F200；	G01 移动至轨迹起始点(#9,0,#3)
N130	G03 I—#9 F300；	逆圆插补(整圆)
N140	#8＝#8—1.；	#8 重新赋值,每次减 1
N150	END 2；	循环体 2 结束
N160	G00 Z3.；	G00 抬刀至 Z3.处
N170	X0 Y0；	X、Y 坐标快速回到 G52 坐标原点
N180	#3＝#3—#17；	切削深度#3 依次递减#17
N190	END 1；	循环体 1 结束
N200	G52 X0 Y0 Z0；	恢复 G54 坐标系原点
N210	M99；	宏程序结束返回

自变量赋值说明：

(1) #1＝(A)　(内)球面的圆弧半径。

(2) #2＝(B)　平底立铣刀半径。

(3) #3＝(C)　Z 坐标设为自变量,赋初始值为 0。

(4) #3＝(I)　刀具到球面底部时 Z 坐标,#4＝SQRT［#1*#1—#2*#2］。

(5) #17＝(Q)　Z 坐标方向每层切削深度即层间距,本题 Q＝1 mm。

（6）♯24＝（X） 球心在 G54 坐标系中的 X 坐标值。

（7）♯25＝（Y） 球心在 G54 坐标系中的 Y 坐标值。

（8）♯26＝（Z） 球心在 G54 坐标系中的 Z 坐标值。

注意：采用球心垂直下刀，均采用顺铣。如果特殊情况下要逆铣，只需把程序中的"G03"改为"G02"即可，其余部分基本不变。

9. 内球面精加工（球头铣刀）

例 4-25 如图 4-88 所示，（毛坯借用例 4-24 的加工结果）由于是内球面精加工，所以采用自上而下等角度圆弧进给 G02（G18 平面内），自变量 0°≤♯3＜90°，每层都是以 G03 方式走刀（G17 平面内）；同样，为便于描述和对比，每层加工时刀具的开始和结束位置重合，均指定在 ZX 平面内的＋X 方向上。为了描述方便，本题采用刀具球心对刀，即以刀具球心作为刀位控制点。试编写其加工程序。

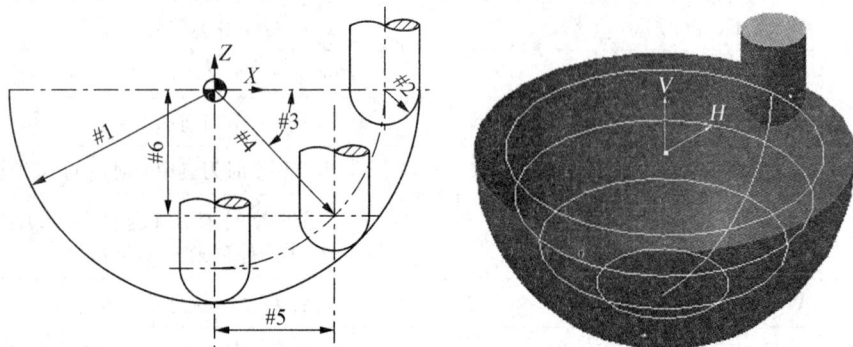

图 4-88 内球面精加工

加工程序见表 4-40。

表 4-40 加工程序

O0408；		主程序名
N10	G54 G90 G00 X0 Y0 Z100；	快速定位在 G54 坐标系(0，0，100)处
N20	M03 S1000；	
N30	G65 P1407 X50. Y40. Z0. A30. B5. C0 I－29.58 Q1.；	调用宏程序 01407
N40	M30；	程序结束
O1407；		宏程序名
N10	G52 X♯24 Y♯25 Z♯26；	在球面中心(50，30，0)处建立局部坐标系 G52
N20	G00 X0 Y0 Z30.；	定位至球面中心上方安全高度
N30	♯4＝♯1－♯2；	定义♯4 为刀具球心进给轨迹圆弧半径
N40	X♯4；	刀具球心 X 方向 G00 至起始点
N50	Z♯2；	刀具 Z 方向 G00 下降至起始点上方
N60	G01 Z0. F300；	刀具球心 Z 方向 G01 下刀至起始点

续　表

	O1407；	宏程序名
N70	WHILE［＃3LT90］DO1；	如果＃3＜90°，循环 1 继续
N80	＃5＝＃4＊COS［＃3］；	每层 G03 整圆插补刀具球心起始点 X 坐标值
N90	＃6＝－＃4＊SIN［＃3］；	每层 G03 整圆插补刀具球心起始点 Z 坐标值
N100	G18 G02 X＃5 Z＃6 R＃4 F300；	G18 平面 G02 圆弧进给至（＃5，0，＃6）
N110	G17 G03 I－＃5 F500；	G17 平面 G03 整圆插补
N120	＃3＝＃3＋＃17；	＃3 赋值更新
N130	END1；	循环体 1 结束
N140	G00 Z30.；	Z 向抬刀至安全高度
N150	G52 X0 Y0 Z0；	恢复 G54 坐标系原点
N160	M99；	宏程序结束返回

自变量赋值说明：

(1) ＃1＝(A)　(内)球面的圆弧半径。

(2) ＃2＝(B)　铣刀球头半径。

(3) ＃3＝(C)　刀具球心位置角度设为自变量，赋初始值为 0。

(4) ＃4＝(I)　刀具球心进给轨迹圆弧半径。

(5) ＃17＝(Q)　每次进给时角度增量值，本题取 $Q＝1$ mm。

(6) ＃24＝(X)　球面中心在 G54 坐标系中的 X 坐标值。

(7) ＃25＝(Y)　球面中心在 G54 坐标系中的 Y 坐标值。

(8) ＃26＝(Z)　球面中心在 G54 坐标系中的 Z 坐标值。

案　例

1. 手柄轴车削加工编程

完成图 4-89 所示零件的加工编程。已知棒料直径为 $\phi30$ mm，材料为 45 钢。

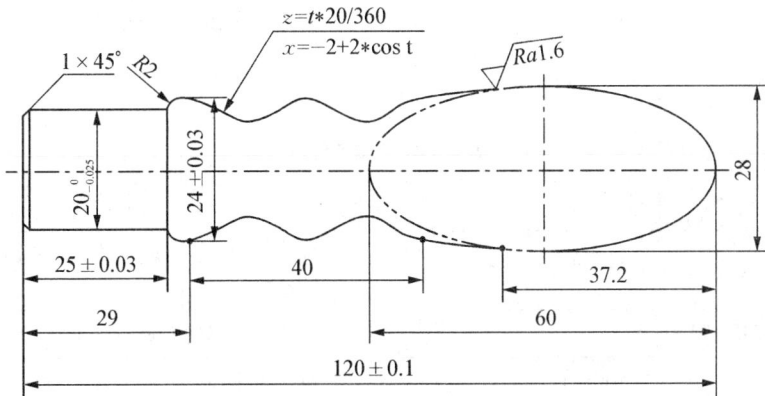

图 4-89　异形轴

(1) 零件图分析　该零件由圆柱面、台阶、锥面以及余弦曲线和椭圆曲线轮廓组成,有尺寸精度和表面粗糙度要求。余弦曲线参数方程只表示余弦曲线的形状,其位置由两个端点的坐标值确定。根据尺寸 40 mm 得知曲线是两个周期,参数 t 变化范围为 0~720°。

(2) 工艺分析

① 加工工艺方案。此零件分两端掉头车削,先加工左端阶梯轴尺寸 28 mm 部分,再掉头夹持 ϕ20 mm,加工手柄曲线轮廓部分(本例中,左端阶梯轴加工编程省略)。

② 加工刀具的确定。左端加工采用 T01 为 93°外圆车刀。右端为防止轮廓干涉,选择 T02 为菱形刀,主偏角为 90°,副偏角为 38°。T03 为切断刀。刀具如图 4 - 90 所示。

图 4 - 90　刀具

③ 加工路线。图 4 - 91 所示为采用 G73 复合循环指令及宏指令精加工轮廓轨迹。

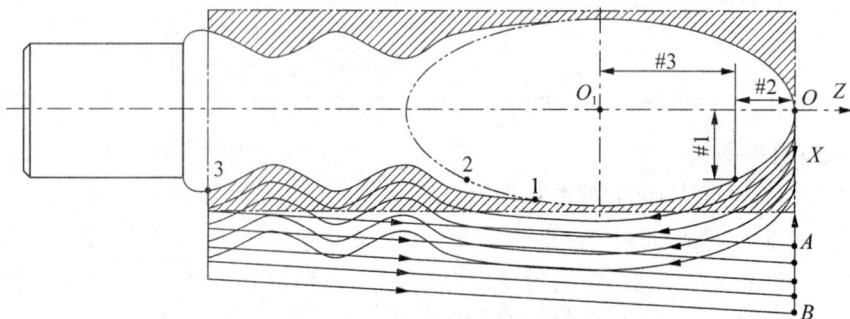

图 4 - 91　加工路线

(3) 确定加工坐标原点及基点坐标计算　根据零件图,可设置程序原点为工件中心的上表面。基点坐标为 $A(40,0)$、$B(60,0)$、$1(27.2,-37.2)$、$2(24,-51)$。

(4) 公式曲线函数

① 椭圆长半轴 $a=30$ mm,短半轴 $b=14$ mm,由椭圆方程 $\dfrac{X^2}{a^2}+\dfrac{Z^2}{b^2}=1$ 得:

$$X = \frac{30}{14}\sqrt{14^2 - Z_0^2}\,.$$

② 余弦函数公式如下:

$$Z = t\frac{20}{360},\quad X = -2 + 2\cos t,\quad X = -2 + 2\cos\left[\frac{360}{20}Z\right].$$

(5) 加工程序　见表 4 - 41。

表 4 - 41　加工程序

	O1001;	主程序名
N10	T0202 G98 G21 G97;	选 2 号刀、2 号偏置;每分进给;公制单位;恒转速
N20	M03 S900;	主轴正转,转速 900 r/min
N30	G00 X50. Z0 M08;	快速点定位

续 表

	O1001;	主程序名
N40	G01 X—1. F50;	平端面
N50	G00 G42 X40. Z2.;	快速退刀至 A 点
N60	G73 U20 W0 R10;	固定形状复合循环粗加工
N70	G73 P80 Q260 U0.5 W0.2 F100;	
N80	G00 X0;	N80～N260 精加工轮廓描述
N90	G01 Z0 F60;	
N100	#2=0;	循环体 1 加工椭圆轮廓,自变量 #2 赋初始值
N110	#3=30.—#2;	动点横坐标换算
N120	WHILE [#2GE—37.2] DO1;	如果 #2≥—37.2,循环 1 继续
N130	#1=30/14 * SQRT[14 * 14—#3 * #3];	动点纵坐标计算
N140	G01 X[2 * #2] Z#2;	直线插补拟合椭圆曲线
N150	#2=#2—0.2;	#2 赋值更新
N160	END1;	循环体 1 结束
N170	G01 X24. Z—51.;	1→2,加工锥面
N180	#4=0;	余弦函数自变量 t 设为变量 #4,赋初值
N190	WHILE [#4GE—720] DO2;	如果 #4≥—720,循环 2 继续
N200	#5=—51.+#4 * 20/360;	动点 Z 坐标计算
N210	#6=24.+2. * [—2.+2. * COS[#4]];	动点 X 坐标计算
N220	G01 X#6 Z#5;	直线插补拟合余弦曲线
N230	#4=#4—2.;	#1 赋值更新
N240	END2;	循环体 2 结束
N250	G01 Z—93.;	
N260	X30.;	
N270	G70 P80 Q260;	精加工循环
N280	G00 G40 X100. Z100. M09;	
N290	M05;	
N300	M02;	

2. 凸模零件铣削加工编程

试完成图 4-92 所示凸模零件的加工编程。已知毛坯为 150 mm×100 mm×40 mm 的板料,材料为 45 钢。

(1) 零件图分析 该零件由圆球面、抛物线凸台、孔等结构要素组成,有尺寸精度和表面粗糙度要求。抛物线方程只表示曲线的形状,其位置由其顶点的坐标值确定。

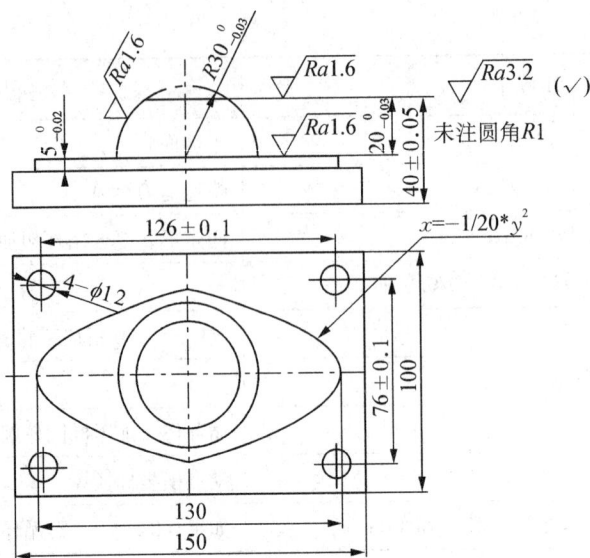

图 4-92　凸模零件

（2）工艺分析方案设计

① 选用 T01 为 $\phi 24$ mm 立铣刀，先粗加工球体为圆柱体，再精加工成球面。

② 选用 T01 为 $\phi 24$ mm 立铣刀，通过改变刀具补偿值，分粗加工和精加工完成抛物线凸台轮廓的加工。

③ 选用 T02 为 $\phi 10$ mm 的麻花钻钻孔，再选用 T03 为 $\phi 12$ mm 的扩孔钻扩、孔完成加工。

（3）加工轨迹路线及加工程序

① 球体粗加工。如图 4-93 所示，采用螺旋线铣削方式，并通过改变刀具半径补偿值完

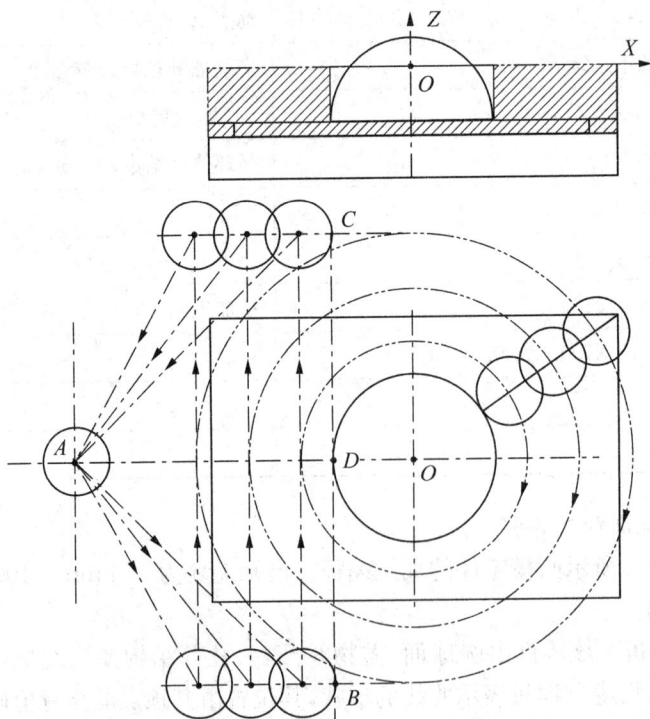

图 4-93　螺旋线铣削方式球体粗加工

成球体的粗加工。工件坐标系设定如图 4-93 所示。基点坐标为 $A(-125, 0)$、$B(-30, -80)$、$C(-30, 80)$、$D(-30, 0)$。刀具半径补偿分为 D01=52 mm、D02=32 mm，D03=12.5 mm，留 0.5 mm 精加工余量。加工程序见表 4-42(刀具为 T01ϕ24 mm 的立铣刀)。

表 4-42　加工程序

O2001;		主程序名
N10	G54 G90 G00 X0 Y0 Z100. ;	
N20	M03 S1000 M08;	
N30	X−125. Y0 Z10. ;	快速移动至 A 点上方
N40	G41 X−30. Y−80. D01;	加刀补 D01=52,至 B 点上方
N50	M98 P21;	
N60	G41 X−30. Y−80. D02;	加刀补 D02=32,至 B 点上方
N70	M98 P21;	
N80	G41 X−30. Y−80. D03;	加刀补 D03=12.5,至 B 点上方
N90	M98 P21;	
N100	G00 X0 Y0 Z100. M09;	
N110	M05;	
N120	M30;	
O21;		子程序名
N10	G01 X−30. Y0 Z0.5 F200;	切入,至 D 点上方 0.5
N20	#1=−1. ;	#1 赋初值
N30	WHILE[#1GE−20]DO1;	
N40	G02 I30. Z#1 F200 S1500;	螺旋铣削,每圈下 1 mm
N50	#1=#1−1. ;	
N60	END1;	
N70	G02 I30. ;	在 Z=−20 处再走一整圈
N80	G01 X−30. Y80. ;	切线切出至 C 点
N90	G00 Z10. ;	抬刀
N100	G40 X−125. Y0;	取消刀补,回到 A 点上方
N110	M99;	

② 球面精加工。如图 4-94 所示,采用逆时针整圆插补(G17 平面内),刀具切削点沿圆弧曲线顺时针向下直线进给,直至球面加工至 Z−20。为编程方便,用 G52 建立局部坐标系,原点为 O_1。函数曲线方程为 $X = \sqrt{30 \times 30 - Z \times Z}$。加工程序见表 4-43(刀具为 T01$\phi$24 mm 的立铣刀)。

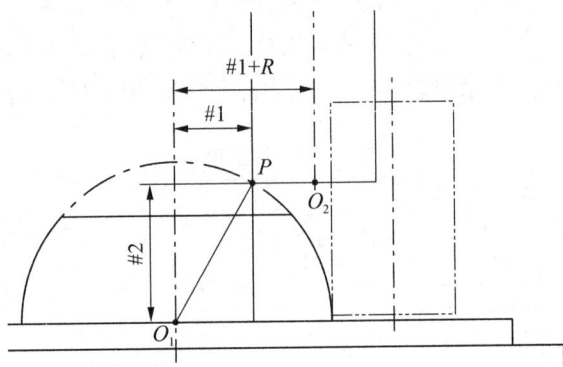

图 4-94 球面精加工

表 4-43 加工程序

O2002；		主程序名
N10	G54 G17 G90 G00 X0 Y0 Z100.；	
N20	M03 S1500 M08；	
N30	G52 X0 Y0 Z－20.；	设立局部坐标系,原点 O1
N40	Z25.；	快速下刀至 Z25 处(G52 坐标系)
N50	♯2＝20.；	切削点 P 纵坐标♯2 赋初值
N60	WHILE[♯2GE0]DO2；	如果♯2≥0,循环体 2 继续
N70	♯1＝SQRT[30.＊30.－♯2＊♯2]；	得切削动点 P 的横坐标
N80	G01 X[12.＋♯1] F200；	刀具中心点 O2 直线移动至圆弧插补起始点
N90	Z♯2；	
N100	G03 I－[12.＋♯1]；	逆时针整圆插补
N110	♯2＝♯2－0.2；	赋值更新
N120	END2；	循环体 2 结束
N130	G00 Z100.；	快速抬刀
N140	G52 X0 Y0 Z0 M09；	恢复 G54 坐标系
N150	M05；	
N160	M30；	

③ 抛物线凸台轮廓的加工。如图 4-95 所示,采用 T01ϕ24 mm 的立铣刀,通过控制刀具半径补偿值,实现抛物线凸台轮廓的粗、精加工。仍采用 G54 坐标系,基点坐标为 1(65, -70)、2(65, 0)、3(0, 36.056)、4(-65, 0)、5(0, -36.056)、6(65, 70)。刀具半径补偿分别为 D11＝31 mm、D12＝12.5 mm、D13＝12 mm。加工程序见表 4-44。

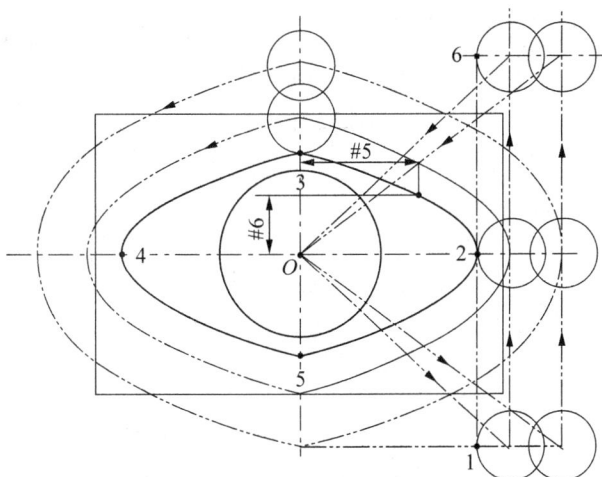

图4-95 抛物线凸台粗、精加工

表4-44 加工程序

	O2003；	主程序名
N10	G54 G17 G90 G00 X0 Y0 Z100.；	
N20	M03 S1500 M08；	
N30	Z10.；	
N40	G42 X65. Y70. D11；	
N50	Z－24.；	
N60	M98 P23；	
N70	G42 X65. Y－70. D12；	
N80	Z－24.；	
N90	M98 P23；	
N100	G42 X65. Y－70. D11；	
N110	Z－25.；	
N120	M98 P23；	
N130	G42 X65. Y－70. D12；	
N140	Z－25.；	
N150	M98 P23；	
N160	G42 X65. Y－70. D13；	
N180	Z－25.；	
N190	M98 P23；	
N200	G00 Z100 M09；	

O2003；	主程序名
N210	M05；
N220	M30；

O23；	子程序名
N10	M98 P24；
N20	G68 X0 Y0 R180；
N30	M98 P24；
N40	G69；
N50	G01 X65. Y70.；
N60	G00 Z10.；
N70	G40 X0 Y0；
N80	M99；

O24；	子程序名
N10	#5＝65；
N20	WHILE[#5GE0]DO3；
N30	#6＝SQRT[20.＊[65.－#5]]；
N40	G01 X#5 Y#6 F200；
N50	#5＝#5－1.；
N60	END3；
N70	#5＝0；
N80	WHILE[#5GE－65.]DO4；
N90	#6＝SQRT[20.＊[65.＋#5]]；
N100	G01 X#5 Y#6 F200；
N110	#5＝#5－1.；
N120	END4；
N130	M99；

④ 孔加工程序略。

任务小结

1. 本次任务的主要内容

（1）FANUC Oi 系统宏程序编程基础知识。

（2）数控车床宏指令编程。

（3）数控铣床及加工中心宏指令编程。

2. 本次任务完成后达到目的

（1）通过本任务的学习，掌握 FANUC 0i 系统 B 功能宏程序编程基础知识。

（2）掌握数控车床、数控铣床及加工中心宏指令编程技术。

任务后思考

1. 宏变量有哪些种类？各类宏变量的功能是什么？

2. B 类宏程序中变量赋值有哪些方法？举例说明。

3. 试写出变量常用算术运算，如加、减、乘、除以及平方、平方根、正弦、余弦等的运算表达式。

4. 试写出各种转移与循环指令，并说明其含义。条件表达式有哪几项？分别列举出来。

5. 根据如图 4 - 96 所示尺寸，编写零件的加工程序，已知毛坯棒料直径 ϕ32 mm，材料 45 钢。

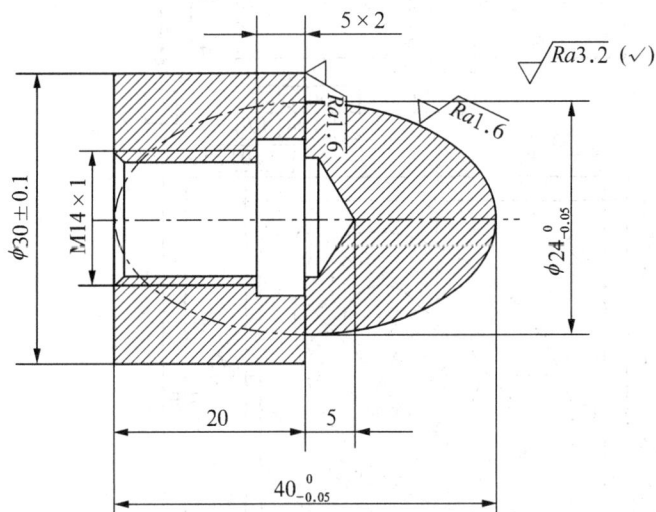

图 4 - 96 椭圆轴

6. 根据图 4 - 97 所示尺寸，编写轴套零件的加工程序，毛坯为 ϕ50 mm 的棒料，材料 45 钢。

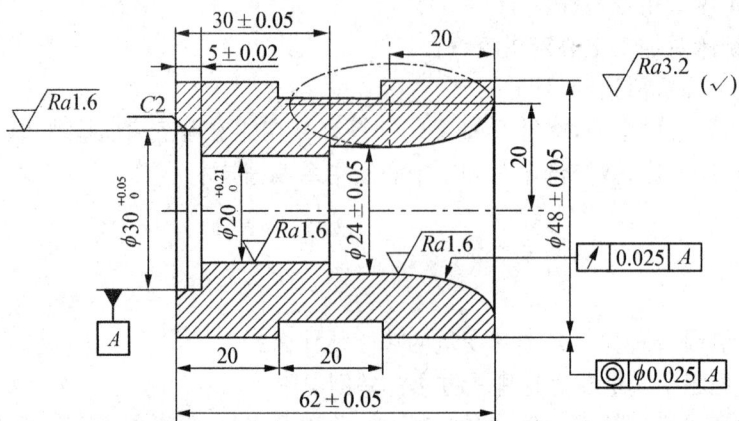

图 4 - 97 内椭圆套

7. 编写如图 4 - 98 所示零件的加工程序，工件材料为 45 钢，毛坯、刀具自行选择。

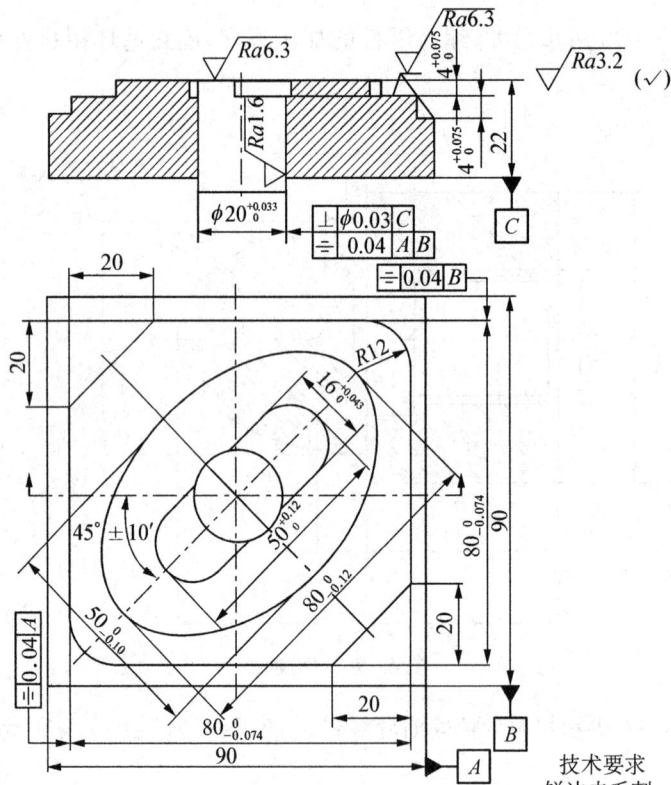

图 4 - 98 凸台零件

技术要求
锐边去毛刺。

学习情境 5

【数控加工工艺与编程】

特种数控加工技术岗位

模块一　特种数控加工

任务1　特种数控加工简介

必备知识

5.1.1　特种加工概述

特种加工是20世纪40年代发展起来的。由于材料科学、高新技术的发展和激烈的市场竞争、发展尖端国防及科学研究的急需,不仅新产品更新换代日益加快,而且产品要求具有很高的强度重量比和性能价格比,并正朝着高速度、高精度、高可靠性、耐腐蚀、高温高压、大功率、尺寸大小两极分化的方向发展。为此,各种新材料、新结构、形状复杂的精密机械零件大量涌现,对机械制造业提出了一系列迫切需要解决的新问题。例如,各种难切削材料的加工,各种结构形状复杂、尺寸或微小或特大、精密零件的加工,薄壁、弹性元件等刚度、特殊零件的加工等。对此,采用传统加工方法十分困难,甚至无法加工。于是,人们一方面通过研究高效加工的刀具和刀具材料、自动优化切削参数、提高刀具可靠性和在线刀具监控系统、开发新型切削液、研制新型自动机床等途径,进一步改善切削状态,提高切削加工水平,并解决了一些问题;另一方面,冲破传统加工方法的束缚,不断地探索、寻求新的加工方法,于是一种本质上区别于传统加工的特种加工便应运而生,并不断获得发展。后来,由于新颖制造技术的进一步发展,人们就从广义上来定义特种加工,将电、磁、声、光、化学等能量或其组合施加在工件的被加工部位上,从而实现材料被去除、变形、改变性能或被镀覆等的非传统加工方法统称为特种加工。

因此,特种加工具有如下特点:

(1) 不用机械能,与加工对象的机械性能无关。有些加工方法,如激光加工、电火花加工、等离子弧加工、电化学加工等,利用热能、化学能、电化学能等。这些加工方法与工件的硬度强度等机械性能无关,故可加工各种硬、软、脆、热敏、耐腐蚀、高熔点、高强度、特殊性能的金属和非金属材料。

（2）非接触加工，不一定需要工具，有的虽使用工具，但与工件不接触。因此，工件不承受大的作用力，工具硬度可低于工件硬度，故使刚性极低元件及弹性元件得以加工。

（3）微细加工，工件表面质量高。有些特种加工，如超声、电化学、水喷射、磨料流等，加工余量都很微细，故不仅可加工尺寸微小的孔或狭缝，还能获得高精度、极低粗糙度的加工表面。

（4）不存在加工中的机械应变或大面积的热应变，可获得较低的表面粗糙度，其热应力、残余应力、冷作硬化等均比较小，尺寸稳定性好。

（5）两种或两种以上的不同类型的能量可相互组合形成新的复合加工，其综合加工效果明显，且便于推广使用。

（6）特种加工对简化加工工艺、变革新产品的设计及零件结构工艺性等产生积极的影响。

（7）特种加工技术是先进制造技术的重要组成部分。随着特种加工技术的发展，一方面计算机技术、信息技术、自动化技术等在特种加工中获得广泛应用，逐步实现了加工工艺及加工过程的系统化集成；另一方面，特种加工能充分体现学科的综合性，学科（声、光、电、热、化学等）和专业之间不断渗透、交叉、融合，因此，特种加工技术本身同样趋于系统化集成的发展方向。这二方面说明，特种加工技术已成为先进制造技术的重要组成部分。一些发达国家也非常重视特种加工技术的发展，如日本把特种加工技术和数控技术作为跨世纪发展先进制造技术的二大支柱。特种加工技术已成为衡量一个国家先进制造技术水平和能力的重要标志。这是特点之一。

（8）特种加工具有独特的加工机理。特种加工不是依靠刀具、磨具等进行加工，而主要依靠电能、热能、光能、声能、磁能、化学能及液动力能等进行加工，其加工机理与金属切削机床完全不同。能量的发生与转换、使能过程的控制是特种加工高新技术的重要部分。

（9）增材加工是特种加工的重要发展方向。金属切削机床、特种加工机床一大部分是减材加工。我国从20世纪80年代末发展起来的快速成形（RP）加工技术是属于特种加工技术的一种增材加工的新领域。它利用分层制造原理（离散堆积）及分层处理软件，理论上可以制造任意复杂形状的零、部件，能适应高科技、个性化、小批量生产的需要。

（10）特种加工可以进行两种或两种以上能量的复合加工。一般来说，组合加工是指在一台机床上两种不同加工形式（能量）在加工过程中交替使用的加工方式；复合加工是指在一台机床上实现两种或两种以上能量（形式）在加工过程中同时作用的加工方式，例如，电能和声能、化学能和电能、光能和化学能、化学能和电能及机械能等复合，以获得高效或精密加工的效果。

（11）特种加工技术应用领域的重要性和特殊性。特种加工适用于各种高硬度、高强度、高韧性、高脆性、微细等金属和非金属材料的加工，以及各种新型、特殊材料的加工，在航空航天、军工、汽车、模具、冶金、机械、电子、轻纺、交通等工业中解决了大量传统机械加工难于解决的关键、特殊的加工难题。所以在国民经济的众多关键制造工业中发挥着极其重要的不可替代的作用。例如，在航空航天工业中各类复杂深小孔加工、发动机蜂窝环、叶片、整体叶轮加工、特殊材料的切割加工、钛合金加工等等。在军事工业中，例如核武器及高新技术武器几乎全是特殊材料和高新技术材料，各种零件的成形加工、各种孔加工、精密薄材加工等特种加工发挥着特殊重要的作用。

5.1.2　特种加工的基本原理简介

1. 电火花加工

（1）电火花加工基本原理　电火花加工又称放电加工，也有称为电脉冲加工的，它是一种直接利用热能和电能进行加工的工艺。电火花加工与金属切削加工的原理完全不同，在加工过程中，工具和工件不接触，而是靠工具和工件之间的脉冲性火花放电，产生局部、瞬时的高温把金属材料，逐步蚀除掉。由于放电过程可见到火花，所以称为电火花加工。

工件与工具电极分别连接到脉冲电源的两个不同极性的电极上。两电极间加上脉冲电压后，当工件和电极间保持适当的间隙，就会把工件与工具电极之间的工作液介质击穿，形成放电通道。放电通道中产生瞬时高温，使工件表面材料熔化甚至气化，同时也使工作液介质气化，在放电间隙处迅速热膨胀并产生爆炸，工件表面一小部分材料被蚀除抛，形成微小的电蚀坑。脉冲放电结束后，经过一段时间间隔，使工作液恢复绝缘。脉冲电压反复作用在工件和工具电极上，上述过程不断重复进行，工件材料就逐渐被蚀除掉。伺服系统不断地调整工具电极与工件的相对位置，自动进给，保证脉冲放电正常进行。如图5-1所示为电火花加工原理示意图。

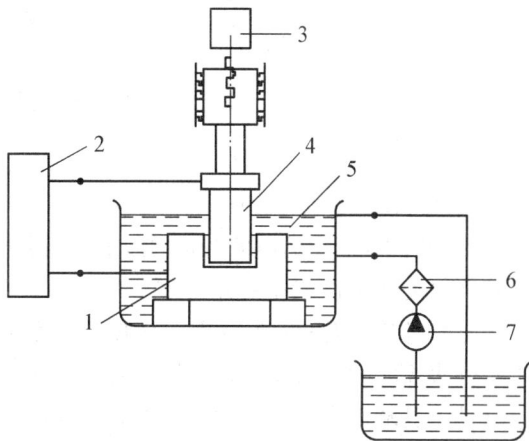

1—工件；2—脉冲电源；3—自动进给调节系统；4—工具；5—工作液；6—过滤器；7—工作液泵

图5-1　电火花加工原理

（2）电火花加工的特点

① 适合于用传统机械加工方法难以加工的材料加工，表现出"以柔克刚"的特点。

② 可加工特殊及复杂形状的零件。

③ 可实现加工过程自动化。

④ 可以改进结构设计，改善结构的工艺性。

⑤ 可以改变零件的工艺路线。

（3）电火花加工机床　电火花加工机床可分为线切割机床、电火花成型机机床，如图5-2、图5-3所示。

图5-2　线切割机床

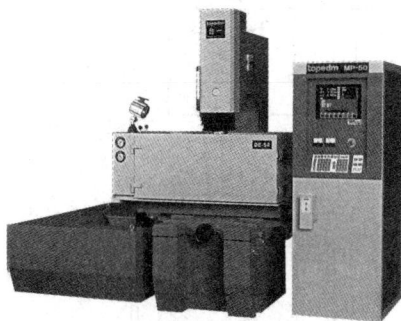

图5-3　电火花成型机机床

（4）线切割和电火花机床作品展示　如图 5 - 4 所示。

图 5 - 4　线切割电火花作品

2. 超声加工

超声加工（USM，Ultrasonic Machining）是利用超声振动的工具在有磨料的液体介质中或干磨料中，产生磨料的冲击、抛磨、液压冲击及由此产生的气蚀作用来去除材料，以及利用超声振动使工件相互结合的加工方法。

（1）超声加工的基本原理　高频电源连接超声换能器，将电振荡转换为同一频率、垂直于工件表面的超声机械振动，其振幅仅 0.005～0.01 mm，再经变幅杆放大至 0.05～0.1 mm，以驱动工具端面做超声振动。此时，磨料悬浮液（磨料、水或煤油等赃工具的超声振动和一定压力下，高速不停地冲击悬浮液中的磨粒，并作用于加工区，使该处材料变形，直至击碎成微粒和粉末。由于磨料悬浮液的不断搅动，促使磨料高速抛磨工件表面。又由于超声振动产生的空化现象，在工件表面形成液体空腔，促使混合液渗入工件材料的缝隙里。而空腔的瞬时闭合产生强烈的液压冲击，强化了机械抛磨工件材料的作用，并有利于加工区磨料悬浮液的均匀搅拌和加工产物的排除。随着磨料悬浮液不断循环，磨粒不断更新，加工产物不断排除，实现了超声加工的目的。总之，超声加工是磨料悬浮液中的磨粒，在超声振动下的冲击、抛磨和空化现象综合切蚀作用的结果。其中，以磨粒不断冲击为主。由此可见，脆硬的材料，受冲击作用愈容易被破坏，故尤其适于超声加工。图 5 - 5 所示为超声加工原理示意图。

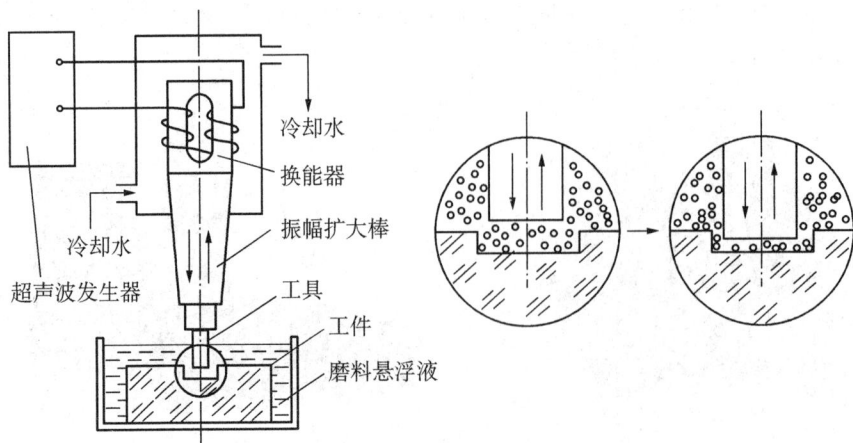

图 5 - 5　超声加工原理

（2）超声加工的应用

① 成型加工。主要用于对脆硬材料加工圆孔、型孔、型腔、套料、微细孔等,如图 5-6 所示。

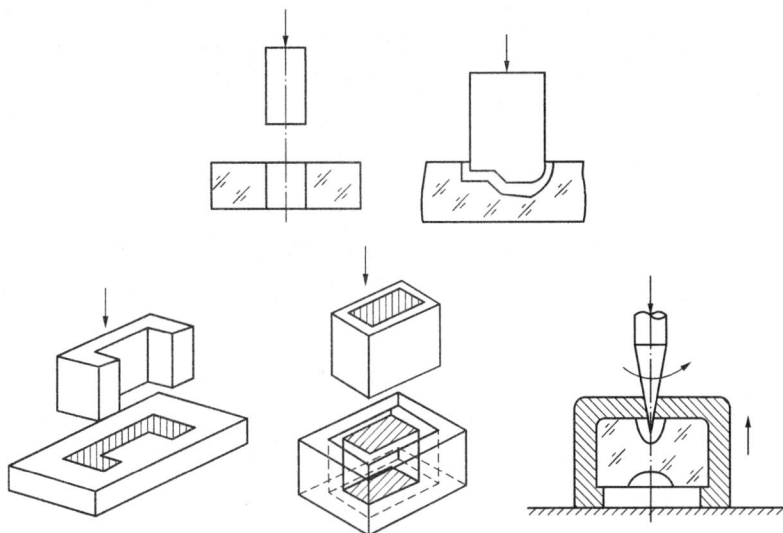

图 5-6　成型加工实例

② 切割加工。用普通机械加工切割脆硬的半导体材料很困难,采用超声切割较为有效,如图 5-7、5-8、5-9 所示。

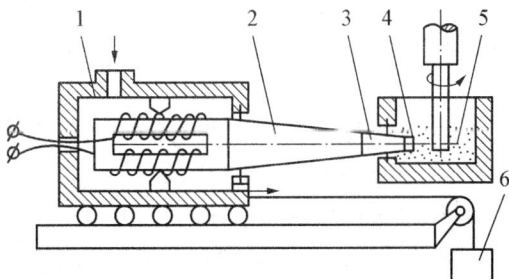

1—换能器；2—变幅杆；3—工具头；4—金刚石；5—切割工具；6—重锤

图 5-7　超声波切割金刚石

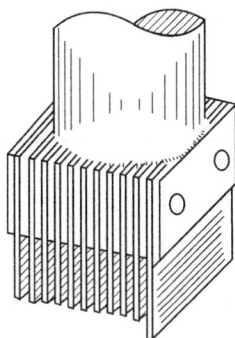

图 5-8　成批切槽刀具

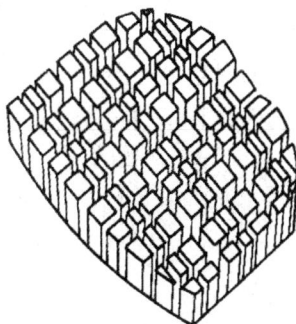

图 5-9　切割成的陶瓷模块

3. 电子束离子束加工

（1）电子束离子束加工概述　电子束加工技术在国际上日趋成熟，应用范围广。国外定型生产的 $40\sim300\ kV$ 的电子枪（以 $60\ kV$、$150\ kV$ 为主），已普遍采用 CNC 控制，多坐标联动，自动化程度高。电子束焊接已成功地应用在特种材料、异种材料、空间复杂曲线、变截面焊接等方面。目前正在研究焊缝自动跟踪、填丝焊接、非真空焊接等，最大焊接熔深可达 $300\ mm$，焊缝深宽比 20∶1。电子束焊已用于运载火箭、航天飞机等主承力构件大型结构的组合焊接，以及飞机梁、框、起落架部件、发动机整体转子、机匣、功率轴等重要结构件和核动力装置压力容器的制造。

电子束加工技术今后应积极拓展专业领域，紧密跟踪国际先进技术的发展，针对需求，重点开展电子束物理气相沉积关键技术研究、主承力结构件电子束焊接研究、电子束辐照固化技术研究、电子束焊机关键技术研究等。

（2）电子束加工原理　经电磁透镜聚焦的高能电子束流在真空条件下直接轰击工件表面，使加工区域材料熔化和气化从而实现加工：电子束加工应用、窄缝加工、曲面加工、刻蚀、焊接。

（3）离子束加工

① 表面功能涂层具有高硬度、耐磨、抗蚀功能，可显著提高零件的寿命，在工业上具有广泛用途。美国及欧洲国家目前多数用微波 ECR 等离子体源来制备各种功能涂层。等离子体热喷涂技术已经进入工程化应用，已广泛应用在航空、航天、船舶等领域的产品关键零部件耐磨涂层、封严涂层、热障涂层和高温防护层等方面。

② 等离子焊接已成功应用于 $18\ mm$ 铝合金的储箱焊接。配有机器人和焊缝跟踪系统的等离子体焊在空间复杂焊缝的焊接也已实用化。微束等离子体焊在精密零部件的焊接中应用广泛。我国等离子体喷涂已应用于武器装备的研制，主要用于耐磨涂层、封严涂层、热障涂层和高温防护涂层等。

③ 真空等离子体喷涂技术和全方位离子注入技术已开始研究，与国外尚有较大差距。等离子体焊接在生产中虽有应用，但焊接质量不稳定。

离子束及等离子体加工技术今后应结合已取得的成果，针对需求，重点开展热障涂层及离子注入表面改性的新技术研究，同时，在已取得初步成果的基础上，进一步开展等离子体焊接技术研究。

任务小结

1. 本次任务的主要内容

（1）特种加工的概念。

（2）特种加工的基本原理。

2. 本次任务完成后达到目的

能够掌握特种加工的基本概念，了解特种加工的基本原理。

任务后思考

1. 特种加工相对于传统切削加工技术有何特点？

2. 试述常见特种加工的种类。

任务 2　数控线切割加工及编程

必备知识

目前,我国数控线切割机床常用 3B 程序格式编程,其格式如表 5-1 所示。

表 5-1　3B 程序格式

B	X	B	Y	B	J	G	Z
分隔符	X 坐标值	分隔符	Y 坐标值	分隔符	计数长度	计数方向	加工指令

(1) 分隔符号 B　因为 X、Y、J 均为数字,用分隔符号(B)将其隔开,以免混淆。

(2) 坐标值(X、Y)　一般规定只输入坐标的绝对值,单位为 μm。μm 以下应四舍五入。对于圆弧,坐标原点移至圆心,X、Y 为圆弧起点的坐标值。

对于直线(斜线),坐标原点移至直线起点,X、Y 为终点坐标值。允许将 X 和 Y 的值按相同的比例放大或缩小。

对于平行于 X 轴或 Y 轴的直线,即当 X 或 Y 为零时,X 或 Y 值均可不写,但分隔符号必须保留。

(3) 计数方向 G　选取 X 方向进给总长度进行计数,称为计 X,用 G_x 表示;选取 Y 方向进给总长度进行计数,称为计 Y,用 G_y 表示。

① 加工直线,可按图 5-10(a)选取: $|Y_e| > |X_e|$ 时,取 G_y;$|X_e| > |Y_e|$ 时,取 G_x;$|X_e| = |Y_e|$ 时,取 G_x 或 G_y 均可。

② 对于圆弧,可按图 5-10(b)选取,当圆弧终点坐标在右图所示的各个区域时,若 $|X_e| > |Y_e|$ 时,取 G_y;$|Y_e| > |X_e|$ 时,取 G_x;$|X_e| = |Y_e|$ 时,取 G_x 或 G_y 均可。

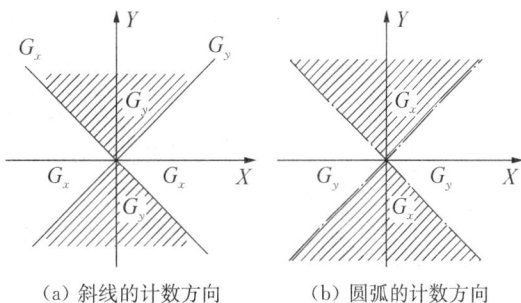

(a) 斜线的计数方向　　(b) 圆弧的计数方向

图 5-10　计数方向选择

(4) 计数长度 J　计数长度是指被加工图形在计数方向上的投影长度(即绝对值)的总和,以 μm 为单位。

直线编程中 J 的取值方法为:若 $G=G_x$,将直线向 X 轴投影得到长度的绝对值;若 $G=G_y$,将直线向 Y 轴投影得到长度的绝对值。

圆弧编程中 J 的取值方法为:由计数方向 G 确定投影方向,若 $G=G_x$,则将圆弧向 X 轴投影;若 $G=G_y$,则将圆弧向 Y 轴投影。J 值为各个象限圆弧投影长度绝对值的和。如在图 5-11 中,J_1、J_2、J_3 大小分别如图中所示,$J = |J_1| + |J_2| + |J_3|$。

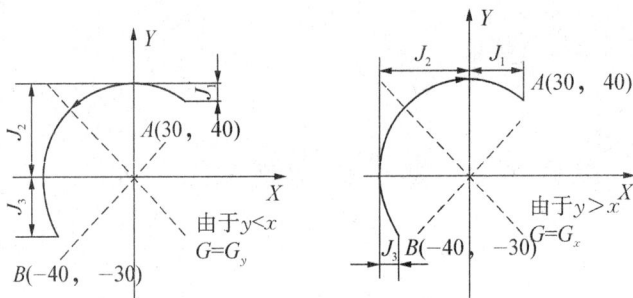

图 5 - 11   计数长度 J 的确定

例 5 - 1   加工图 5 - 12 所示斜线 OA,其终点为 $A(X_e,Y_e)$,且 $Y_e > X_e$,试确定 G 和 J。

因为 $|Y_e| > |X_e|$,OA 斜线与 X 轴夹角大于 $45°$时,计数方向取 G_y,斜线 OA 在 Y 轴上的投影长度为 Y_e,故 $J = Y_e$。

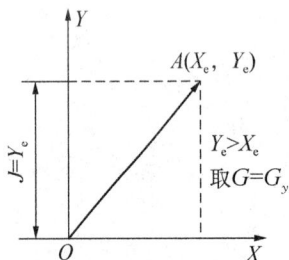

图 5 - 12   直线编程

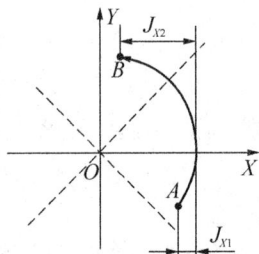

图 5 - 13   圆弧编程 1

例 5 - 2   加工图 5 - 13 所示圆弧,加工起点 A 在第四象限,终点 $B(X_e,Y_e)$ 在第一象限,试确定 G 和 J。

因为加工终点靠近 Y 轴,$|Y_e| > |X_e|$,计数方向取 G_x;计数长度为各象限中的圆弧段在 X 轴上投影长度的总和,即 $J = J_{X1} + J_{X2}$。

例 5 - 3   加工图 5 - 14 所示圆弧,加工终点 $B(X_e,Y_e)$,试确定 G 和 J。

因加工终点 B 靠近 X 轴,$|X_e| > |Y_e|$,故计数方向取 G_y,J 为各象限的圆弧段在 Y 轴上投影长度的总和,即 $J = J_{y1} + J_{y2} + J_{y3}$。

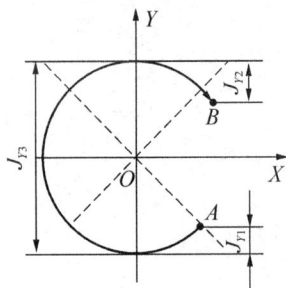

图 5 - 14   圆弧编程 2

(5) 加工指令 Z   加工指令 Z 用来表达被加工图形的形状、所在象限和加工方向等信息。控制系统根据这些指令,正确选择偏差公式,进行偏差计算,控制工作台的进给方向,从而实现机床的自动化加工。加工指令共 12 种,如图 5 - 15 所示。

位于 4 个象限中的直线段称为斜线。加工斜线的加工指令分别用 L1、L2、L3、L4 表示,如图 5 - 15(a)所示。与坐标轴相重合的直线,根据进给方向,其加工指令可按图 5 - 15(b)选取。

加工圆弧时,若被加工圆弧的加工起点分别在坐标系的 4 个象限中,并按顺时针插补,如图 5 - 15(c)所示,加工指令分别用 SR1、SR2、SR3、SR4 表示;按逆时针方向插补时,分别用 NR1、NR2、NR3、NR4 表示,如图 5 - 15(d)所示。如加工起点刚好在坐标轴上,其指令可选相邻两象限中的任何一个。

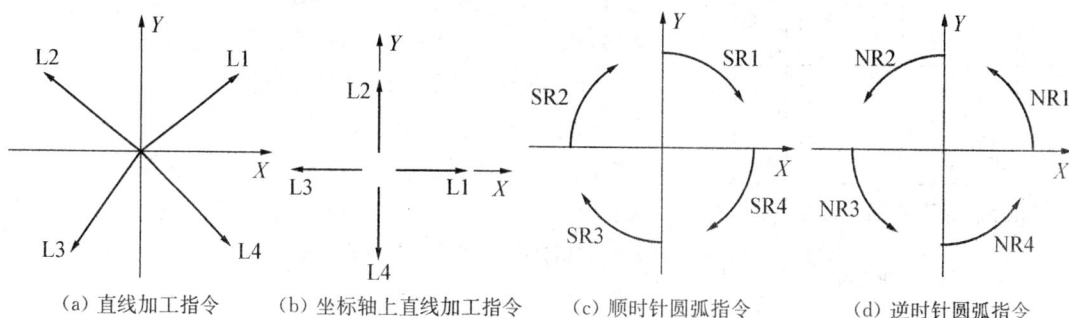

(a) 直线加工指令　　(b) 坐标轴上直线加工指令　　(c) 顺时针圆弧指令　　(d) 逆时针圆弧指令

图 5 - 15　加工指令

案　例

3B 编程实例

(1) 应用 3B 代码编制如图 5 - 16 所示图形的线切割程序(不考虑间隙补偿)。

确定加工路线　起点为 A,加工路线按照图中所示的①→②→…→⑧段的顺序进行。①段为切入,⑧段为切出,②～⑦段为程序零件轮廓。

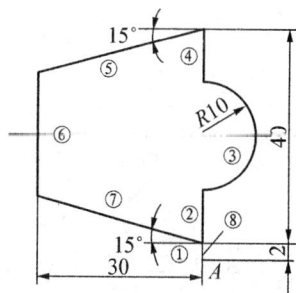

图 5 - 16　3B 编程实例 1

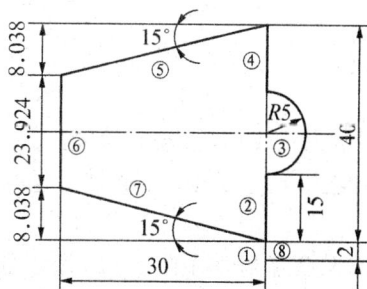

图 5 - 17　尺寸计算

编程　坐标尺寸计算如图 5 - 17 所示。

B0	B0	B2000	GY	L2	加工第①段
B0	B10000	B10000	GY	L2	加工第②段,可与上句合并
B0	B10000	B20000	GX	NR4	加工第③段
B0	B10000	B10000	GY	L2	加工第④段
B30000	B8040	B30000	GX	L3	加工第⑤段
B0	B23920	B23920	GY	L4	加工第⑥段
B30000	B8040	B30000	GX	L4	加工第⑦段
B0	B2000	B2000	GY	L4	加工第⑧段

(2) 编程　如图 5 - 18 所示,O 点为穿丝点,钼丝偏置为 0.1 mm,加工轨迹为 O—A—B—C—D—E—F—G—H—A—O。

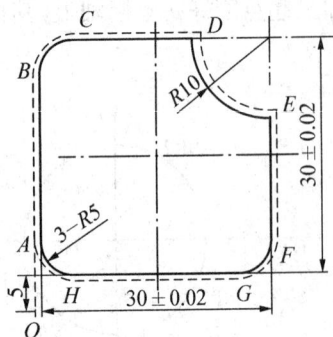

图 5-18 编程

B0	B10000	B10000	GY	L2	$O \rightarrow A$
B0	B20000	B20000	GY	L2	$A \rightarrow B$
B5100	B0	B5100	GX	SR2	$B \rightarrow C$
B15100	B0	B15100	GX	L1	$C \rightarrow D$
B9900	B100	B10000	GX	NR2	$D \rightarrow E$
B0	B15100	B15100	GY	L4	$E \rightarrow F$
B5100	B0	B5100	GX	SR4	$F \rightarrow G$
B20000	B0	B20000	GX	L3	$G \rightarrow H$
B0	B5100	B5100	GY	SR3	$H \rightarrow A$
B0	B10000	B10000	GY	L4	$A \rightarrow O$

任务小结

1. 本次任务的主要内容
(1) 特种加工特点。
(2) 电火花加工、超声加工、电子束加工原理。
(3) 3B 编程方法。
2. 本次任务完成后达到目的
能够熟练应用 3B 对零件进行编程。

任务后思考

1. 简述电火花线切割的加工原理。
2. 数控电火花线切割机床的快走丝与慢走丝方式有什么不同?
3. 用 3B 代码编制加工图 5-19 所示的凸模线切割加工程序,已知电极丝直径为 0.18 mm,单边放电间隙为 0.01 mm,图中 O 为穿丝孔拟采用的加工路线 $O—E—D—C—B—A—E—O$。

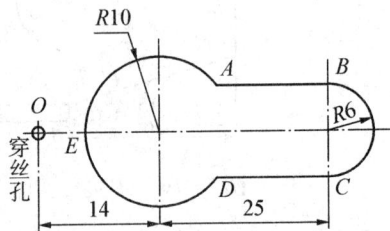

图 5-19 3B 编程习题

模块二 CAM 技术

任务 1 CAM 加工简介

必备知识

计算机辅助制造,简称 CAM(Computer Aided Manufacturing)。CAM 是指以计算机为

主要技术手段,处理与制造有关的信息,从而控制制造的全过程。

5.2.1　NX CAM 的基本加工模块

1. 车削加工(turning)

(1) 功能　车削加工包括中心线车加工、粗车加工、多次走刀精车加工、车槽加工、切断、镗孔加工和车螺纹等。

(2) 特点　加工回转体零件,NX 车削操作既可以使用二维零件轮廓,也可由使用完整的实体模型。

2. 钻孔加工(drill)

如图 5 - 20 所示。

(1) 功能　POINT - TO - POINT 可为钻、扩、镗、铰、攻丝等点位操作生成刀具轨迹。其他可用于点焊,铆接等。

(2) 特点　用点作为驱动几何体,可根据需要选择不同的固定循环。

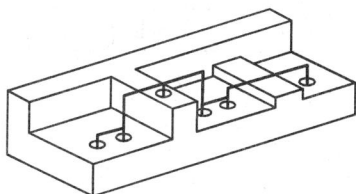

图 5 - 20　点位加工示意图

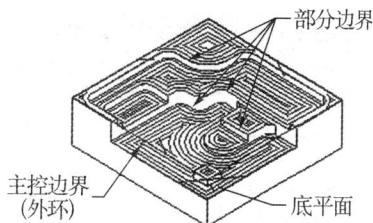

图 5 - 21　平面铣加工示意图

3. 平面铣加工(mill_planar)

如图 5 - 21 所示。

(1) 功能　用于平面轮廓或平面区域的粗精加工。可作平行于底面的多层铣削。

(2) 特点　刀具轴固定,底面是平面,周壁垂直底面。

4. 型腔铣加工(mill_contour)

如图 5 - 22 所示。

(1) 功能　用于型腔轮廓或区域的粗加工。它以平面层的切削方法,根据型腔的形状分成多个深度方向的切削区域,每个切削区域还可指定不同的切刀深度。

(2) 特点　刀具轴固定,底面可以是曲面,平面切削,毛坯必须是封闭几何体。

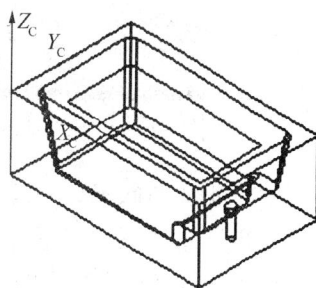

图 5 - 22　型腔铣加工示意图

5. 多轴加工(mill_multi-axis)

如图 5 - 23 所示。

(1) 功能　用于精加工由轮廓曲面形成的区域的加工方式,允许通过精确控制刀轴和投影矢量以使刀具沿着非常复杂的曲面轮廓运动。

(2) 特点　此种加工方法主要通过驱动点投影到工件几何体上来创建刀轨。

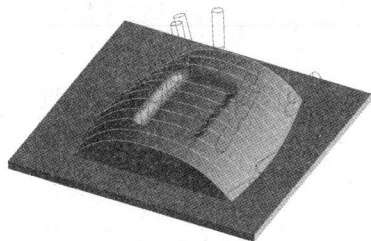

图 5 - 23　多轴加工示意图

5.2.2 NX 的加工环境介绍

1. 加工环境初始化

工件第一次进入 CAM 环境时,就会弹出"加工环境初始化"对话框,如图 5-24 所示,不同的加工环境与类型,将建立不同的计算加工路径。

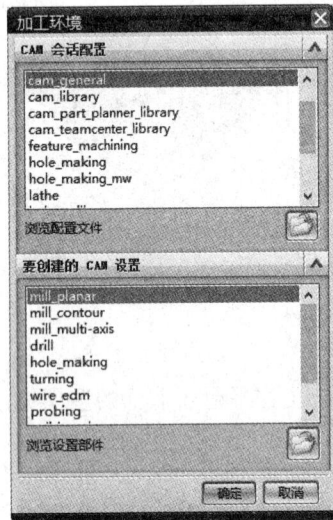

图 5-24 "加工环境初始化"对话框

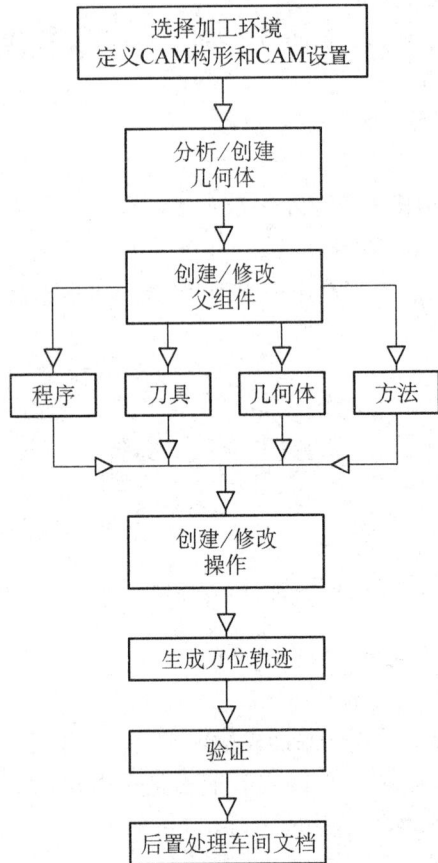

图 5-25 NX 编程流程图

2. NX CAM 的操作过程

图 5-25 所示为 NX 编程流程图:

(1) 在菜单栏中选"Application"→"Manufacturing"或[Ctrl]+[Alt]+[M];

(2) 选择加工环境。指定 CAM 会话配置,然后选择一项要创建的 CAM 设置;

(3) 在"Create Operation"菜单栏中创建"Programs"(程序)、"Tools"(刀具)、"Method"(方法)和"Geometry"(几何体)等父节点;

(4) 在"Create Operation"菜单栏中选择加工类型(Type),选择相应的父几何体、键入操作名称(Name),然后选"Create",进入操作菜单;

(5) 设置其他加工参数,生成刀位轨迹;

(6) 输出 CLSF 文件(for GPM);

(7) 后置处理(GPM,UGPOST);

（8）车间辅助文件。

任务小结

1. 本次任务的主要内容
（1）NXCAM 的基本功能模块。
（2）NXCAM 的基本操作过程。
2. 本次任务完成后达到目的
能够掌握 NXCAM 的基本功能模块，了解特 NXCAM 的基本操作过程。

任务后思考

1. NXCAM 有个基本功能模块？
2. 试述 NXCAM 的基本操作过程。

任务 2　车削 CAM 实例

必备知识

1. 加工创建

（1）车削加工刀具　车削加工刀具大致可以分为标准车刀、割槽刀具、成形刀具、螺纹加工刀具和中心钻削刀具等。车削加工刀具子类型如图 5 - 26 所示。不同的车削加工类型对于着不同的车削刀具，从刀具的编号中可以看出其车削加工类型。以编号"OD_80_L"的刀具 为例，"OD"表示外圆加工，"80"表示刀具刀片的角度，"L"表示左侧。其余符号"ID"表示内部镗削加工，"GROOVE"表示车槽加工，"THREAD"表示螺纹加工，"R"表示右侧。

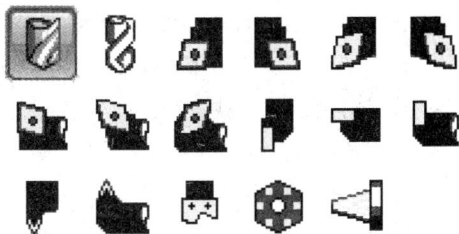

图 5 - 26　车削刀具子类型

（2）车削加工几何体　车削加工几何体由价格坐标系、零件、毛坯以及避让几何体组成。在实际操作中往往首先定义加工几何体，目的是确定车削的主轴，然后通过主轴定义车削横截面，得到旋转体的界面边界结构，最后再根据得到的边界定义零件和毛坯。在车削加工模块中，系统提供了 6 种车削几何，即加工坐标系、工件、车削工件、车削零件、切削区域约束和避让几何体。

（3）车削加工操作子类型　车削加工主要用于轴类和盘类回转体工件的加工，能完成内外圆柱面、锥面、圆弧、螺纹等工序的切削加工，能进行切槽、钻孔、扩孔、绞孔等操作。NX系统提供各种车削加工，包括粗车、精车、镗孔、中心孔加工和螺纹加工等，加工应用模块提

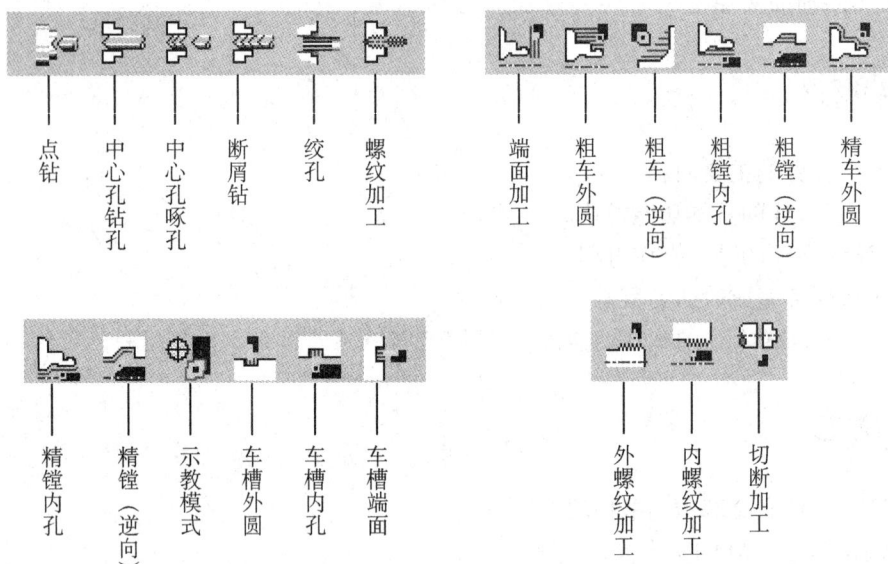

点钻　中心孔钻孔　中心孔啄孔　断屑钻　绞孔　螺纹加工

端面加工　粗车外圆　粗车（逆向）　粗镗内孔　粗镗（逆向）　精车外圆

精镗内孔　精镗（逆向）　示教模式　车槽外圆　车槽内孔　车槽端面

外螺纹加工　内螺纹加工　切断加工

图 5‑27　车削加工操作子类型

供了 21 种车削操作子类型,如图 5‑27 所示。

(4) 车加工方法　车加工方法是定义加工(孔加工、螺纹加工、径向切削等)的余量与公差等,对加工的精度起重要的作用。软件默认的车加工方法一共有 8 种,具体含义如下:

① LATHE_AUXILIARY:车削辅助线,适合于孔加工固定循环。

② LATHE_CENTERLINE:车削中心线,适合于孔加工固定循环。

③ LATHE_FINISH:车削精加工。

④ LATHE_GROOVE:车削沟槽加工。

⑤ LATHE_ROUGH:车削粗加工。

⑥ LATHE_THREAD:螺纹加工方法。

⑦ METHOD:缺省。

⑧ NONE:无。

2. 粗车切削策略

粗加工功能包含了用于去除大量材料的许多切削技术,包括用于高速粗加工的策略,以及通过正确的内置进刀/退刀运动达到半精加工或精加工质量。车削粗加工依赖于系统的剩余材料自动去除功能。

(1) 单向线性切削　■　要对切削区间应用直层切削进行粗加工,选择"线性单向"。各层切削方向相同,均平行于前一个层切削。

(2) 线性往复切削　■　选择"往复线性"以变换各粗加工切削的方向。这是一种有效的切削策略,可以迅速去除大量材料,并对材料进行不间断切削。

(3) 倾斜单向切削　■　单向倾斜可使一个切削方向上的每个切削或每个替代切削的、从刀路起点到刀路终点的切削深度有所不同。沿刀片边界连续移动刀片切削边界上的临界应力点(热点)位置,从而分散应力和热,延长刀片的寿命。

(4) 倾斜往复切削 ▦ 往复倾斜则与上述情况不同,对于每个粗加工切削均交替切削方向,因而减少了加工时间。

(5) 单向轮廓切削 ▦ 单向轮廓粗加工时刀具将逐渐逼近工件的轮廓。刀具每次均沿一组等距曲线中的一条曲线运动,而最后一次的刀轨曲线将与工件的轮廓重合。对于工件轮廓开始处或终止处的陡峭元素,系统不会使用直层切削的轮廓铣选项来进行处理或切削。

(6) 轮廓往复切削 ▦ 往复轮廓粗加工的切削方式与上一方式类似,但此方式增加了刀具的反向切削。

(7) 单向插削 ▥ 一种典型的与开槽刀配合使用的粗加工策略。

(8) 往复插削 ▥ 不直接冲削割槽底部,而是使刀具冲削到指定的切削深度(层深度),然后进行一系列的冲削,以去除处于此深度的所有材料。之后再次冲削到切削深度,并去除处于该层的所有材料。以往复方式来回往复执行以上一系列切削,直至达到割槽底部。

如果在"刀具定义"对话框中设置了切削深度(最大切削深度),则在该值小于操作中给定的值时,系统将冲削到这一深度。

(9) 交替插削 ▥ 将各后续冲削应用到与上一个冲削相对的一侧。

(10) 交替插削(余留塔台) ▥ 通过偏置连续冲削(即第一个刀轨从割槽一肩运动至另一肩之后,"塔"保留在两肩之间)在刀片两侧实现对称刀具磨平。当在反方向执行第二个刀轨时,将切除这些塔。

3. 精车加工策略

轮廓加工将沿着整个部件边界或边界的一部分(例如,单反向)。首先进行整个切削区域或当前加工的各反向切削的所有粗切削操作,然后才是轮廓加工操作。由于轮廓加工中提供的策略与精加工中的策略相同,因此只有在粗加工中才提供轮廓加工功能。可为轮廓加工和精加工选择8种不同的策略,以确定刀具的运动。

(1) 仅周边 ▧ 用于轮廓加工刀路或精加工的切削策略。可以在轮廓类型对话框中指定直径的构成。在这种策略中,系统仅切削被指定为直径的几何体。

(2) 仅面 ▧ 用于轮廓刀路或精加工的切削策略。在这种策略中,系统仅切削被指定为面的几何体。

(3) 首先周面,然后面 ▧ 用于轮廓加工刀路或精加工的切削策略。先切削直径几何体,再切削面几何体。

(4) 首先面,然后周面 ▧ 用于轮廓加工刀路或精加工的切削策略。先切削面几何体,再切削直径几何体。

(5) 指向角 ▧ 沿面或直径边界指向交角的方向加工。

(6) 离开角 ▧ 沿面或直径边界离开交角的方向加工。

(7) 仅向下 ▧ 用于轮廓刀路或精加工。

(8) 全部轮廓加工 ▧ 系统对每种几何体按其刀轨进行轮廓加工,但不考虑轮廓类型。

4. 步距

利用步距可以指定加工操作中各刀路的切削深度。该值可以是用户指定的固定值,或者是系统根据指定的最小值和最大值而计算出的可变值。系统在计算的或指定的深度生成所有非轮廓加工刀路。在此深度或小于此深度位置生成轮廓加工刀路。

(1) 恒定　利用"恒定"可以指定各粗加工刀路的最大切削深度。系统尽可能多次地采用指定的"深度"值,然后在一个刀路中切削余料。

(2) 单个的　如果选择这种策略,可通过"设置"定义一系列不同的切削深度值。在同一行中,指定了多少刀路数就执行多少次上面的一系列切削深度值。最多可以指定 10 个不同的切削深度值。对于余料切削,可以指定附加刀路数,这些附加刀路均采用等深切削。

(3) 级别数(层数)　"层数"策略通过指定粗加工操作的层数,生成等深切削。层的数目可在"层数"编辑字段中输入,对于本切削深度策略,该字段代替了深度编辑字段。

5. 中心孔操作

(1) 排屑　允许指定钻孔时除屑或断屑的增量类型。

① 恒定:刀具每向前移动一次的距离与整个钻孔序列的相同。如果深度被您输入的数目除不尽,则系统会简单地使最后一次钻孔移动更短些。

② 可变:可以指定刀具按指定深度切削所需的次数。如果增量之和小于总深度,系统将重复执行最后一个具有非零增量值的刀具移动操作,直至达到总深度。如果增量和超出总深度,系统将忽略过剩增量。

(2) 深度选项

① 距离。允许定义钻孔深度并指定刀具的穿出量。系统将计算钻孔深度(先前指定的起点与所定义的点之间的距离),然后将结果显示在主对话框中,如图 5-28 所示。

a. 输入深度值:允许输入钻孔深度值(沿钻孔轴,该轴与通过起点的中心线平行)。此深度值必须为正。

b. 穿出距离:指定刀具超出指定总深度的过肩距离,如图 5-29 所示,其中 A 为起点,B 为切削深度,C 为穿出距离点,D 为多出的距离。

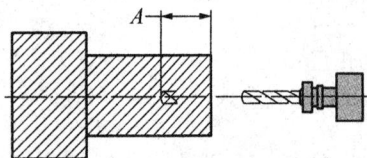

图 5-28　距离设置示意图　　　　图 5-29　穿出距离

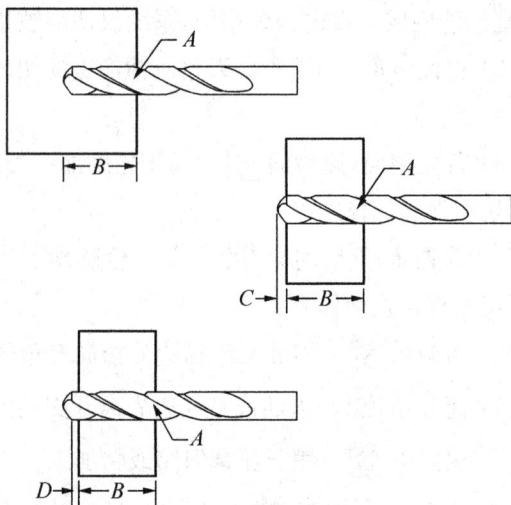

② 端点。允许使用点构造器来定义钻孔深度。系统将计算钻孔深度（先前指定的起点与所定义的点之间的距离），然后将结果显示在主对话框中。

如果所定义的点不在钻孔轴上,系统会将该点垂直投影到钻孔轴上,然后计算深度,如图 5 - 30 所示,其中 A 为该点被垂直投影到钻孔轴上,B 为钻孔深度,C 为起点。

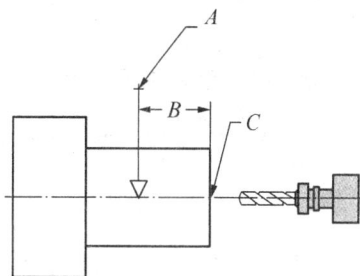

图 5 - 30　不在部件的中心线上时使用一般点的深度

6. 螺纹加工操作

（1）螺纹形状特征　螺纹操作允许直螺纹或锥螺纹切削,单个或多个内部、外部或面螺纹,如图 5 - 31 所示,其中 A 为螺距,B 为深度,C 为顶线,D 为根线。

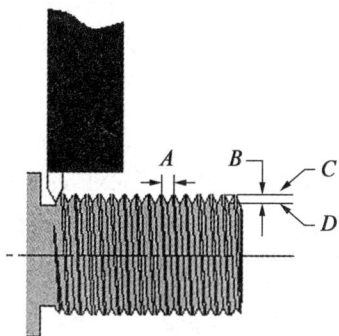

图 5 - 31　螺纹特征示意图

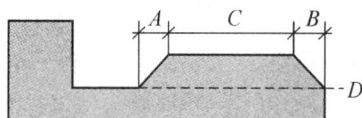

图 5 - 32　螺纹几何体示意图

（2）螺纹几何体　允许选择顶线来定义螺纹起点和终点。螺纹长度由顶线的长度指定。可通过指定起点和终点偏置来修改此长度。要创建倒斜角螺纹,需手工计算偏置并设置合适的偏置,如图 5 - 32 所示,其中,A 为终止偏置,B 为起始偏置,C 为顶线,D 为根线。

① Select Crest Line（顶线）选项:可选择顶线。距离选择线的位置最近的一端为起点。

② Select End Line（终止线）选项:终止线允许调整螺纹的长度。允许选择与顶线相交的线来定义螺纹的终点。终止偏置值将添加到该交点。

案　例

车削加工

如图 5 - 33 所示,在圆柱体的基础上加工该零件。

图 5 - 33　车削加工零件模型

（1）打开部件文件　启动 NX,打开文件名为"turning.prt"的部件文件,另存为"＊＊＊_turning.prt"。

（2）进入加工模块及加工环境初始化　 开始 →"加工"命令,进入初始化加工环境,系统弹出"加工环境"对话框,按如图 5 - 34 所示设置。单击"初始化"按钮,完成车削加工初始化工作。

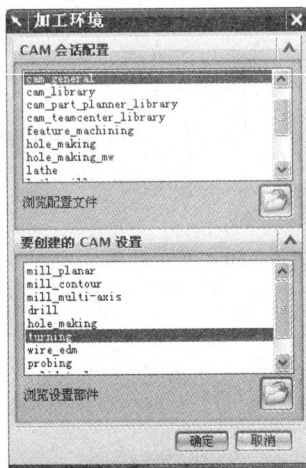

图 5-34　"加工环境"对话框　　　　图 5-35　"创建刀具"对话框　　　　图 5-36　"钻刀"对话框

（3）创建刀具

① 创建中心孔加工刀具。在操作导航器的"机床视图"中，选择"GENERIC_MACHINE"结点并右击，在弹出的快捷菜单中选择"插入"→"刀具"命令，或者点击"创建刀具"图标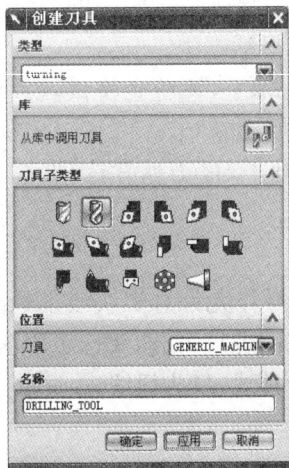，弹出"创建刀具"对话框，如图 5-35 所示。单击"刀具子类型"面板中的"DRILLING_TOOL"按钮，单击【应用】按钮，弹出"钻刀"对话框，各项参数设置如图 5-36 所示。

② 创建粗车加工刀具。单击"刀具子类型"面板中的"OD_80_L"按钮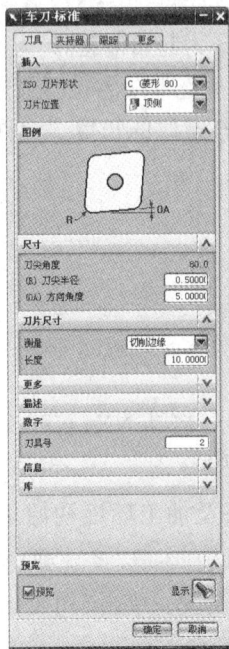，单击【应用】按钮，弹出"车刀标准"对话框，各项参数设置如图 5-37 所示。

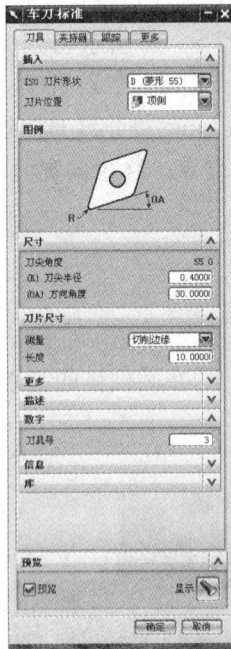

图 5-37　"粗车刀具设置"对话框　　　　图 5-38　"精车刀具设置"对话框

③ 创建精车加工刀具。单击"刀具子类型"面板中的"OD_55_L"按钮 ![icon]，单击【应用】按钮，弹出"车刀标准"对话框，各项参数设置如图5-38所示。

④ 创建割槽加工刀具。单击"刀具子类型"面板中的"OD_GROOVE_L"按钮 ![icon]，单击【应用】按钮，弹出"槽刀标准"对话框，各项参数设置如图5-39所示。

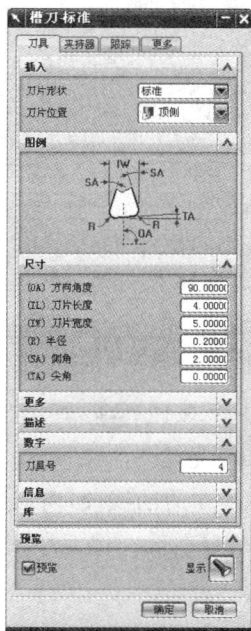

图5-39 "槽刀标准"对话框　　　图5-40 "螺纹加工刀具设置"对话框

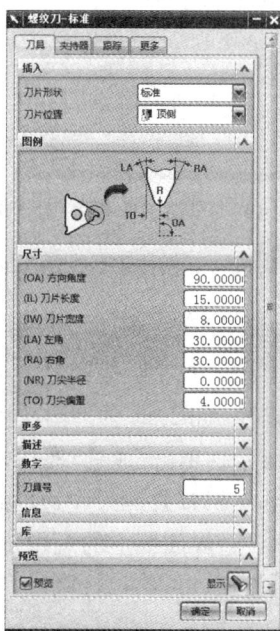

⑤ 创建螺纹加工刀具。单击"刀具子类型"面板中的"OD_THREAD_L"按钮 ![icon]，单击【确定】按钮，弹出"螺纹加工刀具设置"对话框，各项参数如图5-40所示。

（4）创建加工坐标系　在操作导航器的"几何体视图"中，选择"MCS_SPINDLE"结点并双击，如图5-41所示。系统弹出"Turn Orient"对话框，选择系统默认的加工坐标系，并选择 ZM-XM 平面为车削工作平面，如图5-42所示。

图5-41 几何体视图　　　图5-42 "Turn Orient"对话框

（5）定义车削加工横截面　选择菜单"工具"→"车加工横截面"命令，弹出"车加工横截面"对话框，如图5-43所示。单击"简单剖"按钮 ![icon]，再单击"体"按钮 ![icon]，然后在绘图区中

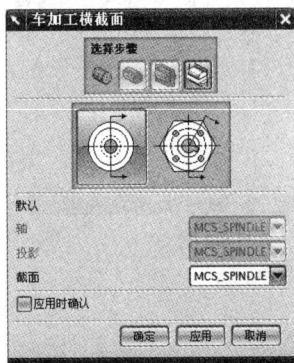

图5-43 "车加工横截面"对话框

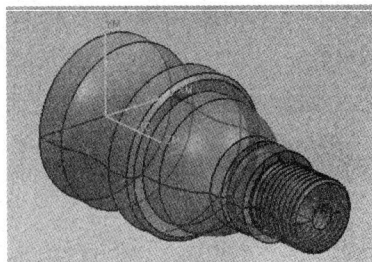

图5-44 定义的车削加工横截面

选择整个零件,再单击"剖切平面"按钮，选择默认的截面设置选项"MCS_SPINDLE",单击【确定】按钮,可以定义车削加工横截面,如图5-44所示。

(6)创建部件边界 在几何体视图中,双击"TURNING_WORKPIECE"结点,弹出"Turn Bnd"对话框,如图5-45所示。单击"指定部件边界"按钮，弹出"部件边界"对话框,如图5-46所示。单击"成链"按钮,弹出"成链"对话框,如图5-47所示。在绘图区的车削加工横截面上,先选择外侧最左边的线段,再选择内侧最左边的线段,可以生成部件边界,如图5-48所示。边界曲线上的短线位于内侧,表明是有材料的一侧。单击"Turn Bnd"对话框中的【显示】按钮,可以查看部件边界。

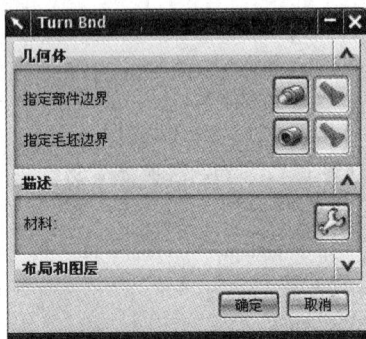

图5-45 "Turn Bnd"对话框

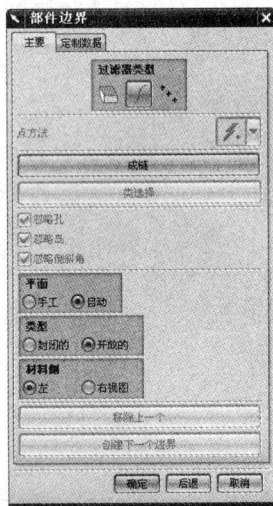

图5-46 "部件边界"对话框

图5-47 "成链"对话框

图5-48 生成部件边界

（7）创建毛坯边界 单击"指定毛坯边界"按钮 ，弹出"选择毛坯"对话框，如图5-49所示。单击"棒料"按钮 ，再单击【重新选择】按钮，弹出"点"对话框，如图5-50所示。指定坐标原点为安装位置，在"长度"和"直径"文本框中，分别输入值204和104，单击【确定】按钮，完成如图5-51所示的毛坯边界的定义。单击"Turn Bnd"对话框中的【显示】按钮，可以查看毛坯边界。

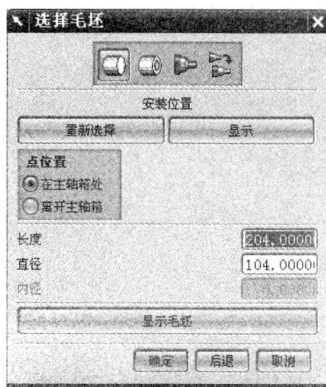

图5-49 "选择毛坯"对话框　　**图5-50** "点"对话框　　**图5-51** 定义毛坯边界

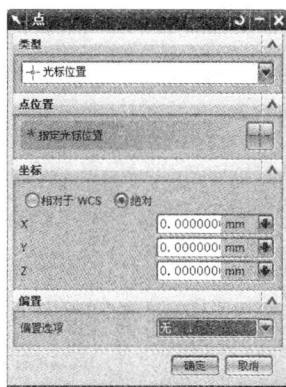

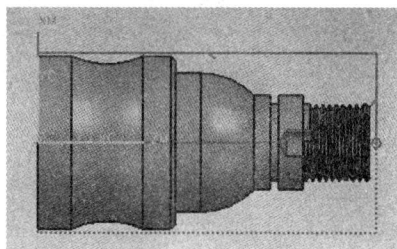

（8）创建外圆粗车加工操作 在"加工创建"工具栏中，单击"创建操作"按钮 ，弹出"创建操作"对话框，单击"ROUGH_TURN_OD"按钮 ，该对话框中的各项参数设置如图5-52所示。单击【确定】按钮，弹出"粗车OD"对话框，参数设置如图5-53所示。

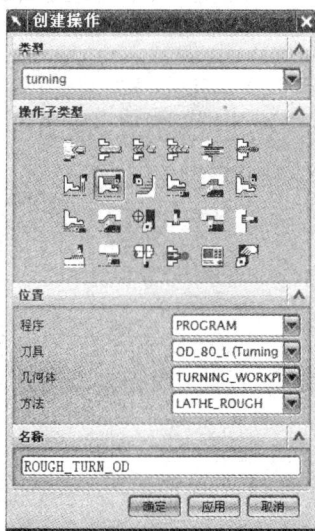

图5-52 "创建操作"对话框　　**图5-53** "粗车OD"对话框

（9）设置外圆粗加工切削参数

① 选择切削方式。单击"粗车OD"对话框中的"单向线性切削"按钮 ，确定粗车操作的切削方式。

② 单击"刀轨设置"标签,弹出"刀轨设置"选项卡,参数设置如图5-54所示,选中"省略变换区"复选框,单击【清理】按钮,弹出下拉列表框,切换为"无"模式。

③ 单击"切削参数"图标 ⬜,弹出"切削参数"对话框。在"切削参数"对话框中单击"余量"选项卡,弹出"余量"对话框,设置各项参数如图5-55所示。

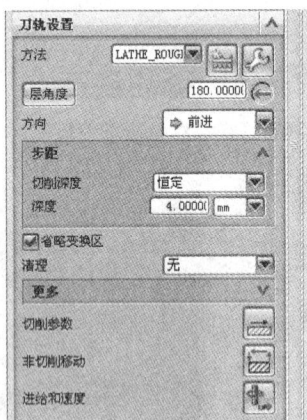

图5-54 "刀轨设置"选项卡

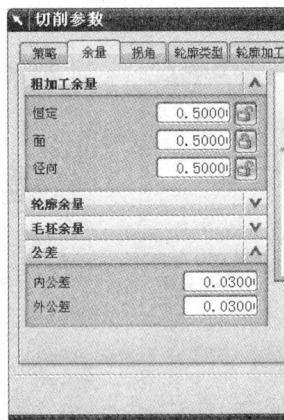

图5-55 "余量"选项卡对话框

④ 单击"非切削移动"图标 ⬜,弹出"非切削移动"对话框。单击"逼近"标签,如图5-56所示。单击出"发点指定点"图标 ⬜,按照如图5-57所示设置出发点位置,完成后,单击【确定】按钮,退出"点"对话框。

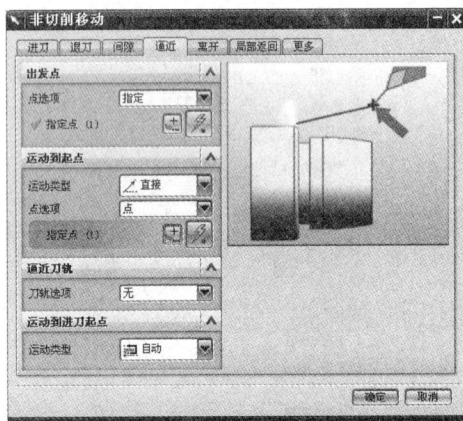

图5-56 "逼近"选项卡对话框

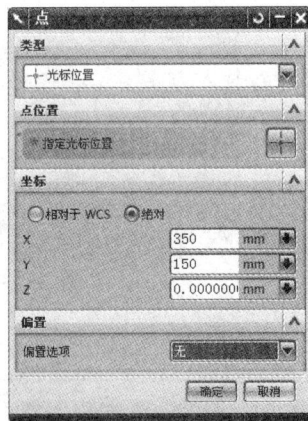

图5-57 "出发点设置"对话框

⑤ 在"逼近"选项卡对话框中,单击运动到"起点指定点"图标 ⬜,按照如图5-58所示设置运动到起点位置,完成后,单击【确定】按钮,退出"点"对话框。

⑥ 在"非切削移动"对话框中单击"离开"标签,如图5-59所示,单击"运动到返回点/安全平面指定点"图标 ⬜,按照如图5-57所示设置出发点位置,完成后,单击【确定】按钮,退出【点】对话框。在"离开"选项卡对话框中,单击"运动到回零点指定点"图标 ⬜,按照如图5-58所示设置出发点位置,完成后,单击【确定】按钮,退出"点"对话框。

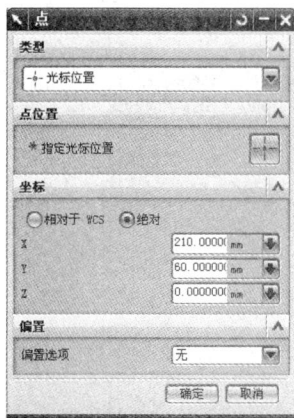

图 5-58　"运动到起点设置"对话框

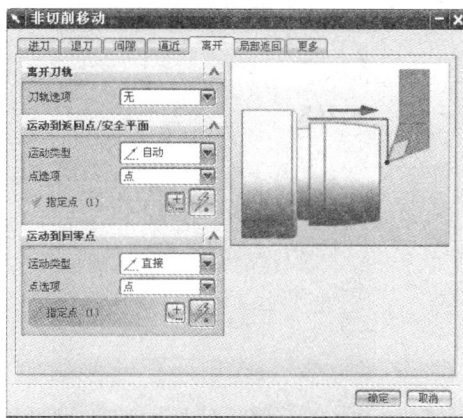

图 5-59　"离开"选项卡对话框

⑦ 单击"进给和速度"图标，弹出"进给和速度"对话框，如图 5-60 所示。单击主轴速度中的"输出模式"，弹出下拉列表框，切换模式为"RPM(r/min)"，选中"主轴速度"选项，输入转速为 500；单击进给率中的切削，弹出下拉列表框，切换为"mmpm(mm/min)"，输入进给量为 300。完成后，单击【确定】按钮，退出"进给和速度"对话框。

(10) 生成外圆粗加工刀轨　在"粗车 OD"对话框中，单击"生成刀轨"按钮，查看生成的粗车加工的刀具轨迹，如图 5-61 所示。仿真后的效果图如图 5-62 所示。

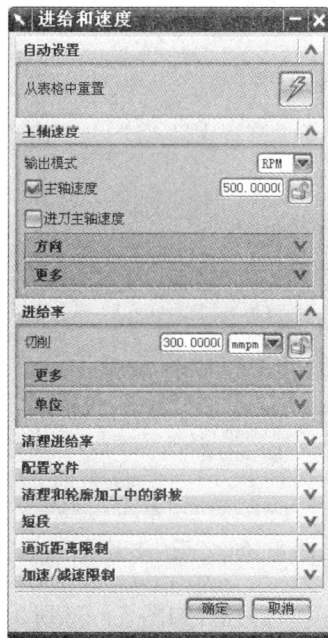

图 5-60　"进给和速度"对话框

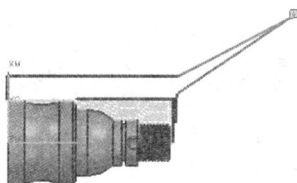

图 5-61　粗车加工刀具轨迹

图 5-62　粗加工仿真后的效果图

(11) 创建外圆精加工操作　在"加工创建"工具栏中，单击"创建操作"按钮，弹出"创建操作"对话框，单击"FINISH_TURN_OD"按钮，该对话框中的各项参数设置如图

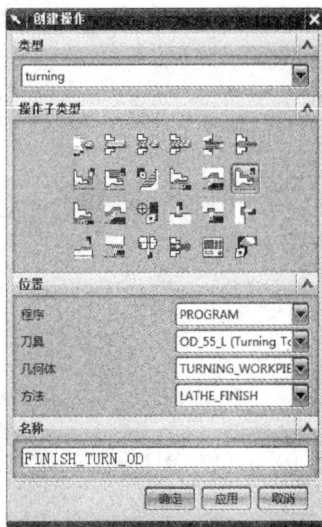

图 5-63　"创建操作"对话框　　　　图 5-64　"精车 OD"对话框

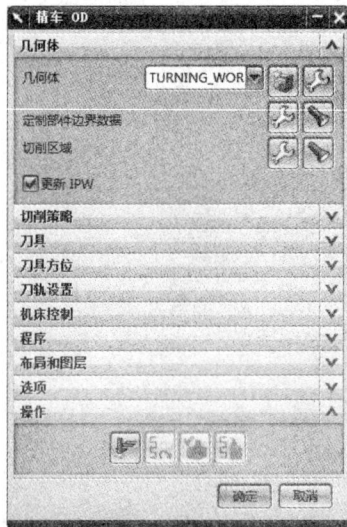

5-63 所示。单击【确定】按钮,弹出"精车 OD"对话框,参数设置如图 5-64 所示。

(12) 设置外圆精加工切削参数　① 单击"刀轨设置"标签,弹出"刀轨设置"选项卡,参数设置如图 5-65 所示。"非切削移动"选项可参照粗加工的设置。

图 5-65　"刀轨设置"选项卡　　　　图 5-66　"进给和速度"对话框

② 单击进"给和速度"图标█,弹出"进给和速度"对话框,如图 5-66 所示。单击主轴速度中的"输出模式",弹出下拉列表框,切换模式为"RPM(r/min)",选中"主轴速度"选项,输入转速"800";单击进给率中的切削,弹出下拉列表框,切换为"mmpm(mm/min)",输入进给量"150"。完成后,单击【确定】按钮,退出"进给和速度"对话框。

(13) 生成外圆精加工刀轨　在"精车 OD"对话框中,单击"生成刀轨"按钮█,查看生成的粗车加工的刀具轨迹,如图 5 - 67 所示。

(14)创建割槽加工操作 在"加工创建"工具栏中,单击"创建操作"按钮 ▣,弹出"创建操作"对话框,单击"GROOVE_OD"按钮 ▣,该对话框中的各项参数设置如图 5 - 68 所示。单击【确定】按钮,弹出"槽 OD"对话框,参数设置如图 5 - 69 所示。

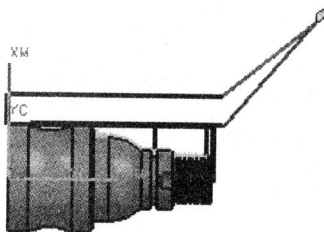

图 5 - 67 精车加工刀具轨迹

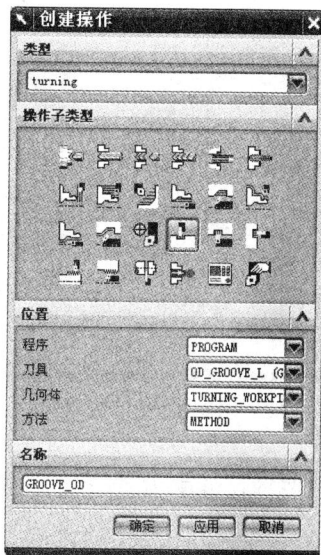

图 5 - 68 "创建操作"对话框

图 5 - 69 "槽 OD"对话框

(15)设置割槽切削参数及生成刀轨 ① 设置切削区域。单击"切削区域"栏中的 🔧 图标,弹出切削区域对话框,如图 5 - 70 所示。

图 5 - 70 "几何空间范围"对话框

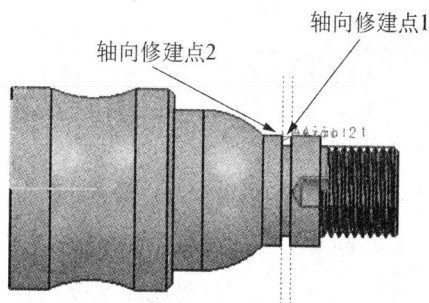

图 5 - 71 轴向修剪

② 单击"轴向修剪平面1"图标 ，弹出"点"对话框，选择沟槽右边边缘点。单击"轴向修剪平面2"图标 ，弹出"点"对话框，选择沟槽左边边缘点。单击"显示"图标 ，切削区域效果如图 5-71 所示。完成后，单击【确定】按钮，推出切削区域对话框。

③ 单击"刀轨设置"按钮，弹出"刀轨设置"选项卡，如图 5-72 所示。

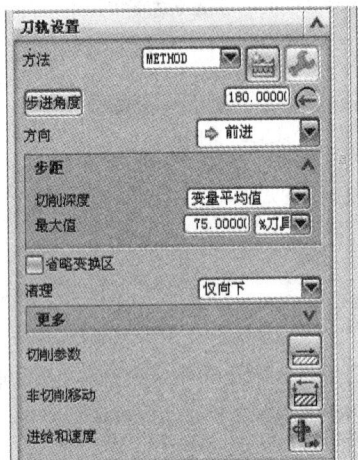

图 5-72 "刀轨设置"选项卡

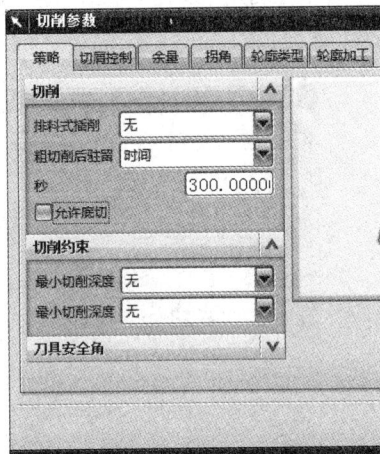

图 5-73 "切削参数→策略"选项卡对话框

④ 单击"切削参数"图标 ，弹出"切削参数"对话框。单击"策略"→"切削"→"粗切削后驻留"，在下拉列表框中选中"时间"，并在"秒"后框中输入"300"，如图 5-73 所示。完成后，单击【确定】，退出"切削参数"对话框。

注意：暂停单位是 0.001，暂停 0.3 秒应输入"300"。

⑤ 单击"进给和速度"图标 ，弹出"进给和速度"对话框，单击主轴速度中的"输出模式"，弹出下拉列表框，切换模式为"RPM(r/min)"。选中"主轴速度"选项，输入转速"300"；单击进给率中的切削，弹出下拉列表框，切换为"mmpm(mm/min)"，输入进给量"100"。完成后，单击【确定】按钮，退出"进给和速度"对话框。

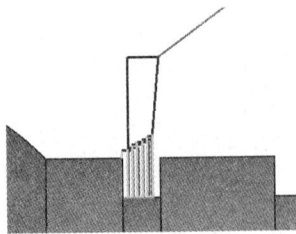

图 5-74 槽加工刀具轨迹

⑥ 在"槽 OD"对话框中，单击"生成刀轨"按钮 ，查看生成的槽加工的刀具轨迹，如图 5-74 所示。

(16) 创建中心孔加工操作　在"加工创建"工具栏中，单击"创建操作"按钮 ，弹出"创建操作"对话框，如图 5-75 所示。单击"CENTERLINE_DRILLING"按钮 ，在"刀具"下拉列表中选择"DRILLING_TOOL"选项。单击【确定】按钮，弹"中心线钻孔"对话框。

(17) 设置中心孔加工切削参数及生成刀轨　① 设置循环类型。在"循环类型"标签中，"循环"下拉列表中选择"钻，断屑"选项，设置"排屑"中"固定增量"为 5，"离开距离"为 3，各项参数设置如图 5-57 所示。

② 设置加工深度。在"起点和深度"标签中，"深度选项"下拉列表中选择"刀肩深度"选项，设置"距离"为 54，各项参数设置如图 5-77 所示。

图 5-75　"创建操作"对话框

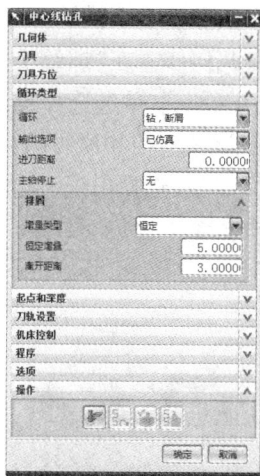

图 5-76　"中心线钻孔"对话框

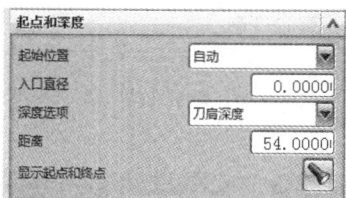

图 5-77　"起点和深度"对话框

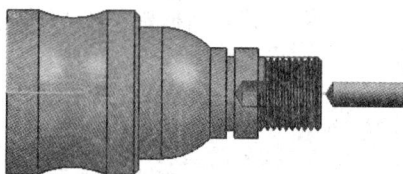

图 5-78　中心孔加工刀具轨迹

③ 生成刀轨。单击"生成刀轨"按钮糖,可以查看生成的中心孔加工的刀具轨迹,如图 5-78 所示。

(18)创建螺纹加工　在"加工创建"工具栏中,单击"创建操作"按钮 ,弹出"创建操作"对话框,如图 5-79 所示。单击"THREAD_OD"按钮 ,在"刀具"下拉列表中选择"OD_THREAD_L"选项,单击【确定】按钮,弹出"螺纹 OD"对话框,参数设置如图 5-80 所示。

图 5-79　"创建操作"对话框

图 5-80　"螺纹 OD"对话框

（19）设置参数及生成螺纹加工刀轨

① 定义螺纹几何体。在"螺纹 OD"对话框中单击"螺纹形状"标签，如图 9－81 所示。单击"Select Crest Line"，单选选择螺纹顶线；单击"Select End Line"，选择与顶线螺纹的结束点相交的直线（该条直线和顶线的交点即为螺纹几何体的终点）；"深度选项"下拉列表框选择"根线"选项，单击"选择根线"，选择螺纹的根线；单击"偏置"标签，在"起始偏置"栏中设置为 4，具体选择设置如图 5－81 所示。

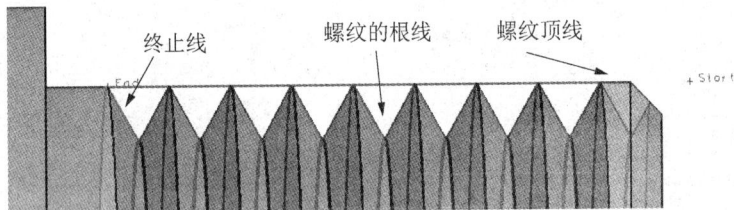

图 5－81 螺纹形状选择示意图

② 在"螺纹 OD"对话框中单击"刀轨设置"标签，参数设置如图 5－82 所示。

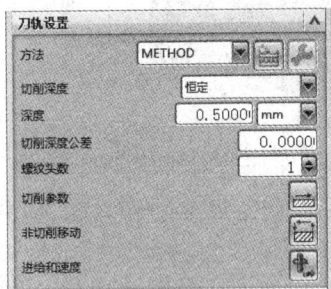

图 5－82 "刀轨设置"标签对话框

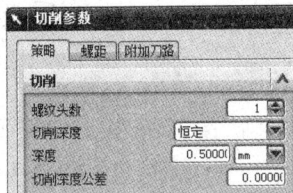

（a）"策略"选项卡

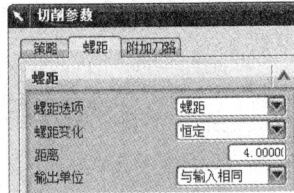

（b）"螺距"选项卡

图 5－83 "切削参数"对话框

③ 单击"切削参数"图标，弹出"切削参数"对话框。单击"策略"选项卡，设置"螺纹头数"为 1，深度为 0.5，如图 5－83（a）所示；单击"螺距"选项卡，设置螺距"恒定"，"距离"为 4，如图 5－83（b）所示。

④ 单击进给和速度图标，弹出"进给和速度"对话框，单击主轴速度中的"输出模式"，弹出下拉列表框，切换模式为"RPM（r/min）"，选中"主轴速度"选项，输入转速"200"；选中"进刀主轴速度"选项，输入转速"150"；单击进给率中的切削，弹出下拉列表框，切换为"mmpr（mm/r）"，输入进给量"4"。完成后，单击【确定】按钮，退出"进给和速度"对话框。

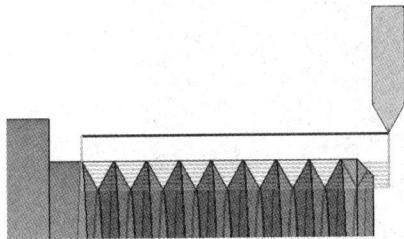

图 5－84 生成的螺纹加工刀轨

⑤ 生成刀轨。在"螺纹 OD"对话框中，单击"生成刀轨"按钮，查看生成的螺纹加工的刀具轨迹，如图 5－84 所示。

（20）保存文件　在"文件"下拉菜单中选择"保存"命令，保存已完成的加工文件。

任务小结

1. 本次任务的主要内容
(1) 车 CAM 设置的流程。
(2) 创建车削加工几何体。
(3) 创建车削加工刀具。
(4) 粗车加工工序的创建及参数的设置。
(5) 精车加工工序的创建及参数的设置。
(6) 中心孔加工工序的创建及参数的设置。
(7) 车槽加工工序的创建及参数的设置。
(8) 螺纹加工工序的创建及参数的设置。
2. 本次任务完成后达到的目的
能够熟练完成一个车削零件的刀轨生成。

任务后思考

如图 5 - 85 所示,在圆柱体的基础上加工该零件,零件模型名称为"turning_EX. prt"。

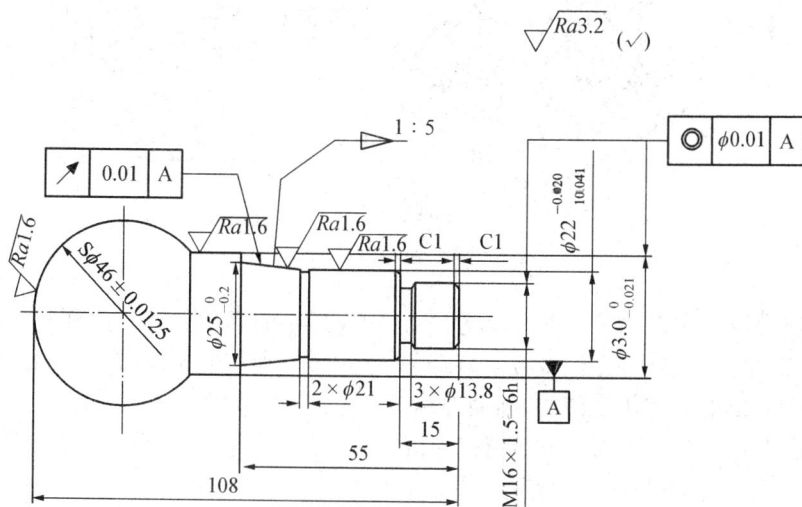

图 5 - 85　车削加工零件练习模型

任务 3　铣削 CAM 实例

必备知识

1. 型腔铣的用途

型腔铣用于加工带有曲面和拔模斜度的型芯和型腔。用切削层(Cut level)和区间

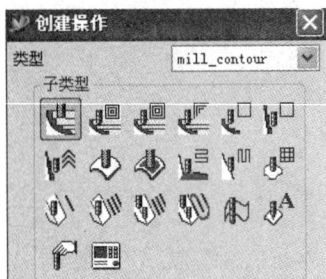

图5-86 型腔铣操作类型对话框

(Range)定义切削深度,每个切削层均为水平的,并与刀轴垂直。用于粗加工时,各切削层平面与零件几何体和毛坯几何体所产生的交线,决定了各切削层的加工范围;用于精加工时(轮廓铣),各切削层平面与零件几何体所产生的交线,决定了各切削层的加工范围。但大多情况下,型腔铣用于粗加工。在每个切削层中刀具的移动,型腔铣和平面铣是一样的。型腔铣加工后,零件轮廓残余了等高的波峰,形成了台阶状,需要进行进一步的半精加工。

2.型腔铣的操作类型

型腔铣的操作类型如图5-86所示。

3.切削模式

(1)跟随部件 保证沿零件所有几何加工,且最靠近部件几何刀路最后加工,再不需要岛清根、壁清理;步距没有向内、向外选项设置,对于型腔总是向内,对于岛屿总是向外;建议有岛屿的型腔优先使用。走刀轨迹如图5-87所示。

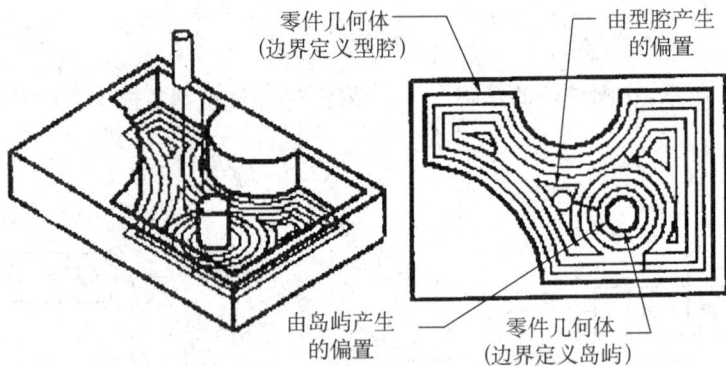

零件几何体
(边界定义型腔)

由型腔产生的偏置

由岛屿产生的偏置

零件几何体
(边界定义岛屿)

图5-87 跟随部件切削

(2)跟随周边 用于创建一条沿着轮廓顺序的、同心的刀位轨迹。需要指定步距向内、向外选项;沿轮廓产生封闭刀路,重叠时就合并,不一定沿岛屿完全偏置,其后常需清理岛屿加工。建议无岛屿的型腔优先使用,辅助刀路短。走刀轨迹如图5-88所示。

(3)轮廓铣 对壁面形成1条不相交的精加工刀路,用"附加刀路"可增加刀路数,进行分层加工。走刀轨迹如图5-89所示。

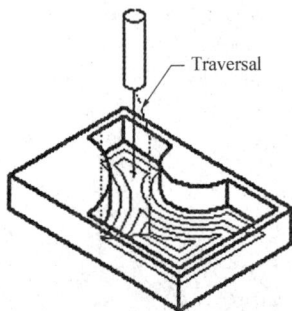

Traversal

图5-88 跟随周边切削

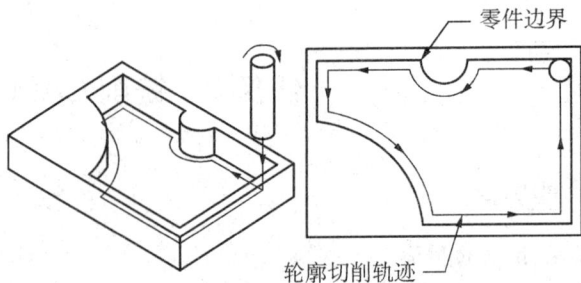

零件边界

轮廓切削轨迹

图5-89 轮廓铣

　　（4）摆线　回环与跟随部件方式的自动组合。优选向外切削方向。负荷均匀,过渡圆滑,适合高速加工,但路径长。走刀轨迹如图5-90所示。

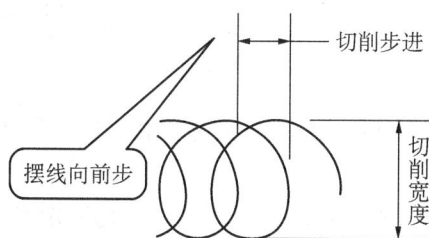

图5-90　摆线切削

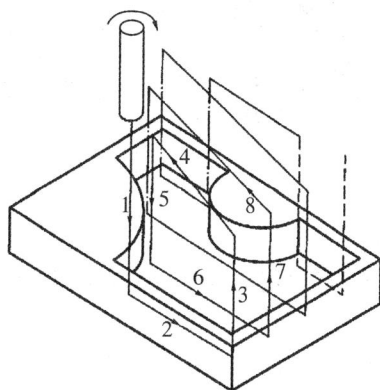

图5-91　单向切削

　　（5）单向　创建一系列平行的单向的刀位轨迹,如图5-91所示。区域内下刀单方向切削,抬刀横移时变换到另一行。下、抬刀次数多。这种切削方式基本能够维持单纯顺铣或逆铣。

　　（6）往复　创建往复的平行的切削刀轨,如图5-92所示。通常的行切,区域内仅下、抬刀1次,路径短。由于是往复式的切削,切削方向交替变化,顺铣和逆铣也交替变换。

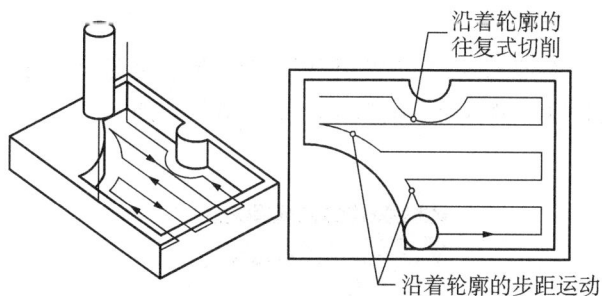

图5-92　往复式切削方法

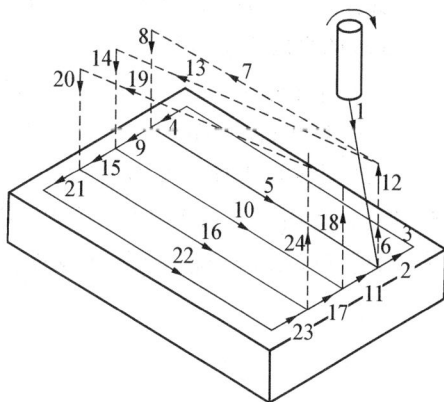

图5-93　沿轮廓的单向切削

　　（7）单向轮廓　用于创建平行的、单向的沿着轮廓的刀位轨迹,回程是快速横越运动,如图5-93所示。下、抬刀次数多。这种切削方式能够始终维持着顺铣或者逆铣切削。

　　4.步距

　　用于指定切削路径(Cut Passes)之间的距离,如图5-94所示,距离可以由如下值定义:"恒定的""残余高度""％刀具平直""多个的"。

　　5.区间

　　区间是描述型腔铣中被切除材料的总量或深度。最多能定义10个区间。在每个区间里又可以定义每刀切削深度。图5-95为区间定义示意图。

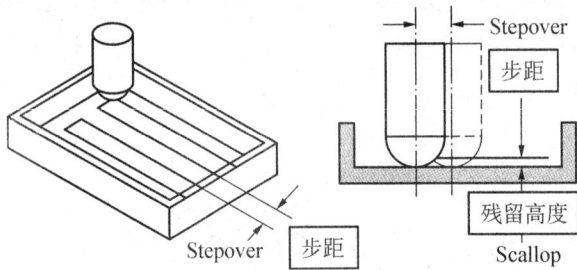

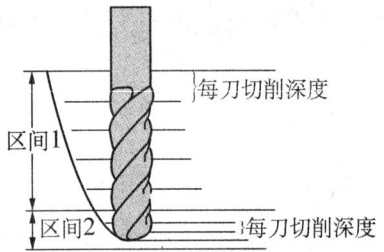

图 5-94　步距　　　　　　　　　　　　　　　　　图 5-95　区间

（1）每刀切削深度　每刀切削深度定义为,在一个区间的每个切削层中,刀具切削的最大深度。

（2）切削层　切削层是描述在一个区间中被切除的材料的总量或深度。它们定义了垂直刀具轴的切削平面。切削层组合成区间。每个区间的切削层都有固定的切削深度。但是不同区间的每刀的切削深度可能不同,如图 5-95 所示的区间 1 和区间 2 的每刀切削深度为不同的值,但型腔壁相对陡峭些时每刀切削深度可以设置相对大一些,否则要小一些。

案　例

型腔铣加工

如图 5-96 所示,以下操作是在一个长方体毛坯的基础上加工出工件,使用刀具为 $\phi 30$ mm 的平底刀进行加工。

（1）打开部件文件　启动 NX,打开文件名为"CAVITY_MILL. prt"的部件文件,另存为"＊＊＊_ CAVITY_MILL. prt"。

（2）进入加工模块及加工环境初始化　单击工具栏上的"开始"按钮,在下拉选项中选择"加工"选项,在"加工环境"对话框中选择"CAM",设置为"mill_contour",如图 5-97 所示,确定进行加工环境的初始化设置。

图 5-96　型腔铣加工零件

图 5-97　"加工环境"对话框

（3）创建刀具　单击创建工具条上的"创建刀具"图标，打开"创建刀具"对话框,如

图 5 - 98 所示。选择"刀具子类型"的 ，单击【确定】按钮进入"铣刀-5 参数"对话框。

新建"铣刀-5 参数"的刀具，设定直径为 30，如图 5 - 99 所示。其余选项依照默认值设定，单击【确定】按钮完成刀具创建。

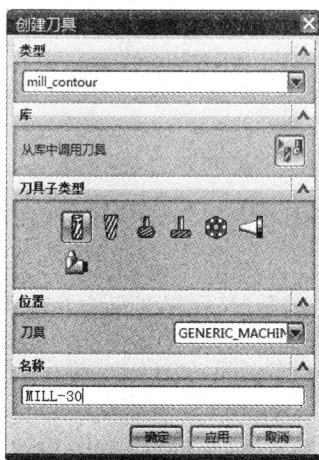

图 5 - 98　"创建刀具"对话框　　**图 5 - 99**　"铣刀-5 参数"对话框

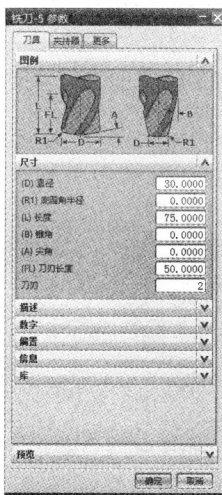

（4）设定加工坐标系　在"操作导航器-几何视图"窗口中双击"MCS_MILL"结点，系统弹出如图 5 - 100 所示的"Mill_ORIENT"对话框。此时，设置的 MCS（加工坐标系）与 WCS（工件坐标系）一致。

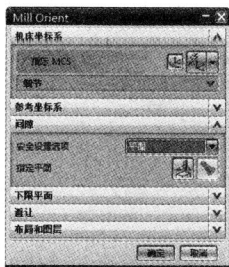

图 5 - 100　"Mill Orient"　**图 5 - 101**　设置安全　**图 5 - 102**　"铣削几何体"
对话框　　　　　　　平面　　　　　　　　　对话框

在"Mill_ORIENT"对话框中，选中"间隙"选项卡中"安全设置选项"，选择"平面"，点击"指定平面"后的图标，弹出如图 5 - 101 所示的"平面构造器"对话框。设定"偏置"值为"10"，选择工件的上平面，点击【确定】按钮，继续点击【确定】直至退出"Mill_Orient"对话框。

（5）设置部件几何体　① 在"操作导航器-几何视图"窗口中双击"WORKPIECE"结点，系统弹出如图 5 - 102 所示"铣削几何体"对话框。

② 在"铣削几何体"对话框中，点击"指定部件"图标 ，系统弹出如图 5 - 103 所示的"部件几何体"对话框。"部件几何体"对话框中，在"选择选项"中选择"几何体"选择项，在过滤方式中选择"体"，在绘图区选取实体作为部件几何体，如图 5 - 104 所示。点击【确定】，返

回"铣削几何体"对话框。

③ 在"铣削几何体"对话框中,点击"指定毛坯"图标 ,弹出如图 5 - 105 所示的"毛坯几何体"对话框。选择"自动块"选择项,点击【确定】按钮,返回"铣削几何体"对话框。再点击【确定】,完成几何体的创建。

图 5 - 103 "部件几何体"对话框   图 5 - 104 指定部件几何体   图 5 - 105 "毛坯几何体"对话框

(6)创建型腔铣工序 单击创建工具条上的"创建操作"图标 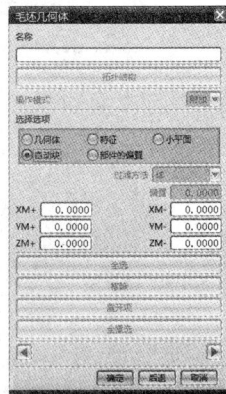,系统将会打开"创建操作"对话框,如图 5 - 106 所示。选择"操作子类型"为 ,在"刀具"的下拉框中确认当前选择的刀具为 MILL - 30,在"几何体"的下拉框中确认当前选择的为 WORKPIECE,在"方法"的下拉框中确认当前选择的为 MILL_FINISH。确认各选项后单击【确定】按钮,打开"型腔铣"对话框,如图 5 - 107 所示。

图 5 - 106 "创建工序"对话框   图 5 - 107 "型腔铣"对话框

(7)刀轨设置 在"型腔铣"对话框中展开"刀轨设置"组,并进行参数设置,设置"全局每刀深度"为 3,如图 5 - 107 所示。

单击"进给率和速度"图标 ，则弹出如图 5－108 所示的对话框，设置"主轴速度"为 600，"进给率"为 250。单击【确定】按钮，返回"型腔铣"对话框。

图 5－108　设置进给参数

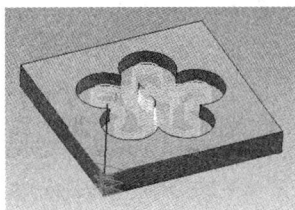

图 5－109　生成的刀轨

（8）生成刀轨　确认其他选项参数设置。在"型腔铣"对话框中单击"生成刀轨"图标 ，计算生成刀路轨迹。在计算完成后，产生的刀路轨迹如图 5－109 所示。

（9）确认刀轨　将视图方向调整为正等侧视图，单击"确认刀轨"图标 ，系统打开"刀轨可视化"对话框。选择"3D 动态"，再单击下方的"播放"按钮 ，如图 5－110 所示。

图 5－110　"刀轨可视化"对话框

图 5－111　"后处理"对话框

（10）后处理　单击操作工具条上的"后处理"图标 ，系统打开"后处理"对话框，如图 5－111 所示设置，单击【确定】按钮开始后处理。生成的后处理程序如图 5－112 所示。"MILL_3_AXIS"后处理器生成的单位默认为英制，改为公制会出现警告信息。

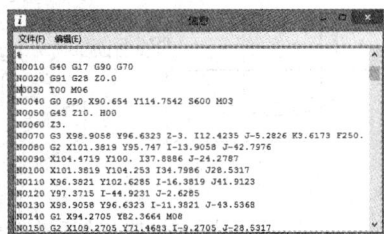

图 5－112　程序文件

1. 本次任务的主要内容

(1) 型腔铣的操作流程。

(2) 型腔铣各参数的设置。

(3) 刀轨的确认。

(4) 后置处理。

2. 本次任务完成后达到目的

能够熟练完成铣削零件的刀轨生成。

任务后思考

如图 5－113 所示,在长方体毛坯的基础上加工出工件。

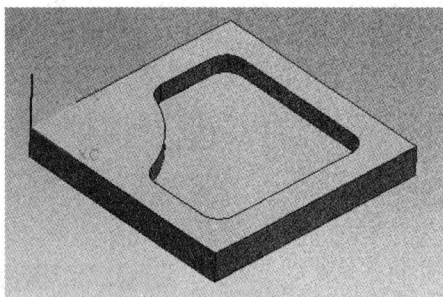

图 5－113   型腔铣模型

任务 4   多轴加工 CAM 实例

必备知识

1. **驱动方法**

(1) 曲线/点驱动   选择曲线/点定义驱动几何体。

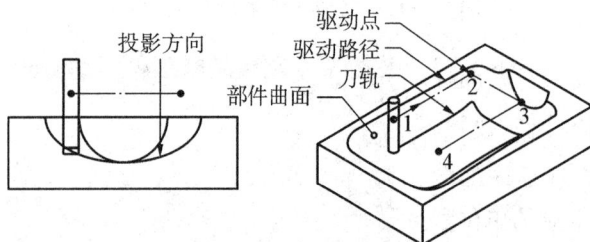

图 5－114   点驱动方法

① 点驱动几何体:点间线段为驱动轨迹,点是顺序的但可不连续,不连续的点可以重复使用,如起点也可定义为终点形成封闭区域。一个点不会产生轨迹。如图 5－114 所示为点驱动方法。

② 驱动曲线:可以是开放的、封

闭的,连续的、非连续的,平面的、空间的,但必须是顺序选择的。选定驱动几何体就显示默认切削矢量,决定切削方向,距离选择点近的端点为起点。沿曲线产生驱动点。如图5-115所示为曲线驱动方法。

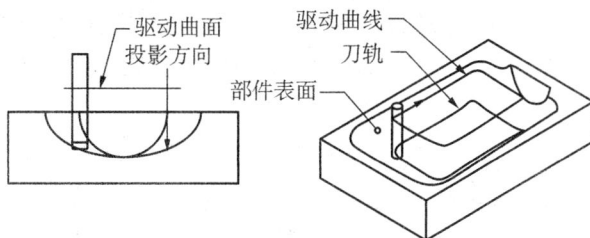

图5-115 曲线驱动方法

(2)螺旋式驱动 定义从指定的中心点向外螺旋的驱动点。驱动点在垂直于投影矢量并包含中心点的平面上创建,沿着投影矢量投影到所选择的部件表面上,如图5-116所示。

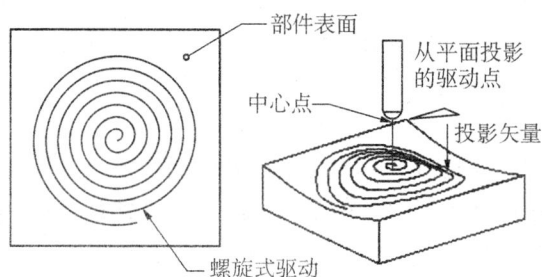

图5-116 螺旋式驱动方法

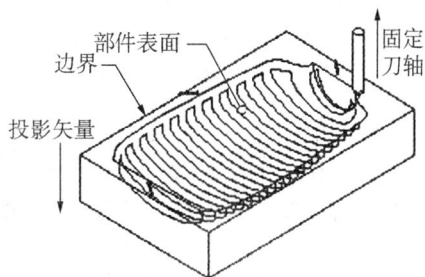

图5-117 边界驱动

(3)边界驱动 允许通过指定边界和空间范围环定义切削区域。边界与部件表面的形状和大小无关,而环必须与外部部件表面边对应。切削区域由边界、环或二者的组合定义。将已定义的切削区域的驱动点按照指定的投影矢量的方向投影到部件表面,这样就可以创建刀轨。边界驱动方法在加工部件表面时很有用,它需要最少的刀轴和投影矢量控制,如图5-117所示。

(4)曲面驱动(表面积驱动) 曲面区域驱动方法允许创建一个位于驱动曲面栅格内的驱动点阵列。加工需要可变刀轴的复杂曲面时,这种驱动方法是很有用的。它提供对刀轴和投影矢量的附加控制。

如图5-118所示,投影矢量和刀轴都是可变的,并且都定义为与驱动曲面垂直。

(5)流线驱动 流线驱动方法根据选中的几何体来构建隐式驱动曲面。流线可以灵活地创建刀轨,规则面栅格无需整齐排列,如图5-119所示。

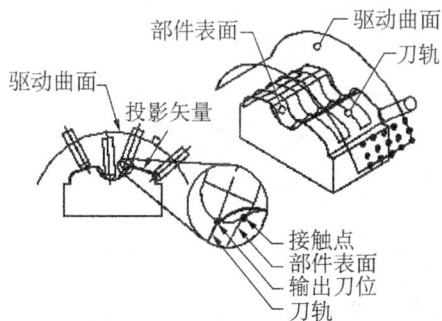

图5-118 曲面驱动

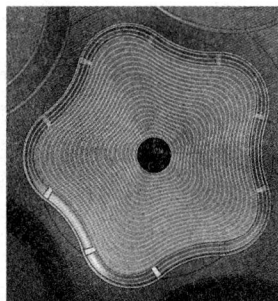

图5-119 流线驱动

（6）刀轨驱动　用于变轴。驱动点沿着选定的刀位源文件"CLSF"生成，投影到所选部件表面上创建刀路。因为刀位源文件"CLSF"是否合理难断，不常用。

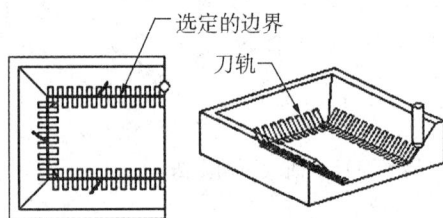

图 5‑120　径向切削驱动方法

（7）径向切削驱动　径向切削驱动方法允许使用指定的步距、带宽和切削类型，生成沿着给定边界和垂直于给定边界的驱动轨迹。此驱动方法可用于创建清理工序，如图 5‑120 所示。

（8）外形轮廓铣驱动方法　外形轮廓铣驱动方法可使用刀侧面来加工倾斜壁。使用可变轴轮廓铣可以自动生成刀轨，使用刀侧面加工型腔的壁或由底面和壁限定的区域。选择底面后，系统可以查找所有限定底面的壁。系统会经常调整刀轴以获得光顺刀轨。在凹角处，刀具侧面与两个相邻壁相切。在凸角处，软件添加一个半径并绕着它滚动刀具，以使刀轴与各个拐角壁保持相切。

2. 投影矢量

（1）指定矢量　允许键入一个可定义相对于工作坐标系原点的矢量的值，来定义固定投影矢量，如图 5‑121 所示。系统将在坐标系原点处显示该矢量，$-Z_C$ 方向是默认的投影矢量。

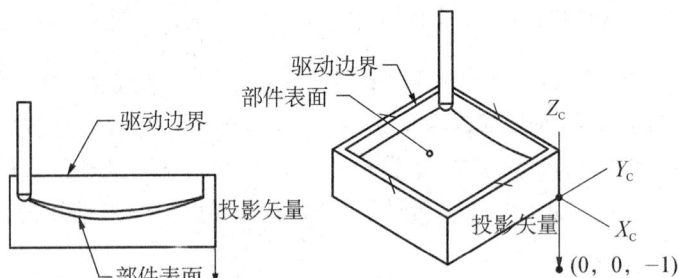

图 5‑121　指定矢量的投影矢量

（2）刀轴　允许根据现有的刀轴定义一个投影矢量。使用刀轴时，投影矢量总是指向刀轴矢量的相反方向，如图 5‑122 所示。

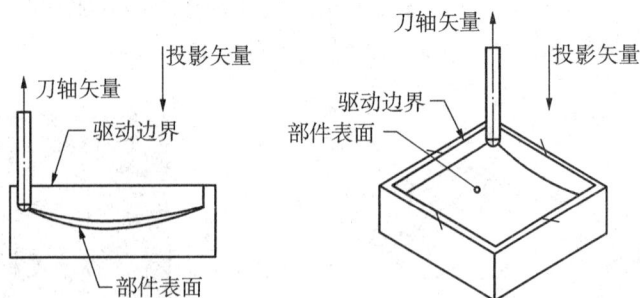

图 5‑122　刀轴的投影矢量

（3）远离点　允许创建从指定的焦点向部件表面延伸的投影矢量。此选项可用于加工焦点在球面中心处的内侧球形(或类似球形)曲面,如图 5-123 所示。驱动点沿着偏离焦点的直线从驱动曲面投影到部件表面。焦点与部件表面之间的最小距离必须大于刀具半径。

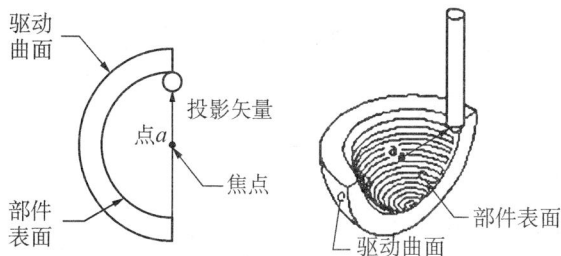

图 5-123 远离点的投影矢量

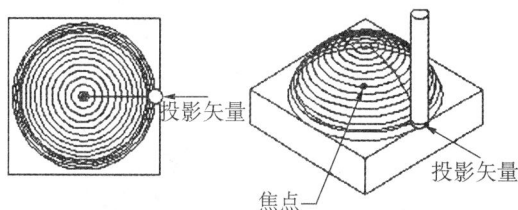

图 5-124 朝向点的投影矢量

(4) 朝向点 创建从部件表面延伸至指定焦点的投影矢量。此选项可用于加工焦点在球中心处的外侧球形(或类似球形)曲面。如图 5-124 所示,球面同时用作驱动曲面和部件表面。因此,驱动点以零距离从驱动曲面投影到部件表面。投影矢量的方向确定部件表面的刀具侧,使刀具从外侧向焦点定位。

(5) 远离直线 创建从指定的直线延伸至部件表面的投影矢量。投影矢量作为从中心线延伸至部件表面”的垂直矢量进行计算。此选项有助于加工内部圆柱面,其中指定的直线作为圆柱中心线。刀具位置将从中心线移到部件表面的内侧,如图 5-125 所示。驱动点沿着偏离所选聚焦线的直线从驱动曲面投影到部件表面。聚焦线与部件表面之间的最小距离必须大于刀具半径。

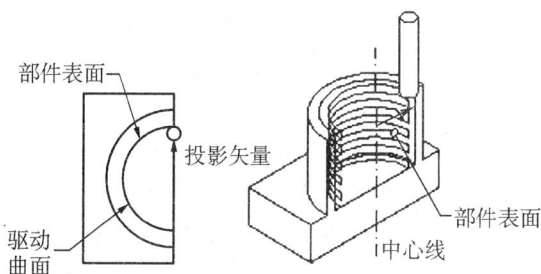

图 5-125 远离直线投影矢量

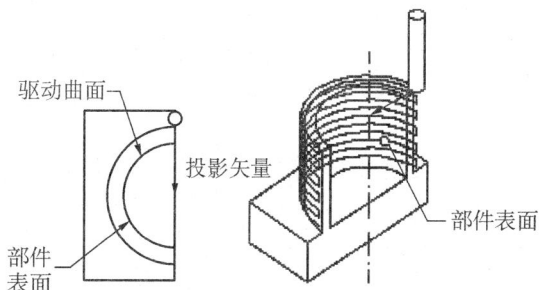

图 5-126 朝向线的投影矢量

(6) 朝向直线 允许创建从部件表面延伸至指定直线的投影矢量。此选项有助于加工外部圆柱面,其中指定的直线作为圆柱中心线,如图 5-126 所示。刀具位置将从部件表面的外侧移到中心线。驱动点沿着向所选聚焦线收敛的直线从驱动曲面投影到部件表面。

3. 刀轴

(1) 远离点 定义偏离焦点的可变刀轴。用户可使用点子功能来指定点。刀轴矢量离开焦点指向刀柄,如图 5-127 所示。

(2) 朝向点 定义向焦点收敛的可变刀轴。用户可使用点子功能来指定点。刀轴矢量离开刀柄指向焦点,如图 5-128 所示。

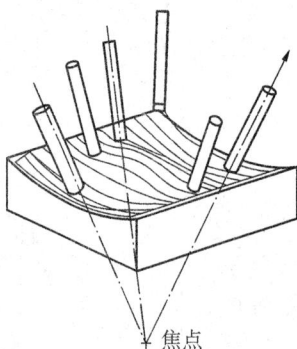

图 5 - 127　远离点刀轴

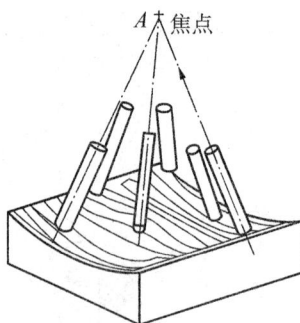

图 5 - 128　朝向点刀轴

（3）远离直线　定义从聚焦线（直线）发散指向刀柄的可变刀轴。刀轴可沿聚焦线移动，但须与聚焦线保持垂直，如图 5 - 129 所示。

（4）朝向直线　定义离开刀柄向聚焦线（直线）收敛的可变刀轴。刀轴可沿聚焦线移动，但须与聚焦线保持垂直，如图 5 - 130 所示。

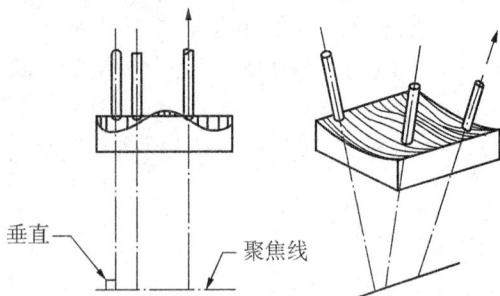

图 5 - 129　远离直线刀轴

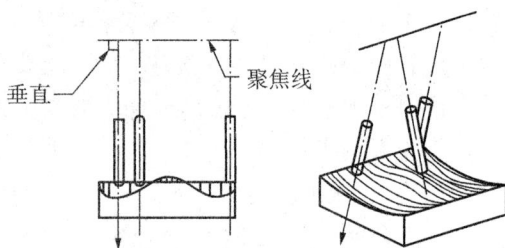

图 5 - 130　朝向直线刀轴

（5）相对于矢量　定义相对于带有指定的前倾角和侧倾角矢量的可变刀轴，如图 5 - 131 所示。

（6）垂直于部件　定义用部件表面的法矢量作为刀轴矢量，即空间法矢刀轴。无刀轴设定专门对话框，如图 5 - 132 所示。

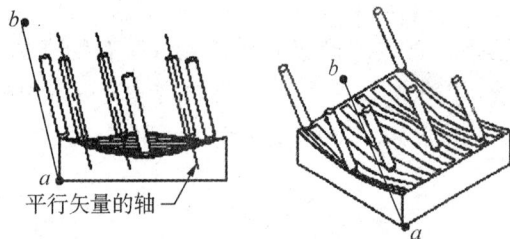

图 5 - 131　相对于矢量刀轴

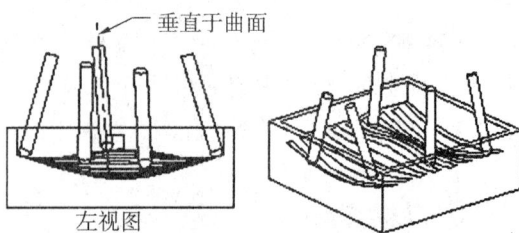

图 5 - 132　垂直于部件刀轴

（7）相对于部件　定义一个相对于部件表面垂直轴（垂线、曲面法线、曲面法矢量）倾斜一个前倾角、一个侧倾角的刀轴矢量，如图 5 - 133 所示。

前倾角定义了刀具沿刀轨前倾或后倾的角度。正的前倾角的角度值表示刀具相对于刀轨方向向前倾斜。负的前倾角(后倾角)值表示刀具相对于刀轨的方向向后倾斜。

(8)4轴,垂直于部件　定义使用4轴旋转角度的刀轴。4轴方向使刀具绕着所定义的旋转轴旋转,同时始终保持刀具和旋转轴垂直,如图5-134所示。

旋转角度使刀轴相对于部件表面的另一法向轴向前或向后倾斜。与前倾角不同,4轴旋转角始终向法向轴的同一侧倾斜。它与刀具运动方向无关。

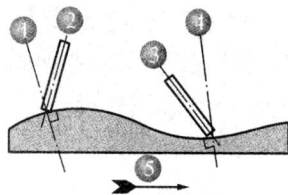

1—垂直刀轴;2—正的前倾角;3—负的前倾角(后倾角);4—垂直刀轴;5—刀具方向

图5-133　相对于部件刀轴

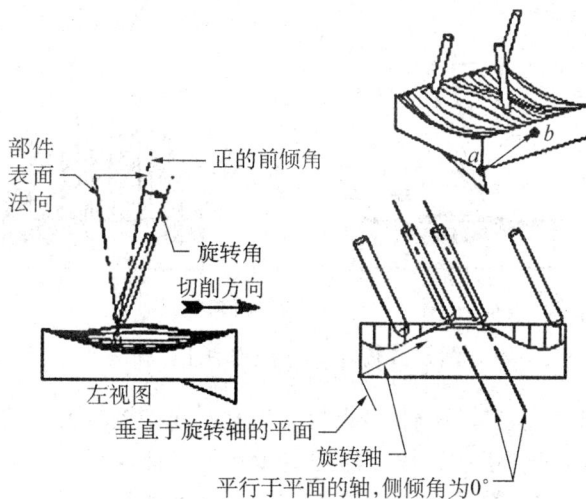

图5-134　4轴,垂直于部件

(9)4轴,相对于部件　工作方式与"4轴,垂直于部件"基本相同。但可以定义一个前倾角和一个侧倾角,如图5-135所示。

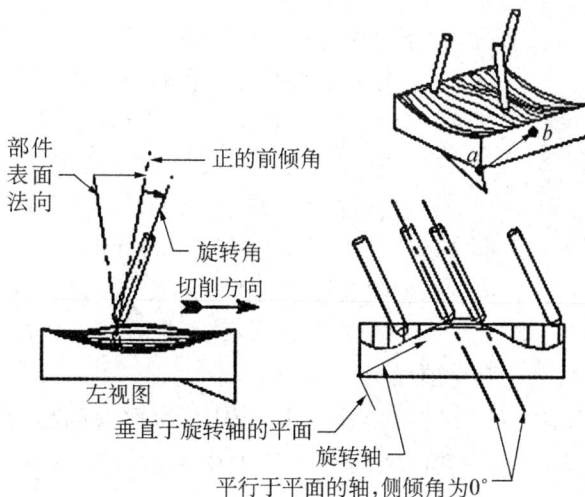

图5-135　4轴,相对于部件

（10）双4轴在部件上　刀轴与"4轴相对于部件"的工作方式基本相同。4轴旋转角绕一个轴旋转部件，这如同部件在带有单个旋转台的机床上旋转。但在双4轴中，可以分别为单向运动和回转运动定义这些参数。"双4轴在部件上"仅在使用往复切削类型时可用。

"旋转轴"定义了单向和回转平面，刀具将在这两个平面间运动，如图5-136所示。

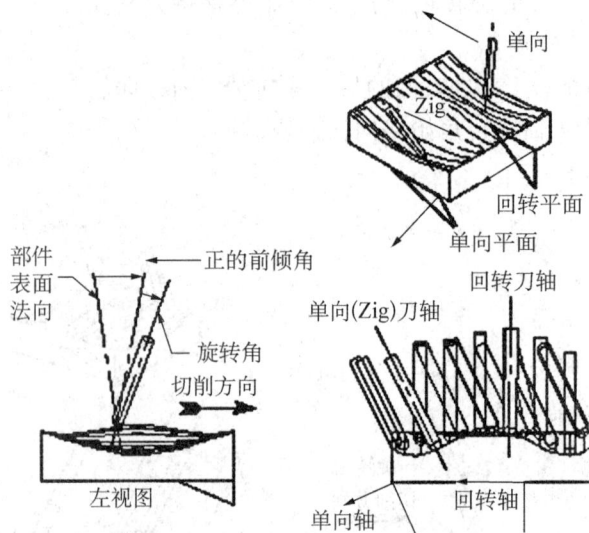

图5-136　双4轴在部件上刀轴

（11）插补　通过定义矢量控制特定点处的刀轴。允许控制刀轴的过大变化（通常由非常复杂的驱动或部件几何体引起），而无需构造额外的刀轴控制几何体（例如点、线、矢量和光顺驱动曲面等）。插补还可用于调整刀轴以避免遇到悬垂情况或其他障碍。

案　例

多轴加工

加工实例如图5-137所示，以下操作是在一个圆柱体管材毛坯的基础上加工的工件。

图5-137　圆柱凸轮零件图

（1）打开部件文件　启动NX，打开文件名为"TuLun.prt"的部件文件，另存为"＊＊＊_TuLun.prt"。

（2）进入加工模块及加工环境初始化　单击工具栏上的"开始"按钮，在下拉选项中选择"加工"选项，在"加工环境"对话框中选择"CAM"，设置为"mill_multi-axis"，确定进行加工环境的初始化设置。

（3）创建刀具　创建一把直径18的平底刀，其余选项依照默认值设定。

（4）设定加工坐标系　在"操作导航器-几何视图"窗口中双击"MCS"结点，系统弹出"Mill_ORIENT"对话框。在"Mill_Orient"对话框中单击"CSYS对话框"按钮，弹出"CSYS"对话框。在"CSYS"对话框中"类型"设置为"动态"。单击"点对话框"按钮，弹出

"点"对话框。将捕捉"类型"设置为"圆弧中心/椭圆中心/球心",将加工坐标系移动到圆心点。然后单击【确定】按钮退出对话框,如图 5-138 所示。

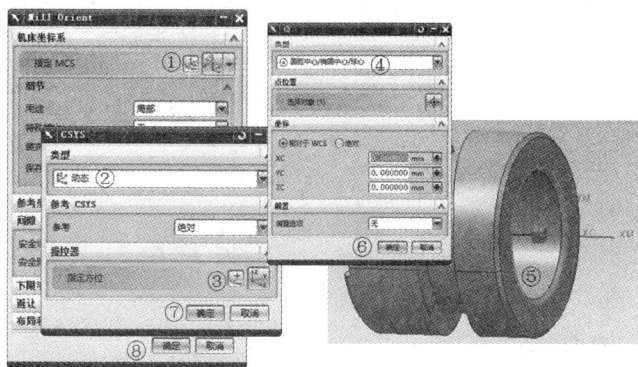

图 5-138　设置加工坐标系

图 5-139　"铣削几何体"对话框

(5) 设置铣削几何体

① 在"操作导航器-几何视图"窗口中双击"WORKPIECE"节点,系统弹出如图 5-139 所示"铣削几何体"对话框。

② 在"铣削几何体"对话框中,点击"指定部件"图标，系统弹出"部件几何体"对话框,在"选择选项"中选择"几何体"选择项,在过滤方式中选择"体",在绘图区选取实体作为部件几何体,如图 5-140 所示,点击【确定】,返回"铣削几何体"对话框。

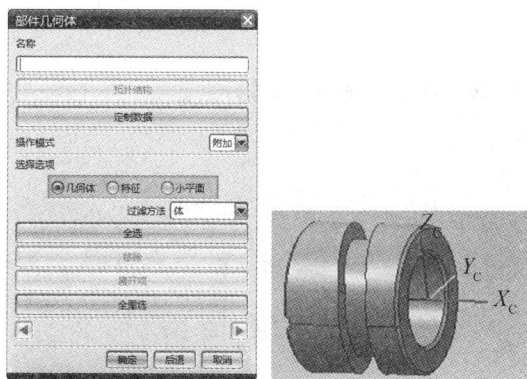

图 5-140　设置部件

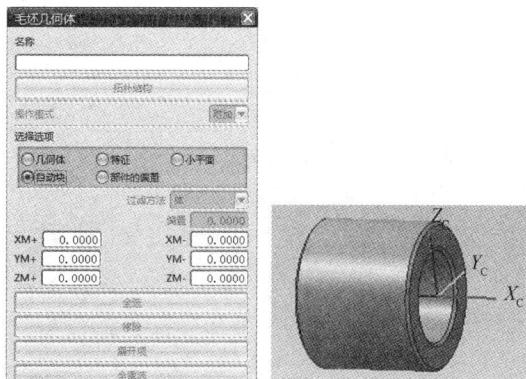

图 5-141　设置毛坯

③ 在"铣削几何体"对话框中,点击"指定毛坯"图标，弹出"毛坯几何体"对话框。选择"几何体"选择项,在过滤方式中选择"体",在"部件导航器"中隐藏"体(0)",显示"体(2)",在绘图区选取回转体作为毛坯几何体,如图 5-141 所示。点击【确定】按钮,返回"铣削几何体"对话框,再点击【确定】,完成几何体的创建。

(6) 创建可变轮廓铣工序

① 单击创建工具条上的"创建操作"图标，在弹出的"创建操作"对话框中,将"类型"设置为"mill_multi-axis","操作子类型"选择"VARIABLE_CONTOUR"按钮；在"刀

具"的下拉框中确认当前选择的刀具为"MILL－18";在"几何体"的下拉框中确认当前选择的为"WORKPIECE";在"方法"的下拉框中确认当前选择的为"MILL_FINISH",如图5－142所示。确认各选项后单击【确定】按钮,打开"可变轮廓铣"对话框,如图5－143所示。

图5－142　"创建操作"对话框

图5－143　"可变轮廓铣"对话框

② 在"可变轮廓铣"对话框中,单击"选择或编辑切削区域几何体"按钮 ,弹出"切削区域"对话框,选择凸轮导向槽底部曲面,然后单击【确定】按钮退出对话框,如图5－144所示。

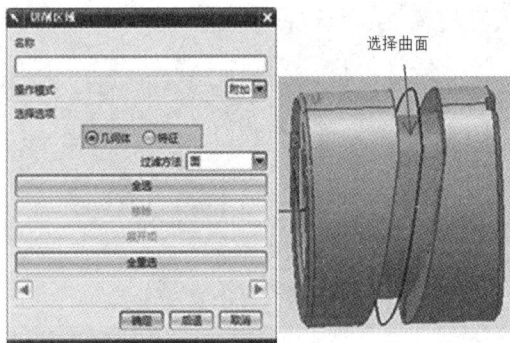

图5－144　设置切削区域

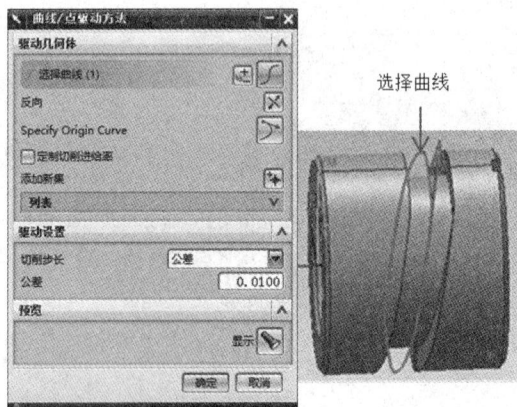

图5－145　设置驱动方法和驱动曲线

(7) 驱动方法设置　在"可变轮廓铣"对话框的"驱动方法"选项卡中"方法"设置为"曲线/点",单击右侧的"编辑参数"图标 ,弹出"曲线/点驱动方法"对话框,选择现有曲线,将"切削步长"设置为"公差",将"公差"设置为0.01。然后单击【确定】按钮退出对话框,如图5－145所示。

注意:可通过[Ctrl]+[W]快捷方式把曲线显示出来。

（8）刀轴设置　在"可变轮廓铣"对话框的"刀轴"选项卡中"轴"设置为"远离直线"。单击右侧的"编辑参数"图标🔧，弹出"直线定义"对话框，单击"现有的直线"按钮，选择直线，单击【确定】按钮退出对话框，如图 5 - 146 所示。

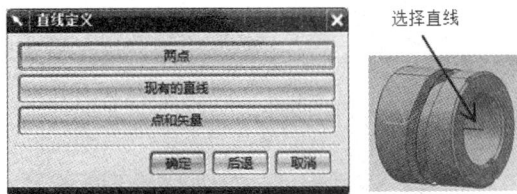

图 5 - 146　设置刀轴

图 5 - 147　设置切削参数

（9）刀轨设置

① 在"可变轮廓铣"对话框的"刀轨设置"选项卡中，单击"切削参数"按钮🔳，弹出"切削参数"对话框，设置参数如图 5 - 147 所示。其他参数按照默认，然后单击【确定】按钮退出对话框。

② 在"可变轮廓铣"对话框的"刀轨设置"选项卡中单击"非切削移动"按钮🔳，弹出"非切削移动"对话框，设置参数如图 5 - 148 所示。其他参数按照默认，然后单击【确定】按钮退出对话框。

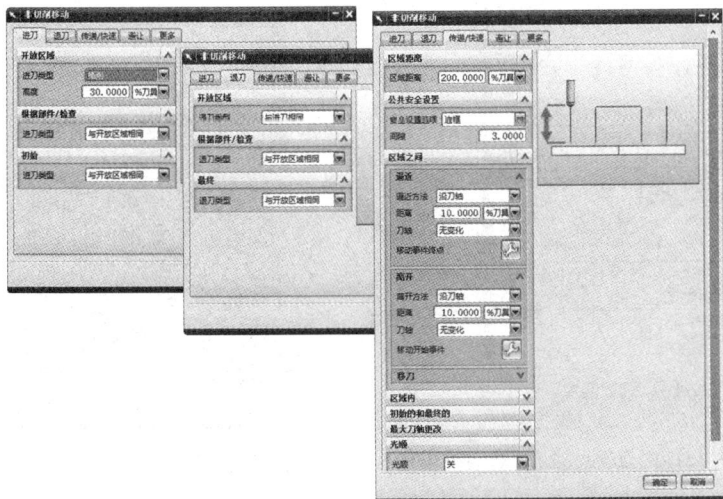

图 5 - 148　设置非切削移动参数

③ 在"可变轮廓铣"对话框的"刀轨设置"选项卡中单击"进给率和速度"按钮🔧，弹出"进给和速度"对话框，设置参数如图 5 - 149 所示。其他参数按照默认，然后单击【确定】按钮退出对话框。

（10）生成刀轨　确认其他选项参数设置。在"可变轮廓铣"对话框中单击"生成刀轨"图标🔄计算生成刀路轨迹。在计算完成后，产生的刀路轨迹如图 5 - 151 所示。

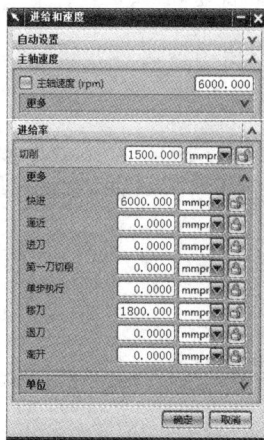

图 5-149 设置进给参数

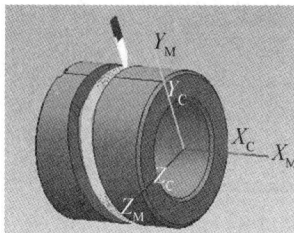

图 5-150 生成的刀轨

(11) 确认刀轨 单击"确认刀轨"图标 ，系统打开"刀轨可视化"对话框。在中间选择"3D 动态"，再单击下方的"播放"按钮 ▶，如图 5-151 所示。

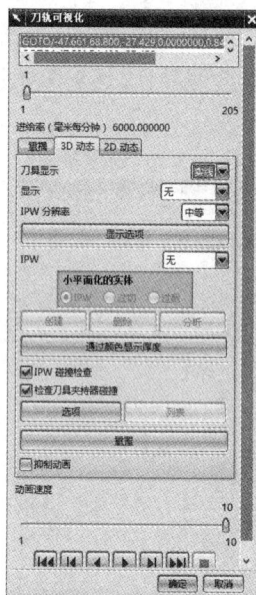

图 5-151 "刀轨可视化"对话框

图 5-152 "后处理"对话框

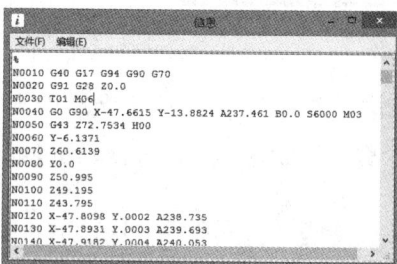

(12) 后处理 单击操作工具条上的"后处理"图标 ，系统打开"后处理"对话框，如图 5-152 所示进行设置。单击【确定】按钮开始后处理。生成的后处理程序如图 5-153 所示。

注意："MILL_5_AXIS"后处理器生成的单位默认为英制，改为公制会出现警告信息。

图 5-153 程序文件

任务小结

1. 本次任务的主要内容
(1) 多轴加工驱动方法。
(2) 多轴加工投影矢量。
(3) 多轴加工刀轴。
(4) 多轴加工操作流程。
2. 本次任务完成后达到目的
能够熟练完成多轴零件的刀轨生成。

任务后思考

如图 5 - 154 所示，在一个圆柱体毛坯的基础上加工出工件。

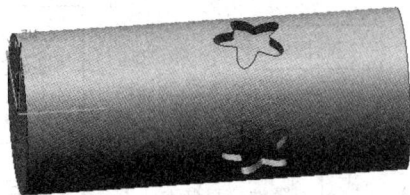

图 5 - 154　梅花滚筒模型

模块三　CAPP 技术

任务 1　CAPP 简介

必备知识

1. CAPP 的基本概念

CAD 的结果能否有效地应用于生产实践，NC 机床能否充分发挥效益，CAD 与 CAM 能否真正实现集成，都与工艺设计的自动化有着密切的关系，作为连接产品设计和制造的中间环节，工艺过程的设计也必须实现自动化，才能与之相适应，于是，计算机辅助工艺规程设计(CAPP，Computer Aided Process Planning)应运而生，并且受到愈来愈广泛的重视。

CAPP 就是利用计算机技术，辅助工艺人员设计零件从毛坯到成品的方法，是将企业产品设计数据转换为产品制造数据的一种技术，是计算机集成制造系统(CIMS)的重要组成部分。

采用计算机辅助工艺规程设计不仅能减轻工艺人员的重复劳动，显著提高工艺设计的效率,而且将更可靠和更有效地保证同类零件工艺上的一致性。所以 CAPP 在国内外正引起越来越多的重视和研究,一些先进实用的系统在技术发达的国家中已得到广泛的应用,并取得了很好的效果。用 CAPP 代替传统的工艺设计方法具有重要的意义,主要表现在:

(1) 可以将工艺设计人员从大量繁重的重复性的手工劳动中解放出来,使他们能将主要精力投入到新产品的开发、工艺装备的改进及新工艺的研究等具有创造性的工作中;

(2) 可以大大缩短工艺设计周期,保证工艺设计的质量,提高产品在市场上的竞争能力;

(3) 可以提高企业工艺设计的标准化,并有利于工艺设计的最优化工作;

(4) 能有效积累和继承工艺设计人员的经验,提高企业工艺设计的继承性;

(5) 能够适应当前日趋自动化的现代制造环节的需要,并为实现计算机集成制造系统创造必要的技术基础。

2. CAPP 的组成与基本结构

CAPP 系统的组成与其开发环境、产品对象及其规模大小等有关。图 5-155 所示的系统构成是根据 CAD/CAPP/CAM 集成的要求而拟定的,其基本模块如下:

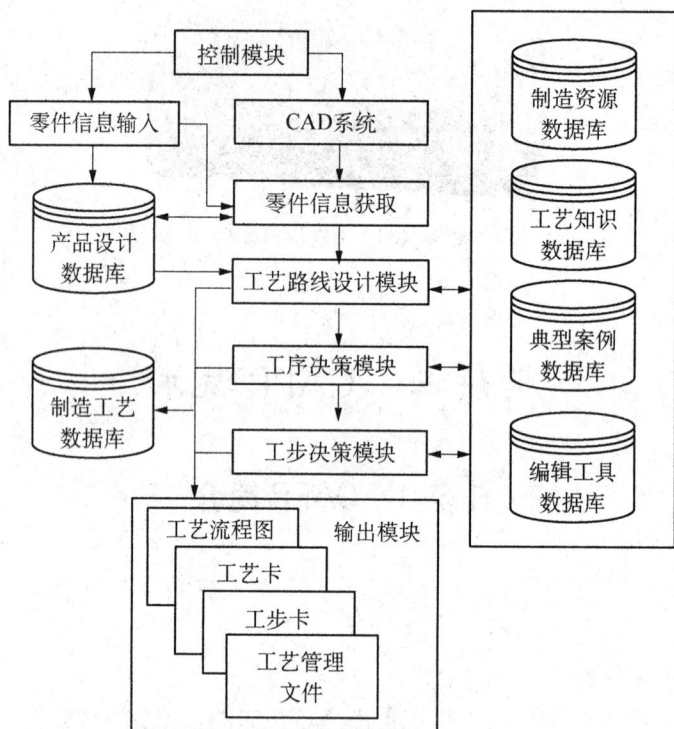

图 5-155 CAPP 的组成与基本结构

(1) 控制模块 协调各模块的运行,实现人机之间的信息交流,控制产品设计信息获取方式。

(2) 零件信息获取模块 用于产品设计信息输入。零件信息输入有下列两种方式:人工交互输入,或从 CAD 系统直接获取或来自集成环境下统一的产品数据模型。

(3) 工艺过程设计模块 加工工艺流程决策,生成工艺过程卡。

（4）工序决策模块　选定加工设备、定位安装方式、加工要求，生成工序卡。

（5）工步决策模块　选择刀具轨迹、加工参数，确定加工质量要求，生成工步卡及提供形成 NC 指令所需的刀位文件。

（6）输出模块　输出工艺流程卡、工序和工步卡、工序图等各类文档，亦可从现有工艺文件库中调出各类工艺文件，利用编辑工具对现有文件进行修改后得到所需的工艺文件。

（7）产品设计数据库　存放有 CAD 系统完成的产品设计信息。

（8）制造资源数据库　存放企业或车间的加工设备、工装工具等制造资源的相关信息。

（9）工艺知识数据库　用于存放产品制造工艺规则、工艺标准、工艺数据手册、工艺信息处理的相关算法和工具等。

（10）典型案例库　存放各零件族典型零件的工艺流程图、工序卡、工步卡、加工参数等数据，供系统参考。

（11）编辑工具库　存放工艺流程图、工序卡、工步卡等系统输入输出模板、手工查询工具和系统操作工具集等。

（12）制造工艺数据库　存放由 CAPP 系统生成的产品制造工艺信息，供输出工艺文件、数控加工编程和生产管理与运行控制系统使用。

上述 CAPP 系统结构是一个比较完整、广义的 CAPP 系统，实际上，并不一定所有的 CAPP 系统都必须包括上述全部内容。实际系统组成可以根据实际生产的需要而调整，但它们的共同点应使 CAPP 的结构满足层次化、模块化的要求，具有开放性，便于扩充和维护。

3. CAXA 工艺图表常用术语释义

（1）工艺规程　工艺规程是组织和指导生产的重要工艺文件。一般来说，工艺规程应该包含过程卡与工序卡，以及其他卡片（如首页、附页、统计卡、质量跟踪卡等）。

在 CAXA 工艺图表中，可根据需要定制工艺规程模板，通过工艺规程模板把所需的各种工艺卡片模板组织在一起。必须指定其中的一张卡片为过程卡，各卡片之间可指定公共信息。

利用定制好的工艺规程模板新建工艺规程，系统自动进入过程卡的填写界面，过程卡是整个工艺规程的核心。应首先填写过程卡片的工序信息，然后通过其行记录创建工序卡片，并为过程卡添加首页和附页，创建统计卡片、质量跟踪卡等，从而构成一个完整的工艺规程。

工艺规程的所有卡片填写完成后存储为工艺文件（*.cxp）。图 5-156 所示是一个典型工艺规程的结构图。

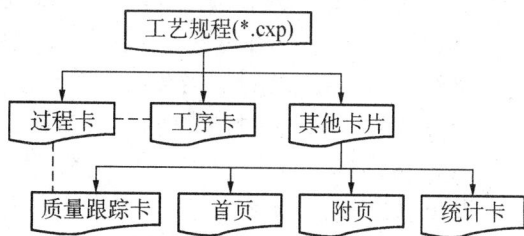

图 5-156　工艺规程示意图

（2）工艺过程卡片　按一道工序一道工序来简要描述工件的加工过程或工艺路线的工艺文件称为工艺过程卡片，每一道工序可能会对应一张工序卡，对该道工序进行详细的说明等。在工艺不复杂的情况下，可以只编写工艺过程卡片。

在 CAXA 工艺图表中，过程卡是工艺规程的核心卡片，有些操作是只对工艺过程卡有效的，例如，利用行记录生成工序卡片、利用统计卡片统计工艺信息等。建立工艺规程时，首先填写过程卡片，然后从过程卡生成各工序的工序卡，并添加首页、附页等其他卡片，从而构成完整的工艺规程。

(3) 工艺卡片 工序卡是详细描述一道工序的加工信息的工艺卡片,它和过程卡片上的一道工序记录相对应。工序卡片一般具有工艺附图,并详细说明该工序的每个工步的加工内容、工艺参数、操作要求和所用设备和工艺装备等。

如果新建工艺规程,那么工序卡片只能由过程卡片生成,并保持与过程卡片的关联。

(4) 公共信息 在一个工艺规程之中,各卡片有一些相同的填写内容,如产品型号、产品名称、零件代号、零件名称等。在CAXA工艺图表中,可以将这些填写内容定制为公共信息,当填写或修改某一张卡片的公共信息内容时,其余的卡片自动更新。

4. 文件类型说明

(1) Exb文件 CAXA电子图板文件。在工艺图表的图形界面中绘制的图形或表格,保存为 *.exb 文件。

(2) Cxp文件 工艺文件。填写完毕的工艺规程文件或者工艺卡片文件保存为 *.cxp 文件。

(3) Txp文件 工艺卡片模板文件。存储在安装目录下的 Template 文件夹下。

(4) Rgl文件 工艺规程模板文件。存储在安装目录下的 Template 文件夹下。

5. 常用键盘与鼠标操作

(1) F1 请求系统帮助,两种状态都有效。

(2) F2 当系统处于填写状态时,开关卡片树与知识库。

(3) F3 显示全部,两种状态都有效。

(4) F6 点捕捉方式切换开关,它的功能是进行捕捉方式的切换。

(5) PageUp 显示放大,两种状态都有效。

(6) PageDown 显示缩小,两种状态都有效。

(7) Ctrl 当系统处于定制状态,定义单元格属性时,按住[Ctrl]键,可实现连续选择。

(8) Alt+D 当系统处于定制状态,定义单元格属性。

(9) Alt+R 当系统处于定制状态,删除单元格属性。

(10) Alt+T 当系统处于填写状态时,是工艺卡片树窗口开关。

(11) Ctrl+Tab 在填写卡片状态和定制模板状态之间切换。

(12) Ctrl+鼠标左键 当系统处于填写卡片状态时,选中该行记录。

(13) Tab 在表区域填写时,类似 Word 方式切换单元格,进行填写。

(14) 方向键 当系统处于填写状态,填写单元格时,按[Ctrl]+方向键,移动填写单元格。非填写状态处于动态平移。

(15) Shift+方向键 当系统处于填写状态时,按[Shift]+方向键,在卡片树中的卡片间进行切换,并打开该卡片;当系统处于定制状态时,[Shift]+方向键实现动态平移。

(16) 鼠标滚轮 可以实现放大、缩小、平移显示。

(17) 鼠标右键 在不同的应用环境下,使用右键菜单可方便地使用某些命令。

注意:

(1) 当系统处于图形环境时,电子图板所有的常用键在 CAXA 工艺图表中都有效。

(2) 当系统处于工艺环境,填写工艺文件时,只有[F1]、[Tab]、[Ctrl]+[Tab]、方向键和[Shift]+方向键 5 个快捷键有效。

案　例

CAXA 工艺文件编制实例

加工如图 5-157 所示的定位插销零件,采用 CAXA 工艺图表编制机械加工工艺过程卡片。

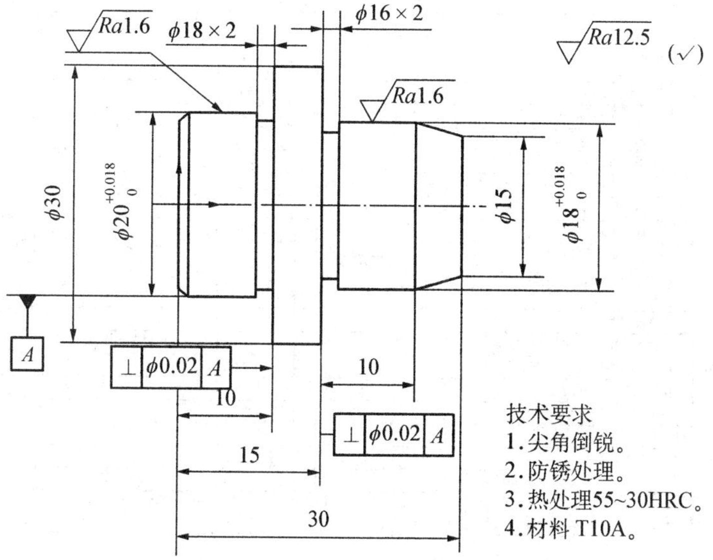

图 5-157　定位销轴

(1) 单击"文件"下拉菜单中的"新建",或直接单击新建功能图标，弹出"新建"对话框。单击标签"工艺规程",框中选择"机械加工工艺规程",如图 5-158 所示,单击【确定】按钮。

(2) 系统会生成"机械加工工艺规程卡片",并将此卡片设置为第一张卡片,并进入填写状态,如图 5-159 所示。

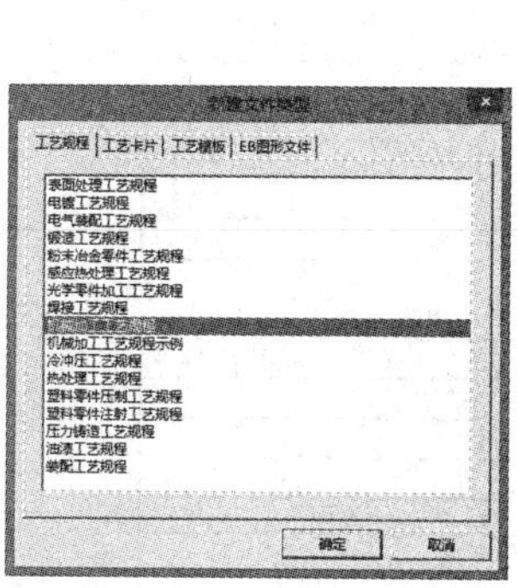

图 5-158　新建文件对话框

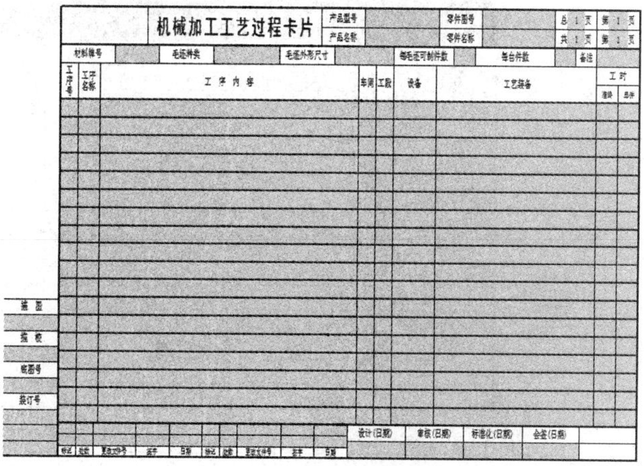

图 5-159　卡片填写操作界面

（3）用鼠标单击目标单元格，即可对此单元格进行填写操作。工序名称、工序内容、设备和工艺装备等单元格与知识库相连，点击右边"知识库"中的相关内容，系统将自动填充单元格，而其他单元格需要用户手工键入所填内容，按照如图 5-160 所示填写工艺过程卡片。

注意：在单元格内右击，利用右键菜单中的"插入"命令，可以直接插入用符号、图符、公差、上下标、分式、粗糙度、形位公差、焊接符号和引用特殊字符集。

图 5-160　填写的机械加工工艺过程卡片

（4）行记录的操作。用户在表中的单元格上按下[Ctrl]＋鼠标左键时，会建立一条行记录，如在过程卡中的一道工序记录，系统会加亮当前行记录，如图 5-161 所示。

图 5-161　机械加工工艺过程卡片选中行操作

选择表中的单元格才能创建行记录,用户选择了行记录后按下鼠标右键,系统弹出快捷菜单,如图5-162所示。

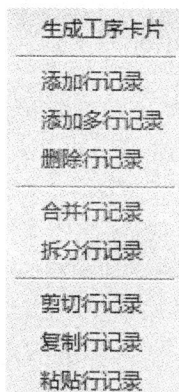

图5-162　右键快捷菜单　　　图5-163　选择工艺卡片模板对话框　　　图5-164　生成工序卡片后的右键菜单

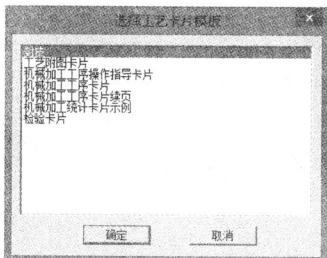

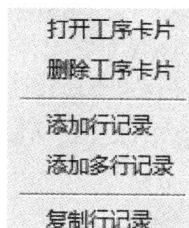

① 生成工序卡片:用户选择该命令后,系统弹出对话框,如图5-163所示。

用户选择卡片模板后,系统会创建一张新的卡片,并打开新卡片,将当前记录的内容填写到新卡片相应的单元格中,该卡片和记录保持一种对应关系,再次选择该记录,快捷菜单如图5-164所示,在行记录生成相应的卡片后,不能直接删除行记录。

② 删除工序卡片:删除当前行记录对应的卡片。

③ 添加行记录:在当前行记录前添加一条空的行记录。

④ 删除行记录:删除当前行记录,后续记录顺序前移。

⑤ 剪切行记录:可将被选中的行记录内容删除并保存到软件剪贴板中,并可使用"粘贴行记录"命令粘贴到另外的位置。

⑥ 复制行记录:可将被选中的行记录内容保存到软件剪贴板中,并使用"粘贴行记录"命令粘贴到另外的位置,一次可同时复制多个行记录。

⑦ 粘贴行记录:将用户拷贝的行记录内容粘贴到当前行记录上。

(5)自动生成工序号。用户在填写工艺过程卡片时,可直接填写工序名称及涉及的刀具、夹具、量具,不用填写工序号,在整个过程卡填写过程中,或填写完毕后,都可利用菜单"工艺"下拉菜单中的"自动生成工序号"自动创建工序号,工序号对话框允许用户对工序号的生成方式进行设置,如图5-165所示为自动生成工序号对话框。

用户使用该命令后,系统会自动填写工艺过程卡中的工序号和所有相关工序卡片中的工序号以及卡片树中工序卡片的命名。

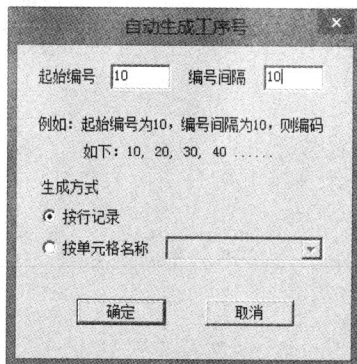

图5-165　自动生成工序号对话框

任务小结

1. 本次任务的主要内容
(1) CAPP 的概念。
(2) CAPP 的组成。
(3) CAXA 工艺图表常用术语释义。
(4) CAXA 工艺文件实例编制流程。
2. 本次任务完成后达到目的
能运用 CAXA 软件编制指定实例的工艺流程。

任务后思考

1. 简要分析 CAPP 系统的基本组成和功能。
2. 简要说明 CAPP 的作用与意义。
3. 查阅相关书籍,了解 CAPP 的发展过程及最新的发展趋势。
4. 运用 CAXA 工艺图表软件,编制图 5 - 166 所示的螺纹套零件的工艺。

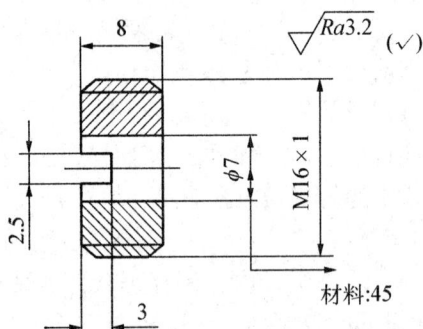

图 5 - 166　螺纹套

图书在版编目(CIP)数据

数控加工工艺与编程/徐福林、周立波主编. —上海:复旦大学出版社,2015.8(2022.12重印)
(复旦卓越·普通高等教育21世纪规划教材·机械类)
ISBN 978-7-309-11524-6

Ⅰ. 数… Ⅱ.①徐…②周… Ⅲ.①数控机床-加工工艺-高等学校-教材②数控机床-程序设计-高等学校-教材 Ⅳ. TG659

中国版本图书馆 CIP 数据核字(2015)第 131808 号

数控加工工艺与编程
徐福林 周立波 主编
责任编辑/张志军

复旦大学出版社有限公司出版发行
上海市国权路 579 号 邮编:200433
网址:fupnet@fudanpress.com http://www.fudanpress.com
门市零售:86-21-65102580 团体订购:86-21-65104505
出版部电话:86-21-65642845
盐城市大丰区科星印刷有限责任公司

开本 787×1092 1/16 印张 24 字数 554 千
2015 年 8 月第 1 版
2022 年 12 月第 1 版第 2 次印刷

ISBN 978-7-309-11524-6/T·539
定价:49.00 元

如有印装质量问题,请向复旦大学出版社有限公司出版部调换。
版权所有 侵权必究